W0261267

ALLE ZEIT WACH
1842

DEUTSCHE FORSCHUNGSANSTALT FÜR
LUFT- UND RAUMFAHRT E.V. (DLR)

SOLARTHERMISCHE ANLAGEN-TECHNOLOGIEN IM VERGLEICH

Turm-, Parabolrinnen-, Paraboloidanlagen und Aufwindkraftwerke

Herausgeber: M. Becker, W. Meinecke

Springer-Verlag Berlin Heidelberg New York
London Paris Tokyo Hongkong Barcelona Budapest 1992

Dr.-Ing. Manfred Becker
Dipl.-Ing. Wolfgang Meinecke
Deutsche Forschungsanstalt für Luft- und Raumfahrt e.V. (DLR),
Hauptabteilung Energietechnik, Köln

ISBN-13: 978-3-540-55996-2 e-ISBN-13: 978-3-642-95693-5
DOI: 10.1007/978-3-642-95693-5

2362/3020–543210

Vorwort

Die Entwicklung solarthermischer Anlagentechnologien zur Stromerzeugung hat seit Anfang der 80er Jahre große Fortschritte erzielt. Zu diesen Technologien zählen:

- Rinnenkollektorkraftwerke (kurz "Farmanlagen")
- Turmkraftwerke (kurz "Turmanlagen")
- Parabolspiegelanlagen mit Stirlingmaschinen (kurz "Dish/Stirlinganlagen")
- Aufwindkraftwerke.

Vor dem Hintergrund laufender F+E-Arbeiten für Turmkraftwerksanwendungen und des erfolgreichen Betriebs von neun Rinnenkollektorkraftwerken in Kalifornien bis zu einer Gesamtkapazität von 350 MWe in der Zeit von 1983 bis 1991 entstand der Bedarf nach einer vergleichenden Betrachtung der oben genannten solarthermischen Anlagentechnologien. Ein solcher Vergleich sollte systematisch und detailliert sein sowie technisch/wirtschaftliche Aspekte umfassen. Bislang war ein derartiger Vergleich nicht durchgeführt worden, weil die für die zu betrachtenden Technologien heute verfügbare Datenbasis, hauptsächlich bedingt durch den unterschiedlichen Entwicklungs- und Erprobungsstand, nicht im Detail für alle Technologien vergleichbar verfügbar und belastbar ist.

Im Frühjahr 1989 regte die DLR-Köln einen solchen Vergleich an, in dem international vorliegende Betriebsergebnisse und Studiendaten verwendet und fehlende Daten analytisch (u.a. mittels Simulationsrechnungen) erarbeitet werden sollten. Ziel der im Zeitbereich von 1989 bis 1991 durchgeführten Vergleichsstudien war letztlich, eine Entscheidungsbasis für ein Programm der zukünftigen Forschungs- und Entwicklungsschritte zu schaffen.

Die DLR legt mit diesem Bericht die Ergebnisse der ausführlichen Studien vor; er umfaßt:

- Zusammenfassung und Schlußfolgerungen der Vergleichsstudien von DLR
- Sechs Detailberichte zu den einzelnen oben genannten Technologien von INTERATOM, Flachglas Solartechnik sowie Schlaich Bergermann und Partner

Eine repräsentative Vergleichbarkeit der einzelnen Technologien wurde mit einer einheitlich definierten Vergleichsmethode gewährleistet. Heute fehlende experimentelle Daten wurden durch analytische Daten ergänzt bzw. ersetzt. Hierzu dienten modernste EDV-gestützte Simulationsverfahren.

Die Studiengruppe bestand aus:
- Deutsche Forschungsanstalt für Luft- und Raumfahrt e.V. (DLR) in Köln und Stuttgart
- Firma INTERATOM GmbH (heute: Siemens AG/KWU, Standort Bergisch Gladbach)
- Firma Flachglas Solartechnik GmbH (FLAGSOL) in Stuttgart
- Schlaich Bergermann und Partner (SBP), Beratende Ingenieure im Bauwesen in Stuttgart.

Für die Durchführung der Vergleichsstudien stellte der Bundesminister für Forschung und Technologie (BMFT) dankenswerterweise Mittel aus dem HOTSOLAR-Projekt zur Verfügung. Die DLR in Köln übernahm die Leitung der Studien und verfaßte die Studienzusammenfassung, in der die DLR ihre eigenständige Wertung und Schlußfolgerungen vorlegt.

INTERATOM verarbeitete und analysierte sämtliche Daten, u.a. mit Hilfe des Simulationsrechenprogramms SOLERGY; sie brachte darüberhinaus Daten der Turmanlagen ein. Hierbei nutzte INTERATOM wesentliches Datenmaterial aus der 30 MWe PHOEBUS-Durchführbarkeitsstudie für Jordanien (für diese Studie standen ebenfalls BMFT-Mittel aus dem HOTSOLAR-Projekt zur Verfügung). INTERATOM fand bedeutende Unterstützung durch die Firma Bechtel National Inc. in San Francisco/USA und durch Sandia National Laboratories in Albuquerque/USA bei der Beschaffung amerikanischer Turmanlagen-Studiendaten wie auch bei der Modifikation des ursprünglich amerikanischen SOLERGY Programms.

FLAGSOL stellte Betriebs- und analytische Daten der Rinnenkollektoranlagen auf Basis der SEGS-Anlagen von LUZ in Kalifornien sowie Simulationsrechnungen für Rinnenkollektoranlagen bei. Hierbei unterstützte LUZ die Studie mit Daten und Informationen.

SBP erarbeitete die Daten der Parabolspiegelanlagen auf der Basis des 10 kWe SBP-Dish/Stirling Systems mit Unterstützung von INTERATOM und stellte die Aufwindkraftwerksdaten aus einer mit BMFT-Mitteln von SBP durchgeführten Studie zur Verfügung.

Siemens/KWU in Erlangen führte Rechnungen zur Ermittlung der Stromerzeugungskosten nach INTERATOM-Vorgaben mit einem bei der Kraftwerks-Aquisition bei Siemens gebräuchlichen Rechenprogramm durch.

In die vorliegenden Studien wurden auch Daten zukünftiger Turmanlagen einbezogen, die in einer Studie zur Untersuchung des technisch/wirtschaftlichen Potentials der sogenannten "2. Turmgeneration" in internationaler Kooperation zwischen Sandia National Laboratories in Albuquerque/USA und DLR-Köln erarbeitet wurden. Es ist vorgesehen, diese Studie ebenfalls in dieser Buchserie zu veröffentlichen.

Zukünftige Aufgabe wäre eine weitere Verfolgung der Vergleiche mit dem Ziel, die Vergleichsbasis zu verbessern und bestehende Unschärfen bei der Vorhersage der Stromerzeugungskosten zu verringern. Eine Aktualisierung der Datenbasis und eine Überprüfung der Aussagen und Schlußfolgerungen wird dann möglich, wenn neuere Daten aus weiteren Studien sowie aus Bau und Betrieb solarthermischer Kraftwerke verfügbar werden.

Die Herausgeber möchten die konstruktive Zusammenarbeit und das Engagement der an den Studien Beteiligten würdigen. Gedankt sei an dieser Stelle allen, die zur erfolgreichen Durchführung der Studie beigetragen haben, auch den Damen in den Sekretariaten für ihre Mühen beim Schreiben der Berichte.

Die Herausgeber
M. Becker
W. Meinecke

Studiengruppe

DLR	Deutsche Forschungsanstalt für Luft- und Raumfahrt e.V. - Forschungszentrum Köln Linder Höhe, Postfach 906058 5000 Köln 90 - Forschungszentrum Stuttgart Pfaffenwaldring 38 - 40 7000 Stuttgart 80
INTERATOM	Interatom GmbH (heute: Siemens AG/KWU) Friedrich-Ebert-Straße, Postfach 100100 5060 Bergisch Gladbach 1
FLAGSOL	Flachglas Solartechnik GmbH Mühlengasse 7 5000 Köln 1
SBP	Schlaich Bergermann und Partner, Beratende Ingenieure im Bauwesen Hohenzollern-Str. 1 7000 Stuttgart 1

Autoren

M. Becker	DLR-Köln, MD-ET
K. Friedrich	SBP, Stuttgart
M. Geyer	FLAGSOL, Köln
M. Kiera	INTERATOM
H. Klaiß	DLR-Stuttgart, EN-TT
W. Meinecke	INTERATOM, ab Mai 1990 DLR-Köln, MD-ET

W. Schiel	SBP, Stuttgart
J. Schlaich	SBP, Stuttgart
P. Wehowsky	INTERATOM

Beitragende

D.J. Alpert	Sandia National Laboratories, Albuquerque/USA.
M. Bald	Siemens/KWU, Erlangen
C. Ehrenberg	FLAGSOL, Köln
Y. Gilon	LUZ International Ltd., Jerusalem/Israel
W. Grasse	DLR-Almeria, MD-PSA
D. Kearney	LUZ Development and Finance, Los Angeles/USA
J. Kern	DLR-Stuttgart, EN-TT
R. Lesley	Bechtel National Inc., San Francisco/USA
I. Susemihl	FLAGSOL, Köln

Inhaltsverzeichnis

1 Zusammenfassung und Schlußfolgerungen der Vergleichsstudien solarthermischer Anlagentechnologien zur Stromerzeugung

W. Meinecke, M. Becker, H. Klaiß

DLR

Köln, 2. Dezember 1991

Inhaltsverzeichnis

1. Einleitung

Die solarthermische Stromerzeugung hat seit Anfang der 80er Jahre große Fortschritte erzielt. An der Entwicklung folgender Systeme und Konzepte zur solarthermischen Stromerzeugung wurden in dieser Zeit hauptsächlich in den Industrieländern (USA, Europa und Japan) mit großer Unterstützung durch öffentliche Geldgeber gearbeitet:

* Parabolrinnen-Kraftwerk (auch "Farmanlage" genannt)
* Solarturm-Kraftwerk (auch "Turmanlage" genannt)
* Parabolspiegel-Anlage mit Stirling-Maschine (auch "Dish/Stirling-Anlage" genannt)
* Aufwind-Kraftwerk.

Die photovoltaische Stromerzeugung wird in dieser Studie nicht betrachtet, da sie kurz- bis mittelfristig aus Kostengründen keine Technik zur Stromerzeugung in großen Blockleistungen vergleichbar zu o.a. Anlagen darstellt. Diese Entwicklungslinie hat große Förderung erfahren.

Herausragende Ereignisse der letzten zehn Jahre sind die SOLAR ONE-Turmanlage in Barstow/Kalifornien und insbesondere wegen des bemerkenswerten Aufbaus des Kraftwerkparks und des Betriebserfolges die kommerziell betriebenen SEGS[1)]-Farmanlagen der Firma LUZ in Kalifornien.

Im Frühjahr 1989 regte die DLR einen systematischen und detaillierten technisch/wirtschaftlichen Vergleich leistungsfähiger solarthermischer Anlagentechnologien zur Stromerzeugung unter Berücksichtigung vorliegender Betriebsergeb-

---

1) SEGS = Solar Electric Generation System

nisse und Studien heutiger sowie zukünftiger Entwicklungen an.

Ziel dieser Analyse (und anderer Studien) war, eine Basis für ein zukünftiges Programm der nächsten Forschungs- u. Entwicklungsschritte zu schaffen.

Für die Durchführung des Vergleichs wurden dankenswerterweise Mittel des BMFT zur Verfügung gestellt.

Die hier vorgestellten Studienergebnisse erarbeiteten die Firma Interatom[1], Firma Flachglas Solartechnik und das Büro Schlaich Bergermann & Partner (Beratende Ingenieure im Bauwesen, SBP). DLR leitete die Studiendurchführung.

Flachglas Solartechnik stellte Betriebs- und Planungsdaten für die betrachteten Farmanlagen im Leistungsbereich von 30 MW_e bis 100 MW_e bereit. Interatom brachte sämtliche Turmanlagen-Daten mit Unterstützung der Firma Bechtel National in San Francisco/USA ein. SBP erarbeitete die Daten zu Dish/Stirling-Anlagen und zum Aufwind-Kraftwerk mit Unterstützung von Interatom. Interatom, Flachglas Solartechnik und SBP stellten auch die notwendigen Rechenprogramme zur Verfügung.

In dieser Studienzusammenfassung legt die DLR ihre eigenständige Wertung und Schlußfolgerungen der Vergleichsstudien vor.

Die Vergleichsstudien sind in [1 bis 5] dokumentiert. Eine erste Zusammenfassung der DLR zum Vergleich von solaren Turm- und Farmanlagen wurde in [6] veröffentlicht. Die Studie zum Aufwind-Kraftwerk wurde von SBP unabhängig von den Vergleichsstudien mit Mitteln des BMFT durchgeführt und ist in [12] dokumentiert.

---

1) Seit 1. Oktober 1991: Siemens, Energieerzeugung KWU

2. Aufgabenstellung

Elektrische Energieerzeugungssysteme nach den verschiedenen solarthermischen Konzepten wurden bereits in Anlagen unterschiedlicher Größe und Qualifikation realisiert.

Turm-, Farm- und Dish-Konzepte nutzen dieselbe Primärenergiequelle (direkt-normale Sonneneinstrahlung) und dieselbe thermodynamische Energiewandlungskette zur Stromerzeugung, unterscheiden sich jedoch wesentlich in der Umsetzung der solaren Strahlungsenergie in thermische Energie:

Während Turmanlagen mit einem zentralen, ortsfesten Absorber (Receiver) ausgestattet sind, der vom gesamten Heliostatenfeld mit konzentrierter Strahlungsenergie versorgt wird, bilden bei Farm- und Dish-Anlagen Reflektor und Absorber eine bewegliche Grundeinheit, aus der das Kollektorfeld dann modular aufgebaut werden kann. Dies bedingt wichtige Unterschiede in:

- der technischen Konfiguration
  (hohe Modularität bei Farm und Dish)
- dem Konzentrationsfaktor
  (bedeutend höhere Konzentration bei Turm und Dish)
- der Absorbergeometrie
  (nur ein zentraler Receiver bei Turm)
- dem Temperaturniveau des Wärmeträgermediums
  (höhere Temperatur bei Turm und Dish, Temperaturbegrenzung durch Kollektortechnik/Konzentrationsfaktor bei Farm)
- der Nachführstrategie
  (einachsig bei Farm, zweiachsig bei Dish, zweiachsig mit ortsfestem Receiver bei Turm).

Aufwind-Kraftwerke haben ein zu o.g. Konzepten völlig anderes Arbeitsprinzip (solarthermisch erzeugten Wind, Windturbine) und nutzen, vergleichbar zu photovoltaischen Anlagen, die Globalstrahlung.

Aufgabe war es, die konzeptionellen Eigenheiten aller Anlagenkonzepte systematisch und detailliert vergleichend aufzuzeigen, wobei der Vergleich der Technik und das Aufzeigen technologischer Grenzen bzw. technischer Verbesserungsmöglichkeiten sowie der Vergleich ökonomischer Daten (Anlagekosten, Betriebskosten, Stromerzeugungskosten) auf der Basis eines einheitlichen finanzmathematischen Modells herausgearbeitet werden sollten.

Die konkrete Aufgabenstellung der Studien umfaßte folgende Schritte:

- o Definition und Abstimmung der Vergleichsmethode und der verwendeten Vergleichsanlagen

- o Beschaffung, Aufbereitung und Festlegung der Eingangsdaten der Referenzanlagen

- o Beschaffung und Auswertung vorhandener Betriebsdaten

- o Ermittlung der Jahresenergien mit einheitlichen Rechenmethoden (Simulations-Rechenprogramme)

- o Abstimmung und Bereitstellung von Eingangsdaten für die betriebswirtschaftlichen Berechnungen sowie Ermittlung der Stromerzeugungskosten mit einer einheitlichen finanzmathematischen Rechenmethode (Rechenprogramm).

3. Beschreibung und Definition der Vergleichsanlagen

Im folgenden wird ein kurzer Überblick über die betrachteten solaren Anlagen gegeben.

Parabolrinnen-Kraftwerke

Die betrachteten Kraftwerke sind SEGS-Anlagen der amerikanischen Firma Luz International Ltd. (LUZ). Eine zusammenfassende Darstellung dieser Anlagen liegt in [4,7] vor.

Das erste kommerziell betriebene Parabolrinnenkraftwerk SEGS I mit einer Kapazität von 13,8 MW_e ging im Dezember 1984 ans Netz der Southern California Edison (SCE). Seitdem installierte LUZ weitere 8 SEGS-Anlagen mit Blockleistungen von 30 MW_e (6 Anlagen) und von 80 MW_e (2 Anlagen) in Bauzeiten kürzer als ein Jahr. Ende 1991 sind somit insgesamt 9 Anlagen mit 354 MW_e Gesamtkapazität im Betrieb. Spitzenlast-Stromlieferungsverträge für weitere 250 MW_e bestehen. Finanzielle Probleme der Firma LUZ verhinderten Mitte 1991 den weiteren Aufbau von SEGS-Kraftwerken.

Die gebauten SEGS-Anlagen arbeiten im Solarbetrieb bzw. im Hybridbetrieb (solar/ fossiler Betrieb), wobei die Zusatzfeuerung (Erdgas) entsprechend kalifornischen Umweltrichtlinien maximal 25 % der jährlich insgesamt erzeugten thermischen Energie betragen darf.

Bild 1 zeigt beispielhaft das vereinfachte Funktionsschema der Anlagen SEGS VIII bis IX [4].

Wie bei den SEGS-Vorgängeranlagen wird Thermoöl zum Transport der Energie von den Receiverrohren zum Dampferzeuger benutzt. Nach mehrfachen technischen Verbesserungen gelang es, die Kollektorfeld-Austrittstemperatur des synthetischen Öls auf 393°C zu erhöhen, womit solar überhitzter Dampf bei

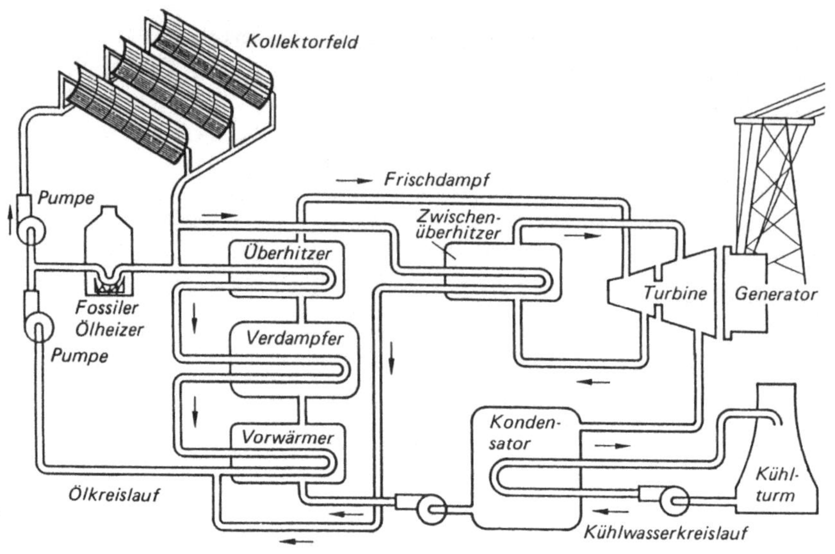

<u>Bild 1:</u> Blockschaltbild eines 80 MW_e Farmkraftwerks SEGS VIII bis IX [4].

100 bar und 371°C erzeugt wird. Dieser Dampf wird direkt in den Hochdruck-Eingang der Turbine mit Zwischenüberhitzung eingespeist. Die fossile Zusatzheizung erfolgt in einstrahlungsschwachen Zeiten ab SEGS VIII mit erdgasgefeuerten Ölerhitzern. Sämtliche 30 MW_e und 80 MW_e Anlagen arbeiten ohne thermischen Energiespeicher, da in Kalifornien hauptsächlich die Hochtarifzeit (mit attraktiven Stromerlösen) genutzt wird, die im Sommer zwischen 12:00 und 18:00 Uhr liegt und damit durch Solarbetrieb ohne Energiespeicherung abgedeckt werden kann.

Es ist geplant, neue Kollektoren (sogenannte LS-4 Kollektoren) mit direkter Wasserverdampfung für den kommerziellen Einsatz zu entwickeln, um durch die erwarteten niedrigeren Stromerzeugungskosten an neuen Standorten konkurrenzfähig zu werden. Im Rahmen dieses Entwicklungsprogramms sollen auch thermische Energiespeicherkonzepte untersucht werden, die in zukünftigen SEGS-Kraftwerken an Standorten mit abendlichen Spitzenlastzeiten eingesetzt werden können. Für das gesamte Programm, das terminlich und ingenieurtechnisch eine große Herausforderung darstellt, sind umfangreiche Entwicklungsarbeiten erforderlich. Die Entwicklung der Komponenten begann bereits 1989/1990. Feldversuche sollen auf der Plataforma Solar de Almeria in Spanien durchgeführt werden.

Solarturm-Kraftwerke

Die betrachteten Turmkraftwerke nutzen im Receiver-Wärmekreislauf Flüssigsalz bzw. Luft. Diese Wärmeträgermedien haben sich aus dem Betrieb der weltweit bisher gebauten Experimentalanlagen und aus Konzeptstudien als vorteilhaft herausgestellt. Neben Betriebsergebnissen wurden Ergebnisse der Studien der US-Utilities [8,9] und der internationalen PHOEBUS-Arbeitsgruppe [10] verwendet.

Weltweit sind seit 1977 sieben Experimentalanlagen zur Stromerzeugung im Leistungsbereich von 0,5 bis 10 MWe gebaut und betrieben worden; größtenteils wurden sie nach Abschluß ihrer Versuchsprogramme stillgelegt bzw. als Testanlagen für die Weiterentwicklung von Komponenten genutzt. Eine Sonderstellung nahm die nach etwa sechs Jahren Betrieb im September 1988 stillgelegte 10 MW_e Turmanlage SOLAR ONE wegen ihrer bislang größten Blockleistung und wegen ihres realistischen Kraftwerkbetriebs im Netzverbund der Southern California Edison ein. Der SOLARONE-Betrieb orientierte sich jedoch noch nicht an kommerziellen Gesichtspunkten (wie bei den SEGS-Farmanlagen), sondern hatte neben den vorlaufenden grundlegenden Versuchsbetrieb die nachfolgende mehrjährige Demonstration des Leistungsbetriebs im Netzverbund zum Ziel.

Nach heutigem Wissensstand sollten kommerzielle Turmanlagen für große Verbundnetze Blockgrößen von 100 bis etwa 200 MW_e haben. Diese wurden bisher nur geplant bzw. in Konzeptstudien untersucht. Als kleinste Blockgröße gilt etwa 30 MW_e, von der ausgehend auf Leistungen von 100 MW_e und darüber extrapoliert werden kann. In verschiedenen Durchführbarkeitsstudien wurden solche Anlagen systematisch unter Berücksichtigung von Versuchserfahrungen bis zu detaillierten Konzeptentwürfen untersucht und Jahresenergieerträge anhand von Simulationsrechnungen ermittelt. Hierbei werden vorzugsweise Einstrahlungsdaten vom Standort Barstow in Kalifornien wegen der vorhandenen umfangreichen Jahres-Wetterdatensätze verwendet.

Beim salzgekühlten System transportiert geschmolzenes Salz die Energie mit Receiveraustrittstemperaturen bis maximal etwa 565°C in den Salz-Tankspeicher und von hier in den Dampferzeuger, der Frischdampf von 125 bar und 540°C in den Hochdruckteil der Zwischenüberhitzungsturbine liefert. Diese Anlage könnte mit einer fossilen Zusatzfeuerung (Salzheizer oder zusätzlicher Kessel) für Hybridbetrieb ausgerüstet werden, um den Kapazitätsbeitrag zu gewährleisten und um die Erlössituation zu verbessern. Es liegen Salzanlagen-Konzeptstudien für Leistungen von 100 und 200 MW_e vor [8,9]. Bild 2 zeigt beispielhaft das Funktionsschema des flüssigsalzgekühlten 100 MW_e Turmkraft-Konzepts [8].

Die Salztechnologie ist vor allem in den USA mit Hilfe eines Versuchskreislaufs bei SANDIA National Laboratories in Albuquerque/N.M. (repräsentativ für eine Anlage mit einer Blockleistung von etwa 10 MW_e) weiterentwickelt worden. Salz hat sehr gute Wärmeübertragungs- und Speichereigenschaften, jedoch wird eine aufwendige Begleitheizung erforderlich, um ein Einfrieren der Salzsysteme beim Stillstand zu vermeiden (Gefrierpunkt: etwa 220°C).

Das luftgekühlte System (PHOEBUS-Konzept) wurde von der Schweizer Firma Gebrüder Sulzer entwickelt. Ein zur Atmosphäre hin offener volumetrischer Receiver mit einem Absorber aus metallischem Drahtgewebe erhitzt die Luft bis maximal 800 °C (mit Keramikstrukturen für zukünftige Anwendungen

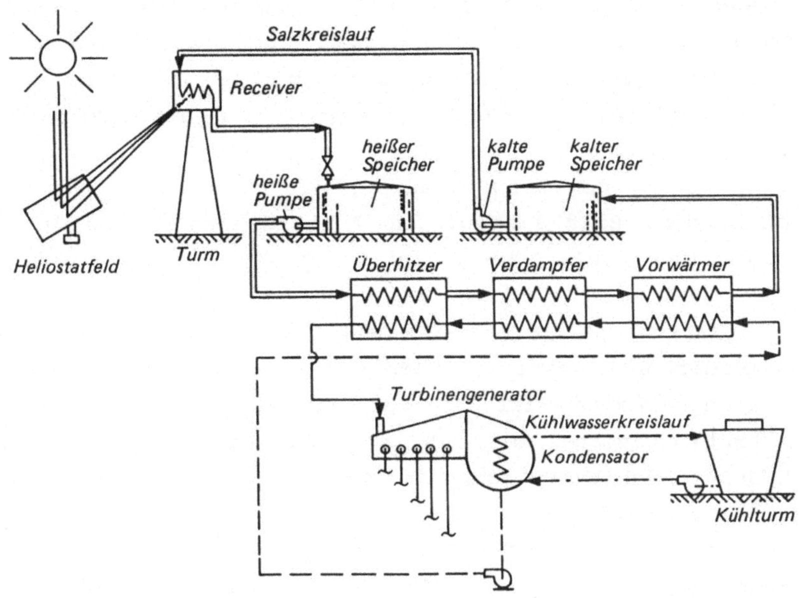

Bild 2: Blockschaltbild des flüssigsalzgekühlten 100 MW_e Turmkraftwerkkonzepts [8]

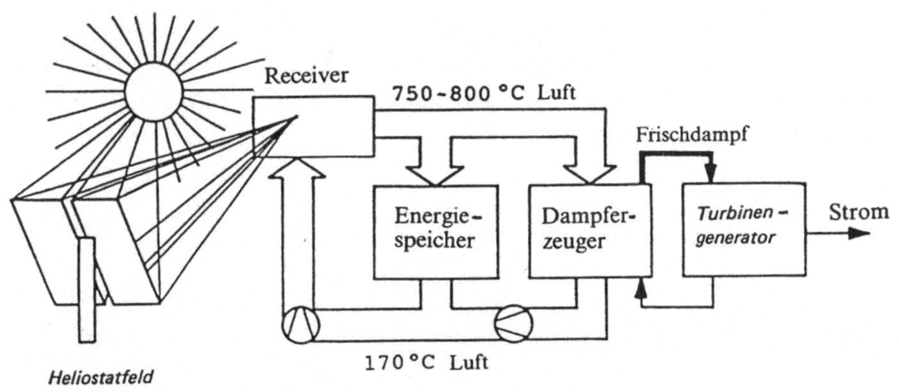

Bild 3: Funktionsschema der luftgekühlten 30 MW_e PHOEBUS-Anlage [10]

ggfl. auch bis ca. 1200°C). Gebläse fördern die heiße Luft im Kreislauf zum Dampferzeuger bzw. zum thermischen Energiespeicher (Aufnahme der Überschußenergie) und die kalte Luft zurück zum Receiver bei praktisch atmosphärischen Drücken. Die Anlage könnte mit einer fossilen Zusatzfeuerung (kombiniert mit dem Dampferzeuger) für Hybridbetrieb ausgerüstet werden. Bild 3 zeigt das Funktionsschema der 30 MW_e PHOEBUS-Anlage [10].

Dieses Luftkonzept wird von einem Industriekonsortium aus europäischen und amerikanischen Firmen verfolgt. Ziel der Entwicklungsarbeiten ist der Bau und Betrieb einer ersten Demonstrationsanlage mit 30 MW_e Blockleistung. In der PHOEBUS-Durchführbarkeitsstudie [10] wurde der Bau eines 30 MW_e Turmkraftwerkes für Jordanien untersucht. Hier erzeugt Heißluft von 700 °C Frischdampf von 140 bar und 540° zur Einspeisung in die Hochdruckstufe einer Zwischenüberhitzungsturbine. Die für das PHOEBUS-Luftsystem notwendigen Bauteile und Technologien (einschließlich Energiespeicher nach dem Cowper-Feststoffprinzip, ausgenommen der in Entwicklung befindliche volumetrische Receiver [11]) sind zwar auf dem Markt verfügbar, sind jedoch solartechnisch noch nicht erprobt.

Für zukünftige Turmanlagen werden weitere technische Verbesserungen durch Nutzung des hohen Temperaturniveaus (große Exergie) für kombinierte Gas- und Dampfturbinen (GuD) erwartet.

Parabolspiegel-Anlagen mit Stirling-Maschinen

In den letzten 10 Jahren wurden weltweit für verschiedene Anwendungen unterschiedliche Parabolkonzentratoren und Stirlingmaschinen zur Stromerzeugung entwickelt und getestet. Die Ergebnisse dieser Entwicklungsarbeiten bilden die Grundlage der heutigen Dish/Stirling-Entwicklung.

Bild 4 zeigt den prinzipiellen Aufbau eines Dish/Stirling-Systems [5]. Der parabolisch gekrümmte Kollektor bzw. Konzentrator reflektiert die senkrecht einfallende direkte Strahlung in einen Brennpunkt, in dem der Solarreceiver bzw. Erhitzerkopf der Stirlingmaschine als Wärmekraftmaschine, fest verbunden mit dem Kollektor, angeordnet ist. Der Generator ist direkt mit der Welle des Stirlingmotors gekoppelt; er läuft im Netzbetrieb oder beliefert kleinere Stromverbraucher (Inselbetrieb).

In dieser Studie werden ausschließlich Anlagen betrachtet, die aus einer Vielzahl von 10 kW_e Dish/Stirling-Systemen von SBP aufgebaut sind. Sie basieren auf ersten von SBP gebauten Prototypanlagen. Das Konzentratoren-Konzept folgt der Idee einer Membran-Gestaltung (sogenannte stretched-membrane Technologie SMT). Es besteht im wesentlichen aus einem Paraboloid-Konzentrator, der eine leichte, selbsttragende und verwindungssteife Struktur hat. Diese Struktur wird mittels dünner Metallmembranen bewirkt, die auf Vorder- und Rückseite eines Metallzylinders gasdicht gespannt und durch Unterdruck in die gewünschte Form (der reflektierenden Vorderseite) gekrümmt werden. Diese Bauweise hat sich in mehreren Versuchsanlagen mit Durchmessern von 5 bis 17 m hervorragend bewährt.

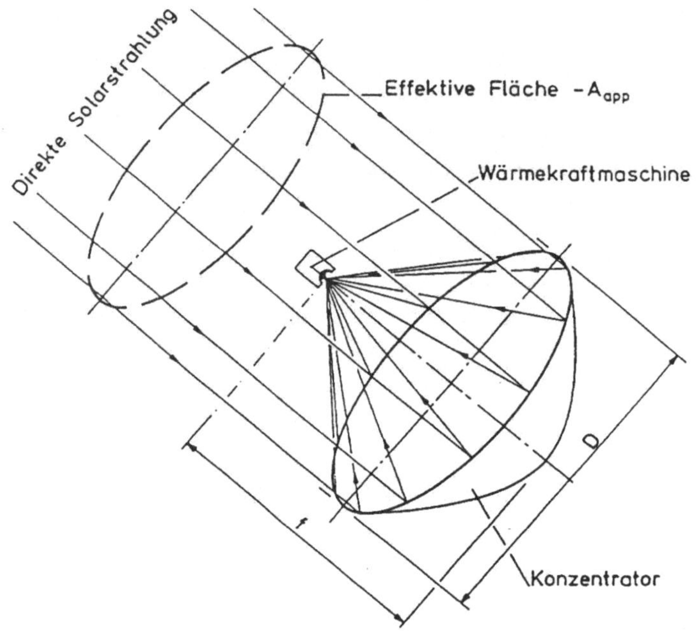

Bild 4: Prinzipieller Aufbau eines Dish/Stirling-Systems [12]

Die in dieser Studie betrachtete Wärmekraftmaschine ist die Zwei-Zylindermaschine vom Typ SPS/SOLO V-160 mit einer Leistung von 10 kW_e (max. 15 kW_e), die ursprünglich von der Firma Stirling Power Systems (SPS), USA entwickelt und in 160 Einheiten gebaut wurde sowie 1988 im Rahmen eines gemeinsamen Entwicklungsprogramms mit SBP solarisiert wurde. Heute wird diese Maschine in SBP-Lizenz von der deutschen Firma Solo-Kleinmotoren für Dish-Projekte hergestellt.

Aufwind-Kraftwerke

Das Aufwind-Kraftwerkkonzept hat das Büro SBP entwickelt. Eine 50 kW_e Experimentalanlage in Manzanares/Spanien wurde nach der Bau- und Testphase von 1981 bis 1986 und nach Ertüchtigungsmaßnahmen von 1986 bis Anfang 1989 kontinuierlich im Netzverbund betrieben. Umfangreiche Betriebserfahrungen konnten gesammelt werden; diese wurden in einer Studie zur "Übertragbarkeit der Ergebnisse des Aufwind-Kraftwerkes in Manzanares auf größere Anlagen" verwendet wurden [12]. Diese Studie wurde von SBP unter Mitwirkung von Interatom und der Universität Stuttgart im Auftrag des BMFT in 1989/90 durchgeführt. Darin werden Anlagen von 5 MW_e, 30 MW_e und 100 MW_e technisch/wirtschaftlich untersucht. Die dort ermittelten technischen Daten und Kosten flossen in die vorliegenden Vergleichsstudien ein.

Eine zusammenfassende Darstellung des Aufwind-Kraftwerks liegt in [13] vor. Bild 5 zeigt das Prinzip am Beispiel der 5 MW_e Anlage mit der Variante "Kamin in Massivbauweise" [12]. Eine Abdeckung mit Glas bildet ein großes kreisförmiges Vordach, in dessen Zentrum der Aufwind-Kamin steht. Durch die Lufterwärmung im Vordachbereich einerseits und die Kamin-Zugwirkung andererseits entsteht eine aufwärtsgerichtete Konvektionsströmung im Kamin, die einen Windturbinen-Generator in der Kaminbasis antreibt. Bei großen Leistungseinheiten kommen mehrere parallel laufende Turbinen-Generatoren mit horizontaler Wellenanordnung am Umfang des Turmfußes zum Einsatz. Im Gegensatz zu den anderen solarthermischen Anlagentechnologien nutzen Aufwind-Kraftwerke die Globalstrahlung, nutzen also auch die Diffusstrahlung (vergleichbar zu photovoltaischen Anlagen). Eine nicht unerhebliche Bedeutung für die jährliche Energieausbeute kommt der wärmespeichernden Wirkung des Erdreiches im Vordachbereich zu, was eine Fortsetzung des Turbinengeneratorbetriebs in Teillast nach Sonnenuntergang erlaubt.

Referenzanlagen

Die für den Vergleich der vier Technologien gewählten Referenzanlagen gliedern sich grundsätzlich wie folgt in:

o bereits gebaute Anlagen, (Meßdaten vorhanden, reiner Solarbetrieb) bzw. heute baubare und geplante Anlagen (mit heute verfügbaren Technologien)

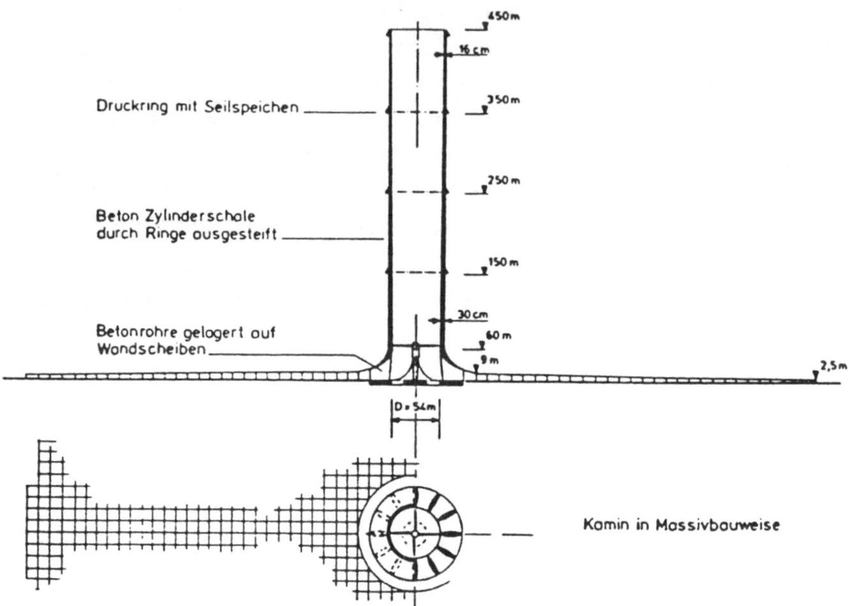

<u>Bild 5:</u> Prinzipieller Aufbau des Aufwind-Kraftwerks am Beispiel einer 5 MW_e Anlage mit vertiakaler Windturbinenwellen-Anordnung [12]

o zukünftige kommerzielle Anlagen (mit weiterentwickelten Komponenten bzw. mit noch zu entwickelnden Technologien).

Folgende Referenzanlagen wurden gewählt:

o Turm- und Farmanlagen

In <u>Tabelle 1</u> sind die Referenzanlagen und die untersuchten Betriebsweisen aufgeführt. Die hybriden Betriebsweisen stellen typische Beispiele dar. Die Speicherkapazität bezeichnet die Anzahl der Stunden, die die Turbine unter Vollast gefahren werden kann. Die untersuchten Anlagen erreichen mit Speicher im reinen Solarbetrieb Kapazitätsfaktoren von 29 % bis 44 %.

Tabelle 1: Definition der Turm- und Farmreferenzanlagen

Farm	Kollektor-typ[2)]	Speicher Kapazität	Betriebs-modus[1)]	Meß-daten
30 MW SEGS III	LS2	-	S	1988
30 MW SEGS IV	LS2	-	S	1988
30 MW SEGS V	LS2	-	S	1988
30 MW SEGS VII	LS3	-	H1	-
30 MW SEGS VIIA[4)]	LS3	3h	S/H1/H2	-
		1,5h	S/H1	-
30 MW SEGS VIIB[4)]	LS4	3h	S	-
		1,5h	S	-
100 MW SEGS VIIIA[4)]	LS3	3h	S	-
100 MW SEGS XIIIA[4)]	LS4	1,5h	S/H1	-
100 MW SEGS XIIIB[4)]	LS4	6h	S	-

Turm	Receiver (Kühlung)	Speicher Kapazität	Betriebs-modus[1)]	Meß-daten
10 MW SOLAR ONE	Rohr (Wasser)	-	S	1985
30 MW PHOEBUS-1[3)]	Volumetrisch	3h	S/H1/H2/H3	-
	(Luft)	1,5h	S	-
30 MW-PHOEBUS-5[3)]	"	3h	S/H1/H2	-
		1,5h	S/H2	-
30 MW PHOEBUS-n[3)]	"	3h	S/H1/H2	-
100 MW PHOEBUS	Volumetrisch (Luft)	6h	S/H1/H2	-
100 MW US-Utility	Rohr (Salz)	6h	S	-
200 MW US-Utility	Rohr (Salz)	6h	S	-

1) S = rein solar
H1 = fossile Zufeuerung erlaubt zwischen 12:00 und 18:00 Uhr
H2 = fossile Zufeuerung erlaubt zwischen einer Stunde vor bis 3 Stunden nach Sonnenuntergang
H3 = fossile Zufeuerung erlaubt zwischen 12:oo und 23:00 Uhr

2) LS2 bis LS4 kennzeichnet die Kollektorentwicklung:
- Thermoöl : LS2, LS3
- Direktverdampfung: LS4 (Entwicklung wurde begonnen)

3) Index 1, 5, n kennzeichnet: erste Anlage, fünfte Anlage einer Kleinserie, Serienanlage

4) Index A, B kennzeichnet: SEGS-Anlagen mit thermischem Energiespeicher

Es werden Daten gebauter bzw. geplanter Anlagen und Studien verwendet. Die betrachteten Blockleistungen sind 30 MW_e und 100 MW_e. Zusätzlich werden Studiendaten einer 200 MW_e Turmanlage (Solarbetrieb, mit Speicher [8, 9]) verwertet. Zukünftige Farmanlagen mit noch zu entwickelndem LS-4 Kollektor und Leistungen von 160 bis 320 MW_e wurden mangels detaillierter Daten nicht betrachtet.
Während bei den untersuchten Farmanlagen mit LS-4 Kollektoren und innovativem Energiespeicher Trendaussagen bzgl. des zukünftigen Potential gemacht werden konnten, war dieses mit dem vorliegenden Datenmaterial für Turmanlagen nicht möglich. Deshalb wurden in Ergänzung neue Ergebnisse aus der Studie zur 2. Turmgeneration zukünftiger kommerzieller Turmanlagen [14, 15] zum Vergleich mitherangezogen, deren Ziel es war, die technisch/wirtschaftlichen Potentiale zukünftiger Turmkraftwerke zu untersuchen. Diese Studie wurde von SANDIA National Laboratories in Albuquerque/N.M. (USA) und DLR-Köln unter maßgeblicher Beteiligung der Firma Interatom erarbeitet. Es wurden luft- und salzgekühlte Turmanlagen mit Blockleistungen von 30 MW_e und 100 MW_e untersucht. Diese Anlagen nutzen das technische Verbesserungspotential und Kleinserieneffekte zur Kostenreduzierung aus. Jahresenergieerträge und Stromerzeugungskosten wurden nach der gleichen Methode und für gleiche Randbedingungen wie in der vorliegenden Studie berechnet. Erste Konzeptvorschläge für volumetrische Receiver und Gasturbinen liegen vor [11], wurden jedoch noch nicht weiter verfolgt.

o Dish/Stirling-Anlagen

Die Referenzanlagen faßt Tabelle 2 zusammen. Die Großanlagen haben Leistungen von 1 MW_e, 10 MW_e, 30 MW_e und (für reine Vergleichszwecke) 100 MW_e; sie sind modular aus 10 kW_e SBP-Dish/Stirling-Einheiten aufgebaut. Umfangreiche Betriebserfahrungen und abgesicherte Kosten des 10 kW_e Basis-Dish/Stirling-Systems legten diese Wahl nahe. Die betrachteten Anlagen erreichen im reinen Solarbetrieb Kapazitätsfaktoren von 24 % bis 26 %.

Tabelle 2: Definition der Dish/Stirling-Referenzanlagen

Dish/ Stirling	Receiver (Kühlung)	Aperturfläche (m^2)	obere Prozeßtemperatur (°C)	Meßdaten des Jahres
8 kW SBP	Rohr (Helium)	44	500	1990
25 kW MDAC	Rohr (Wasserstoff)	87	720	1985/86
1 MW SBP[1)]	Rohr (Helium)	4.639	525	-
10 MW SBP[1)]	Rohr (Helium)	44.179	580	-
30 MW SBP[1)]	Rohr (Helium)	126.218	620	-
100 MW SBP[1)]	Rohr (Helium)	401.704	650	-

1) Jeweils erste und n-te Anlage

Die Varianten "erste" und "n-te Anlage" unterscheiden sich in ihren Investitionskosten (Großserienfertigung bei n-ten Anlagen) und nur geringfügig bezüglich der Anlagentechnik (Entwicklungsziele bei n-ten/Anlagen).

Man kann davon ausgehen, daß der für Dish-Anlagen typische Einsatz für die dezentrale Versorung ländlicher u. abgelegener Verbraucher mit Blockleistungen deutlich unter 30 MW_e liegen dürfte. Der Leistungsbereich oberhalb von 30 MW_e wurde nur zu reinen Studienzwecken untersucht, um zu versuchen, die weitere Kostenentwicklung in dem Leistungsbereich aufzuzeigen, wo typischerweise Turm-, Farm- und Aufwind-Kraftwerke angesiedelt sind.

Für die Vergleichsstudien wurden Dish/Stirling-Anlagen mit fossiler Zufeuerung (Hybridbetrieb) nicht untersucht. Dieser Betrieb ist prinzipiell möglich und würde Dish/Stirling-Anlagen, ähnlich Turm- und Farmanlagen, wirtschaftliche Vorteile bieten.

o Aufwind-Kraftwerke

Tabelle 3 stellt die Referenzanlagen zusammen. Es werden Blockleistungen von 5 MW_e, 10 MW_e und 100 MW_e untersucht. Die 5 MW_e Leistungsgröße erscheint unter wirtschaftlichen Aspekten nicht attraktiv, wurde jedoch mit einbezogen, um die Kostenentwicklung in dem Leistungsbereich unterhalb von 30 MW_e aufzuzeigen, wo typischerweise die Dish/Stirling-Anlagen angesiedelt sind. Entsprechende technische Daten und Kosten konnten aus der SBP-Studie [12] übernommen werden. Die Varianten "erste" und "n-te Anlage" unterscheiden sich in ihren Investitionskosten (Lern- u. Serieneffekte), sind aber bezüglich der Anlagentechnik identisch. Die untersuchten Anlagen erreichen Kapazitätsfaktoren von 31 % bis 33 %.

Erfahrungen und umfangreiche Meßdaten liegen aus dem Betrieb der 50 kWe Manzanares-Anlage vor, die hier jedoch nicht ausgewertet wird.

Tabelle 3: Definition der Aufwind-Kraftwerks-Referenzanlagen

Aufwind-Kraftwerk	Turmhöhe/ -radius (m)	Kollektor-radius (m)	Anzahl Turbinen
5 MW SBP[1]	445/27	500	33
30 MW SBP[2]	750/42	1000	35
100 MW SBP[2]	950/58	1700	36

1) Erste Anlage
2) Erste und n-te Anlage

Alle betrachteten solarthermischen Technologien verbrauchen für Kühlungszwecke keine Wasserressourcen, was für ihren Einsatz in ariden Zonen von Bedeutung ist. Technologien mit Wärmekraftmaschinen nutzen die trockene Rückkühlung, führen also die Abwärme an die Umgebungsluft mittels Wasser/Luftwärmetauschern ab.

4. Vergleichsmethode

Ausgehend von weitgehend gleichen Randbedingungen, wurden die o.g. Referenzanlagen untereinander mit einheitlichen Methoden verglichen. Schwerpunkte waren dabei:

- o Technik (Leistungs- und Energieflüsse) mit Hilfe der Simulationsprogramme SOLERGY [16, 17] und SEGS Performance Model der Firma Flachglas Solartechnik [4] sowie des AWK-Simulationsprogramms von SBP [3, 12] für einheitliche Wetterdaten (Standort Barstow in Kalifornien).

- o Kosten (Anlage-, Betriebs- und Stromerzeugungskosten) mit Hilfe des Kostenprogramms STERKO der Firma Siemens/KWU [1] und einheitlicher finanzmathematischer Eingangsdaten.

Der Standort Barstow wurde wegen der dort im Detail aufgezeichneten und auch verfügbaren Wetter-/Einstrahlungsdaten (Direkt- und Globalstrahlung) als Vergleichsstandort gewählt. Dieser Standort mit einer jährlichen Direkteinstrahlung von ca. 2370 kWh/m^{2}a (1984/schlechtes Jahr) bis 2850 kWh/m^{2}a (1976/gutes Jahr; Globalstrahlung 2300 kW/m^{2}a) wird als repräsentativ für große kommerzielle Kraftwerke im Sonnengürtel der Erde angesehen.

Technischer Vergleich (Leistungs- und Energieflüsse)

Für einen Vergleich ist die Einschätzung der Leistungsfähigkeit von Solaranlagen nur auf der Basis von Jahresenergieerträgen unter Berücksichtigung realer direkter Einstrahlungsdaten sinnvoll. Daher stützt sich der Vergleich der verschiedenen Anlagentechniken auf energetische Kenngrößen, die mit Hilfe der o.g. Rechenprogramme zur wirklichkeitsnahen Simulation des ganzjährigen Betriebes

gemessener Barstow-Wetterdaten für die Jahre 1976 (als Beispiel für überdurchschnittliche Einstrahlung) und 1984 (als Beispiel für unterdurchschnittliche Einstrahlung) ermittelt wurden. Die daraus resultierenden energetischen Bilanzen wurden analysiert, um die Unterschiede bezüglich der Jahresenergiegewinne, Input/Output-Darstellung, anlageninternen Wirkungsgradketten und Jahresnutzungsgrade herauszuarbeiten. Anhand des Datenmaterials können die typischen Unterschiede der Referenzanlagen aufgezeigt werden.

Das vorliegende experimentelle Datenmaterial reichte zum Teil nicht aus, um das unterschiedliche Betriebsverhalten (Leistungen, Jahresenergien) hinreichend zu kennzeichnen. Deshalb wurden die erforderlichen Informationen zum Betriebsverhalten und Jahresenergieertrag analytisch ermittelt. Wie ein Vergleich zwischen analytischen (simulierten) Daten und echten Betriebsdaten zeigt, bilden die benutzten Simulationsprogramme den betrieblichen Ablauf gut ab.

Kostenvergleich (Stromerzeugungskosten)

Für den Vergleich wurden jeweils die mittleren Stromerzeugungskosten über die Abschreibungsdauer ermittelt. Die finanzmathematischen Randbedingungen sind für alle Referenzanlagen identisch. Wesentliche Parameter sind die Finanzierung mit 100% Fremdmitteln zu 7% Jahreszinsen, eine 20-jährige Abschreibungsdauer und durchschnittliche jährliche Personalkosten von 70 TDM pro Person. Sonstige Kosten, Versicherungen und Preissteigerungsraten wurden berücksichtigt, Steuern dagegen in allen betrachteten Fällen vernachlässigt (vergl. Tabelle 4).

Die in den Kostenvergleich eingehenden Jahresnettoenergieerträge wurden mit den Simulationsprogrammen einheitlich für das meteorologische Referenzjahr 1976 in Barstow ermittelt.

Tabelle 4: Finanzmathematische Randbedingungen [1]

- Kostenbasis	Dezember 1989
- Bauzeit	Turm: 2,25 - 3 Jahre Farm: 1 Jahr Dish/Stirling: 0,5 - 1,5 Jahr Aufwind: 0,75 - 1 Jahr
- Betriebsbeginn	1992 (1, 5, 10, 30 MWe) 1993 (80/100/200 MWe)
- Anlagenkosten	direkte und indirekte Kosten (ohne kommerzielle Overheads, keine Marktpreise)
- Fremdkapitalein⁄satz	100%
- Zinsfuß (Errichtung, Betrieb)	7%/a
- Eskalationsrate für Mehrkosten	2,5%/a
- Eskalationsrate für Lohnkosten	4,0%/a
- Abschreibungsdauer	20 Jahre
- Kapitalsteuersatz	0%/a
- Einkommensteuersatz	0%/a
- Versicherungssatz (Errichtung)	0,7%/a
- Versicherungssatz (Betrieb)	0,4%/a
- Eskalationsrate für Versicherung	3%/a
- Instandhaltungskosten	in % der direkten Anlagenkosten
- Personalkosten	70.000 DM/MJ
- Eskalationsrate für Personalkosten	4,5%/a
- Eskalationsrate für Wartungs- + Betriebskosten	4%/a
- Brennstoffpreis (Schweröl, 11,4 kWh/kg)	155 DM/Mg
- Eskalationsrate für Brennstoff	5%/a
- Kosten für sonstige Verbräuche	0,001 DM/kWh
- Eskalationsrate für sonstige Verbräuche	3%/a

Die Anlagenkosten (direkte plus indirekte Kosten, **nicht** Marktpreise) und Betriebskosten wurden aus vorhandenen Unterlagen und vorliegenden Untersuchungen zusammengestellt:

- o für Farmanlagen von Flachglas Solartechnik weitgehend auf der Basis gebauter Anlagen [4, 7]

- o für Turmanlagen von der PHOEBUS-Arbeitsgruppe auf der Basis der PHOEBUS-Projektstudie [10] und von Studienergebnissen [8, 9, 18]

- o für Dish/Stirling-Anlagen vom Büro SBP anhand der langjährigen Datensammlung und der SBP-Dish-Bauprojekte/-Studien [5]

- o für Aufwind-Kraftwerke vom Büro SBP und Interatom auf der Basis der Manzanares-Anlage und der Aufwind-Kraftwerk-Studien (in die auch Kosteninformationen gebauter Windenergiekonverter einflossen) [12].

Die Kosten sind in [1 bis 5 und 12] im Detail aufgeführt.

Entsprechende Daten für die 2. Turmgeneration [14, 15] wurden von den Firmen SANDIA National Laboratories für salzgekühlte Anlagen auf Basis der Salzanlagenstudien [8, 9] sowie von Interatom und DLR für luftgekühlte Anlagen auf der Basis der PHOEBUS-Studie [10] erarbeitet; sie sind im Detail in [15] dokumentiert.

Im Falle von Hybridbetrieb ergeben sich Brennstoffkosten aus dem Verbrauch (Ergebnis der energetischen Simulationsrechnungen) und dem angenommenen Weltmarktpreis für den Referenzbrennstoff schweres Heizöl mit 155 DM/10^3 kg (Ende 1989, entsprechend 12$/barrel).

Für den Betrieb der Vergleichsanlagen wurde eine vereinfachte Strategie ohne Berücksichtigung von Stromtarifen und Stromerlösen zugrundegelegt. Das bedeutet:

- o Das Netz übernimmt die produzierte elektrische Energie uneingeschränkt.
- o Die Anlagen nutzen das Solarenergieangebot vollständig und setzen es unabhängig von Tarifzeiten in Strom um.
- o Die Anlagen laufen sowohl im reinen Solarbetrieb mit und ohne Speicher als auch im solar/fossilen Mischbetrieb (Hybridbetrieb).
- o Rein fossiler Betrieb ist nicht vorgesehen; soweit erforderlich wird fossile Energie zum Hybridbetrieb innerhalb bestimmter Tageszeiten am Nachmittag bzw. am Abend als Zusatzfeuerung eingesetzt.

Die aus der Studie resultierenden Stromerzeugungskosten dienen ausschließlich dem Vergleich der Anlagen, um Relationen und Trends aufzuzeigen.

Für eine anwendungsbezogene Wirtschaftlichkeitsstudie einer zu bauenden Anlage müßten Marktpreise und Betriebsstrategien unter Berücksichtigung von Stromtarifen und Stromerlösen sowie die jeweiligen Rahmenbedingungen der Finanzierung berücksichtigt werden.

5. Ergebnisse des technischen Vergleiches

Im folgenden werden die wichtigsten Ergebnisse des technischen Vergleiches zusammenfassend vorgestellt; über Teile wurde bereits auf zwei internationalen Tagungen (ohne Aufwind-Kraftwerk) berichtet [19, 20].

Die Ergebnisse werden gegliedert nach:

- o Input/Output Kennlinien für
  - gebaute Anlagen
  - Anlagensimulationen
- o Wirkungs- und Nutzungsgrade
- o Betriebsverhalten (gemäß Simulationsrechnungen).

Es werden zunächst Turm-, Farm- und Dish/Stirling-Anlagen vergleichend gegenübergestellt. Im Anschluß daran werden die Aufwind-Kraftwerke wegen ihres völlig anderen Arbeitsprinzips gesondert beschrieben.

5.1 Turm-, Farm- und Dish/Stirling-Anlagen

Gebaute Anlagen

Als aussagekräftige Darstellung des Verhaltens solarthermischer Kraftwerke hat sich die Korrelation der Tagessummen der von der Anlage erzeugten Nettoenergie (bezogen auf die Aperturfläche des Reflektorfeldes) mit den Tagessummen der direkten normalen Einstrahlung erwiesen (sogenannte Input/Output-Charakteristik). Diese Charakteristik kennzeichnet die "Güte" der Anlage bei der Umsetzung der einfallenden Strahlungsenergie zur abgegebenen Nettoenergie, d.h. sie gibt Auskunft über den Nutzungsgrad. Die dazu notwendigen Daten werden beim Betrieb der Anlagen kontinuierlich gemessen. Bild 6 zeigt die Input/Output-Charakteristik für die drei ersten Technologien am Beispiel von SOLAR ONE, SEGS III und MDAC[1]-Dish/Stirling an Tagen mit reinem Solarbetrieb. Man erkennt den Meßdaten-Punktehaufen, aus dem mittels einer Regressionsanalyse eine Anlagenkennlinie ermittelt wurde, deren Abszissendurchgang den Einstrahlungsschwellwert für den Beginn der positiven Nettoenergieproduktion kennzeichnet. Mit der in Bild 6 eingezeichneten gestrichelten Linie wird gezeigt, wie gut die jeweils durch Simulationsrechnung erzeugte Regressionsgerade mit der Praxis übereinstimmt.

Folgende wesentlichen Aussagen ergeben sich aus den Kennlinien in Bild 6:

- Die beste Anlagencharakteristik hat das MDAC-Dish/Stirling-System; sie repräsentiert solaren Betrieb ohne Systemstörungen und -ausfälle.

- Die Charakteristik von SOLAR ONE zeigt etwas schlechtere Ergebnisse als SEGS III. Gründe hierzu sind bei der nicht-optimalen Auslegung von SOLAR ONE als Prototypanlage zu suchen, die vor allem zu hohen Stillstands- und Startverlusten führte. Bei der SEGS III-Anlage konnten Erfahrungen aus Bau und Betrieb der vorangegangenen Anlagen SEGS I und II bereits verwertet werden. Es liegen nicht alle Tagesdaten eines Kalenderjahres für SOLAR ONE und SEGS III vor.

---

[1] MDAC = McDonnel Douglas Co./USA

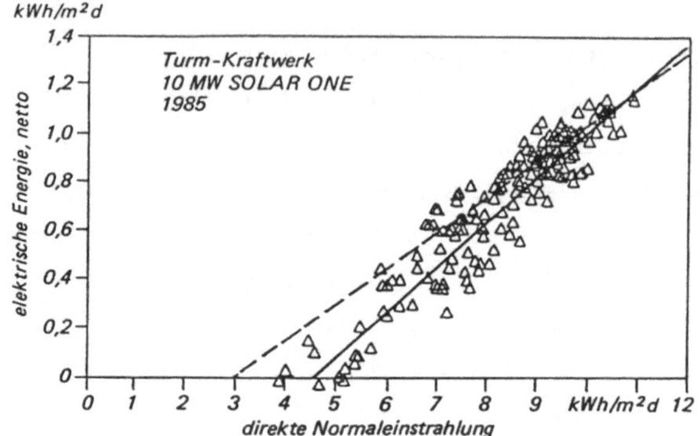

Turm: 10 MW SOLAR ONE (1985), Quelle: SANDIA

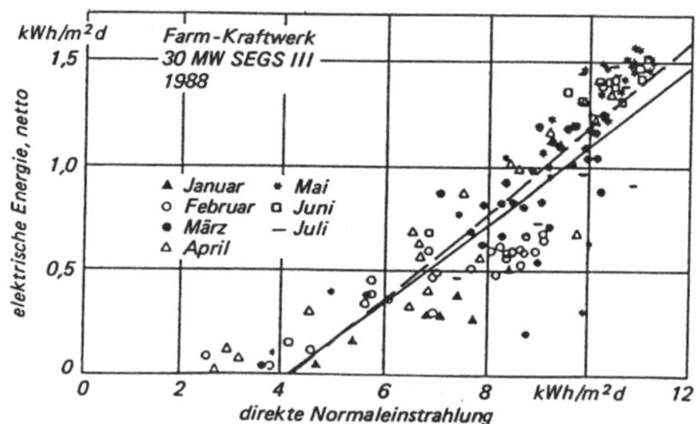

Farm: 30 MW SEGS III (1988), Quelle: Flachglas Solartechnik

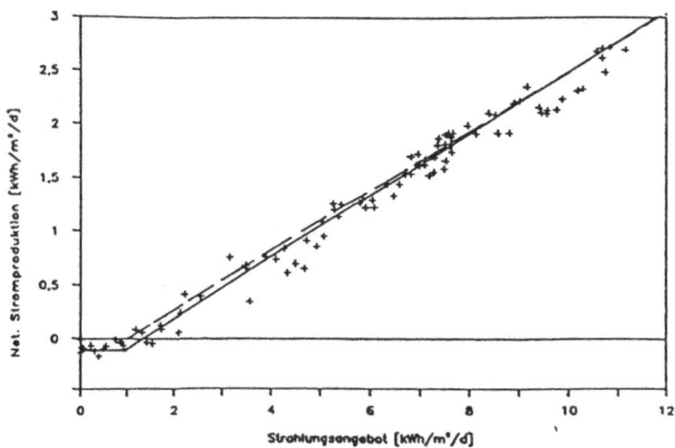

Dish/Stirling: 25 kW MDAC (1985/86), Quelle: MDAC

__Bild 6:__ Input/Output Charakteristik gebauter Turm-, Farm- und Dish/Stirling-Anlagen für Tage mit reinem Solarbetrieb (Regressionsgerade:—— aus Meßwertanalyse, - - - aus SOLERGY-Simulation) [1, 2, 4]

- o Während die Kennlinie durch Simulation bei Farm- und Dish/Stirling-Anlagen gut mit der gemessenen Linie übereinstimmt, erkennt man bei SOLAR ONE eine deutliche Abweichung. Dies ist hauptsächlich begründet mit den im Simulationsprogramm vorgegebenen Betriebsweisen, aus denen eine dem Wetter besser angepaßte Betriebsführung (z.B. bzgl. bewölkungsbedingter Startverzögerungen oder Betriebspausen) resultiert, als tatsächlich vom Operateur ausgeführt.

- o Vergleicht man die Kennlinien der 30 MW_e SEGS Anlagen III, IV, V und SOLAR ONE miteinander (Bild 7) wird noch deutlicher, wie ähnlich deren Charakteristiken sind. Zusätzlich zeigt Bild 7 die gute Übereinstimmung der Kennlinie aus Simulationsrechnungen, wenngleich die Simulationsrechnungen das tatsächliche Betriebsverhalten leicht überschätzen.

Tabelle 5 zeigt Jahresnutzungsgrade von SOLAR ONE, SEGS III - V und MDAC-Dish/Stirling, die aus den gemessenen Daten (Bild 6) für das betreffende Meßjahr und für Barstow (1976) bzw. Almeria (1983) abgeleitet wurden.

Tabelle 5: Jahresnutzungsgrade gebauter solarthermischer Anlagen im reinen Solarbetrieb (100 % Verfügbarkeit) [19]

Anlage	Betriebsjahr	Einstrahlung [kWh/m²a]	Jahresnutzungsgrade [%]		
			Messungen für Betriebsjahr	Simulation für Standort Barstow 1976 (2850 kWh/m²a)	Almeria 1983 (1960 kWh/m²a)
SOLAR ONE	1985	2500	6,2	7,7	2,7
SEGS III	1988	2717	8,3	8,8	4,2
SEGS IV	1988	2717	8,3	8,9	3,9
SEGS V	1988	2717	7,8	8,4	3,4
MDAC-Dish	1985/86	2500	23,2	23,9	21,7

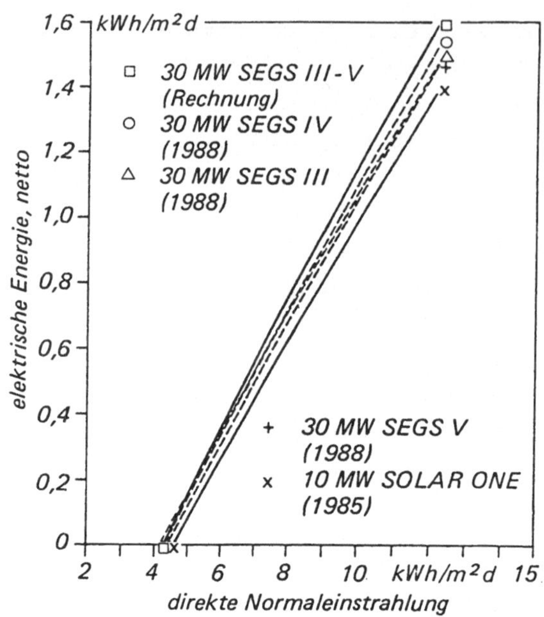

Bild 7: Vergleich der Regressionsgeraden der Farmanlagen SEGS III - V (1988) und Turmanlage SOLAR ONE (1985) im reinen Solarbetrieb auf der Basis gemessener Werte mit Simulationsrechnungen für die Farmanlagen SEGS III - V [1]

Zu Vergleichszwecken wurde eine 100 %-ige Anlagenverfügbarkeit angenommen. Man erkennt die deutliche Überlegenheit des Dish-Systems, das betrieblich unmittelbar der Sonneneinstrahlung folgt. Für Turm- und Farmanlagen macht sich bei äquatorferneren Standorten der starke Einfluß des schlechten Schwellwertes für den Beginn der positiven Nettoenergieerzeugung, d.h. ihr schlechteres Startverhalten bei niedriger Einstrahlung gegenüber dem Dish-System, bemerkbar.

An den Nutzungsgradeinbußen bei schlechterer Einstrahlung wird deutlich, daß Turm- und Farmanlagen nur an Standorten mit hoher Direkteinstrahlung (> 2000 kWh/m^2a bzw. > 6 kWh/m^2d) akzeptable Betriebsbedingungen finden können, während Dish-Systeme bzgl. der Einstrahlungsbedingungen bei der Standortwahl wesentlich flexibler sind.

Simulierte Anlagen

Von allen simulierten Anlagenvarianten sind nur die Turm- und Farmanlagen mit einem Energiespeicher ausgerüstet. Bis jetzt gebaute SEGS-Anlagen werden ohne Energiespeicher betrieben.

Bild 8 zeigt die Input/Output-Charakteristiken der drei untersuchten Anlagentypen, beispielhaft für die mit dem SOLERGY-Programm simulierten 30 MW_e Referenzanlagen PHOEBUS, SEGS VIIA und SBP-Dish/Stirling. Auf der linken Bildseite werden die 365 Tagesenergiepunkte und die zugehörigen Regressionsgeraden gezeigt, während rechts die Regressionsgeraden für verschiedene Anlagenvarianten vergleichend zu sehen sind.

Aus Bild 8 ergeben sich folgende Aussagen:

- o Während Turm- und Dish/-Stirling-Anlagen die Einstrahlung nahezu linear in elektrische Energie umwandeln, verläuft dieser Prozeß bei der SEGS-Anlage in einer ausgeprägten S-Form.
  Der physikalische Grund ist bei den jahreszeitlich unterschiedlichen Kollektorfeldwirkungsgraden (Kosinus-Verluste) zu suchen. Das später diskutierte Bild 9 verdeutlicht dieses systembedingte Verhalten von Rinnenkollektoren mit Nord-Süd-Ausrichtung.

- o Im Gegensatz zu den anderen Technologien zeigen die Kennlinien von Turmanlagen nahezu gleichartiges Verhalten, unabhängig von der Leistungsgröße und von dem verwendeten Wärmeträgermedium.

- o Sofern man nur den Nulldurchgang der Regressionsgeraden betrachtet, würden die hier untersuchten Farmanlagen im Vergleich zu den Turmanlagen für eine positive Tagesnettoenergiebilanz einen höheren Einstrahlungsschwellwert benötigen. Der genaue Vergleich der Primärdaten im Bereich der täglichen Einstrahlungsschwellwerte von 1 bis 3 kWh/m^2 zeigt jedoch, daß hier die betrachteten Farm- und Turmanlagen vergleichbare Tagesenergien erzeugen können.

- o Farm- und Dish/Stirling-Anlagen besitzen wegen systembedingter besserer Kollektorfeldwirkungsgrade (kurze Brennweite, geringere Streuverluste) eine steilere Kennlinie als Turmanlagen.

- o Unterschiedliche Jahreseinstrahlungsenergien beeinflussen die Kennlinien von Turm- und Farmanlagen unerheblich, was in Bild 7 deutlich wird.

- o Der Einfluß der Leistungsgröße auf die Kennlinien der 30 MW_e und 100 MW_e Turmanlagen ist unbedeutend; auch die unterschiedlichen Anlagentechniken (Arbeitsmedien: Luft, Salz, Wasser/Dampf) haben nahezu keinen Einfluß.

- o Farmanlagen unterschiedlicher Leistungsgröße weisen bemerkbare Unterschiede bei den Kennlinien auf. Der Einsatz von LS-4 Kollektoren verbessert im Erfolgsfall die Charakteristik der Farmanlagen deutlich.

- o Bei Dish/Stirling-Anlagen unterschiedlicher Leistungsgrößen zeigen sich normalerweise nur geringe Unterschiede bei den Kennlinien, solange der gleiche Typ betrachtet wird. Die Unterschiede bei SBP-Dish/Stirling-Anlagen unterschiedlicher Leistung sind auf die kontinuierlich eingeführten Verbesserungen bei der Auslegung und beim Betrieb zurückzuführen.

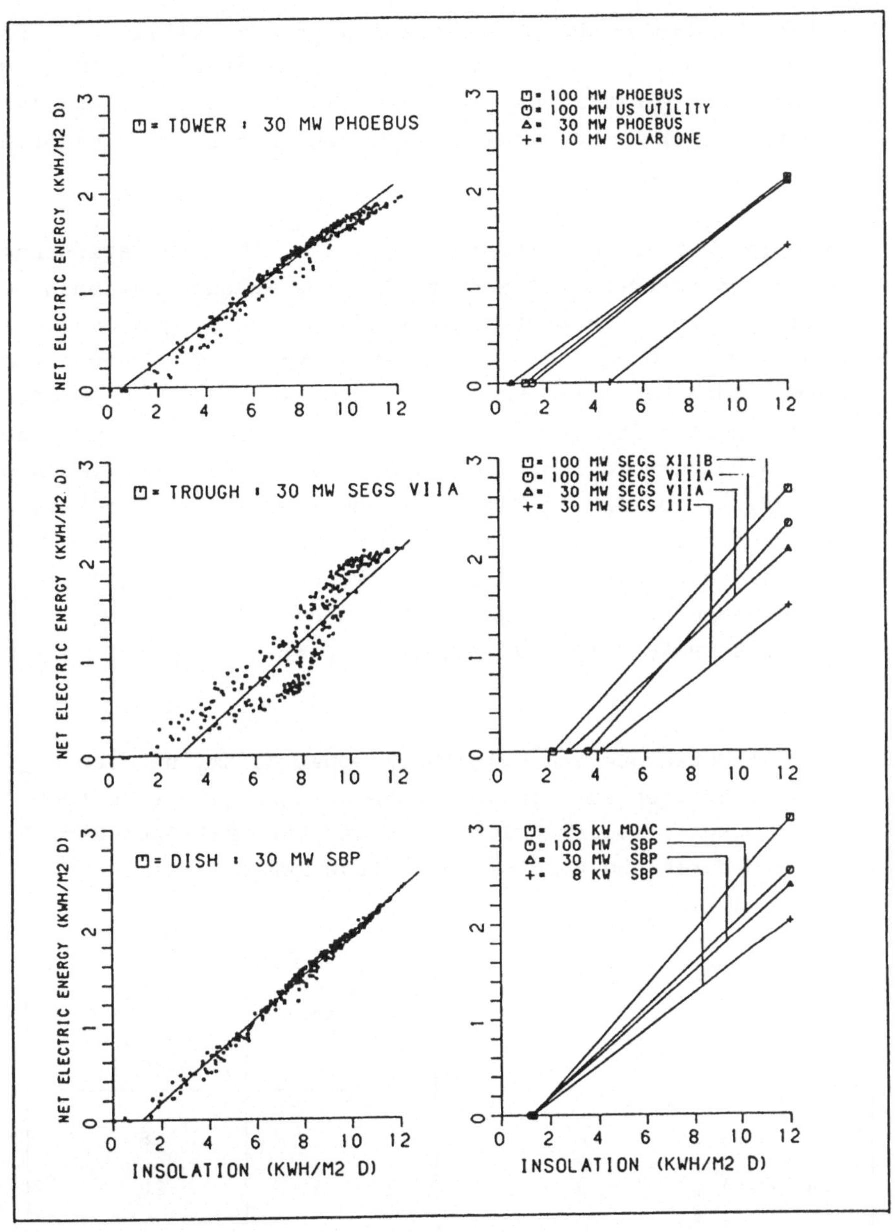

<u>Bild 8:</u> Input/Output-Charakteristiken von Turm-, Farm- und Dish/Stirling-Anlagen (Simulation für Einstrahlung Barstow 1976, reiner Solarbetrieb) [19]

o Die Kennlinien der Dish/Stirling-Anlagen zeigen gegenüber den anderen Systemen die beste Charakteristik über dem gesamten Einstrahlungsbereich. Der niedrige Schwellwert verdeutlicht die guten Starteigenschaften bei niedrigen Einstrahlungswerten.

Tabelle 6 faßt die Nutzungsgrade der mit Simulationsrechnungen untersuchten 30 MWe und 100 MWe Anlagen zusammen. Wie bereits vorn für gebaute Anlagen, wurde zu Vergleichszwecken eine Verfügbarkeit von 100 % angenommen. Mit Ausnahme der Turmanlagen steigen die Jahresnutzungsgrade mit größerer Leistungseinheit. Bei Turmanlagen dominiert der mit wachsenden Feldern fallende Feldwirkungsgrad. Beim Vergleich der Dish-Werte von SBP in Tabelle 6 und MDAC in Tabelle 5 ist zu berücksichtigen, daß die besseren Nutzungsgrade des MDAC-Dish auf die besseren Stirlingwirkungsgrade aufgrund höherer Prozeßtemperaturen zurückzuführen sind (SBP-Stirling η peak = 30,5 %, MDAC-Stirling η peak = 42 %).

Tabelle 6: Nutzungsgrade solarthermischer 30 MW_e und 100 MW_e Anlagen aus Simulationsrechnungen (100 % Verfügbarkeit, Solarbetrieb, Turm und Farm mit Speicher, Einstrahlung Barstow 1976: 2850 kWh/m^2a) [19]

Anlage	Einstrahlungs-schwellwert [kWh/m^2d]	Jahres nutzungs-grad [%]	Bester Tages-nutzungs-grad [%]
Turm	1 - 2	16 - 17	18
Farm: LS-3	1 - 3	15 - 16	20
LS-4	1 - 3	19 - 20	24
Dish (SBP)	1 - 1,5	19 - 20	21

Die tatsächlich erzielbaren Jahresnutzungsgrade ergeben sich unter Berücksichtigung der jeweils gewählten systemtypischen Ausfallzeiten, was zu unterschiedlichen Anlagenverfügbarkeiten führt (Turm- und Farmanlagen: 90 % bis 95 %, Dish/ Stirling-Anlagen: 95 % bis 98 %). Im Betrieb haben SEGS-Anlagen Verfügbarkeiten >90 % und hat SOLAR ONE im letzten Betriebsjahr eine Verfügbarkeit von 95 % im Verbundbetrieb mit dem Netz der Southern California Edison nachgewiesen.

Die Ergebnisse der Studien machen den Vergleich von Wirkungsgraden bis auf Untersystem-Ebene möglich, was zum Verständnis der unterschiedlichen Jahresnutzungsgrade führt. Im Leistungsbereich oberhalb von 100 MW_e wird sich der vorher beschriebene Trend zum Verlauf der Jahresnutzungsgrade fortsetzen. Bei Farmanlagen kommt durch die Modularität des Kollektorfeldes (konstanter Feldwirkungsgrad) die effektivere Turbine bei größeren Blockleistungen zum Tragen, während bei Turmanlagen die Feldverluste zunehmen und auch eine effektivere Turbine diese Verluste nicht kompensieren kann.

Die Ausnutzung des Wirkungs- bzw. Nutzungsgrad-Potentials von Turmanlagen wird voraussichtlich erst durch vollständige Nutzung der gegenüber Farmanlagen wesentlich größeren Exergie am Receiverausgang möglich sein. Das setzt voraus, daß die hohen Prozeßtemperaturen mit einem Potential von 800 °C bis etwa 1200 °C in einem Gasturbinenprozeß bzw. einem kombinierten Gas- und Dampfturbinenprozeß (GuD) direkt genutzt werden können und nicht auf die Erfordernisse der verwendeten Dampfturbinen (Rankine-Prozeß) devaluiert werden müssen. Hierbei setzen Prozeßtemperaturen bis 1200 °C jedoch die Entwicklung von Schlüsselkomponenten (volumetrischer Receiver, Energiespeicher) voraus wie auch die damit verbundene Lösung von Materialproblemen (Hochtemperaturbereich, solarspezifische Temperaturgradienten, Materialermüdung, Keramikstrukturen, usw.).

Erste Untersuchungen und Entwicklungsarbeiten hierzu wurden im Rahmen des GAST[1)]-Technologie Programms [21, 22] gemacht. Jedoch wurden sowohl beim GAST-Basiskonzept mit metallischem Rohrreceiver (Gastemperatur bis 800 °C) als auch beim fortgeschrittenen Konzept mit keramischem Rohrreceiver (optimale Gastemperatur 1000 °C bis 1100 °C) auf die Einplanung eines thermischen Energiespeichers verzichtet, weil geeignete Speicherkonzepte nicht verfügbar waren. Stattdessen war die hybride Fahrweise mit Zusatzfeuerung vorgesehen, die beim solarisierten GuD-Prozeß "Fuel-Saver"-Betrieb bedeutet. Die technologischen Möglichkeiten, die der Einsatz des volumetrischen Receivers und des Hochtemperatur-Energiespeichers für den GuD-Prozeß bieten, sollten bei zukünftigen Konzeptstudien berücksichtigt werden.

Bild 9 illustriert an Beispielen untersuchter 30 MW_e Anlagen den für das jeweilige Konzept typischen Jahresgang der monatlichen Anlagennutzungsgrade, der hauptsächlich durch die unterschiedlichen Verläufe der Kollektorfeldwirkungsgrade verursacht wird:

- Farmanlagen zeigen einen deutlich ausgeprägten Jahresgang, was hauptsächlich mit den Kosinusverlusten (auf der nördlichen Erdhalbkugel: hoch im Winter, niedrig im Sommer) der Nord-Süd-ausgerichteten Kollektoren begründet ist. Dieser Jahresgang zeigt sich auch im Bild 8 an der typischen S-Form des Tagesenergie-Punktfeldes. Diesem Effekt kann durch elevative Anstellung der Rinnen entgegengewirkt werden, was jedoch zu höheren Kollektorfeld-Kosten führt.

---

1) GAST = Gasgekühltes Sonnenturm-Kraftwerk

o Bei Turmanlagen machen sich im Sommer systembedingt etwas höhere Kosinusverluste als im Winter negativ bemerkbar, weil die Heliostaten die hochstehende Sonne nur mit flachen Einfallswinkeln auf den feststehenden und zur Sonne vergleichsweise niedrigen Receiver reflektieren. Ein Heliostatfeld, das kreisförmig um den Turm angeordnet ist, hat bessere Sommereigenschaften als ein nördlich des Turms aufgestelltes Feld.

o Kollektor/Receivereinheit der Dish/Stirling-Anlagen können der Sonne zu jeder Jahreszeit zweiachsig folgen und setzen das momentane Strahlungsangebot ohne Kosinusverluste nahezu verzögerungsfrei in elektrische Energie um, woraus sich ein ausgeglichener Jahresgang und beste Nutzungsgrade ergeben.

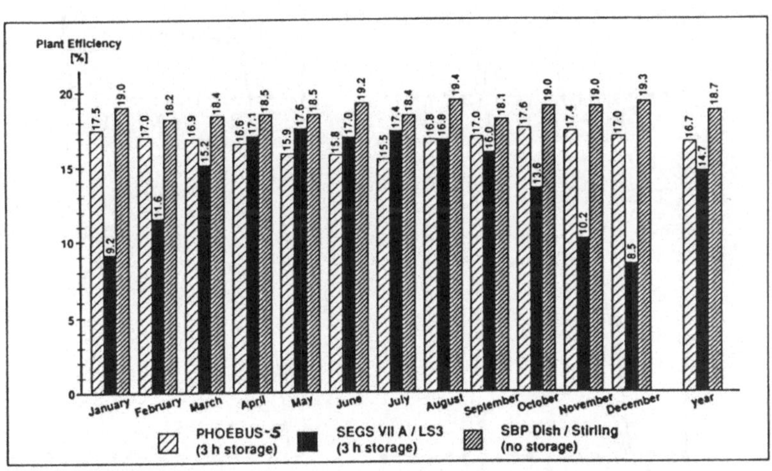

Bild 9: Monatliche Anlagennutzungsgrade solarthermischer Anlagen (30 MW_e Anlagenbeispiele, 100 % Anlagenverfügbarkeit, Einstrahlung Barstow 1976) [2]

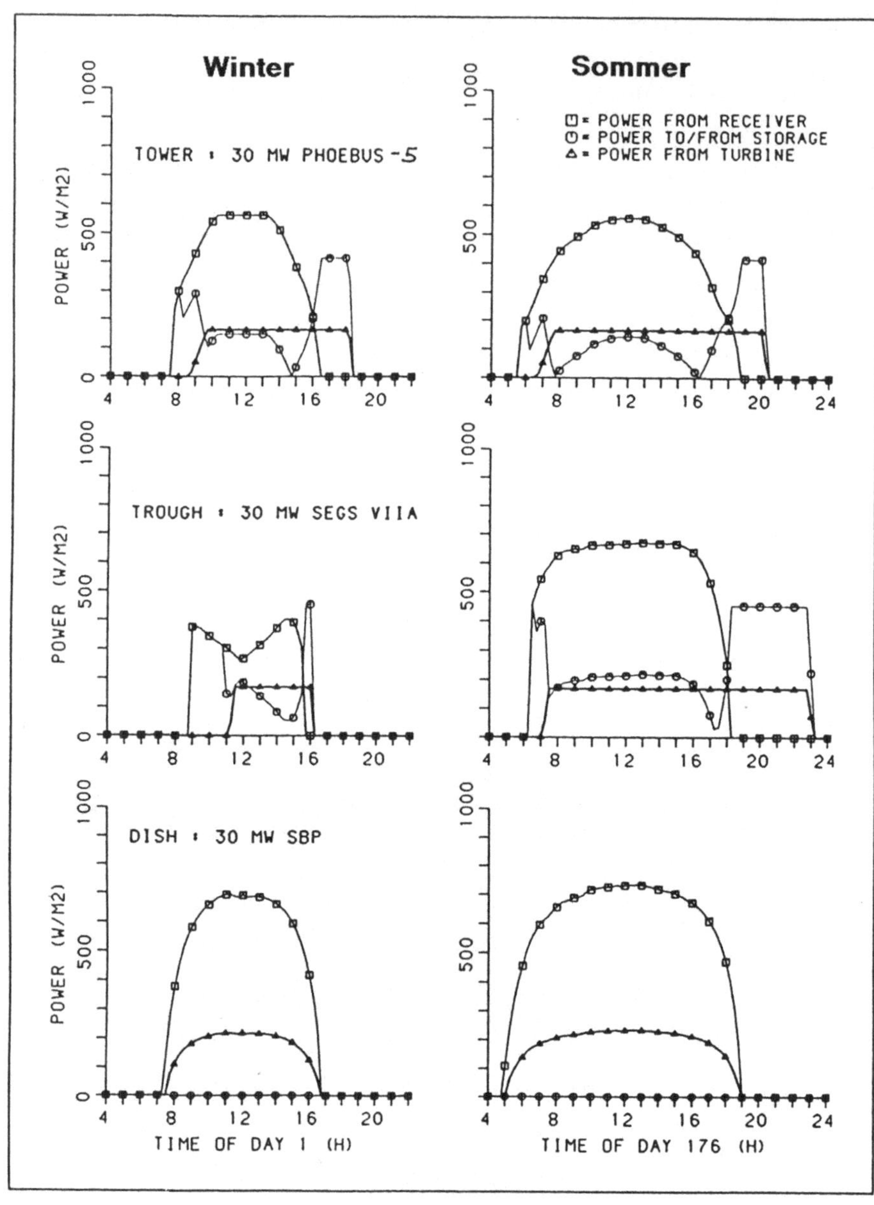

Bild 10: Betriebsverhalten solarthermischer 30 MW_e Anlagen an klaren Tagen im Sommer und Winter (SOLERGY-Ergebnisse; Einstrahlung Barstow Juni 1976 und Januar 1976) [19]

Bild 10 illustriert das unterschiedliche Betriebsverhalten der drei Anlagenkonzepte für ausgewählte typische klare Tage. Aufgetragen ist die erzeugte Leistung (bezogen auf m^2 Kollektoraperturfläche) über der Tageszeit, jeweils für den Winter und Sommer. Aufgetragen sind die Leistungen an den verschiedenen Untersystem-Schnittstellen. Folgendes läßt sich erkennen:

- o Turmanlagen zeigen nahezu keine jahreszeitliche Abhängigkeit der Betriebscharakteristik, abgesehen von den natürlichen Veränderungen der täglichen Sonnenscheindauer.

- o Bei Farmanlagen fällt die verhältnismäßig wesentlich schlechtere Leistungserzeugung im Winter auf, die bereits im Zusammenhang mit Bild 8 und 9 diskutiert wurde. Zur Mittagszeit fällt die niedrigstehende Sonne am flachsten in die horizontal ausgerichteten Rinnenkollektoren mit entsprechend höchsten Kosinusverlusten. Im Sommer kehren sich die Effekte zur positiven Seite um. Farmanlagen dieser Konzeption ohne Speicher haben somit wirtschaftliche Vorteile bei den Erlösen aus Tages-Spitzenlasttarifen im Sommer, wie von den SEGS-Anlagen in Kalifornien demonstriert wird.

- o Es wird das typische Betriebsverhalten des Dish/Stirling-Systems deutlich, das betrieblich unmittelbar der Einstrahlung folgen kann und an einem klaren Sommer- oder Wintertag seine Überlegenheit demonstriert.

5.2 Aufwind-Kraftwerke

Der technische Vergleich von Aufwind-Kraftwerken mit den Turm-, Farm- und Dish/Stirling-Anlagen wird aus folgenden Gründen erschwert:

- Völlig andere Arbeitsweise:
  Die kinetische Energie der Konvektionsströmung im Turm wird mittels Windturbinengenerator in elektrische Energie gewandelt.

- Andere Definition des Anlagenwirkungsgrades:
  Der Anlagenwirkungsgrad wird aus dem Verhältnis der potentiellen Energie der im Turm befindlichen Luftsäule zu deren Wärmeinhalt unter Umgebungsbedingungen abgeleitet.

Die hier verwendeten technischen Ergebnisse wurden im Rahmen der Aufwind-Kraftwerksstudie erarbeitet und sind im Schlußbericht [12] ausführlich dokumentiert. Die Ergebnisse werden im folgenden kurz zusammengefaßt:

- Beim Aufwind-Kraftwerk ergibt sich eine unmittelbare Wechselwirkung zwischen der Windturbinen-Leistungsentnahme und dem wärmespeichernden Kollektorboden sowie den Kollektorwärmeverlusten.

- Das Aufwind-Kraftwerk nutzt vergleichbar zum photovoltaischen System die Globalstrahlung (typische Werte gemessen auf der horizontalen Fläche in Barstow 1976: etwa 2300 kWh/m^2a; in Manzanares 1987 1725 kWh/m^2a).

- Die elektrische Jahresenergieausbeute steigt mit zunehmendem Kollektorradius und wachsender Turmhöhe (Bild 11), erreicht jedoch einen oberen Grenzwert (Maximum).

- Das experimentell gemessene Anlagenbetriebsverhalten (50 kW_e Manzanares-Experimentalanalge) ist mit dem von SBP entwickelten Simulationsrechenprogramm (Jahresenergien und Verläufe der Monatswerte bzw. Jahresgang) gut nachbildbar (Bild 12). Hierbei wird auch das transiente Betriebsverhalten gut wiedergegeben Bild 13 oberer Teil).

o Aufbauend auf diesen Ergebnissen wurde das Simulationsmodell von SBP auf große Anlagen erweitert. Die in Tabelle 3 aufgeführten Referenzanlagen wurden mit diesem Modell simuliert.

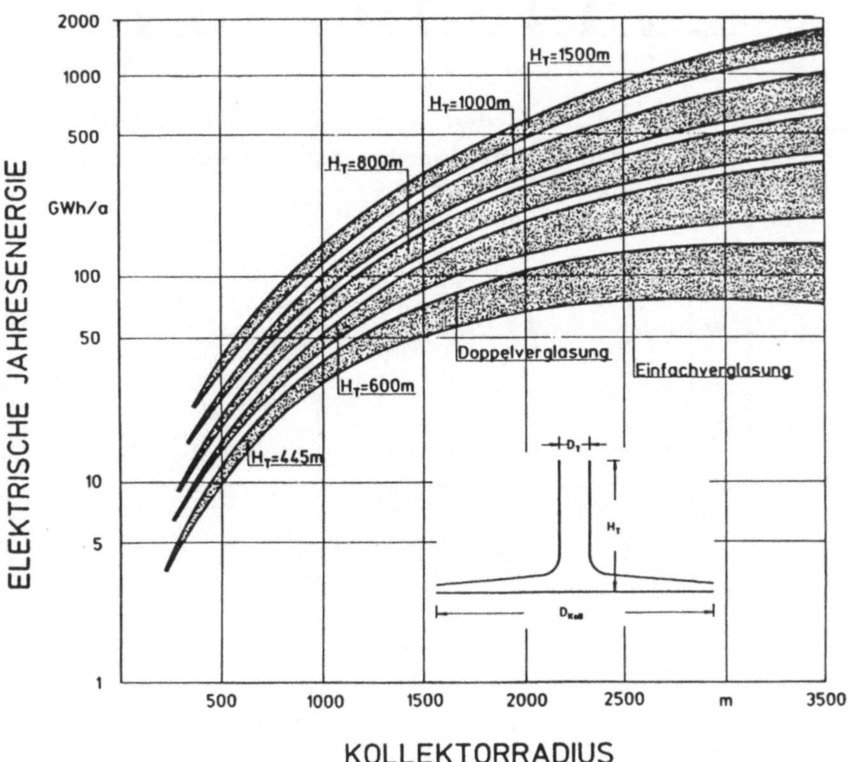

Bild 11: Elektrische Jahresenergie in Abhängigkeit des Kollektorradius bei verschiedenen Turmhöhen (Wetterdaten von Barstow 1976) [12]

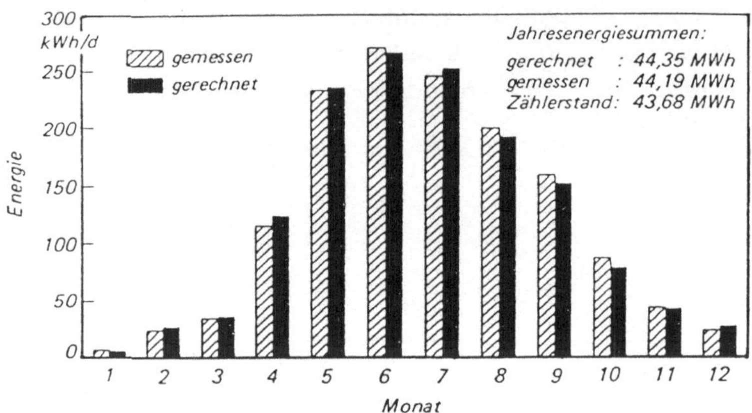

Bild 12: Vergleich zwischen den gemessenen und berechneten mittleren Monatsenergien der Manzanares-Anlage für das Jahr 1987 [12]

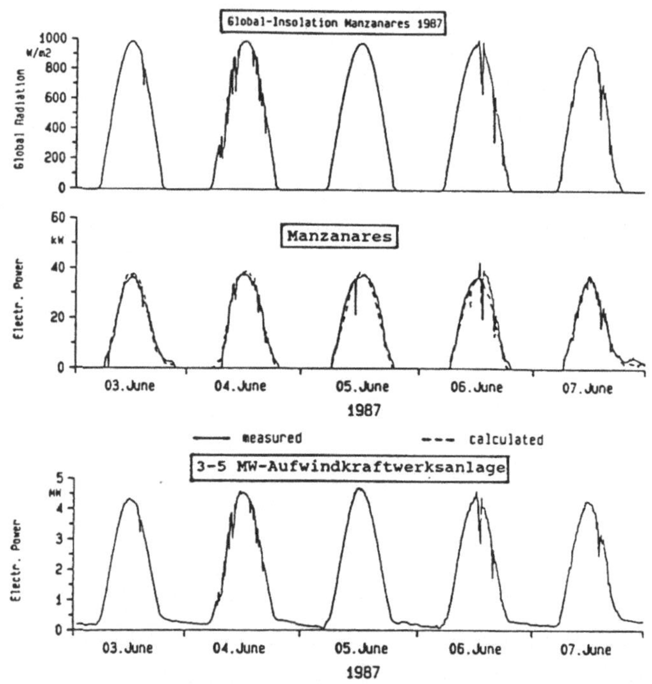

Bild 13: Vergleich des Betriebsverhaltens der Manzanares-Anlage und einer 3 - 5 MW_e Anlage unter identischen Einstrahlungsbedingungen [12]

- <u>Bild 14</u> zeigt die <u>Input/Output-Charakteristik</u> am Beispiel einer 30 MW_e Referenzanlage. Man erkennt die nahezu lineare Umsetzung der Strahlungsenergie in elektrische Energie und den mit Dish-Systemen vergleichbaren niedrigen Einstrahlungsschwellwert von etwa 1 kWh/m^2d.

- Für Barstow-Wetterbedingungen im Jahr 1976 ermittelte <u>Jahresnutzungsgrade</u> liegen bei 0,6 % (5 MW_e Anlage), 1 % (30 MW_e Anlage) und 1,3 % (100 MW_e Anlage), wobei 100 % Anlagenverfügbarkeit vorausgesetzt wird.

- Die Betriebsergebnisse des Aufwind-Kraftwerks sind auch von der Speicherfunktion des Kollektorbodens abhängig. Simulationsrechnungen zeigen gute Übereinstimmung mit empirischen Daten der Boden-Speicherfunktion. Der Speichereffekt zeigt einen ausgeprägten Tagesgang und ist auch von der Jahreszeit abhängig. Bei sorgfältiger Auslegung und Isolierung (Glasabdeckung) der Kollektorfläche wird erwartet, daß man die tagsüber im Boden gespeicherte Energie in der darauffolgenden Nacht, allerdings mit entsprechenden Verlusten, zurückerhält. Auf diese Weise werden elektrische Nachtleistungen bei Turbinenteillastbetrieb möglich. Simulationsrechnungen zeigen, daß sich dieser Effekt bei Großanlagen verstärkt, so daß der Nachtbetrieb einen Anteil von etwa 10 % an der Jahresenergie erreichen könnte. Bild 13 zeigt im unteren Teil das simulierte Betriebsverhalten einer 3 - 5 MW_e Großanlage unter gleichen Manzanares-Einstrahlungsbedingungen.

- Aufgrund der täglichen Nachtbetriebsstunden von Aufwind-Kraftwerken weisen Simulationsrechnungen große Betriebsstundenzahlen (nicht Vollast-Betriebsstunden) aus.

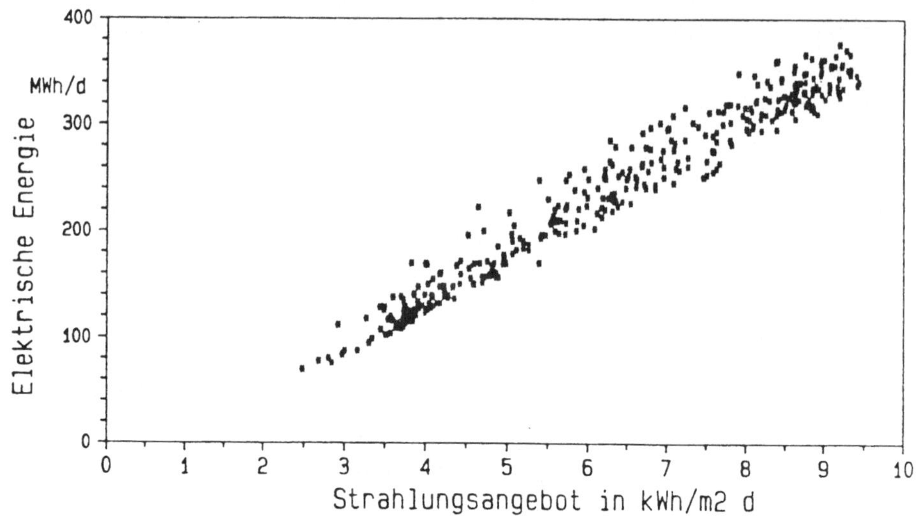

Bild 14: Input/Output-Charakteristik eines 30 MW_e Aufwind-Kraftwerkes (Globaleinstrahlung Barstow 1976, Strahlungsangebot bezogen auf Kollektordachfläche) [12]

Am Beispiel der 30 MW_e Anlage könnten die Windturbinen-Generatoren an 8506 Stunden im Jahr (davon 5071 Stunden in der Nacht) Strom erzeugen. Die dabei produzierte elektrische Jahresenergie entspricht einem Kapazitätsfaktor von 32 %.

o Aufwind-Kraftwerke zeichnen sich durch große bautechnische Robustheit und einfachste Betriebsführung aus. Nur wenige Komponenten (Kollektordach, Windkonverter) bestimmen die Anlagenverfügbarkeit. Für diese Anlagen wird deshalb eine höhere Verfügbarkeit erwartet als für die anderen solarthermischen Anlagen (Ansätze für Studien: 97 % bis 99 %).

6. Ergebnisse der Kostenrechnungen

Im folgenden werden die Ergebnisse der Kostenrechnungen zusammengefaßt. Einzelheiten für die Vergleichsstudien sind in [1 bis 5] dokumentiert und für die 2. Turmgeneration im Schlußbericht [15] zusammengestellt.

Den Stromerzeugungskostenrechnungen wurden gute Einstrahlungsdaten zugrunde gelegt (gemessene Barstow-Wetterdaten des Jahres 1976).

Bild 15 zeigt zusammenfassend die Entwicklung der Stromerzeugungskosten für die untersuchten solarthermischen Anlagen in Abhängigkeit von der jährlich erzeugten elektrischen Nettoenergie. Bild 16 stellt die Trends der Stromerzeugungskosten von Farm- und Turmanlagen im reinen Solarbetrieb und im Hybridbetrieb detaillierter gegenüber. Die Stromerzeugungskosten sind über 20 Jahre Abschreibungsdauer gemittelt. Von allen Technologien wird eine wirtschaftliche Nutzungsdauer oberhalb von 20 Jahren erwartet, was im Rahmen dieser Vergleichsstudien allerdings nicht berücksichtigt werden konnte. Für die Investitionskosten wurden direkte und indirekte Anlagekosten (jedoch keine Marktpreise) verwendet. Es ging ein Zinssatz von 7 % in die Rechnungen ein. Die eingehenden jährlichen Betriebs- und Instandhaltungskosten (bezogen auf die Jahresenergie, ohne Brennstoffkosten) liegen im Bereich von: 0,014 - 0,032 DM/kW_eh für Farmanlagen, 0,010 -0,026 DM/ kW_eh für Turmanlagen, 0,011 - 0,042 DM/kw_eh für Dish/Stirling-Anlagen und 0,005 - 0,026 DM/kW_eh für Aufwind-Kraftwerke.

In Bild 15 und 16 wurden neben den Ergebnissen der Vergleichsstudien [1 bis 5] auch Ergebnisse der Studie zur 2. Turmgeneration [14, 15] verarbeitet, um die zukünftige

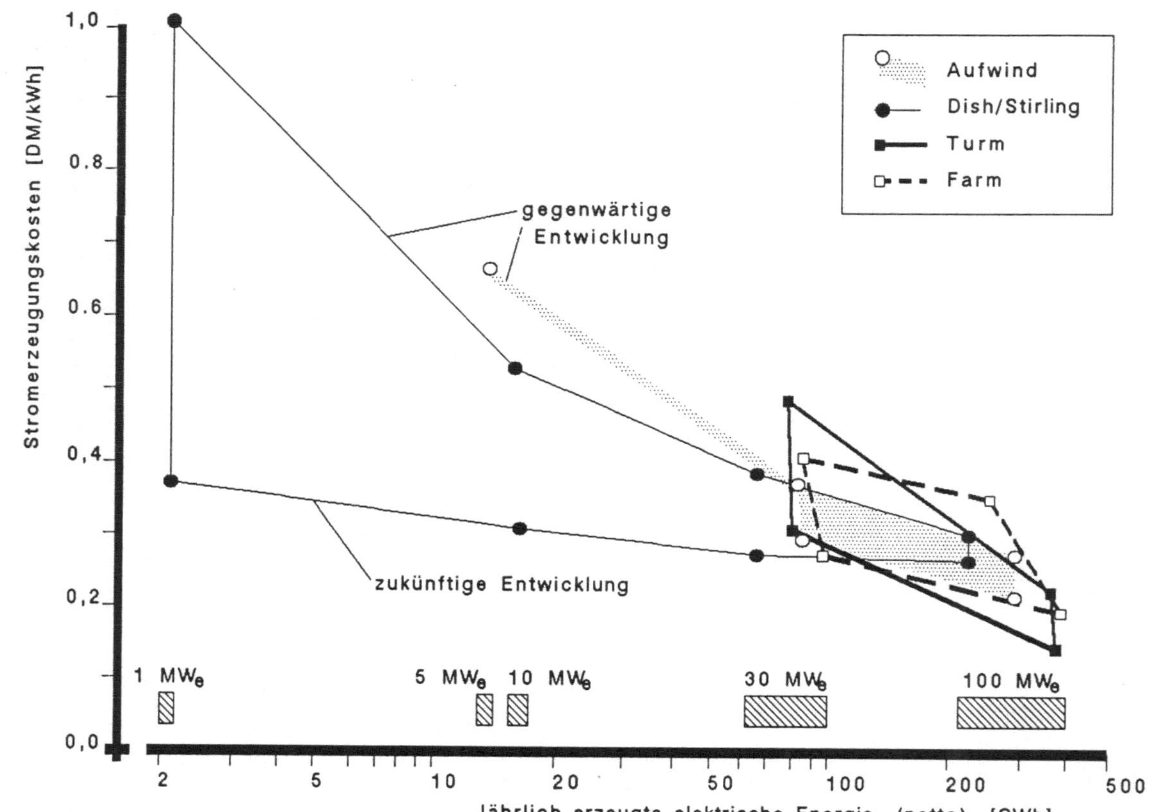

Bild 15:

Trends der Stromerzeugungskosten für solarthermische Anlagentechnologien im reinen Solarbetrieb (Einstrahlung Barstow, 1976) [DLR]

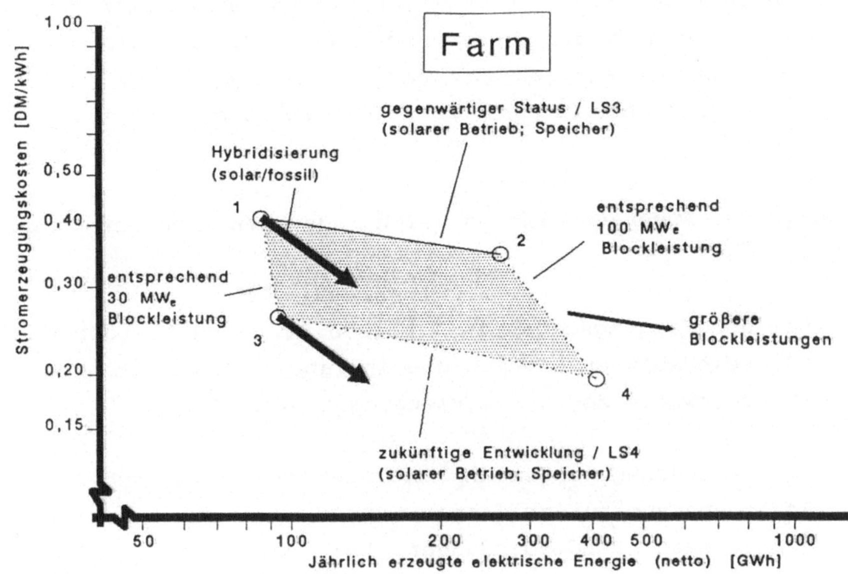

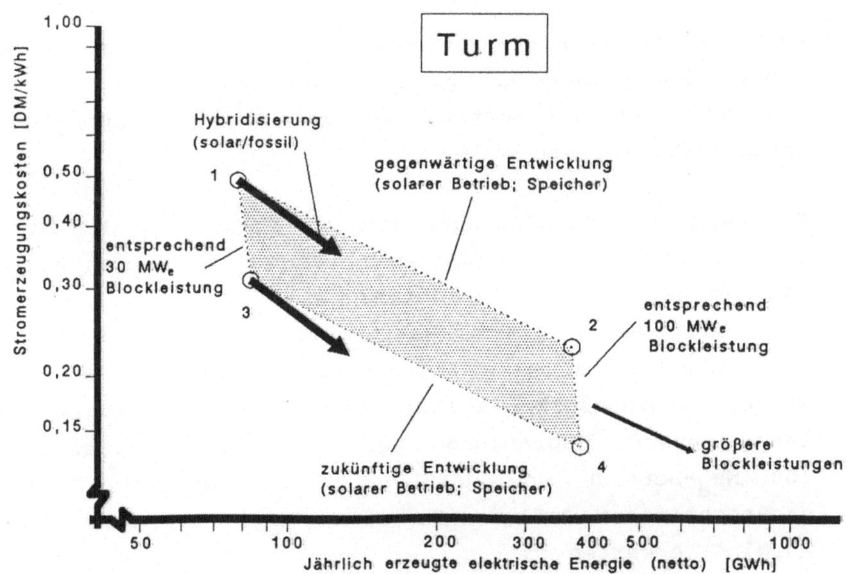

Bild 16: Trends der Stromerzeugungskosten für Farm- und Turmanlagen im reinen Solarbetrieb und im Hybridbetrieb (Einstrahlung Barstow, 1976; Identifikation der Eckpunkte 1-4 siehe Tabelle 6) [DLR]

Kostenentwicklung der fortgeschrittenen Farmanlagen mit LS-4 Kollektoren auch den fortgeschrittenen Turmanlagen vergleichend gegenüberstellen zu können. Tabellen 6 und 7 fassen die wesentlichen Daten der Energiekostenentwicklung zusammen.

Folgende Aussagen lassen sich aus den Kostenrechnungen herleiten:

- o Bei den Eingangsdaten in Tabellen 4, 6 und 7 ergeben sich für rein solaren Betrieb die in Tabelle 8 zusammengestellten Bestwerte der Stromerzeugungskosten.

- o Stromerzeugungskosten aller zukünftigen solarthermischen Analgentechnologien liegen unter den in den Studien getroffenen Randbedingungen bei 0,30 DM/kWh (10 bis 30 MW_e) bzw. deutlich unter 0,30 DM/kWh (30 bis 100 MW_e) und sind damit für regenerative Kraftwerke sehr attraktiv.

- o Für alle Technologien bedeuten größere Blockleistungen und damit höhere Jahresenergien bei unterproportional steigenden Investitionskosten, daß die Stromerzeugungskosten tendenziell kleiner werden.

- o Für Farm- und Dish-Anlagen ist die Degression der Stromerzeugungskosten mit größeren Einheiten weniger auffallend als für Turm- und Aufwind-Anlagen, was hauptsächlich auf den modularen Aufbau zurückzuführen ist, der kaum noch Möglichkeiten für eine Anlagenkostendegression bei wachsender Leistungsgröße zuläßt. Die zukünftigen Möglichkeiten (untere Begrenzung der Bandbreite) lassen im 100 MW_e-Bereich und darüber hinaus Vorteile für die großtechnischen Anlagen (in der Rangfolge: Turm, Farm, Aufwind) erwarten.

Tabelle 6: Daten der Energiekostenentwicklung von Farm- und Turmanlagen im reinen Solarbetrieb (Einstrahlung Barstow, 1976) [1, 2, 4, 15]

Name	Status	Block-leistung [MW_e]	Speicher - kapazität [h]	Spez. Anlage-kosten [DM/kW_e]	Jahres-energie [GWh_e]	Kapazitäts-faktor [%]	Strom-erzeugungs-kosten [DM/kWh_e]	Eckpunkte in Bild 16
F A R M								
SEGS VII A	G/LS3	30	3	8358	84,8	32,3	0,408	1
VII B	Z/LS4	30	3	6163	95,0	36,1	0,269	3
VIII A	G/LS3	100	3	6223	249,5	28,5	0,347	2
XIII A	Z/LS4	100	1,5	4630	294,9	33,7	0,219	
XIII B	Z/LS4	100	6	5112	383,4	43,8	0,189	4
T U R M								
PHOEBUS-1	G	30	3	9400	78,4	29,8	0,485	1
PHOEBUS-5	G/Z	30	3	8300	91,2	34,7	0,368	
PHOEBUS-n	Z	30	3	6633	99,3	37,8	0,281	
PHOEBUS	Z	100	6	5850	369,9	42,2	0,204	
UTILITY	G	100	6	6000	358,4	42,2	0,220	2
UTILITY	Z	200	6	4490	717,6	41,0	0,162	
T U R M (2. Generation)								
Luft	Z	30	3	5797	78,6	29,9	0,326	
SIT	Z	30	4,5	5446	81,7	31,1	0,305	3
Luft	Z	100	8	5321	334,8	38,2	0,216	
SIT	Z	100	7	3631	336,3	38,4	0,160	
DAR	Z	100	9	3538	369,8	42,2	0,141	4

G = Gegenwärtiger Status (Farm) bzw. gegenwärtige Entwicklung Z = Zukünftige Entwicklung

Tabelle 7: Daten der Energiekostenentwicklung von Dish/Stirling- und Aufwind-Anlagen im reinen Solarbetrieb (Einstrahlung Barstow, 1976) [3, 5, 12]

Name	Status	Block-leistung [MW_e]	Speicher-kapazität [h]	Spez. Anlage-kosten [DM/kW_e]	Jahres-energie [GWh_e]	Kapazitäts-faktor [%]	Strom-erzeugungs-kosten [DM/kWh_e]
DISH/STIRLING							
SBP-1	G	1	0	12 686	2,12	24,2	1,004
	G/Z	10	0	7 713	21,6	24,7	0,530
	G/Z	30	0	5 770	65,3	24,9	0,384
	G/Z	100	0	4 294	223,4	25,5	0,296
SBP-n	Z	1	0	4 732	2,15	24,5	0,375
	Z	10	0	4 193	21,8	24,9	0,307
	Z	30	0	4 039	66,0	25,1	0,275
	Z	100	0	3 824	223,4	25,5	0,263
AUFWIND-KW.							
AWK-1	G	5	0	14 849	13,7	31,1	0,663
	G/Z	30	0	9 308	84,0	32,0	0,375
	G/Z	100	0	6 598	289,4	33,0	0,271
AWK-n	Z	30	0	7 279	84,8	32,3	0,294
	Z	100	0	5 231	292,3	33,4	0,215

G = Gegenwärtige Entwicklung
Z = Zukünftige Entwicklung

Tabelle 8: Bestwerte der Stromerzeugung der solarthermischen Technologien im reinen Solarbetrieb (Einstrahlung Barstow, 1976)

Status bzw. Entwicklung	Stromerzeugungskosten [DM/kWh]			
	Turm	Farm	Dish	AWK
o Gegenwärtiger Status bzw. gegenwärtige Entwicklung				
* 1 MW_e	-	-	1,0	-
* 5 MW_e	-	-	-	0,66
* 10 MW_e	-	-	0,53	-
* 30 MW_e	0,49	0,41	0,38	0,38
* 100 MW_e	0,22	0,35	0,30	0,27
o Zukünftige Entwicklung				
* 1 MW_e	-	-	0,38	-
* 10 MW_e	-	-	0,31	-
* 30 MW_e	0,31	0,27	0,28	0,29
* 100 MW_e [1)]	0,14	0,19	0,26	0,22

[1)] Stromerzeugungskosten deutlich unter 0,30 DM/kWh für alle Technologien

o Energiespeicher erhöhen den Jahresenergieertrag von Turm- und Farmanlagen im Solarbetrieb. Der Vorteil eines kostenoptimierten Speichers liegt mehr beim verbesserten Anfahr- und Betriebsverhalten und in der Verbesserung der Erlössituation als bei einer wesentlichen Reduzierung der Stromerzeugungskosten.

o Große Speicherkapazitäten (z.B. größer drei Vollaststunden) machen erst bei zukünftigen Turm- und Farmanlagen großer Leistung technisch/wirtschaftlich Sinn, da sie Stromerzeugungskosten ermöglichen, die kleinere Blockgrößen nur im Hybridbetrieb mit preiswertem Brennstoff erreichen. Zudem gestatten sie einen reinen Solarbetrieb ohne Brennstoffeinsatz, was auch unter Umweltschutzgesichtspunkten von großer Bedeutung ist.

- o Bei den Turmanlagen der 2. Generation zeichnen sich deutliche Kostenvorteile für die Salztechnologie gegenüber der Lufttechnologie im großen Leistungsbereich und bei großen Speicherkapazitäten ab (vergl. Tabelle 6), was hauptsächlich auf die erheblich höheren und konservativen Speicher-Kostenansätze in der Studie [15] für das Luftsystem zurückzuführen ist. In zukünftigen Analysen sollten die 100 MW_e Luftanlage technisch/wirtschaftlich weiter optimiert und mögliche Billigspeicherkonzepte erarbeitet werden.

- o Durch Hybridbetrieb können die Stromerzeugungskosten von Farm-, Turm- und Dish/Stirling-Anlagen bei günstigen Brennstoffkosten (155 DM/Mg schweres Heizöl) heute noch deutlich verringert werden (in Pfeilrichtung in Bild 16; die theoretische unterste Kostengrenze für hybride Solaranlagen wird bei rein fossilem Betrieb und bei 100 % Anlagenverfügbarkeit erreicht). Zweck der Zusatzfeuerung bei Solaranlagen ist die Anlagenverfügbarkeit in Hochtarifzeiten und den Kapazitätsbeitrag zu gewährleisten und somit die Stromerlöse zu verbessern. Darüberhinaus wird Brennstoff eingespart, wenn konventionelle Kraftwerke mit solarer Technologie ausgerüstet werden.

- o Die Kostenentwicklung für Dish/Stirling-Anlagen im Leistungsbereich unterhalb von 30 MW_e ist deutlich vorteilhafter als für die anderen Technologien. Die Dish/Stirling-Systeme sind damit prädestiniert für die dezentrale Energieversorgung von einigen kW bis in den MW-Bereich.

- o Im Gegensatz zu den anderen Technologien haben Dish/Stirling-Anlagen aufgrund ihres modularen Aufbaus im Leistungsbereich oberhalb von 30 MW_e kaum noch Potential für eine weitere Reduzierung der Stromerzeugungskosten.

o Aufwind-Kraftwerke haben nahezu identische Stromerzeugungskosten wie zukünftige Turm- und Farmanlagen. Sie haben ein zu Farmanlagen vergleichbares Potential zur Reduzierung der Stromerzeugungskosten mit wachsender Blockleistung.

Bei der Beurteilung der Trendaussagen (Bilder 15 und 16) und der Kostenzusammenstellungen (Tabellen 6 bis 8) sollte berücksichtigt werden, daß die heute für die betrachteten Technologien verfügbare Datenbasis nicht im Detail vergleichbar belastbar ist und daß unvermeidbare Unschärfen der Stromerzeugungskosten bestehen (insbesondere für die zukünftigen Großanlagen, Eckpunkte rechts unten in Bildern 15 und 16). Die Vergleichbarkeit der Kostendaten wird auch erschwert durch den unterschiedlichen Entwicklungsstand bzw. Reifegrad der einzelnen Technologien. Während heute bereits neun Farmanlagen mit Leistungen bis 80 MW_e erfolgreich arbeiten und die nächste Technologiegeneration bereits weitgehend spezifiziert ist (Abmessungen, Reflexion, Direktverdampfung), befinden sich die anderen Technologien noch im Projektstadium. Für künftige Anlagen aller Technologien sind noch Entwicklungen für Systeme und Komponenten notwendig, um das Potential für weitere Stromerzeugungskostensenkung nutzen zu können.

Zusammenfassend zeigt Bild 15, daß dem bedeutenden Potential solarthermischer Anlagen, Strom zu Kosten deutlich unter 0,30 DM/kWh erzeugen zu können, Aufmerksamkeit geschenkt werden muß.

7. Schlußfolgerungen

Solarthermische Anlagen zur Stromerzeugung haben ein großes Einsatzpotential in sonnenreichen Ländern. Im Gegensatz zu photovoltaischen Anlagen können sie naturgemäß nicht für Standorte in Mitteleuropa interessant sein. Da Deutschland sich als ein Exportland versteht, wird die Forschung und Entwicklung solarthermischer Kraftwerke mit öffentlichen Mitteln gefördert. Schon heute haben deutsche Firmen wesentliche solarspezifische Komponenten und Systeme für Solaranlagen ins Ausland geliefert.

Solarthermische Kraftwerke sind heute neben den Windgeneratoren die kostengünstigsten regenerativen Stromerzeuger. Wie die vorliegende Vergleichsstudien zeigen, könnten die Stromerzeugungskosten aller betrachteten solarthermischen Technologien zukünftig deutlich unter 0,30 DM/kWh sinken.

Es konnte gezeigt werden, daß alle untersuchten Konzepte noch beträchtliche Entwicklungspotentiale haben, was jedoch bis zur kommerziellen Nutzung je nach Technologie noch weiterer erheblicher Entwicklungsanstrengungen bedarf.

Die verschiedenen Technologien könnten schon in absehbaren Zeiträumen unter bestimmten Voraussetzungen zur umweltschonenden Energieversorgung in sonnenreichen Ländern beitragen. Wie die SEGS-Anlagen von LUZ in Kalifornien demonstrieren, können große Farmanlagen unter bestimmten Bedingungen schon heute wirtschaftlich arbeiten.

Im einzelnen sind folgende Gesichtpunkte wichtig:

o Farmanlagen mit Parabolrinnentechnologie haben in den letzten 7 Jahren durch den Bau und Betrieb von inzwischen etwa 350 MW_e Gesamt-Anlagenleistung Fortschritte erzielt, die noch vor 10 Jahren nicht erwartet wurden. Sie haben einen großen zeitlichen und technologischen Vorsprung vor den anderen solaren Technologien zur Stromerzeugung, die trotz erheblicher Entwicklungsanstrengungen bis heute den wirtschaftlichen Durchbruch noch nicht erreichen konnten. Man kann davon ausgehen, daß für die technisch/wirtschaftlich weitgehend ausgereiften Thermoöl-Farmanlagen keine wesentliche Weiterentwicklung und damit keine signifikante Senkung der Stromerzeugungskosten mehr möglich ist. Der zukünftige Einsatz von Direktverdampfungskollektoren (LS-4), die einen echten Technologiesprung darstellen, soll zu deutlich niedrigeren Stromerzeugungskosten führen. Der Hersteller benötigt den LS-4 Kollektor, dessen Entwicklung Anfang 1990 begonnen hat, für die Vermarktung der SEGS-Anlagen auch außerhalb Kaliforniens und in Kombination mit innovativer Speichertechnologie .

- <u>Turmanlagen</u> haben seit dem Ende der 70er Jahre durch den Bau und Betrieb mehrerer Versuchsanlagen bis zu 10 MW_e Leistung gezeigt, daß diese Technologie für solare Kraftwerke geeignet ist. Es stehen mehrere alternative Wärmeträgermedien konzeptionell zur Auswahl. Von Turmanlagen kann erwartet werden, daß sie ein beträchtliches technisches Entwicklungspotential bei Verwendung von salzgekühlten Receivern und luftgekühlten volumetrischen Receivern (ggf. unter Nutzung von Gas- und Dampfturbinen) haben, wodurch die Stromerzeugungkosten weiter gesenkt werden könnten. Die Kommerzialisierung von Turmanlagen ist erklärtes Ziel der beteiligten Entwickler und potentiellen Hersteller. Voraussetzung hierzu ist der Bau von Demonstrationsanlagen in der 30 MW_e Leistungsklasse, deren technisch/wirtschaftliche Charakteristiken auf zukünftige kommerzielle Großanlagen extrapoliert werden können. Das 30 MW_e Kraftwerkprojekt des PHOEBUS-Konsortiums mit volumetrischem Receiver sowie die Umrüstung des 10 MW_e SOLAR ONE-Kraftwerks auf einen Salzreceiver durch amerikanische Firmen (SOLAR TWO-Projekt) stehen für dieses Bemühen. Ein wichtiger Einzelschritt für das Luftsystem ist die Entwicklung volumetrischer Receiver, die mit den Tests verschiedener Absorberstrukturen bis zu thermischen Leistungen von 200 kW schon begonnen hat.Diese Entwicklung soll mit dem Test eines Luftreceivers mit 2,5 MW thermischen Leistung in einem kompletten Luftkreislauf einschließlich eines Speichermoduls auf der Plataforma Solar de Almeria/Spanien fortgesetzt werden.

- o <u>Farm- Turm- und Dish/Stirling-Anlagen</u> können, im Gegensatz zum Aufwind-Kraftwerk, ihre Verfügbarkeit in Hochtarifzeiten mit Hilfe fossiler Zufeuerung erhöhen und den Kapazitätsbeitrag gewährleisten, womit sie die Stromerlöse im Vergleich zu anderen Solarsystemen wesentlich verbessern. Mit Hilfe fossiler Zufeuerung senken diese Anlagen die Stromerzeugungskosten, was sich bei den gegenwärtigen niedrigen Weltmarktpreisen für fossile Brennstoffe und ohne CO_2-Pönalen bereits heute vorteilhaft anbietet. Von zukünftigen Solaranlagen muß jedoch erwartet werden, daß sie letztlich ohne fossilen Brennstoff und rein solar betrieben werden.

- o Große <u>Farm- und Turmanlagen</u> haben prinzipiell das Potential, mit thermischen Energiespeichern im reinen Solarbetrieb Strom zu solchen Kosten zu erzeugen, die heute und in naher Zukunft nur im Hybridbetrieb möglich sind. Für den reinen Solarbetrieb ist also die Entwicklung und Bereitstellung effektiver und kostengünstiger Speicher großer Kapazität notwendig. Der Einsatz solcher Speicher- ist für Turmanlagen bei Verwendung von Salzschmelzen und im Luftbetrieb bei Verwendung z.B. von Keramiksteinen auch wegen der Ausnutzung der großen Temperaturdifferenz thermodynamisch günstig.

- o Die <u>Dish/Stirlung</u>-Entwicklung hat in den letzten 10 Jahren mit dem Bau und Betrieb von Prototypanlagen im kW-Bereich (bis 50 kWe je Maschine) gezeigt, daß die vorausgesagte energetische Leistungsfähigkeit erreicht werden konnte und daß sie bei der Wandlung der direkten Solarstrahlung in elektrische Energie die Technologie mit dem höchsten Nutzungsgrad darstellt. Es sind noch Entwicklungsanstrengungen notwendig, um technologische Schwierigkeiten bei der Schnittstelle zwischen Receiver und Stirling-Gaserhitzer (sowie ggfs. dessen Hybridisierung) zu überwinden und die für den kommerziellen Betrieb geforderte Zuverlässigkeit in Feldversuchen nachzuweisen. Wie die vorliegende Studie zeigt, könnte vor allem die schrittweise Einführung von Serienproduktion und Massenproduktion zu wirtschaftlich günstigen Stromerzeugungskosten führen. Die Modularität des Dish/Stirlung-Konzepts erleichtert die Markteinführung erheblich und ermöglicht den flexiblen Zubau von zusätzlichen Kapazitäten. Die hierzu erforderlichen nächsten Entwicklungsschritte werden u.a. durch den Bau und Betrieb von deutschen 10 kW_e Dish/Stirling-Prototyp- und Demonstrationsanlagen derzeit bereits unternommen.

- Der Bau und Versuchsbetrieb des 50 kW_e Aufwind-Kraftwerks in Manzanares hat bewiesen, daß die in diese Technologie gesetzten Erwartungen erfüllbar sind. Wie die vorliegende Studie und die Studie zur Übertragbarkeit der Manzanares-Ergebnisse auf größere Anlagen bis 100 MW_e Blockleistung zeigen, könnten Aufwindkraftwerke vor allem durch Steigerung der Leistungsgröße über 30 MW_e hinaus zu wirtschaftlich interessanten Kosten Strom erzeugen. Der entscheidende Schritt in Richtung Kommerzialisierung wäre, vergleichbar zum Turmkonzept, der Bau und Betrieb einer 30 MW_e Demonstrationsanlage.

- Die vorliegende Analyse betrifft solare Kraftwerke im Leistungsbereich bis 100 MW_e. Der Kostentrend in Bild 15 läßt erkennen, daß Turm- Farm- und Aufwind-Kraftwerke noch ein Potential zur Stromerzeugungskostensenkung im Leistungsbereich oberhalb von 100 MW_e haben. Dieser obere Leistungsbereich sollte in späteren Studien noch eingehender untersucht werden, um Aussagen über die Entwicklung zu großen Blockleistungen, z.B. bzgl. Leistungsgrenze, Baubarkeit und Grenzkosten der Stromerzeugung, machen zu können.

o Turm-, Farm- und Dish-Anlagen verfügen über ein weiteres Potential zur industriellen Prozeßwärmeerzeugung und deren Nutzung in sonnenreichen Ländern. Sie könnten auch in Kraft-/Wärme-Kopplung betrieben werden. Turmanlagen können zudem Hochtemperatur-Prozeßwärme bereitstellen, die zukünftig auch in der Solarchemie genutzt werden könnte.

o Große zentrale netzgekoppelte Kraftwerke (Farm-, Turm- und Aufwind-Anlagen) mit Blockleistungen von 30 bis 100 MW_e können im reinen Solarbetrieb, unter den Randbedingungen der vorliegenden Studien, Strom zu Kosten von 0,49 bis 0,22 DM/kWh (gegenwärtige Technologien/Entwicklungen) bzw. 0,33 bis 0,14 DM/kWh (zukünftige Entwicklungen) erzeugen. Für die Einführungsphase solarthermischer Anlagentechnologien stellt die Zusatzfeuerung bei moderatem Brennstoffeinsatz vergleichbar zu SEGS-Anlagen in Kalifornien eine wirtschaftlich attraktive und umweltschonende Möglichkeit dar, niedrige Stromerzeugungskosten zu erzielen. Von zukünftigen zentralen Großanlagen (ausgenommen solche für die Tages-Spitzenlastdeckung) wird erwartet, daß sie Strom im reinen Solarbetrieb mit Hilfe von Energiespeichern wirtschaftlich und umweltfreundlich erzeugen können. Wie die Studie zum Potential solarthermischer Anlagen im Mittelmeerraum [23] im Vergleich zu konventionellen Anlagen zeigt, können große zentrale Solarkraftwerke im reinen Solarbetrieb schon bei moderat steigenden Brennstoffkosten eine wirtschaftliche Alternative in sonnenreichen Ländern darstellen. Werden die durch konventionelle Kraftwerke verursachten Umweltschäden kostenmäßig berücksichtigt, verbessern sich die wirtschaftlichen Aussichten von Solarkraftwerken weiterhin.

o Kleine dezentrale Kraftwerke (Dish/Stirling-Anlagen) mit Gesamtleistungen unterhalb von 30 MW_e können für autonome Energieversorgungsaufgaben im reinen Solarbetrieb, unter den Randbedingungen der vorliegenden Studie, Strom zu Kosten von 1 bis 0,38 DM/kWh (gegenwärtige Technologie/Entwicklung) bzw. 0,38 bis 0,28 DM/kWh (zukünftige Entwicklung) erzeugen. Diese Kleinanlagen treffen in den eher abgelegenen Einsatzgebieten erwartungsgemäß auf eine wirtschaftlich günstige Konkurrenzsituation, weil hier üblicherweise Dieselgeneratoren mit vergleichsweise hohen Brennstoffpreisen zum Einsatz kommen (vergl. [23]).

o Alle betrachteten solaren Kraftwerke repräsentieren Technologien, die sich auf zukünftigen Märkten in sonnenreichen Ländern gut ergänzen können.

Die Kostenentwicklung der neun SEGS-Anlagen in Kalifornien beweist den aus anderen industriellen Entwicklungen bekannten Effekt, daß harte Marktforderungen und hoher Konkurrenzdruck zu erheblichen Kostenreduzierungen führen. Es kann unterstellt werden, daß ein derartiger Effekt auch bei den anderen solarthermischen Technologien potentiell in ähnlicher Weise auftreten wird.

Von größter Bedeutung ist die Überwindung der "kritischen Schwelle", die beim Bau und Betrieb von Demonstrationsanlagen gesehen wird. Wie hier gezeigt, gibt es ausreichende Gründe, alle Anstrengungen zur Nutzung des Potentials solarthermischer Kraftwerke zu unternehmen. Wesentliche Voraussetzung ist, daß dazu deren Weiterentwicklung intensiv gefördert wird. Daher ist nun ein Forschungs- und Aktionsprogramm erforderlich, das auf der Basis der heute vorliegenden Ergebnisse von Analysen definiert werden kann und das die notwendigen Schritte vorantreibt. Nur so kann das Ziel, Märkte in sonnenreichen Ländern (insbesondere in Entwicklungsländern) möglichst schnell zu öffnen und damit auch wesentliche Beiträge zur CO_2-Emissionsreduzierung zu leisten, erreicht werden.

8. Literatur

[1] M. Kiera, W. Meinecke, P. Wehowsky (Interatom), Abschlußbericht zur "Studie zum Vergleich von solaren Turm- und Farmanlagen", Bergisch Gladbach, März 1990

[2] M. Kiera, P. Wehowsky (Interatom), Erweiterung der Turm/Farm-Studie für Dish/Stirling-Anlagen (Technisch-wirtschaftliches Potential solarer Dish/Stirling-Anlagen), Bergisch Gladbach, September 1990

[3] M. Kiera, P. Wehowsky (Interatom), Studie zum technisch-wirtschaftlichen Potential solarer Aufwind-Kraftwerke (Ergänzung zum Vergleich von solaren Turm-, Parabolrinnen- und Dish/Stirling-Anlagen), Bergisch Gladbach, Januar 1991

[4] M.A. Geyer (Flachglas Solartechnik), Abschlußbericht zur Studie zum Vergleich von solaren Turm- und Farmanlagen, München, Dezember 1990

[5] W. Schiel, J. Schlaich (Schlaich Bergermann u. Partner, Beratende Ingenieure im Bauwesen), Abschlußbericht zur Studie zum Vergleich von solarthermischen Anlagen zur Stromerzeugung (Dish/Stirling), Stuttgart, März 1991

[6] W. Meinecke, M. Becker, H. Klaiß (DLR), Solare Turm- u. Farmananlagen im Vergleich, Brennstoff-Wärme-Kraft (BWK), Heft 10, Oktober 1991, Seite 469 - 475

[7] M.A. Geyer, H. Klaiß (DLR), 194 MW Solarstrom mit Rinnenkollektoren, Brennstoff-Wärme-Kraft (BWK), Heft 6, Juni 1989, Seite 288-295

[8] Pacific Gas and Electric Co. and Arizona Public Service Co.,
Solar Central Receiver Technology Advancement for Electric Utility Application, Phase I, Executive Summary Report, San Ramon/USA, Oct. 1987

[9] T. Hillesland (Pacific Gas and Electric Co.), prepared by P. DeLaquil, B.D. Kelly, J.C. Egan (Bechtel National Inc.),
Solar Central Receiver Technology Advancement for Electric Utility Applications, Phase I Topical Report, Vol. I, II; prepared for DOE and EPRI, Aug. 1988

[10] Fichtner Development Engineering (Herausgeber); (unter Mitwirkung von ASINEL (E), CIEMAT (E), DIDIER-Werke, Flachglas Solartechnik, INITEC (E), Interatom, US PHOEBUS Associates (USA), SOTEL Consortium Solar Thermal Electricity (CH)),
PHOEBUS, A 30 MW_e Solar Tower Power Plant for Jordan, Phase 1B, Feasibility Study; Executive Summary, Volume 1: Main Results, Volume 2: Technical Details, Stuttgart, March 1990

[11] M. Becker, M. Böhmer (DLR, Herausgeber); W. Meinecke, E. von Unger (Interatom, Autoren),
Volumetric Receiver Evaluation, SSPS Technical Report No. 3/89, Köln, December 1989

[12] J. Schlaich, W. Schiel, K. Friedrich (Schlaich Bergermann & Partner, Herausgeber und Autoren); weitere Autoren: G. Schwarz (Universität Stuttgart), P. Wehowsky, W. Meinecke, M. Kiera (Interatom),
Abschlußbericht Aufwind-Kraftwerk, Übertragbarkeit der Ergebnisse von Manzanares auf größere Anlagen, Stuttgart, November 1990

[13] J.M. Schlaich, W. Schiel, K. Friedrich (Schlaich, Bergermann & Partner),
Aufwindkraftwerke: Technische Auslegung, Betriebserfahrung und Entwicklungspotential, Sonderdruck aus VDI-Berichte Nr. 704/1989, S. 73-145

[14] P. Klimas (SANDIA National Laboratories), M. Becker (DLR),
Status of Second Generation of Central Receiver Technologies, IEA 5th Symposium of Solar High Temperature Technologies, Davos/CH, August 1990

[15] P.C. Klimas (SANDIA National Laboratories), M. Becker (DLR), (Herausgeber); Autoren: G.J. Kolb, J. Chavez (SANDIA National Laboratories), W. Meinecke (DLR),
Second-Generation Central Receiver Technologies:
A Status Report, Albuquerque/Köln, December 1991 (noch zu veröffentlichen)

[16] M.C. Stoddard, S.E. Faas, C.J. Chiang, J.A. Dirks (SANDIA National Laboratories),
SOLERGY, A Computer Code for Calculating the Annual Energy from Central Receiver Power Plants, SANDIA-Report 86-8060 (1987), Livermore, CA/USA, May 1987

[17] D.J. Alpert, G.J. Kolb (SANDIA National Laboratories),
Performance of the SOLAR ONE Power Plants Simulated by the SOLERGY Computer Code, SANDIA-Report 88-0321, Albuquerque, NM/USA, April 1988

[18] Pacific Gas and Electric Co,
A Comparison of Solar Central Receiver Power Plants based on Air and Nitrate Salt Receivers, prepared by Bechtel International Inc., PG&E Report, San Ramon, August 4, 1989

[19] M. Kiera (Interatom), W. Meinecke, H. Klaiß (DLR), Energetic Comparison of Solar Thermal Power Plants, IEA 5th Symposium on Solar High Temperature Technologies, Davos/CH, September 1990

[20] M. Kiera (Interatom), W. Meinecke, H. Klaiß (DLR), Leistungsvergleich solarthermischer Stromerzeugungsanlagen, 7. Internationales Sonnenforum, DGS, Frankfurt, Oktober 1990

[21] P. Wehowsky, M. Kiera, W. Meinecke, E. von Unger (Interatom); unter Mitwirkung von ASINEL (E), MAN-Technologie, MBB und Dornier System,
Schlußbericht Technologieprogramm GAST, Gasgekühltes Sonnenturm-Kraftwerk, GAST-Bericht IAS-BS-010 100-182, April 1988

[22] M. Becker, M. Böhmer (DLR, Herausgeber); Autoren: von ASINEL (E), Interatom, MAN-Technologie, MBB und Dornier System,
GAST, The Gas-Cooled Solar Tower Technology Program, Proceedings of the Final Presentation, Lahnstein, May 30-31, 1988

[23] DLR, Interatom, SBP, ZSW (Herausgeber); Studienleitung: J. Nitsch (DLR), Redaktion: G. Hille, H. Klaiß, J. Meyer (DLR), F. Staiß (ZSW), P. Wehowsky (Interatom); Unter Mitwirkung von Flachglas Solartechnik und Schlaich Bergermann & Partner,
Systemvergleich und Potential von solarthermischen Anlagen im Mittelmeerraum; Kurzfassung, Hauptbericht, 5 Materialbände, Stuttgart, Juli 1991

2 Detailberichte der Firma INTERATOM zu Turm-, Farm- und Dish/Stirlinganlagen sowie Aufwindkraftwerken

2.1 Studie zum Vergleich von solaren Turm- und Farmanlagen

M. Kiera, W. Meinecke, P. Wehowsky
INTERATOM

Bergisch Gladbach, März 1990

Studie zum Vergleich von solaren Turm- und Farmanlagen

Inhalt

Zusammenfassung

In der vorliegenden Studie wird versucht, Gemeinsamkeiten und Unterschiede des Turm- bzw. Farmkonzepts zur solaren Stromerzeugung zu ermitteln, darzustellen und zu interpretieren.

Als Hilfsmittel für eine technische Bewertung werden eingesetzt:

- Rechencode SOLERGY und betriebliche Daten

- Input/Output-Charakteristiken und deren lineare Näherungen (Ausgleichsgeraden, Kennlinien)

- monatliche und ganzjährige Wirkungsgrade

- typische Tagesverläufe der Anlagenleistung.

Die Stromerzeugungskosten werden mit einem für alle Anlagen einheitlichen finanzmathematischen Modell (STERKO) berechnet.

Die wichtigsten Ergebnisse sind:

- Abhängigkeit von den meteorologischen Randbedingungen:

  Die Anlagenkennlinien sind weitgehend von den Einstrahlungsbedingungen unabhängig. Mit absinkender Einstrahlung verschlechtert sich auch der Jahreswirkungsgrad aller betrachteten Anlagenvarianten.

- Abhängigkeit von der Anlagenkonfiguration:

  Turmanlagen wandeln das tägliche Strahlungsangebot mit über das Jahr nahezu konstanten Wirkungsgraden um. Dagegen zeigen die Farmanlagen SEGS, deren Kollektorreihen Nord-Süd-orientiert sind, einen ausgeprägten Jahresgang: der Anlagenwirkungsgrad wächst von ca. 10 % im Winter bis ca.

20 % im Sommer. Farmanlagen mit Ost-West-Reihen liefern im Vergleich zur Nord-Süd-Aufstellung ca. 15 % weniger Nettojahresenergie, wie entsprechende SOLERGY-ergebnisse zeigen.

Im Vergleich zu den Turmanlagen benötigen die Farmanlagen für eine positive Tagesnettoenergiebilanz einen höheren Einstrahlungsschwellwert (Nulldurchgang der Kennlinie), besitzen aber eine steilere Kennlinie.

- Abhängigkeit von der Betriebsweise:

  Alle betrachteten Anlagenvarianten können im rein solaren, rein fossilen und im gemischten (hybriden) Betriebsmodus gefahren werden. Mit wachsendem fossilen Anteil verschwindet der Unterschied zwischen Turm- und Farmtechnologie.

- Abhängigkeit von der eingesetzten Technologie:

  Während die Turmanlagen mit Speicher und Dampfkreislauf unabhängig von Receiver-Kühlmittel und Leistungsgröße ein nahezu konstantes technisches Niveau aufweisen (Abb. 15, 16, 17), zeigen die Farmanlagen SEGS in der Entwicklungslinie von LS2, LS3 bis LS4 ein wachsendes technologisches Potential (Abb. 15, 18).

  In der 30 MW-Leistungsklasse haben die bei PHOEBUS-1 bzw. SEGS VIIA (LS3) eingesetzten Technologien vergleichbare Leistungsfähigkeit (Abb. 10 bis 13).

- Stromerzeugungskosten und deren Entwicklung (Abb. 23, 24):

  Anlagenverfügbarkeit sowie technische und betriebliche Verbesserungen einerseits und Kostenentwicklungen andererseits beeinflussen nachhaltig Höhe und Tendenz der Stromerzeugungskosten.

  In der Entwicklungslinie 30 MW PHOEBUS-1 bis PHOEBUS-n ist bei rein solarem Betrieb eine Halbierung der Stromkosten erzielbar, welche bei den SEGS-

Anlagen durch den Übergang von LS2- auf LS4-Kollektortechnologie erreicht würde.

In der 30 MW-Leistungsklasse erzeugen PHOEBUS-n und SEGS VIIB (LS4) elektrische Energie zu etwa denselben Kosten.

Bei den derzeit unterstellten, relativen hohen Speicherkosten hängen die Stromerzeugungskosten nur geringfügig von der Speicherkapazität ab. Die Vorgabe einer Erlösstruktur ist für die wirtschaftlich optimale Dimensionierung eines Speichers unerläßlich.

Die Kostendegression bei steigendem Einsatz von fossilem Brennstoff wird im wesentlichen durch den Brennstoffpreis von derzeit ca. 155 DM pro Tonne schweres Heizöl bestimmt. Speicher sind aus wirtschaftlichen Gründen gegenwärtig kein Ersatz für fossile Zusatzfeuerung.

Die Stromerzeugungskosten von ca. 20 Dpf/kWh$_e$ in der 100 MW-Leistungsklasse werden bei den Turmanlagen mit derselben Technologie wie in der 30 MW-Klasse erreicht, während die Farmanlagen dafür einen Wechsel von der LS3- zur LS4-Technologie voraussetzen.

Bei der Erstellung der vorliegenden Studie haben folgende Firmen mitgewirkt, denen wir zu besonderem Dank verpflichtet sind:

- Siemens/KWU: Herr M. Bald

- Flachglas Solartechnik: H. Dr. M. Geyer

- Deutsche Forschungsanstalt für Luft- und Raumfahrt:
  Herren K. Hennecke, J. Kern, Dr. H. Klaiß

1 Einleitung

Im Frühjahr 1989 wurde seitens SSPS/DLR die Durchführung eines Vergleichs von Solarturm- und -farmanlagen *) auf Basis vorhandener Projektunterlagen sowie von Bau- und Betriebsergebnissen angeregt. Dabei sollten einheitliche Methoden zur Energiebilanzierung und Energieerzeugungskosten-Ermittlung angewendet werden.

In einer ersten Arbeitssitzung, die Ende Juli 1989 bei der DLR in Stuttgart unter Beteiligung mehrerer Industriefirmen und Instituten stattfand, wurde u. a. beschlossen,

- daß drei technische Entwicklungsstufen von Turm- und Farm-Anlagen zu untersuchen sind (Experimentalanlagen, z. Z. baubare bzw. gebaute Anlagen, kommerzielle Anlagen mit Potentialcharakter) - jeweils für gleiche Randbedingungen (z. B. Wetter) sowie vergleichbare Betriebsweisen (rein solar, hybrid, mit/ohne Speicher)

- daß zur Energiebilanzierung der SOLERGY-Code auch für Farmanlagen zu erweitern und anzuwenden ist

- daß die Energiekostenermittlung mittels eines bei Siemens/KWU vorhandenen und für konventionelle sowie Pv-Stromerzeugung bereits angewendeten Rechenprogramms unter den gleichen marktnahen Randbedingungen durchgeführt wird.

Daraufhin erhielten Interatom und Flachglas Solartechnik von der DLR Studienaufträge

- zur Abstimmung und Aufbereitung der Anlagenkonzepte bzw. der jeweiligen technisch/wirtschaftlichen Inputdaten

*) unter Farmanlagen werden hier zunächst Parabolrinnen-Kollektorsysteme verstanden, Parabolic Dish-Systeme sollen später hinzugefügt werden.

- zur bereits erwähnten Erweiterung und Anpassung der Rechenprogramme sowie zur Ermittlung und geeigneten Darstellung der Ergebnisse (nur Interatom).

Im nachfolgenden Schlußbericht werden hier seitens Interatom die Details und Ergebnisse der bis März 1990 durchgeführten Bearbeitung des DLR-Auftrags zusammengestellt und erläutert.

Vorgehensweise sowie Teilresultate wurden während der Bearbeitungszeit mehrfach mit dem Auftraggeber und den Industriepartnern abgestimmt bzw. diskutiert. Darüber hinaus fand eine Präsentation vorläufiger Zwischenergebnisse vor dem PHOEBUS Advisory Board anläßlich seiner Sitzung im Dezember 89 statt.

2 Aufgabenstellung und Zielsetzung

Die elektrische Energieerzeugung nach dem Turm- bzw. Farmprinzip ist in einer Reihe von Anlagen unterschiedlicher Größe und Qualifikation verwirklicht, die sich im Betrieb, im Bau oder in der Planung befinden. Obwohl beide Anlagenkonzepte dieselbe Energiequelle nutzen und zur Stromerzeugung dieselbe Wandlungskette durchlaufen, unterscheiden sie sich wesentlich in der Umsetzung des solaren Strahlungsangebots in thermische Energie.

Während Turmanlagen mit einem zentralen Absorber (Receiver) ausgestattet sind, der vom gesamten Heliostatenfeld mit konzentrierter Strahlungsenergie versorgt wird, bilden bei Farmanlagen Reflektor und Absorber die Grundeinheit, aus der das Kollektorfeld dann modular aufgebaut wird. Dies bedingt wesentliche Unterschiede in der Absorbergeometrie und dem erzielbaren Temperaturniveau des Wärmeübertragungsmediums sowie in der Nachführstrategie der Reflektoren.

Ziel dieser Studie ist es, die konzeptionellen Eigenheiten beider Systeme auf technischer Ebene sichtbar zu machen, Möglichkeiten zur technischen Verbesserung bzw. technologische Grenzen aufzuzeigen sowie für beide Konzepte technische und ökonomische Daten zu erarbeiten.

Dazu waren folgende Schritte nötig:

- Definition und Abstimmung der Vergleichsmerkmale Turm/Farm und der jeweiligen Referenzanlagen

- Beschaffung und Auswertung vorhandener Betriebsdaten

- Beschaffung, Aufbereitung und Festlegung der Eingangsdaten der Referenzanlagen

- Ermittlung der Jahresenergien mit ein und demselben Rechencode (SOLERGY)

- Abstimmung und Bereitstellung von Eingangsdaten für die betriebswirtschaftlichen Berechnungen sowie die Stromkostenermittlung mit ein und demselben Rechenprogramm (STERKO).

In Abstimmung mit der Firma Flachglas Solartechnik, die mit der Beschaffung der Betriebs- bzw. Planungsdaten für sämtliche Farmanlagen beauftragt war, und unter Beteiligung der betreffenden PHOEBUS-Arbeitsgruppe wurden drei Kategorien festgelegt, in denen beide Anlagenkonzepte gegenübergestellt werden sollten:

- Anlagen mit experimenteller bzw. betrieblicher Erfahrung (Vergleich gemessener und berechneter Betriebsdaten)

- Demonstrationsanlagen (Auslegungsleistung: 30 MW_e)

- Kommerzielle Anlagen (Auslegungsleistung $\geqq$ 100 MW_e)

Für die Turmanlagen der 30 MW-Klasse wurden die in der Phase 1B erarbeiteten Daten des Projektes PHOEBUS [4] herangezogen, während die entsprechende Datenbasis für die experimentellen und kommerziellen Anlagen von der Firma Bechtel/USA sowie durch die "US Utility Studies" bereitgestellt wurde.

Ferner wurde beschlossen, außer der Variation der Auslegungsleistung die Abhängigkeit der Energieerträge bzw. der Stromerzeugungskosten von folgenden Parametern zu untersuchen:

- Einstrahlungsdaten
- Speichergröße
- Betriebsmodus (rein solar; hybrid, d. h. kombinierter Einsatz von solarer und fossiler Energie).

Naturgemäß hat die Kombination dieser Parameterwerte eine große Vielfalt von Anlagen- und Betriebskonzepten zur Folge, aus der beispielhaft nur einige wenige eingehender untersucht sowie anhand von sog. input/output-Kennlinien, Untersystemverhalten oder Stromkostenvergleich gegenübergestellt und diskutiert wurden mit dem Ziel, daraus Tendenzen abzuleiten bzw. zu extrapolieren.

3 Definition der Referenzanlagen und Randbedingungen

In der nachstehenden Tabelle 1 sind die Referenzanlagen sowie die untersuchten Betriebsweisen aufgeführt. Die hybride Betriebsweise H1 wurde in Anlehnung an die Fahrweise der im Betrieb befindlichen Farmanlagen SEGS III-VII gewählt, während die Fahrweise H2 für den Betrieb der PHOEBUS-Anlage in Jordanien vorgesehen ist. Die Speicherkapazität bezeichnet die Anzahl der Stunden, während deren die Turbine unter Vollastbedingungen gefahren werden kann.

3.1 Meteorologische Daten

Für die Simulation eines kompletten Kalenderjahres werden detaillierte und lückenlose Meßdaten der direkten normalen Einstrahlung verlangt. Derartige Datensätze sind derzeit nur für wenige Standorte verfügbar. Es wurde festgelegt, Wetterdaten des Standorts Barstow/Kalifornien der Jahre 1976 und 1984 auszuwählen, die mit Jahreseinstrahlungen von 2850 bzw. 2370 kWh/m^2 eine obere und untere Grenze für sonnenreiche Standorte repräsentieren.

Abb. 1 zeigt den jahreszeitlichen Verlauf der aufsummierten Tageseinstrahlung in beiden Jahren, Abb. 2 deren statistische Verteilung. Ferner liegen Betriebsdaten der experimentellen Anlagen vor, die sich in bzw. in der Nähe von Barstow befinden, so daß diese mit den Ergebnissen von Simulationsrechnungen verglichen werden können.

3.2 Ausfall- und Stillstandszeiten

Bei der Ermittlung der Jahresenergieerträge sind geplante und nicht-geplante Stillstandszeiten der Anlagen zu berücksichtigen. Es wurde die Praxis der in Betrieb befindlichen SEGS-Anlagen übernommen, die Wartungsperiode in den Winter zu legen und dafür 14 Tage im Dezember anzusetzen. Nicht-geplante Stillstandszeiten werden mit einer pauschalen Verfügbarkeit von 0,98 berücksichtigt. Diese Vereinbarung gilt für sämtliche Farmanlagen sowie für die Anlagen PHOEBUS-5 und PHOEBUS-n. Bei der Erstanlage PHOEBUS wurden zusätzlich 22 Tage nicht-geplante Ausfalltage angenommen, die statistisch über das Jahr verteilt sind und dem Umstand Rechnung tragen sollen, daß an Erstanlagen auch gelernt und erprobt wird.

Turm					Farm				
Anlage	Receiver-(Kühlung)	Speicher-kapazität	Betriebs-modus *)	Meß-daten	Anlage	Kollektor typ	Speicher-kapazität	Betriebs-modus *)	Meß-daten
10 MW SOLAR ONE	Rohr (Wasser)		S	1985	30 MW SEGS III	LS2	-	S	1988
					30 MW SEGS IV	LS2	-	S	1988
					30 MW SEGS V	LS2	-	S	1988
30 MW PHOEBUS-1	volumetr.	3 h	S/H1/H2/H3	-	30 MW SEGS VII	LS3	-	H1	-
	(Luft)	1.5 h	S	-	30 MW SEGS VIIA	LS3	3 h	S/H1/H2	-
30 MW PHOEBUS-5	"	3 h	S/H1/H2	-			1.5 h	S/H1	-
		1.5 h	S/H2	-	30 MW SEGS VIIB	LS4	3 h	S	-
30 MW PHOEBUS-n	"	3 h	S/H1/H2	-			1.5 h	S	-
100 MW PHOEBUS	Volumetr.	6 h	S/H1/H2	-	100 MW SEGS VIIIA	LS3	3 h	S	-
	(Luft)				100 MW SEGS XIIIA	LS4	1.5 h	S/H1	-
100 MW US-Utility	Rohr	6 h	S	-	100 MW SEGS XIIIB	LS4	6 h	S	-
	(Salz)								
200 MW US-Utility	Rohr	6 h	S	-					
	(Salz)								

*) S = rein solar
H1 = fossile Zufeuerung erlaubt zwischen 12.00 und 18.00 Uhr
H2 = fossile Zufeuerung erlaubt zwischen einer Stunde vor bis 3 Stunden nach Sonnenuntergang
H3 = fossile Zufeuerung erlaubt zwischen 12.00 und 23.00 Uhr

Tabelle 1: Definition der Referenzanlagen

Bei den Großanlagen der Turmfamilie wird von 21 Tagen geplanter Stillstandszeit ausgegangen, die ebenfalls in den Dezember gelegt wird. Nicht geplante Ausfallzeit wird mit 17 Tagen angesetzt, die ebenfalls über das Jahr verteilt angenommen werden.

3.3 Kollektor- und Absorberdaten

Für die Turmanlagen der 30 MW-Klasse werden ca. 2000 Heliostate à 100 m2 Spiegelfläche eingesetzt, die nördlich vom Turm in konzentrischen Kreisringsegmenten aufgestellt sind. Diese bestrahlen die elliptische, nach Norden orientierte Absorberfläche von ca. 200 m^2.

Bei der Anlage SOLAR ONE und bei den kommerziellen Turmanlagen sind die Heliostate rund um den Turm angeordnet. Dies ist bedingt durch die Anordnung der Absorberrohre auf einer Zylinderoberfläche bzw. durch die Aufteilung des Receivers in 4 Absorbermodule (100 MW PHOEBUS). Alle Heliostate werden azimutal und elevativ der Sonne individuell nachgeführt, so daß die reflektierte Strahlung stets den ortsfesten Receiver trifft.

Die Rinnenkollektoren LS2 und LS3 sind in ihrem geometrischen Aufbau ähnlich. Das Absorberrohr verläuft horizontal in der Brennlinie des Reflektors und wird mit Thermoöl gekühlt. Im Gegensatz zu LS2 weist LS3 geringere thermische Verluste auf. Die Kollektoren werden in Nord-Süd-Richtung aufgestellt und folgen der täglichen Sonnenbahn mittels azimutaler Nachführung um die Kollektorachse.

Der Typ LS4 soll zur direkten Wasserdampferzeugung eingesetzt werden und besitzt im Vergleich zu LS2/3 die etwa doppelte Aperturweite. Der Kollektor ist mit 8° gegen die Nordrichtung geneigt und wird ebenfalls einachsig nachgeführt.

Es wurde vereinbart, für sämtliche Reflektoren Weißglas mit einer Auslegungsreflektivität von 0,94 zu wählen und einheitlich 0,89 als jahresgemittelte Reflektivität anzunehmen. Ausgenommen davon sind die Experimentalanlagen, deren Betriebsdaten mit gemessenen Reflektivitäten simuliert werden.

3.4 Speicher- und Turbinendaten

Die Speicherkapazitäten von 1,5 und 3 Stunden sind Daten, die in der Phase 1B des PHOEBUS-Projektes erarbeitet wurden. Eine Kapazität von 1,5 Stunden erlaubt einen kontinuierlichen Turbinenbetrieb bei kurzzeitigen Bewölkungsperioden, während man mit einem 3h-Speicher auch den zuverlässigen Turbinenbetrieb nach Sonnenuntergang demonstrieren kann. Der 6h-Speicher wurde bei den Großanlagen zugrunde gelegt, um den reinen Solarbetrieb mit hoher Verfügbarkeit realisieren zu können.
Sämtliche Referenzanlagen sind mit einem Dampfturbinenkreislauf ausgestattet, der - mit Ausnahme der Experimentalanlagen - auch über eine solare Zwischenüberhitzungsstufe verfügt. Typische Frischdampftemperaturen im reinen Solarbetrieb liegen bei den Farmanlagen bei < 400 °C (570 °C im Hybridbetrieb), während bei den Turmanlagen Dampf bis 570 °C solar erzeugt werden kann.

3.5 Brennstoffdaten

Für alle Referenzanlagen im Hybridbetrieb wurde als fossiler Brennstoff schweres Heizöl mit einem unteren Heizwert von 11,4 kWh/kg festgelegt. Während bei den Farmanlagen der 30 MW-Klasse mit der fossilen Energie stets Dampf in einem separaten Boiler erzeugt wird, wird bei den Turmanlagen und den Farmanlagen der 80/100 MW-Klasse das Receiverkühlmittel selbst fossil beheizt. Die daraus resultierenden mittleren thermischen Wirkungsgrade sind:

- 0,72: 30 MW SEGS mit LS2/LS3, SEGS-Anlagen mit LS4
- 0,91: PHOEBUS, SEGS VIII (LS3)

Dieser Wirkungsgrad-Nachteil wird bei den 30 MW-SEGS-Anlagen durch einen höheren Turbinenwirkungsgrad bzw. eine verminderte Turbineneingangsleistung im Hybridbetrieb teilweise kompensiert.

3.6 Finanzmathematische Daten

Das Rechenprogramm STERKO von Siemens/KWU errechnet die über die Abschreibungsdauer entstehenden mittleren Stromerzeugungskosten aus den folgenden anlagenspezifischen Daten:

- Jahresenergieertrag
- Brennstoffverbrauch
- Personaleinsatz
- Investitionskosten
- jährliche Betriebs- und Wartungskosten

sowie aus den für alle Anlagen identischen finanzmathematischen Randbedingungen:

-	Preisbasis:	Dezember 1989
-	Bauzeit:	s. Tab. 4 bis 7
-	Betriebsbeginn:	1992 (30 MW)
		1993 (80/100/200 MW)
-	Fremdkapitaleinsatz:	100 %
-	Zinsfuß (Errichtung, Betrieb):	7 %/a
-	Eskalationsrate für Materialkosten:	2,5 %/a
-	Eskalationsrate für Lohnkosten:	4,0 %/a
-	Abschreibungsdauer:	20 Jahre
-	Kapitalsteuersatz:	0 %/a
-	Einkommensteuersatz:	0 %/a
	Versicherungssatz (Errichtung):	0,7 %/a
-	Versicherungssatz (Betrieb):	0,4 %/a
-	Eskalationsrate für Versicherung:	3 %/a
-	Personalkosten:	70.000 DM/MJ
-	Eskalationsrate für Personalkosten:	4,5 %/a
-	Eskalationsrate für Wartungs- und Betriebskosten:	4 %/a
-	Brennstoffpreis (Schweröl):	155 DM/Mg
-	Eskalationsrate für Brennstoff:	5 %/a
-	Kosten für sonstige Verbräuche:	0,001 DM/kWh
-	Eskalationsrate für sonstige Verbräuche:	3 %/a.

4 Methodik des technischen Vergleichs

Der Vergleich verschiedener Anlagentechniken stützt sich auf energetische Kenngrößen, die sowohl rechnerisch als auch experimentell bestimmt werden können. Es hat sich als zweckmäßig erwiesen, dafür die folgenden Daten auszuwählen:

- Tagesenergiesummen an relevanten Schnittstellen der Gesamtanlage
- Monatsenergiewirkungsgrade der Gesamtanlage
- Jahresenergiewirkungsgrade der Untersysteme sowie der Gesamtanlage
- Leistungen der einzelnen Untersysteme im zeitlichen Ablauf für typische Tage, z. B. für klare und bewölkte Tage.

Die Tagesenergiesummen werden ausgedrückt in kWh/m2, wobei die Referenzfläche stets die Aperturfläche, d. h. die Eintrittsfläche der Sonnenstrahlung in das Reflektorsystem ist. Diese Vereinbarung steht in Einklang mit der in der Optik reflektierender und brechender Systeme begründeten Theorie der Strahlbegrenzung, nach der die maximal in ein abbildendes System einfallende Strahlung durch die Eintrittspupille (Blende) gegeben ist [7]. Bei solartechnischen Anlagen bezieht man Wirkungsgrade und Anlagenoutput gelegentlich auch auf die eingesetzte Glasfläche. Diese ist bei Turmanlagen praktisch mit der Aperturfläche des Heliostatenfeldes identisch. Wegen der kurzen Brennweite und der damit verbundenen stärkeren Krümmung sind die Glasflächen der Farmanlagen SEGS um ca. 10 % (LS3) bzw. 20 % (LS4) größer als die Aperturflächen. Glasflächenbezogene Wirkungsgrade und Kennlinien der SEGS-Anlagen sind daher gegenüber den aperturflächenbezogenen Größen durch den Faktor 1,1 bzw. 1,2 zu dividieren, d. h. durch das Verhältnis des Parabelbogens zur zugehörigen Sehne.

Auf die Stromerzeugungskosten haben diese alternativen Betrachtungsweisen keinen Einfluß.

Obwohl nur wenige Systemschnittstellen meßtechnisch zugänglich sind, kann zumindest rechnerisch ein sehr detaillierter Vergleich von Turm- und Farmkonzept durchgeführt werden, da beide Anlagenvarianten aus korrespondierenden Untersystemen mit vergleichbaren Funktionen und Verlustmechanismen bestehen. Es wurde vereinbart, die Schnittstellen gemäß dem Betriebssimulationsprogramm SOLERGY zu wählen und das dort eingeführte Energiebilanzierungsschema zu verwenden.

4.1 Simulationsprogramm SOLERGY

Dieser Code hat die Aufgabe, nach Maßgabe der Wetterdaten und der thermischen und elektrischen Verluste bzw. Wirkungsgrade der einzelnen Untersysteme die Nettojahresenergie am Generatorausgang zu berechnen. Das Programm besteht im wesentlichen aus einem Regelwerk, nach dem Energieflüsse von Untersystem zu Untersystem verteilt und bilanziert werden. Es werden keine fluidmechanischen oder thermodynamischen Größen verarbeitet oder berechnet. Diese müssen in Form von energetischen Kenndaten aufbereitet und als Eingabewerte spezifiziert werden. Dies ist der Hauptgrund dafür, daß SOLERGY auf alle Systeme mit vergleichbarer Energiewandlungskette anwendbar ist. Die Unterschiede in den Anlagenkonzepten werden somit durch die Eingabedaten ausgedrückt, so daß die getroffenen Annahmen nachvollziehbar und transparent werden.

Eine ausführliche Beschreibung von SOLERGY sowie dessen Qualifizierung findet sich in [1] und [2]. Die dort beschriebene Version wurde innerhalb der PHOEBUS-Projekt-Phase 1B um folgende Optionen erweitert:

- Simulation von Anlagen ohne Speicher
- Simulation von hybriden Fahrweisen.

Innerhalb der vorliegenden Studie wurde der Code ferner so modifiziert, daß Parabolrinnensysteme gerechnet werden können und die bei den SEGS-Anlagen realisierte Abhängigkeit der Turbineneingangsleistung und des Turbinen-Wirkungsgrades vom Betriebsmodus berücksichtigt wird. SOLERGY wurde außerdem mit Hilfsroutinen ausgestattet, die die relevanten Ergebnisse graphisch darstellen.

Die allen, mit SOLERGY durchgeführten Rechnungen gemeinsamen Regeln waren:

- Abarbeitung der Wetterdaten im Rhythmus von 15 Minuten

- täglicher Start und Betrieb der Anlage nach denselben Regeln, d. h. ohne Anpassung an den individuellen Wetterablauf, z. B. mittels Wettervorhersage

- Vollastbetrieb bei Systemen mit Speicher bzw. bei hybrider Fahrweise

- Nutzung des gesamten täglichen Speicherinhalts durch den Kreislauf

- Defokussierung von Reflektoren bei Überangebot an Strahlungsleistung; z. B. bei Erreichung der maximalen Speicherkapazität oder bei Turbinenüberlastung im speicherlosen Betrieb

- verzögerungsfreie Bereitstellung fossiler Wärmeleistung.

Tabelle 2 zeigt beispielhaft die Jahresübersicht für die Anlage SEGS VII bei solarer Fahrweise im Jahr 1976. Die wichtigsten Schnittstellen, an denen SOLERGY Untersystemwirkungsgrade berechnet, sind:

- Reflektorfeld
- Receiver bzw. Absorber
- Wärmeübertragungssystem
- fossile Zufeuerung
- Speicher/Dampferzeuger
- Turbine
- elektrische Eigenverbraucher

Das Ergebnis von 67,9 GWh_e erzeugter elektrischer Jahresenergie stimmt gut mit den 67,1 GWh_e überein, die für dasselbe Wetter und dieselbe Anlagenkonfiguration mit Hilfe des für die SEGS-Anlagen von der Fa. LUZ entwickelten Simulationsprogramms ermittelt wurden. Damit ist gezeigt, daß sich die für Farmanlagen spezifischen technischen Daten auf die Eingabedaten von SOLERGY in ausreichender Genauigkeit abbilden lassen.

Neben der Jahresbilanz erstellt SOLERGY auch die Tagesbilanzen der Energien an den nämlichen Schnittstellen, so daß die diversen Tagessummen zueinander in Beziehung gesetzt werden können. Diese Zusammenhänge werden in Form von input/output-Charakteristiken dargestellt, woraus man mittels Regression die jeweiligen Kennlinien, z. B. Geraden, gewinnt.

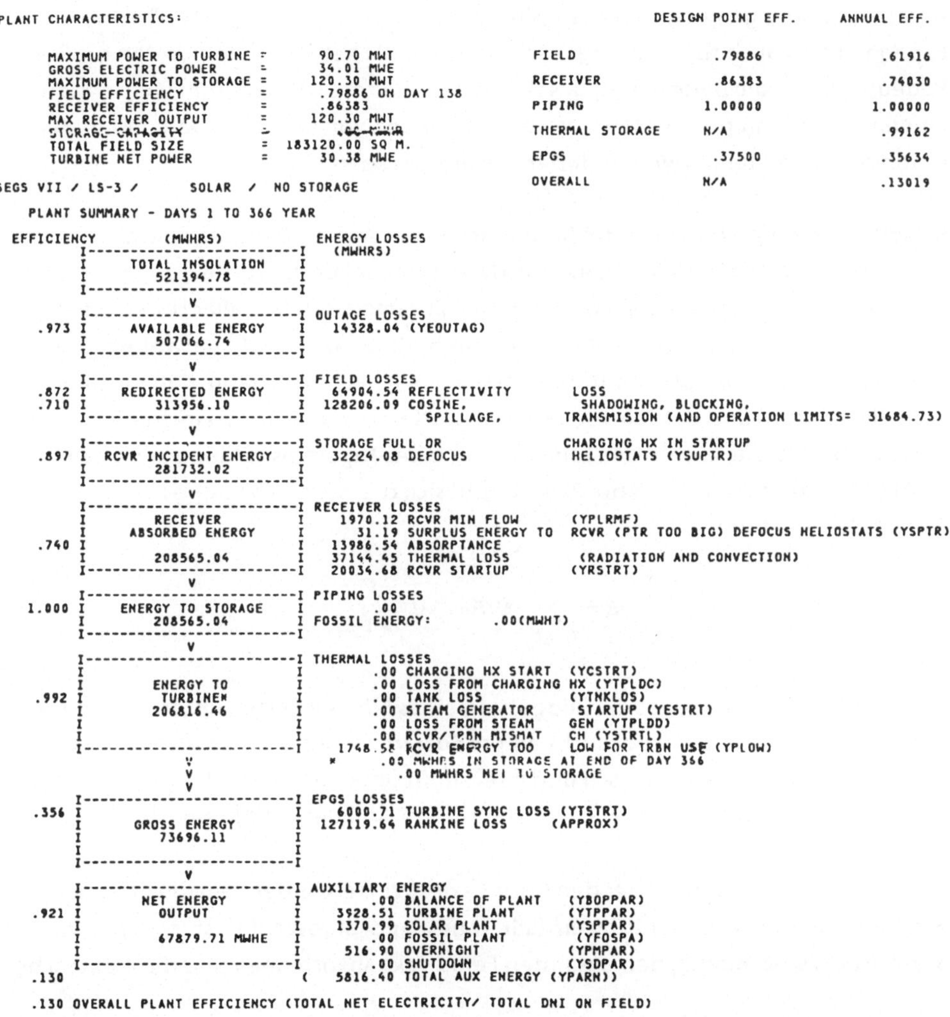

```
PLANT CHARACTERISTICS:                                              DESIGN POINT EFF.    ANNUAL EFF.

     MAXIMUM POWER TO TURBINE =      90.70 MWT               FIELD               .79886          .61916
     GROSS ELECTRIC POWER     =      34.01 MWE
     MAXIMUM POWER TO STORAGE =     120.30 MWT               RECEIVER            .86383          .74030
     FIELD EFFICIENCY         =     .79886 ON DAY 138
     RECEIVER EFFICIENCY      =     .86383                   PIPING             1.00000         1.00000
     MAX RECEIVER OUTPUT      =     120.30 MWT
     STORAGE CAPACITY         =        .00 MWHR              THERMAL STORAGE     N/A             .99162
     TOTAL FIELD SIZE         = 183120.00 SQ M.
     TURBINE NET POWER        =      30.38 MWE               EPGS                .37500          .35634

SEGS VII / LS-3 /      SOLAR  /  NO STORAGE                  OVERALL             N/A             .13019

   PLANT SUMMARY - DAYS 1 TO 366 YEAR

 EFFICIENCY        (MWHRS)             ENERGY LOSSES
         I-------------------------I    (MWHRS)
         I    TOTAL INSOLATION     I
         I       521394.78         I
         I-------------------------I
                     V
         I-------------------------I OUTAGE LOSSES
    .973 I    AVAILABLE ENERGY     I   14328.04 (YEOUTAG)
         I       507066.74         I
         I-------------------------I
                     V
         I-------------------------I FIELD LOSSES
    .872 I   REDIRECTED ENERGY     I   64904.54 REFLECTIVITY       LOSS
    .710 I       313956.10         I  128206.09 COSINE,              SHADOWING, BLOCKING,
         I-------------------------I               SPILLAGE,      TRANSMISION (AND OPERATION LIMITS=  31684.73)
                     V
         I-------------------------I STORAGE FULL OR               CHARGING HX IN STARTUP
    .897 I  RCVR INCIDENT ENERGY   I   32224.08 DEFOCUS              HELIOSTATS (YSUPTR)
         I       281732.02         I
         I-------------------------I
                     V
         I-------------------------I RECEIVER LOSSES
         I        RECEIVER         I     1970.12 RCVR MIN FLOW     (YPLRMF)
         I     ABSORBED ENERGY     I       31.19 SURPLUS ENERGY TO  RCVR (PTR TOO BIG) DEFOCUS HELIOSTATS (YSPTR)
    .740 I                         I   13986.54 ABSORPTANCE
         I       208565.04         I   37144.45 THERMAL LOSS        (RADIATION AND CONVECTION)
         I-------------------------I   20034.68 RCVR STARTUP       (YRSTRT)
                     V
         I-------------------------I PIPING LOSSES
   1.000 I    ENERGY TO STORAGE    I         .00
         I       208565.04         I FOSSIL ENERGY:        .00(MWHT)
         I-------------------------I
                     V
         I-------------------------I THERMAL LOSSES
         I                         I          .00 CHARGING HX START  (YCSTRT)
         I        ENERGY TO        I          .00 LOSS FROM CHARGING HX (YTPLDC)
    .992 I        TURBINE*         I          .00 TANK LOSS          (YTNKLOS)
         I       206816.46         I          .00 STEAM GENERATOR     STARTUP (YESTRT)
         I                         I          .00 LOSS FROM STEAM    GEN (YTPLDD)
         I                         I          .00 RCVR/TRBN MISMAT   CH (YSTRTL)
         I-------------------------I     1748.58 RCVR ENERGY TOO    LOW FOR TRBN USE (YPLOW)
                     V                *       .00 MWHRS IN STORAGE AT END OF DAY 366
                     V                          .00 MWHRS NET TO STORAGE
                     V
         I-------------------------I EPGS LOSSES
    .356 I                         I     6000.71 TURBINE SYNC LOSS (YTSTRT)
         I      GROSS ENERGY       I   127119.64 RANKINE LOSS      (APPROX)
         I        73696.11         I
         I                         I
         I-------------------------I
                     V
         I-------------------------I AUXILIARY ENERGY
         I       NET ENERGY        I          .00 BALANCE OF PLANT   (YBOPPAR)
    .921 I         OUTPUT          I     3928.51 TURBINE PLANT      (YTPPAR)
         I                         I     1370.99 SOLAR PLANT        (YSPPAR)
         I       67879.71 MWHE     I          .00 FOSSIL PLANT       (YFOSPA)
         I                         I      516.90 OVERNIGHT          (YPMPAR)
         I-------------------------I          .00 SHUTDOWN           (YSDPAR)
    .130                           (     5816.40 TOTAL AUX ENERGY (YPARN))

    .130 OVERALL PLANT EFFICIENCY (TOTAL NET ELECTRICITY/ TOTAL DNI ON FIELD)
```

Tabelle 2:
SOLERGY-Jahresprotokoll für SEGS VII (1976)

4.2 Input/Output-Kennlinien

Die für die Praxis wichtigste Kennlinie ist diejenige, die die Abhängigkeit zwischen der eingestrahlten und der netto erzeugten elektrischen Tagesenergie pro m2 Aperturfläche ausdrückt. Da diese Charakteristiken bei den in Betrieb befindlichen Anlagen ständig gemessen werden, sind sie sowohl für den Vergleich Theorie-Experiment als auch für den Vergleich unterschiedlicher Technologien von großer Bedeutung. Für die Beurteilung des Anlagenverhaltens ist wiederum nur der Kennlinienabschnitt mit positiver Nettostromproduktion von Interesse. Daher ist in den graphischen Darstellungen nur dieser Teil aufgetragen.

Beispiele für diese Charakteristik finden sich in der Abb. 6. Gemessene und simulierte Tagessummen sind näherungsweise linear korreliert. Steigung und Achsenabschnitt der Geraden werden durch Zusammenwirken aller Untersystemcharakteristiken bestimmt, die ihrerseits ähnlich lineare Verläufe aufweisen. Die praktische Bedeutung der input/output-Kennlinie liegt auch darin, daß sie eine schnelle Abschätzung der Jahresenergie gestattet. Ist nämlich die Einstrahlungsverteilung, d. h. die Anzahl der Tage N(I) mit einer Tageseinstrahlung zwischen I und I + ΔI (kWh/m^2) bekannt (s. Abb. 2), so ergibt sich die elektrische Jahresenergie E (kWh/m^2) wie folgt:

$$E = \sum_{I \geq I_0} N(I)\, a \cdot (I - I_0)$$

Die Strahlungssumme I_0 hat die Bedeutung eines Schwellwertes, unterhalb dessen eine Anlage mehr Strom verbraucht als produziert. Dieser Wert (sowie auch die Steigung a) ist anlagenspezifisch und beeinflußt über die Einstrahlungsverteilung neben der Jahresproduktion auch den jährlichen Anlagenwirkungsgrad.

Da der Feldwirkungsgrad über den Cosinus des Winkels, unter dem die direkte Strahlung auf die Aperturfläche einfällt, tages- und jahreszeitlich stark variieren kann, ist es zweckmäßig, den gesamten Feldeffekt abzutrennen und die elektrische

Tagesenergie gegen die auf den Receiver bzw. Absorber auftreffende Strahlungsenergie aufzutragen.

Abb. 8 verdeutlicht, daß sowohl Turm als auch Farm diese Strahlungsenergie bis hin zum Generator linear verarbeiten. Die Streuung der Daten im ursprünglichen input/output-Diagramm ist hauptsächlich auf die Zeitabhängigkeit des Feldwirkungsgrades zurückzuführen (s. auch Abb. 7). Der lineare Zusammenhang wird auch bei entsprechender Auftragung experimenteller Daten, z. B. von SEGS III, gegen die mit dem Einfallscosinus multiplizierte Einstrahlung beobachtet [3].

4.3 Wirkungsgrade

Für einen Technologievergleich sind ferner monats- und jahresgemittelte Energiewirkungsgrade auf System- und Untersystemebene von besonderer Aussagekraft, da sie im Detail Herkunft und Bedeutung anlagentechnischer und betrieblicher Unterschiede aufklären helfen.

Mit Hilfe dieser Wirkungsgrade sowie deren Variation kann man ferner Sensitivitätsanalysen durchführen, die die Abschätzung des Potentials eines Anlagenkonzeptes ermöglichen. Insbesondere ist die detaillierte Zusammensetzung von Feld- und Receiverwirkungsgrad von Interesse, in denen sich die Turm- und Farmkonzepte vornehmlich unterscheiden. Die Gesamtanlagenwirkungsgrade im Monatsmittel sind dazu geeignet, jahreszeitliche Tendenzen aufzuzeigen, die u. a. dazu dienen können, geplante Stillstandszeiten für Wartungsarbeiten in die Jahreszeit mit den geringsten Produktionsverlusten zu legen.

4.4 Tagesverläufe

Diese illustrieren in anschaulicher Weise das Anlagenverhalten im zeitlichen Ablauf. Im besonderen sind die Leistungen an folgenden Schnittstellen von Interesse: (s. Abb. 14)

- Receiverausgang
- Speichereingang (Be- und Entladecharakteristik)

- Brennerausgang (bei fossiler Zufeuerung)
- Turbineneingang
- Turbinenausgang.

Die Tagescharakteristiken eignen sich zur Entwicklung von optimalen Betriebsstrategien für typische Tage mit unterschiedlichem Bewölkungsgeschehen. Dies gilt vornehmlich für den Einsatz sowie die Dimensionierung thermischer Speicher.

5 Technischer Vergleich von Turm- und Farmanlagen

In diesem Abschnitt wird dargelegt, worauf nach dem heutigen Stand der experimentellen Erfahrung und des theoretischen Verständnisses die Unterschiede zwischen Turm- und Farmkonzept beruhen. Dazu wird hauptsächlich von der Methode des Vergleiches von Kennlinien und Teilsystemwirkungsgraden Gebrauch gemacht.

Da sich auf der Ebene der Anlagen mit betrieblicher Erfahrung wegen des Leistungsunterschiedes keine direkt vergleichbaren Partner auf der Turm- bzw. Farmseite anbieten, wird ein detaillierter Vergleich in der 30 MW-Klasse durchgeführt. Da bei den Turmanlagen dieser Leistungsklasse das PHOEBUS-Konzept mit einem 3h-Speicher [4] die größte Planungsreife erreicht hat, wurde diesem eine von der Anlage SEGS VII abgeleitete Variante SEGS VIIA mit einem ebenso großen Speicher gegenübergestellt, um interpretatorischen Schwierigkeiten beim technologischen Vergleich vorzubeugen.

5.1 Solarer Betrieb

5.1.1 Anlagen mit experimenteller bzw. betrieblicher Erfahrung

Die einzige, bisher im 10 MW-Bereich gebaute und erprobte Turmanlage ist die Anlage SOLAR ONE/Barstow. Von diesem Kraftwerk existieren ausreichend viele Meßdaten, um die input/output-Kennlinie zu generieren.

Die obere Hälfte von Abb. 3 zeigt die Meßdaten des Jahres 1985 im rein solaren Betrieb sowie die über SOLERGY für dieselben Betriebstage berechnete Kennlinie. Während die Vorhersage an Tagen mit hoher Einstrahlung auch im detaillierten Tagesverlauf gut übereinstimmt, findet man im Bereich geringerer Einstrahlung größere Abweichungen [2]. Ein Studium der entsprechenden Tagesprotokolle zeigt, daß nach Bewölkungsdurchzug SOLERGY einen erfolgreichen Start des Kreislaufs mit anschließender Stromproduktion prognostiziert, während in Wirklichkeit die Anlage abgeschaltet blieb. Aus Abb. 3 wird deutlich, daß eine verbesserte Fahrweise die Einstrahlungsschwelle für positive Nettoproduktion verkleinert, gleichzeitig aber die Kennlinie abflacht. Das Resultat ist eine Steigerung des Jahresenergieertrages um 14 %.

Die untere Hälfte von Abb. 3 zeigt die Meßwerte der Anlage SEGS III im ersten Halbjahr 1988. Die zugehörige Regressionsgrade verläuft im Vergleich zum SOLERGY-Ergebnis etwas flacher. Insgesamt stimmt die SOLERGY-Kennlinie gut mit den aus den Meßergebnissen abgeleiteten Regressionsgeraden überein (Abb. 4). Eine leichte Überschätzung des tatsächlichen Betriebsverhaltens deutet sich im steileren Verlauf der SOLERGY-Kennlinie an.

5.1.2 Demonstrationsanlagen

Input/Output-Kennlinien

Vergleicht man Turm- und Farmtechnologie auf der Basis von input/output-Kennlinien, so ist zunächst zu untersuchen, inwieweit die Regressionskurven von den Einstrahlungsbedingungen des gewählten Jahres abhängen. Das Ergebnis ist beispielhaft in Abb. 5 illustriert.

Die Kennlinien für die PHOEBUS-Anlage, die aus der input/output-Charakteristik für 1976 und 1984 abgeleitet wurden, unterscheiden sich nur marginal. Die mit Hilfe der Einstrahlungsverteilung (Abb. 2) und der Kennlinien geschätzten Jahresenergien weichen vom exakten Wert weniger als 5 % ab. Daher beschränken sich alle weiteren Untersuchungen auf den meteorologischen Datensatz des Jahres 1976.

Da die Regressionskurven nur pauschal das Anlagenverhalten beschreiben, ist ein Blick in die Details beider Anlagenkonzepte erforderlich. Abb. 6 zeigt die input/output-Charakteristik für die jeweiligen Vertreter der 30 MW-Leistungsklasse. Die unterschiedliche Streuung der Datenpunkte um die Regressionsgerade ist charakteristisch für das Anlagenkonzept.

Der Ursprung dieser Strukturen ist aus Abb. 7 zu ersehen, in der die Tagessummen der auf den Receiver bzw. Absorber einfallenden Strahlung gegen die direkte normale Einstrahlung aufgetragen ist. Die Schnittstelle ist die Aperturfläche des

Receivers der Turmanlage bzw. die Oberfläche der Absorberrohre der Rinnenkollektoren.

Für die Datenstrukturen von Abb. 7 ist hauptsächlich die unterschiedliche Abhängigkeit des Einfallscosinus von der Jahreszeit verantwortlich. Während die azimutal nachgeführten Nord/Süd-orientierten Parabolrinnen der SEGS-Anlagen mit der tief am Winterhimmel stehenden Sonne einen großen Einfallswinkel bilden, kehren sich im Sommer die Verhältnisse um.

Demgegenüber ist der Einfallscosinus bei Turmanlagen weitgehend konstant, bei Nordheliostatfeldern im Winter etwas größer als im Sommer, während bei Rundumfeldern die umgekehrte Tendenz beobachtet wird. Letzteres macht sich durch eine leicht konvexe Krümmung der Charakteristik bei Nordfeldern im Bereich hoher Einstrahlungen bemerkbar, wie mit entsprechenden SOLERGY-rechnungen gezeigt werden kann.

Abb. 7 zeigt zwischen 7 und 8 kWh/m^2 Tageseinstrahlung eine konzentrierte Punktmenge, die die wolkenlosen Wintertage repräsentiert. Sie werden von der Farm mit einem schlechteren Wirkungsgrad genutzt als von der Turmanlage. Zur Veranschaulichung der jahreszeitlichen Abhängigkeit sei noch auf die vergleichende Graphik Abb. 9 verwiesen, in der die Anlagenwirkungsgrade im Monatsmittel aufgetragen sind. Diese Wirkungsgradbetrachtungen legen die Vermutung nahe, daß - bei sonst äquivalenter Technologie der energetischen Wandlung - Farmanlagen an äquatornahen Standorten Vorteile haben, während Turmanlagen vorzugsweise dort einzusetzen sind, wo im Sommer regelmäßig Schlechtwetterperioden auftreten, z. B. in Indien in den Monaten Juli und August infolge Monsuneinflusses, und die Farmanlagen dann besonders effizient arbeiten würden.

Ein Blick auf Abb. 8 macht deutlich, daß Turm- und Farmkonzepte den Energiefluß vom Absorber bis zum Generator in analoger Weise verarbeiten. Daher sind technologische Unterschiede bzw. Verbesserungen im Bereich des Receivers, des Wärmeübertragungssystems und des Kreislaufs vornehmlich aus dieser Kennlinie abzulesen.

In Tabelle 3 sind Verbesserungsmöglichkeiten der 30 MW-PHOEBUS-Anlage sowie deren Übersetzung in SOLERGY-Parameter angegeben. Dabei wird davon ausgegangen, daß bei einer Realisierung von mehreren Anlagen desselben Typs leistungssteigernde Modifikationen im Anlagenbetrieb denkbar sind, ohne dabei das Basiskonzept zu ändern.

Anlage	Lufttemperatur Dampferzeuger		Luftrückführverhältnis	Mischwirkungsgrad bei 20 °C Umgebungstemp.	minimale Förderrate Rec.gebläse	Vollastwirkungsgrad Turbine
	Eintritt	Austritt				
PHOEBUS 1 (Basiskonzept)	700 °C	200 °C	0,6	87,4 %	20 %	39,4 %
PHOEBUS-5	750 °C	170 °C	0,7	92,8 %	5 %	39,4 %
PHOEBUS-n	750 °C	170 °C	0,9	97,5 %	5 %	40,5 %

Tabelle 3: technisches Verbesserungspotential des Konzepts PHOEBUS (30 MW)

Die entsprechenden Kennlinien, die mittels SOLERGY bestimmt wurden, sind in Abb. 10 zusammen mit den Kennlinien der Anlagen SEGS VIIA und VIIB dargestellt. Das in Tabelle 3 zahlenmäßig ausgedrückte Verbesserungspotential äußert sich in einer Verschiebung der Einstrahlungsschwelle und im Anwachsen der Steigung der Regressionsgeraden. Es fällt auf, daß in der Wandlungskette von Receivereingang bis zum Generatorausgang die Konzepte SEGS VIIA und PHOEBUS-1 technologisch etwa gleichwertig sind (Abb. 10, obere Hälfte). Der Jahresgang der jeweiligen Feldwirkungsgrade hat eine Kreuzung der input/output-Kennlinien zur Folge (Abb. 10, untere Hälfte).

Zum Vergleich sind in Abb. 10 a die glasflächenbezogenen Kennlinien dargestellt. In dieser Auftragung nimmt bei Farmanlagen die Neigung um das Verhältnis Glasfläche/Absorberfläche ab (Abb. 10a, untere Hälfte).

Integrales Jahresverhalten

Als zweite wichtige Kenngröße bei der Beurteilung der beiden solarthermischen Technologien wird das integrale Jahresverhalten des Gesamtsystems und der wichtigsten Untersysteme herangezogen. Abb. 11 zeigt, daß die Größenordnung des Gesamtanlagenwirkungsgrades im wesentlichen durch die Wirkungsgrade des Kreislaufs, des Feldes und des Receivers bestimmt wird. Abgesehen von den Verlusten infolge der unterstellten Anlagenstillstandszeiten ("outages") sind Unterschiede zwischen Turm- und Farmkonzept hauptsächlich bei den solarspezifischen Untersystemen Feld und Receiver festzustellen.

Daher ist eine Untersuchung der Verlustmechanismen in beiden Untersystemen von Interesse. Die Aufschlüsselung in Teilwirkungsgrade folgt dem Energiebilanzschema von SOLERGY. Welche Effekte dabei zusammengefaßt werden, zeigt Tabelle 2. Die Ergebnisse sind in Abb. 12 und 13 aufgetragen.

Im Kollektorfeld (Abb. 12) gibt es bei Turm und Farm exakt einander entsprechende Verlustmechanismen. Unter Verlusten infolge betrieblicher Grenzen ("operational limits") wird verstanden:

- Defokussierung der Kollektoren wegen zu hoher Windgeschwindigkeit, zu hoher oder zu niedriger Umgebungstemperatur

- Einschränkung in der Kollektornachführung infolge begrenzten Schwenkbereiches.

Letzteres tritt bei den Rinnenkollektoren der Farm auf. Die Reduzierung des minimalen Kollektorelevationswinkels von 10° (LS3) auf 5° (LS4) bedeutet eine deutliche Verlustminderung.

Auffallend sind die Cosinus-Vorteile der SEGS-Kollektoren gegenüber dem Heliostatfeld der PHOEBUS-Anlage im Jahresmittel, obwohl in den Monatsmitteln große Unterschiede beobachtet werden. Die relativ hohen Cosinus-Verluste sind bei 30 MW PHOEBUS durch das Nordfeld und die niedrige Turmhöhe von 130 m erklärbar, die ebenfalls die Größenordnung der Block- und Schattenverluste bestimmt. Die Verbesserung von LS4 im Cosinus-Wirkungsgrad gegenüber LS3 wird durch die Anstellung der Kollektorachse um 8° gegen die Nord-Süd-Achse bewirkt.

Transmissionsverluste treten beim Turm infolge atmosphärischer Schwächung der reflektierten Strahlung zwischen Heliostatfeld und Receiver auf, während bei den SEGS-Kollektoren dafür das Absorberhüllrohr aus Glas verantwortlich ist. Transmissionsverluste nehmen beim Turmkonzept mit der Auslegungsleistung wegen der wachsenden Entfernung zwischen Feld und Receiver zu, während diese beim Farmkonzept davon unabhängig sind.

Die bei den Parabolrinnen relativ hohen Auffangverluste ("intercept") stammen vornehmlich aus der Vorbeistrahlung an den Absorberenden, wenn die Sonne schräg auf die Aperturebene einfällt. Eine Verbesserung des Cosinus-Wirkungsgrades hat für ein und denselben Kollektortyp daher stets auch eine Verringerung der Vorbeistrahlverluste zur Folge.

Die Mittelung über die gesamte Feldverlustkette ergibt, daß die Feldwirkungsgrade von Turm und Farm miteinander vergleichbar sind. Die LS4-Technologie bezieht den Feldvorteil aus der Vergrößerung des Schwenkbereichs und der Kollektorneigung.

Receiverseitig finden sich naturgemäß größere Unterschiede, wie ein Blick auf Abb. 13 zeigt. Dies ist hauptsächlich auf die Absorberoberfläche zurückzuführen, die sich bei Turm und Farm um mehr als eine Größenordnung unterscheidet. Das Oberflächenverhältnis zwischen PHOEBUS und SEGS beträgt in der 30 MW-Klasse 1:40, wodurch trotz des Temperaturunterschiedes von ca. 300° im Kühlmittel erhöhte Verluste beim morgendlichen Aufheizen auf Betriebstemperatur ("start up") und beim Normalbetrieb infolge Rückstrahlung ("radiation") auftreten. Die Positionen "min. flow" und "surplus" bezeichnen Verluste, die durch nach unten begrenzte Förderkapazitäten von Receiverpumpen bzw. -gebläsen bzw. durch die nach oben beschränkte thermische Belastbarkeit des Absorbers entstehen. Beide Verluste können durch geeignete Komponentenauslegung minimiert werden.

Die Mischverluste ("mixing") treten nur bei luftgekühlten volumetrischen Receivern auf. Sie rühren daher, daß die aus Speicher und Dampferzeuger austretende Warmluft zum Receiver rückgeführt, bei der Einspeisung jedoch zwangsläufig mit i. a. kälterer Umgebungsluft vermischt wird. Maßnahmen zur Minimierung der Mischverluste sind beispielsweise eine Erhöhung der Receiveraustrittstemperatur oder ein durch Beschleunigung der Umgebungsluft errichteter "Luftvorhang" (s. Tab. 3).

Receiverseitig liegt das Verbesserungspotential der Farmtechnologie eindeutig bei der Reduzierung der Rückstrahl- und Abkühlverluste, während das PHOEBUS-Konzept ein wirksames Verfahren gegen das Eindringen von Umgebungsluft in den Receiver benötigt.

Es sei noch erwähnt, daß Farmanlagen bei gleicher Aperturfläche stets weniger Landfläche benötigten als Turmanlagen, bei denen zur Minimierung der Block- und Schattenverluste größere Kollektorabstände erforderlich sind. Typische Flächenverhältnisse (Landnutzungsfaktor) sind bei Türmen 0,15 - 0,25, bei Farmen 0,3 - 0,4.

Tagesgang

Zur Illustration des Technologieunterschiedes von Turm und Farm ist schließlich als dritte Ebene der Vergleich analoger Tagesprotokolle von Interesse, die in Abb. 14 als Ergebnis der SOLERGY-Simulation graphisch dargestellt sind.

Am 01.01.76 herrscht wolkenloses Wetter; die Sonne geht um ca. 7.00 Uhr auf und gegen 16.40 Uhr unter. Während die Turmanlage ca. 1 Stunde zur Erwärmung von Receiver und Wärmeübertragungssystem auf Betriebstemperatur benötigt, sind bei der Farmanlage knapp 2 Stunden erforderlich. Danach wird thermische Leistung erzeugt, die von dem dem Receiver nachgeschalteten Untersystem weiterverarbeitet werden kann ("POWER FROM RCVR"). Sie wird zunächst dem Speicher zugeführt, bis ein bestimmtes (vorgebbares) Energieniveau im Speicher erreicht ist.

Anschließend wird heiße Luft bzw. heißes Öl zum Anwärmen des Dampferzeugers und danach zum Anfahren der Turbine ("POWER TO TRBN") direkt vom Receiver in den Kreislauf eingespeist, während die thermische Überschußleistung weiter gespeichert wird ("POWER TO STRG").

Ist der Synchronisationspunkt erreicht, beginn das Hochfahren der Turbine bis zum Vollastpunkt. Während dieser Phase wird bereits elektrische Leistung gemäß der Teillastcharakteristik erzeugt ("POWER FROM TRBN"). Bis zum Zeitpunkt, an dem der Kreislauf mehr Leistung benötigt als der Receiver erzeugen kann, wird der Speicher geladen. Danach erfolgt die Entladephase, die bei der Turmanlage bis 2 1/2 Stunden nach Sonnenuntergang dauert.

Abb. 14 demonstriert in anschaulicher Weise das vornehmlich im Winter unterschiedliche Feldverhalten und dessen Einfluß auf die Betriebsweise der jeweiligen Anlage. Vermöge der im Winter großen Cosinus-Verluste erreicht die Farmanlage zu keiner Zeit die vom Kreislauf geforderte Eingangsleistung, so daß die Turbine erst spät gestartet werden kann, um das solare Tagesangebot kontinuierlich abzufahren.

An einem solchen Tag wäre auch ein speicherloser Betrieb der Farmanlage denkbar, wobei die Turbinenausgangsleistung weitgehend der Receiverkurve ("POWER FROM RCVR") folgen würde. Charakteristisch ist der (cosinusbedingte) Durchgang der Receiverleistung durch ein Minimum um die Mittagszeit eines klaren Wintertages.

Die umgekehrten Verhältnisse beobachtet man bei hohen Sonnenständen.
Abb. 14 a illustriert die Tagesgänge am 24.06.1976. Während die Tagesprofile der Turmanlage im Sommer und Winter ähnlich sind, setzt die Farmanlage im Sommer das Strahlungsangebot mit praktisch konstantem Wirkungsgrad in thermische Leistung um, d. h. die Rinnenkollektoren folgen der Sonne ohne nennenswerte Cosinusverluste. Entsprechend hoch sind die gespeicherte Energie, die Turbinenlaufzeit und die Gesamtausbeute.

Diese Betrachtungen zeigen auch, daß mit Hilfe von SOLERGY-Simulationen optimale Betriebsstrategien für beide Anlagenkonzepte in Abhängigkeit von Speichergröße, Jahreszeit und Wetter entwickelt werden können.

5.1.3 Kommerzielle Anlagen

Nach denselben Vergleichsstandards von Kennlinien und Wirkungsgraden werden auch die Anlagen mit Auslegungsleistungen $\geqq$ 100 MW_e behandelt und innerhalb der jeweiligen Familie den Anlagen kleinerer Leistungseinheiten gegenübergestellt. Die Abb. 15, 16 und 17 zeigen, daß bei den Turmanlagen - mit Ausnahme von SOLAR ONE - die eingesetzten Technologien in ihrer Leistungsfähigkeit ähnlich sind. Dies gilt offenbar unabhängig von der Anlagengröße und dem Kühlkonzept, so daß für die Energieerträge der verschiedenen Turmvarianten, ähnlich wie bei SOLAR ONE tatsächliche Ausfallquoten und Stillstandszeiten ausschlaggebend sein werden.

Die in Abb. 17 dargestellte Steigerung des Energieertrages von SOLAR ONE in den Jahren 1986 und 1987 dokumentiert eine Entwicklung, die auf eine stetig verbesserte Fahrweise der Anlage schließen läßt (Lerneffekt). Abb. 17 zeigt ferner die Jahresenergieerträge für den Standort Almeria, die aus der Einstrahlungsverteilung 1983/84 und den Barstow-Kennlinien berechnet sind. Bemerkenswert ist, daß bei einer gegenüber Barstow deutlich abfallenden Jahreseinstrahlung von ca. 1920 kWh/m^2 auch die Gesamtanlagenwirkungsgrade zurückgehen. Dies ist eine Folge der Einstrahlungsschwelle für positive Nettostromproduktion.

Qualitativ verschieden stellt sich der Technologiefortschritt bei den SEGS-Anlagen dar, wie sich aus Abb. 15 und 18 ablesen läßt. Die Übergänge von LS2 zu LS3 bzw. von LS3 zu LS4 markieren signifikante Technologiesprünge, die sich entweder in höheren Jahresenergien oder in reduzierten Feldaperturflächen wiederspiegeln. Dagegen wirkt sich die Steigerung der Auslegungsleistung nur wenig auf den Gesamtwirkungsgrad aus. Dies ist eine Folge des modularen Aufbaus von Farmanlagen, da bei Anlagenvergrößerung im wesentlichen nur über die Turbine der Wirkungsgrad angehoben werden kann.

Geht man zur glasflächenbezogenen Kennliniendarstellung von Abb. 15a über, so findet man in der Tendenz ähnliche Ergebnisse.

5.2 Hybrider Betrieb

Fossiler Brennstoff kann bei einer solarthermischen Anlage auf unterschiedliche Weise eingesetzt werden, z. B.

- komplementär; d. h. außerhalb der astronomischen Sonnenscheinperioden (nachts)

- supplementär; d. h. innerhalb der astronomischen Sonnenscheinperioden, z. B. während Bewölkung zur Aufrechterhaltung der elektrischen Leistungserzeugung.

Die Kennlinie des komplementären Hybridbetriebs erfährt gegenüber der solaren Kennlinie eine Parallelverschiebung, da unabhängig vom solaren Angebot stets dieselbe Brennstoffmenge eingesetzt wird.

Beim supplementären Hybridbetrieb wird dagegen an Tagen mit niedriger Einstrahlung viel, an Tagen mit hoher Einstrahlung wenig Brennstoff verbraucht. Die Kennlinie wird daher bei niedrigen Einstrahlungen angehoben und nähert sich der solaren Kennlinie im Bereich hoher Einstrahlungen. Ein Beispiel für die input/output-Charakteristik des supplementären Hybridbetriebes findet sich in Abb. 19 für die Turm- bzw. Farmanlage der 30 MW-Klasse.

Um den Unterschied zwischen rein solarer Fahrweise und den beiden untersuchten Hybridvarianten zu verdeutlichen, sind diverse Kennlinien in Abb. 20 zusammengestellt. Die im Solarbetrieb noch recht unterschiedlichen Kennlinien von Turm und Farm (obere Bildhälfte) nähern sich im Hybridbetrieb umso stärker, je mehr fossiler Brennstoff eingesetzt wird. Die verbleibenden Unterschiede sind dann durch die verschiedenen Kreisläufe bedingt. In Abb. 20 (untere Bildhälfte) wird der Unterschied zwischen komplementärem und supplementärem Hybridbetrieb illustriert.

Selbstverständlich sind auch Fahrweisen denkbar, in der komplementärer und supplementärer Hybridbetrieb gemischt werden, z. B. bei permanentem Vollastbetrieb, bei dem fossiler Brennstoff durch Solarenergie substituiert wird ("fuel saver").

Da sich die solarspezifischen Wirkungsgrade bei Hybridbetrieb von denen im reinen Solarbetrieb kaum unterscheiden, wird auf eine Darstellung und Analyse der Wirkungsgrade verzichtet. Unterschiede zum Solarbetrieb können dann auftreten, wenn am Morgen die Turbine fossil gestartet wird und das Solarangebot bereits unter Vollastbedingung verarbeitet werden kann. Dadurch können Verluste infolge beschränkter Speicherkapazität ("Überlaufen des Speichers") verringert werden.

Die Säulengraphik von Abb. 21 zeigt die unterschiedlichen Mengen eingesetzten fossilen Brennstoffs in Abhängigkeit von den meteorologischen Bedingungen und von der Speicherkapazität. Bei den ausgewählten Hybridfahrweisen ist der fossile Anteil im Stützbetrieb H1 naturgemäß kleiner als im Komplementärbetrieb H2. Während im Fall der kleinen Speicherkapazität der fossile Anteil an der gesamten thermischen Jahresenergie zwischen 11 und 29 % schwankt, ist er beim 6 h-Speicher nur halb so groß.

Zur Illustration des fossilen Stützbetriebes sind in Abb. 22 die Tagesprotokolle für den 06.01.76 graphisch dargestellt. An diesen Tagen herrscht um die Mittagszeit für ca. 1 1/2 Stunden geschlossene Bewölkung. Während dieser Zeit übernimmt die fossile Zusatzfeuerung ("FOSSIL POWER") die Dampferzeugung, um die bereits (solar) gestartete Turbine mit thermischer Leistung zu versorgen. Der Kreislauf wird auch dann fossil gestützt, wenn nach Bewölkungsabzug (ca. 13.30 Uhr) zu wenig Solarenergie in direkter oder gespeicherter Form zur Verfügung steht, um die Turbine weiter unter Vollast zu fahren.

Die hier untersuchten Varianten sind nur Beispiele für ein großes Spektrum von möglichen Hybridfahrweisen bis hin zum 24 h-Vollastbetrieb. Die Ergebnisse zeigen, daß Turm- und Farmkonzept sich technisch und energetisch umso weniger unterscheiden, je größer der fossile Anteil an der Stromproduktion ist.

6 Technische und wirtschaftliche Vorgaben und Ergebnisse für die Referenzanlagen

Dieser Abschnitt enthält in tabellarischer Form die wichtigsten Eingangsdaten der Turm- und Farm-Referenzanlagen für die energetische Kostenrechnung sowie deren Ergebnisse. Die mit SOLERGY ermittelten Jahresenergie- und Brennstoffmengen werden auf Seite des Farmkonzeptes ergänzt durch die der realen Auslegung und Fahrweise der SEGS-Anlagen zugrundeliegenden Jahresdaten [5]. Sämtliche Energieerträge wurden mittels des Rechenprogramms STERKO (Siemens/KWU) [6] unter denselben finanzmathematischen Randbedingungen kostenmäßig bewertet. Meteorologisches Referenzjahr ist 1976 mit 2850 kWh/m^2 Einstrahlung.

6.1 Kostenvorgaben

Ausgangspunkt für die Investitions-, Wartungs- und Betriebskosten sowie für den Personalbedarf der 30 MW-PHOEBUS-Anlage ist die in der PHOEBUS-Phase 1B für Jordanien ermittelte Datenbasis (PHOEBUS-1), die in der ersten Spalte von Tabelle 4 zusammengefaßt ist. Wesentliche Elemente in den Investitionskosten sind der Heliostatpreis von 344 DM/m^2 und die Kosten von 47,5 Mio.DM für einen 3 h-Speicher. Das für den Hybridbetrieb erforderliche fossile Versorgungs- und Feuerungssystem wird pauschal mit 3 Mio.DM in den Investitionskosten berücksichtigt.

Das in den Anlagen PHOEBUS-5 und -n unterstellte, durch wachsende technologische und betriebliche Reife erzielbare technische Potential wird auf der ökonomischen Seite durch Kostenreduktionen begleitet. Diese werden bei der 5. Anlage hauptsächlich auf der Heliostatseite, bei der n-ten Alage bei Heliostat und Speicher gesehen. Gegenüber der Erstanlage wird eine Kostenreduktion von durchschnittlich ca. 12 % bzw. 29 % als erreichbar angenommen. Fallende Tendenzen können auch für die Wartungs- und Betriebskosten sowie für den Personalbedarf abgeschätzt werden.

Zusätzlich zur Referenzanlage mit 3 h-Speicher wurde die 30 MW-PHOEBUS-Variante mit 1,5 h-Speicher auf der Basis der Kosten für die 1. und 5. Anlage untersucht. Vorgaben und Ergebnisse finden sich in Tabelle 5, ebenso die entsprechenden Daten für die Großanlagen 100 MW-PHOEBUS und 100 bzw. 200 MW der US Utility-Study. Wegen des geringen Brennstoffbedarfs in den beiden Hybridfahrweisen der Großanlagen gemäß Abb. 21 wurde nur der solare Betriebsfall kostenmäßig bewertet.

Ein entsprechendes Tabellenwerk wurde für die Farmanlagen SEGS III - SEGS XIII erstellt. Technische und ökonomische Daten wurden ausnahmslos von Flachglas Solartechnik eingebracht. Tabelle 6 enthält die Übersicht über die Anlagenvarianten der 30 MW-Klasse, Tabelle 7 die entsprechenden Daten des 100 MW-Leistungsbereichs.

6.2 Zeitdaten für Bau und Inbetriebsetzung

Für den wirtschaftlichen Vergleich von Turm und Farm spielt auch die unterschiedliche Dauer für die Errichtung und Inbetriebsetzung eine Rolle. Während die SEGS-Anlagen innerhalb eines Jahres errichtet und in Betrieb genommen werden können, bestimmt beim Turmkonzept die Errichtung des Turmschaftes die zeitliche Abfolge der Anlageninstallation. Wird wie beim PHOEBUS-Basiskonzept noch der Speicher in den Turmfuß integriert, muß die Errichtung des Turms für den Einbau des Speichers unterbrochen werden. Diese Umstände führen zu einer Mindestbauzeit für die Gesamtanlage von 2 Jahren und erklären den in den finanzmathematischen Eingangsdaten (Kap. 3.6) angenommenen Unterschied im Betriebsbeginn.

6.3 Stromerzeugungskosten

Die in der letzten Zeile der Tabellen 4 - 7 ausgewiesenen Stromerzeugungskosten werden nach folgenden Kriterien analysiert:

- Abhängigkeit von der Speichergröße
- Abhängigkeit von der Menge des fossilen Brennstoffs
- Abhängigkeit von der Leistungsgröße

Es ist zweckmäßig, dies zunächst innerhalb der Turm- bzw. Farmfamilie getrennt zu tun. Dazu werden die Stromerzeugungskosten als Funktion der erzeugten Nettojahresenergie im doppelt-logarithmischen Maßstab dargestellt mit dem Ziel, daraus Tendenzen für die Kostenentwicklung abzuleiten.

6.3.1 Turmanlagen

Abb. 23 zeigt diesen Zusammenhang für die Familie der Turmanlagen. Die entsprechenden Zahlenwerte sind den Tabellen 4 und 5 zu entnehmen. Die Anlagen mit ein- und derselben Betriebsweise, aber unterschiedlich großem Speicher, sind durch die eng beieinanderliegenden Datenpunkte charakterisiert. Dies deutet darauf hin, daß bei den Anlagen PHOEBUS-1 und -5 die mit ca. 18 % des Gesamtinvestments relativ hohen Speicherkosten den Unterschied im Energiegewinn zwischen großem und kleinem Speicherverwischen. Tendenziell wird beobachtet, daß bei sinkenden Speicherkosten ein 3 h-Speicher wirtschaftliche Vorteile gegenüber einem Speicher der halben Kapazität hat.

Bei hybridem Betrieb nehmen die Stromerzeugungskosten mit wachsender fossiler Brennstoffmenge ab. Die Datenpunkte lassen sich in guter Näherung durch eine Gerade verbinden, deren Neigung im wesentlichen vom Brennstoffpreis abhängt (s. auch Kap. 3.6). Die linke Begrenzung des Geradenstücks wird durch die rein solare Betriebsweise markiert, während das rechte Ende den 24 h-Vollastbetrieb kennzeichnet und durch Extrapolation ermittelt werden kann. Dafür ergeben sich als Grenzwerte für die 30 MW-Anlagen Stromerzeugungskosten entsprechend einer Nettojahresenergieerzeugung von ca. 250 GWh:

- 0,19 DM/kWh$_e$: 30 MW$_e$ PHOEBUS-1
- 0,17 DM/kWh$_e$: 30 MW$_e$ PHOEBUS-5
- 0,15 DM/kWh$_e$: 30 MW$_e$ PHOEBUS-n.

Über die Abhängigkeit der Stromerzeugungskosten von der Auslegungsleistung im rein solaren Betrieb läßt sich zum gegenwärtigen Zeitpunkt nur spekulieren.

Verbindet man die Punkte der US-Utility-Anlagen (Rohrreceiver mit Flüssigsalzkühlung), so würde man durch Extrapolation in den 30 MW-Leistungsbereich Stromkosten finden, die zwischen denen der Anlagen 30 MW PHOEBUS-1 und -5 liegen.

Verbindet man ferner die Punkte der Erstanlagen PHOEBUS 30 MW und 100 MW, so ergeben sich wiederum mittels Extrapolation im Leistungsbereich $\geqq$ 100 MW niedrigere Stromerzeugungskosten als für die entsprechenden salzgekühlten Anlagen.

Die qualitativen Betrachtungen zeigen die Notwendigkeit, den Leistungsbereich $\geqq$ 100 MW eingehender zu untersuchen und ähnlich wie in der 30 MW-Klasse Sensitivitätsanalysen durchzuführen.

6.3.2 Farmanlagen

Abb. 24 illustriert, wie sich die Stromerzeugungskosten beim Wechsel der Kollektortechnologie bzw. der Anlagengröße entwickeln. Die Zahlenwerte finden sich in den Tabellen 6 und 7.

Die Abhängigkeit der Stromerzeugungskosten von der Speichergröße ist hier etwas stärker ausgeprägt als bei den entsprechenden Turmanlagen, zeigt jedoch qualitativ ähnlich Tendenzen. Auffallend ist bei der LS4-Technologie in der 100 MW-Klasse der wirtschaftliche Vorteil eines 6 h-Speichers im Vergleich zur 1,5 h-Variante.

Für den Hybridbetrieb gelten ähnliche Zusammenhänge wie bereits in Kap. 6.3.1 diskutiert. Extrapolation auf den 24 h-Vollastbetrieb liefert hier die Werte:

- 0,18 DM/kWhe: 30 MW_e SEGS VIIA, 3 h-Speicher
- 0,15 DM/kWhe: 30 MW_e SEGS VIIA, 1,5 h-Speicher

Vergleicht man auf der Basis der LS3-Technologie die Anlagen 80 MW SEGS VIII und 100 MW SEGS VIIIA, so findet man, daß bei nahezu derselben Nettojahresenergie die speicherlose, aber hybrid betriebene Variante aufgrund der zur Zeit sehr günstigen Brennstoffpreise deutliche wirtschaftliche Vorteile gegenüber einer rein solar betriebenen Anlage mit Speicher besitzt.

Der Übergang von der LS3- zur LS4-Technologie äußert sich in einer drastischen Senkung der Stromerzeugungskosten. Dies gilt unabhängig von der Leistungsklasse. Die entsprechenden Daten in Tab. 6 und 7 machen deutlich, daß dieses Ergebnis dadurch zustande kommt, daß innerhalb derselben Leistungsklasse einer Steigerung des Anlagenwirkungsgrades zusätzlich eine Senkung der Investitionskosten gegenübersteht.

CRS-Plants		30 MW$_e$ PHOEBUS-1				30 MW$_e$ PHOEBUS-5			30 MW$_e$ PHOEBUS-n		
. Storage Capacity	[h]	3	3	3	3	3	3	3	3	3	3
. Operating Mode		solar	hybr. 1	hybr. 2	hybr. 3	solar	hybr. 1	hybr. 2	solar	hybr. 1	hybr. 2
. Daily Time Period Allowed for Fossil Firing		only	12/18	SS-1/ SS + 3	12/23	only	12/18	SS-1/ SS + 3	only	12/18	SS-1/ SS + 3
. Total Direct + Indirect Cost /12/89)	[Mio.DM]	282	285	285	285	249	252	252	199	202	202
. Collector Aperture Area	[10^3 m^2]	202.2	202.2	202.2	202.2	202.2	202.2	202.2	202.2	202.2	202.2
. Collector Cost (12/89)	[DM/m^2]	344	344	344	344	287	287	287	200	200	200
. Specific Investment Cost	[DM/kWe]	9400	9500	9500	9500	8300	8400	8400	6630	6730	6730
. Maintenance + Service Contracts	[Mio.DM/a]	2.0	2.0	2.0	2.0	1.8	1.8	1.8	1.6	1.6	1.6
. Number of Personnel	[men]	38	38	38	38	33	33	33	33	33	33
. Annual Consumption of Heavy Fuel Oil	[10^3 kg/a]	-	2850	6901	16300	-	3055	7509	-	2862	7044
. Annual Fossil Energy	[GWh/a]	-	32.5	78.7	185.8	-	34.8	85.6	-	32.6	80.3
. Ratio Fossil Energy vs. Electric Energy	[-]	-	0.36	0.75	1.36	-	0.34	0.72	-	0.30	0.64
. Percentage of Fossil-Based Annual Energy	[%]	-	11	23	39	-	10	22	-	9	20
. Annual Energy (Barstow 1976)	[GWeh/a]	78.4	89.4	104.5	136.1	91.2	103.0	119.3	99.3	110.2	126.0
. Annual Full Load Hours	[h/a]	2613	2980	3483	4537	3040	3433	3977	3311	3673	4200
. Capacity Factor	[%]	29.8	34.0	39.8	51.8	34.7	39.2	45.4	37.8	41.9	47.9
. Outages											
- scheduled	[d/a]	21	21	21	14	14	14	14	14	14	14
- forced	[d/a]	15	15	15	7	7	7	7	- *)	- *)	- *)
. Time of Erection + Start-Up	[a]	2 1/4	2 1/4	2 1/4	2 1/4	2 1/4	2 1/4	2 1/4	2 1/4	2 1/4	2 1/4
. Electric Energy Cost	[DM/kWh]	.485	.437	.387	.314	.368	.337	.301	.281	.263	.239

*) Included in availability factor

Tabelle 4:

Technisch-Wirtschaftliche Vorgaben und Ergebnisse für die Turmanlagen PHOEBUS der Leistungsklasse 30 MW$_e$ (1., 5. und n-te Anlage mit 3-h-Speicher bei solarer und unterschiedlicher hybrider Fahrweise)

CRS-Plants		30 MW_e PHOEBUS -1	30 MW_e PHOEBUS -5	30 MW_e PHOEBUS -5	100 MW_e PHOEBUS	100 MW_e US-Utility	200 MW_e US-Utility
. Storage Capacity	[h]	1.5	1.5	1.5	6	6	6
. Operating Mode		solar only	solar only	hybr. 2	solar only	solar only	solar only
. Daily Time Period Allowed for Fossil Firing				SS-1/SS + 3			
. Total Direct + Indirect Cost /12/89)	[Mio.DM]	260	227	230	585	600	898
. Collector Aperture Area	[10^3 m^2]	202.2	202.2	202.2	873.9	873.9	1789.6
. Collector Cost (12/89)	[DM/m^2]	344	287	287	220	220	165
. Specific Investment Cost	[DM/kWe]	8670	7570	7670	5850	6000	4490
. Maintenance + Service Contracts	[Mio.DM/a]	2.0	1.8	1.8	3.1	3.5	5.0
. Number of Personnel	[men]	38	33	33	40	46	54
. Annual Consumption of Heavy Fuel Oil	[10^3 kg/a]	-	-	7708	-	-	-
. Annual Fossil Energy	[GWh/a]	-	-	87.9	-	-	-
. Ratio Fossil Energy vs. Electric Energy	[-]	-	-	0.79	-	-	-
. Percentage of Fossil-Based Annual Energy	[%]	-	-	22	-	-	-
. Annual Energy (Barstow 1976)	[GWeh/a]	75.5	84.5	111.9	369.9	358.4	717.6
. Annual Full Load Hours	[h/a]	2517	2817	3730	3699	3584	3588
. Capacity Factor	[%]	28.7	32.2	42.6	42.2	42.2	41.0
. Outages							
- scheduled	[d/a]	21	14	14	21	21	21
- forced	[d/a]	15	7	- *)	17	17	17
. Time of Erection + Start-Up	[a]	2 1/4	2 1/4	2 1/4	2 1/4	3	3
. Electric Energy Cost	[DM/kWh]	.471	.369	.300	.204	.220	.162

*) Included in availability factor

Tabelle 5:

Technisch-Wirtschaftliche Vorgaben und Ergebnisse für die Turmanlage 30 MW-PHOEBUS (1.5-h-Speicher) und die Turmanlagen der Leistungsklasse 100 - 200 MW_e.

DCS-Plants		30 MW_e		30 MW_e SEGS VIIA					30 MW_e SEGS VIIB	
		SEGS III LS2 +)	SEGS VII LS3	LS3	LS3	LS3	LS3	LS3	LS4	LS4
. Storage Capacity	[h]	-	-	3	3	3	1.5	1.5	3.0	1.5
. Operating Mode		hybrid	hybr. 1	solar only	hybr. 1	hybr. 2	solar only	hybr. 1	solar only	solar only
. Daily Time Period Allowed for Fossil Firing		-	12/18		12/18	SS-1/ SS + 3		12/18		
. Total Direct + Indirect Cost /12/89)	[Mio.DM]	187	190	251	251	251	225	225	185	169
. Collector Aperture Area	[10^3 m^2]	204.0	183.1	200.6	200.6	200.6	200.6	200.6	183.1	183.1
. Specific Investment Cost	[DM/kWe]	6230	6330	8358	8358	8358	7496	7496	6163	5626
. Maintenance + Service Contracts	[Mio.DM/a]	1.9	1.9	2.7	2.7	2.7	2.2	2.2	1.4	1.1
. Number of Personnel	[men]	33	33	33	33	33	33	33	33	33
. Annual Consumption of Heavy Fuel Oil	[10^3 kg/a]	8553	8923	-	8112	12135	-	8192	-	-
. Annual Fossil Energy	[GWh/a]	97.5	101.7	-	92.5	138.3	-	93.4	-	-
. Ratio Fossil Energy vs. Electric Energy	[-]	1.15	1.05	-	0.85	1.14	-	0.89	-	-
. Percentage of Fossil-Based Annual Energy	[%]	25	26	-	21	28	-	22	-	-
. Annual Energy (Barstow 1976)	[GWeh/a]	85.1	97.0	84.8	109.5	121.2	80.3	105.3	95.0	90.5
. Annual Full Load Hours	[h/a]	2835	3233	2827	3650	4040	2676	3510	3167	3017
. Capacity Factor	[%]	32.4	36.9	32.3	41.7	46.1	30.5	40.1	36.1	34.4
. Outages - scheduled	[d/a]	14	14	14	14	14	14	14	14	14
- forced	[d/a]	*)	*)	*)	*)	*)	*)	*)	*)	*)
Time of Erection + Start-Up	[a]	1	1	1	1	1	1	1	1	1
Electric Energy Cost	[DM/kWh]	.339	.302	.408	.336	.312	.387	.316	.269	.259

*) Included in availability factor
+) Data from LUZ [5], based on 25 % fossil support

Tabelle 6:

Technisch-Wirtschaftliche Vorgaben und Ergebnisse für die Farmanlagen SEGS der Leistungsklasse 30 MW_e.

DCS-Plants		80 MWe SEGS VIII LS3 +)	100 MW_e SEGS VIIIA LS3	100 MW_e SEGS XIII LS4 +)	100 MW_e SEGS XIIIA		100 MW_e SEGS XIIIB LS4
					LS4	LS4	
. Storage Capacity	[h]	-	3.0	-	1.5	1.5	6.0
. Operating Mode		hyb rid	solar only	hybrid	solar only	hybr. 1	solar only
. Daily Time Period Allowed for Fossil Firing		-		-		12/18	
. Total Direct + Indirect Cost /12/89)	[Mio.DM]	389.5	622	342	463	463	511
. Collector Aperture Area	[10^3 m^2]	464.0	580.0	475.0	580.0	580.0	700.0
. Specific Investment Cost	[DM/kWe]	4870	6223	3420	4.630	4.630	5112
. Maintenance + Service Contracts	[Mio.DM/a]	3.9	7.5	3.4	4.6	4.6	5.5
. Number of Personnel	[men]	53	53	53	53	53	53
. Annual Consumption of Heavy Fuel Oil	[10^3 kg/a]	21053	-	25702	-	19573	-
. Annual Fossil Energy	[GWh/a]	240.0	-	293.0	-	223.1	-
. Ratio Fossil Energy vs. Electric Energy	[-]	0.95	-	0.91	-	0.62	-
. Percentage of Fossil-Based Annual Energy	[%]	25	-	25	-	17	-
. Annual Energy (Barstow 1976)	[GWeh/a]	253.0	249.5	324.0	294.9	357.3	383.4
. Annual Full Load Hours	[h/a]	3162	2495	3240	2949	3573	3834
. Capacity Factor	[%]	36.1	28.5	37.0	33.7	40.8	43.8
. Outages							
- scheduled	[d/a]	14	14	14	14	14	14
- forced	[d/a]	*)	*)	*)	*)	*)	*)
. Time of Erection + Start-Up	[a]	1	1	1	1	1	1
. Electric Energy Cost	[DM/kWh]	.242	.347	.175	.219	.197	.189

*) Included in availability factor
+) Data from LUZ [5], based on 25 % fossil support

Tabelle 7:

Technisch-Wirtschaftliche Vorgaben und Ergebnisse für die Farmanlagen SEGS der Leistungsklasse 80 - 100 MW_e.

Literaturverzeichnis

[1] M. C. Stoddard, S. E. Faas, C. J. Chiang, J. A. Dirks:
SOLERGY-A Computer Code for Calculating the Annual Energy from Central Receiver Power Plants
SANDIA-report 86-8060 (1987)

[2] D. J. Alpert, G. J. Kolb:
Performance of the SOLAR ONE Power Plants Simulated by the SOLERGY Computer Code
SANDIA-report 88-0321 (1988)

[3] C. Jensen, H. Price, D. Kearney:
The SEGS Power Plants: 1988 Performance (1989)

[4] PHOEBUS Phase 1B:
Feasibility Study, Vol. II, to appear (1990)

[5] M. Geyer, H. Klaiß:
194 MW Solarstrom mit Rinnenkollektoren, BWK-report Nr. 6 (1989)

[6] STERKO:
Programm zur Ermittlung von Stromerzeugungskosten (KWU/interne Mitteilung)

[7] M. Born:
Optik, Springer-Verlag (1972)

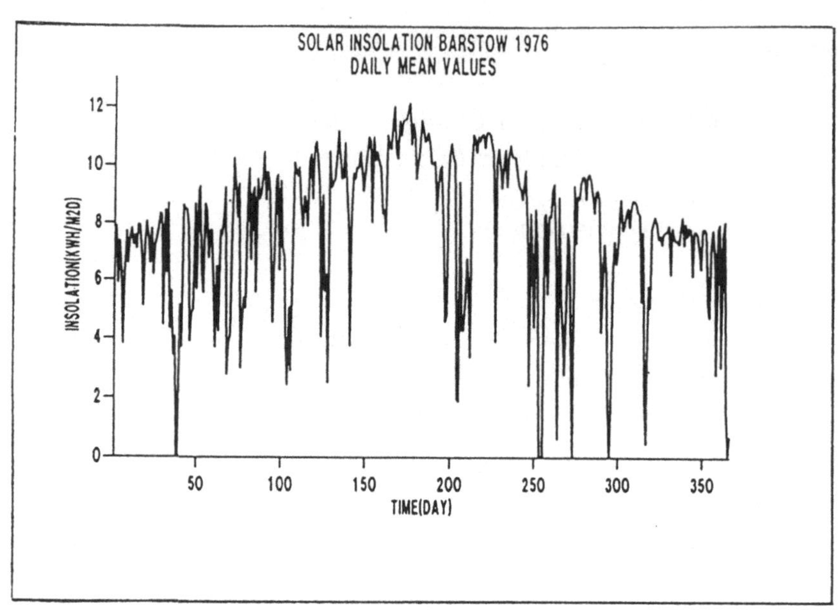

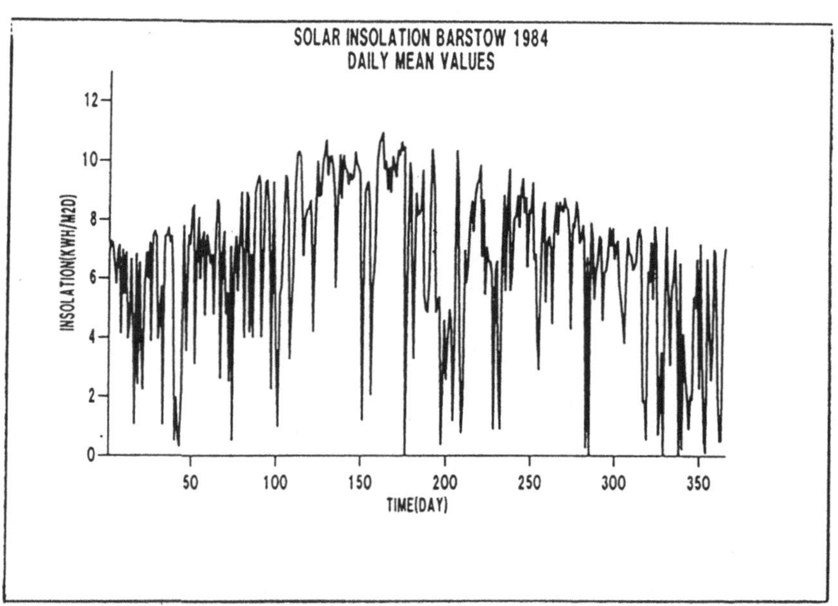

Verlauf der täglichen Direktstrahlung in Barstow in den Jahren 1976 und 1984 Abb. 1

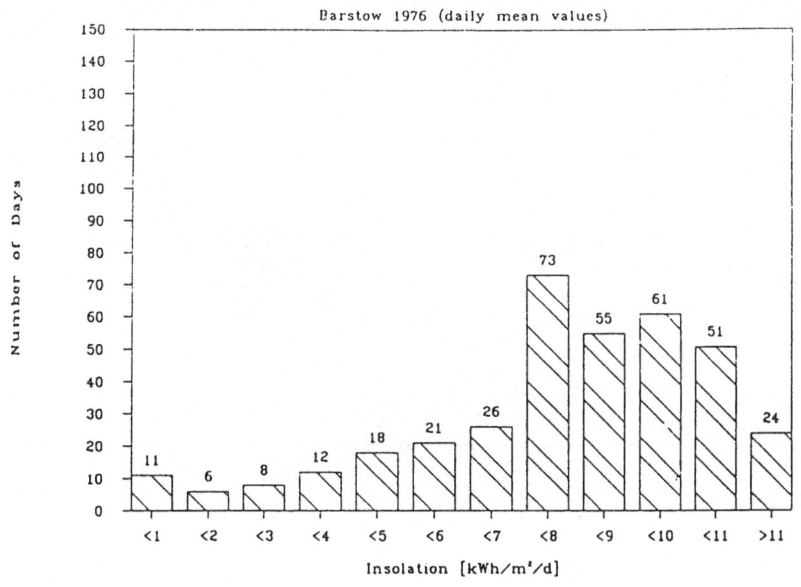

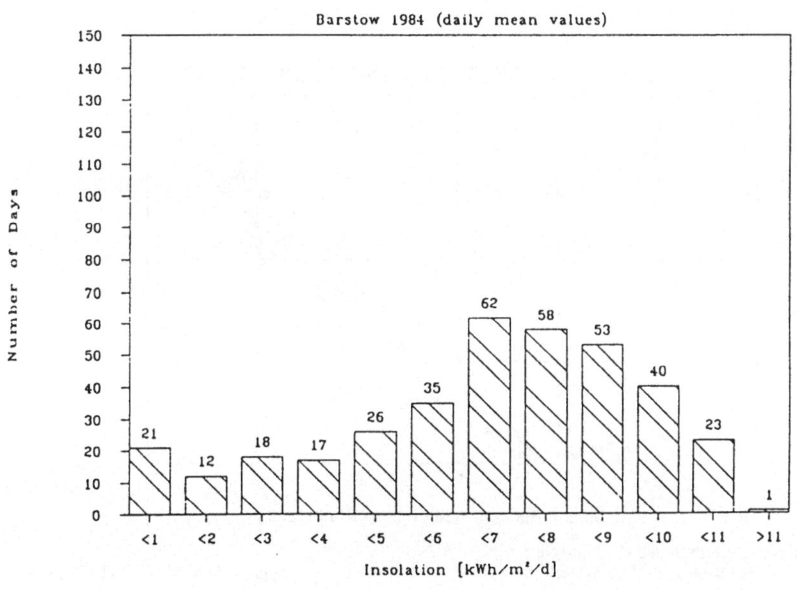

Einstrahlungsverteilung in den Jahren 1976 und 1984 Abb. 2

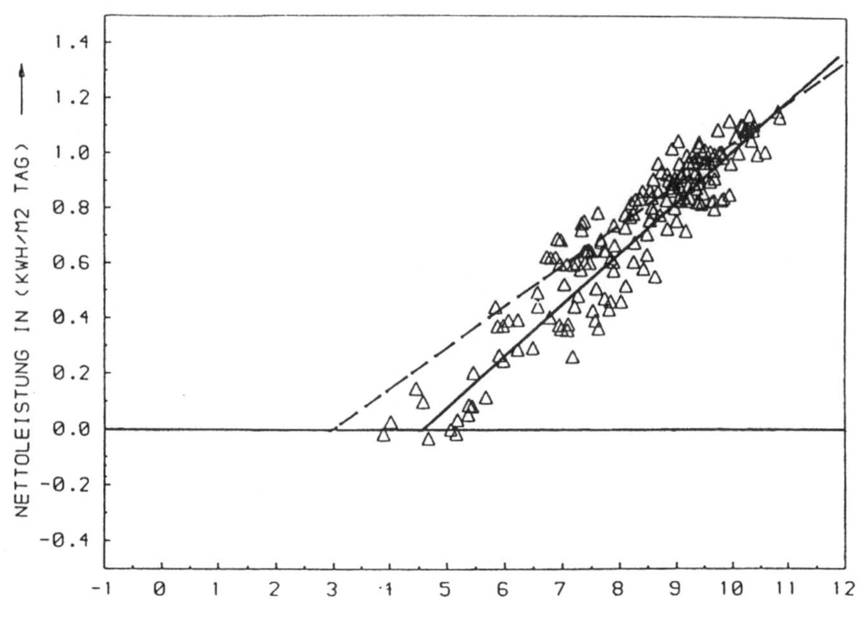

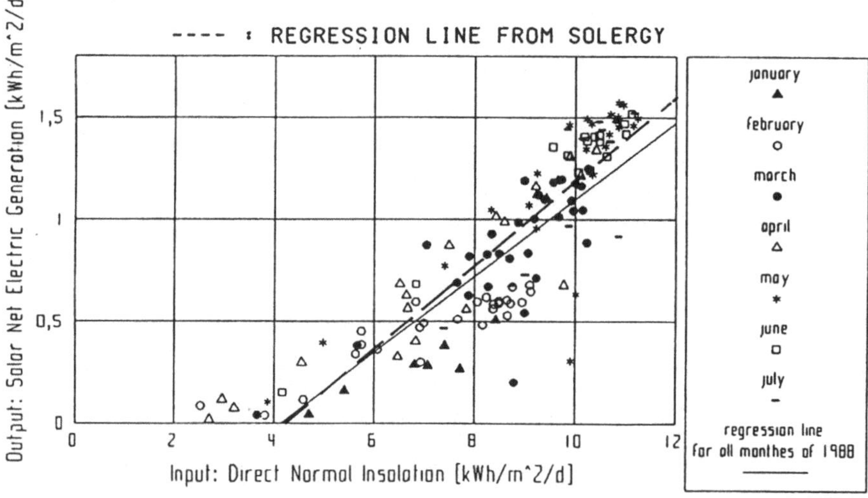

Gemessene und berechnete input/output-Charakteristik
10 MW SOLAR ONE: Solarer Betrieb 1985 (oben)
30 MW SEGS III : Solarer Betrieb 1988 (unten)

Abb. 3

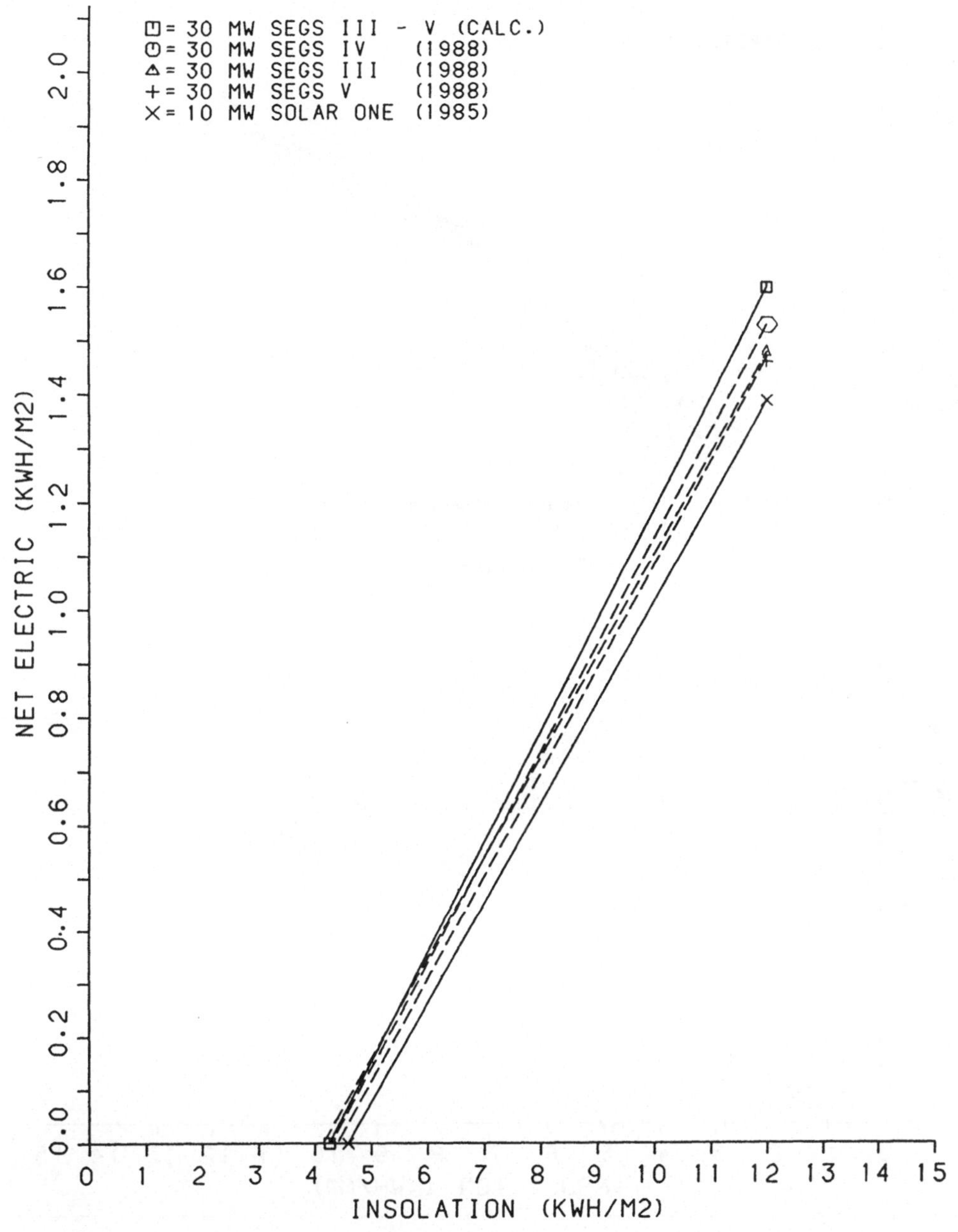

Input/Output-Charakteristik für Solaren Betrieb
Regressionsgeraden durch die Meßpunkte und Vergleich mit SOLERGY-Ergebnissen

Abb. 4

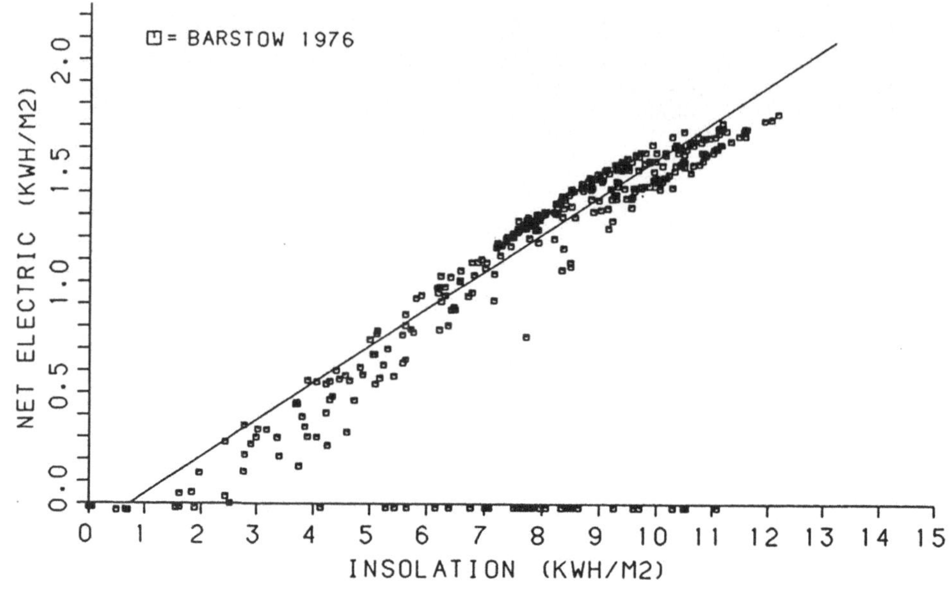

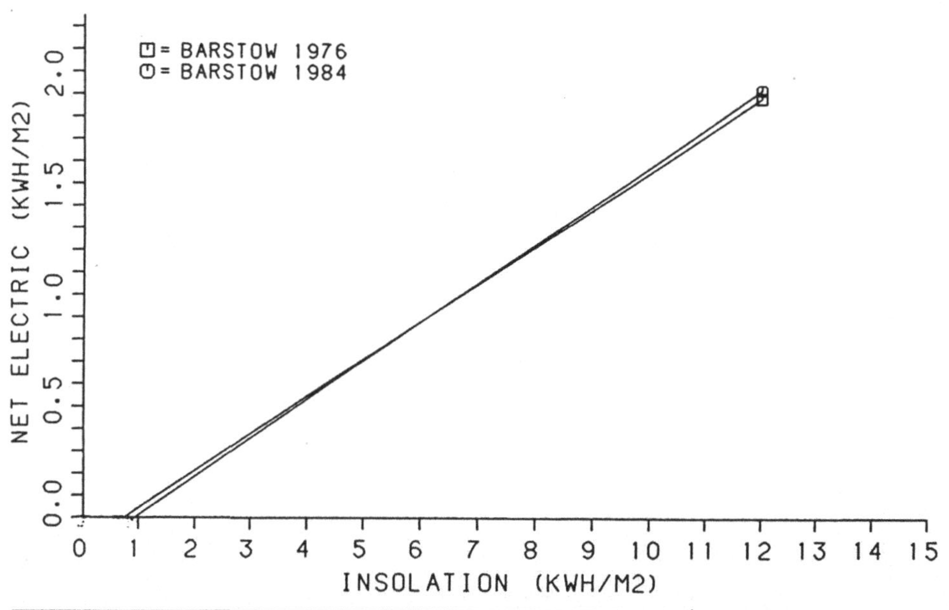

Wetterabhängigkeit der Input/Output-Charakteristik
SOLERGY-Ergebnisse für die Turmanlage 30 MW PHOEBUS mit 3-h-Speicher im solaren Betrieb — Abb. 5

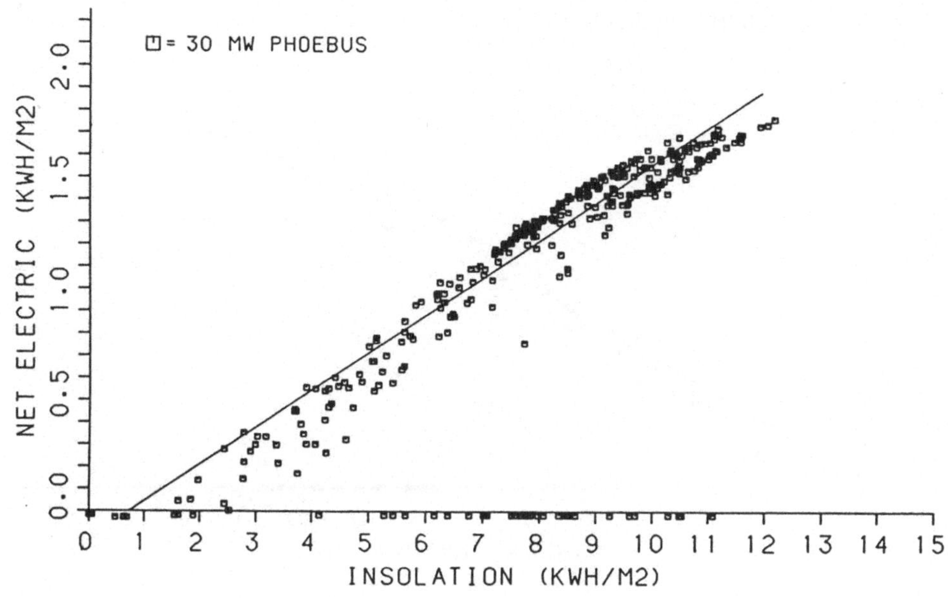

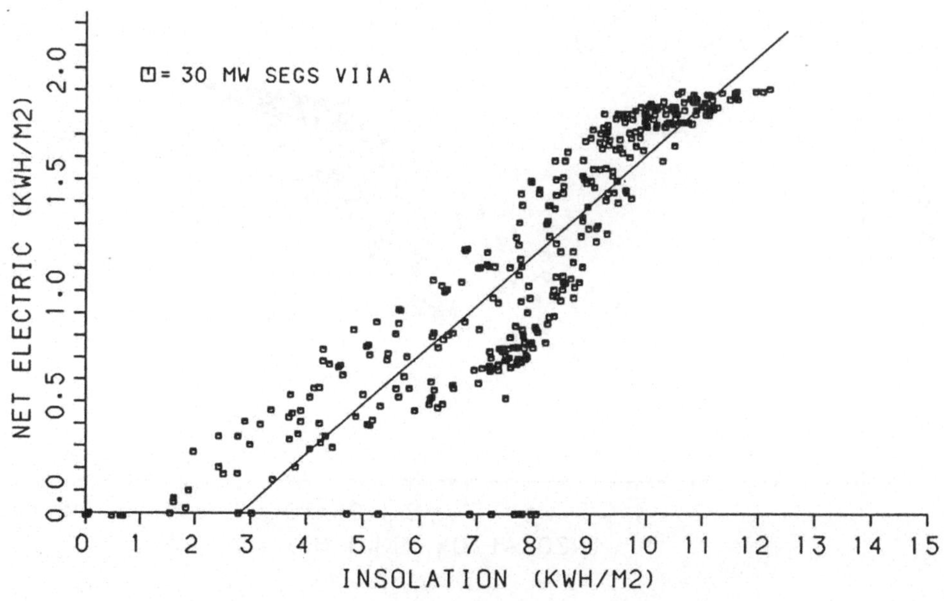

Input/Output-Charakteristik für solaren Betrieb 1976 Abb. 6
Vergleich von Turm- und Farmanlagen (3 h-Speicher)

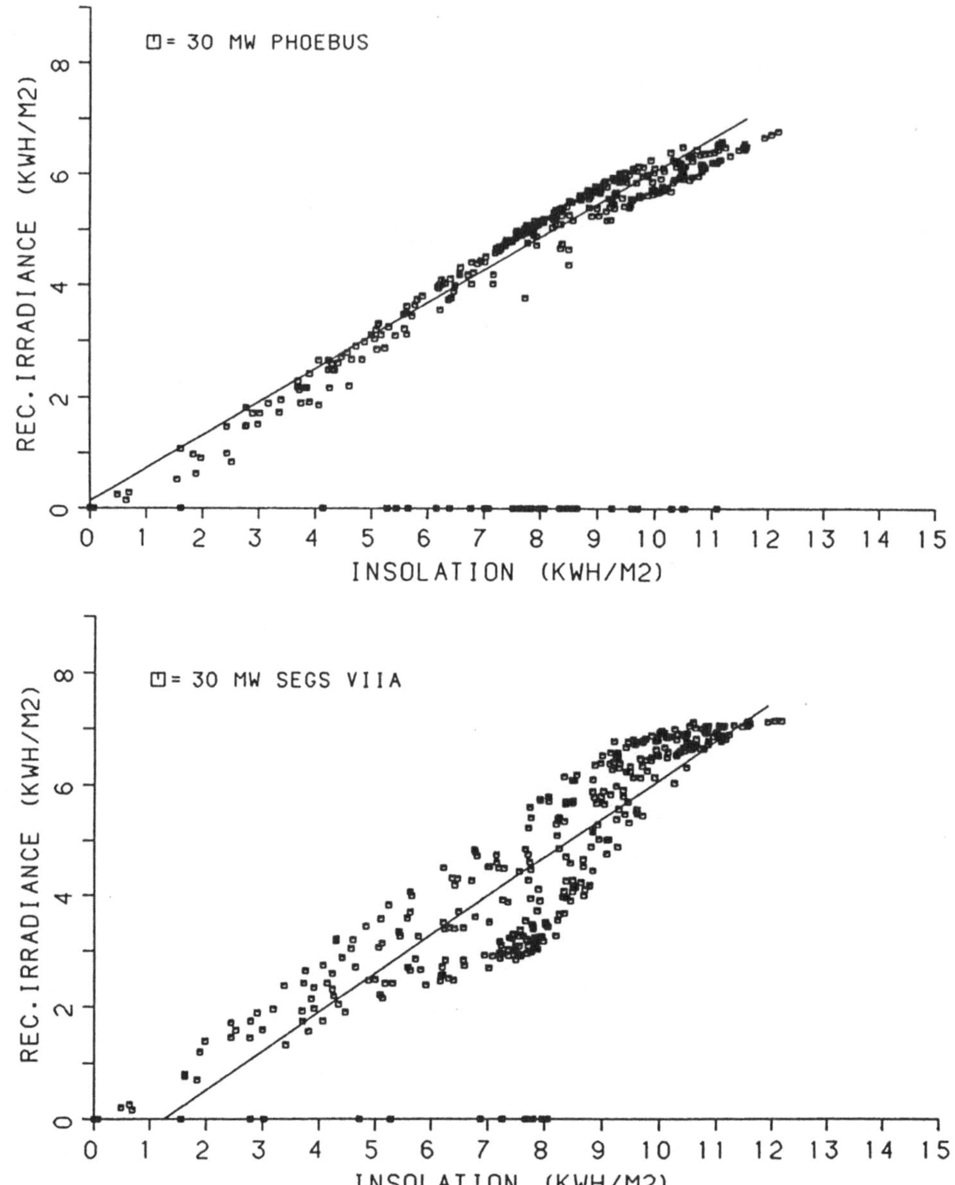

Input/Output-Charakteristik an der Schnittstelle Receivereingang (Reflektorfeld-Charakteristik) Vergleich von Turm- und Farmanlage im solaren Betrieb 1976

Abb. 7

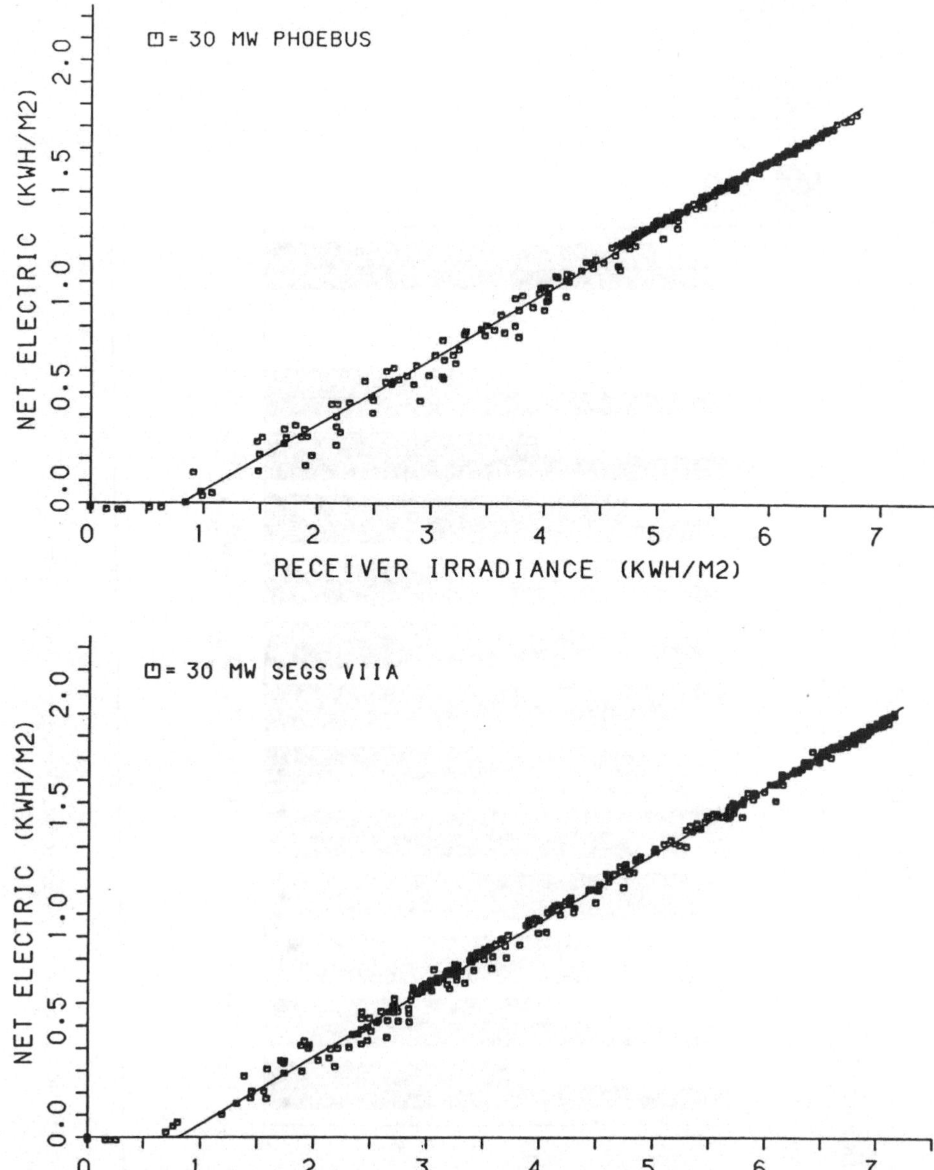

Input/Output-Charakteristik zwischen Receivereingang und Generatorausgang im solaren Betrieb 1976 Abb. 8
Vergleich zwischen Turm- und Farmanlage

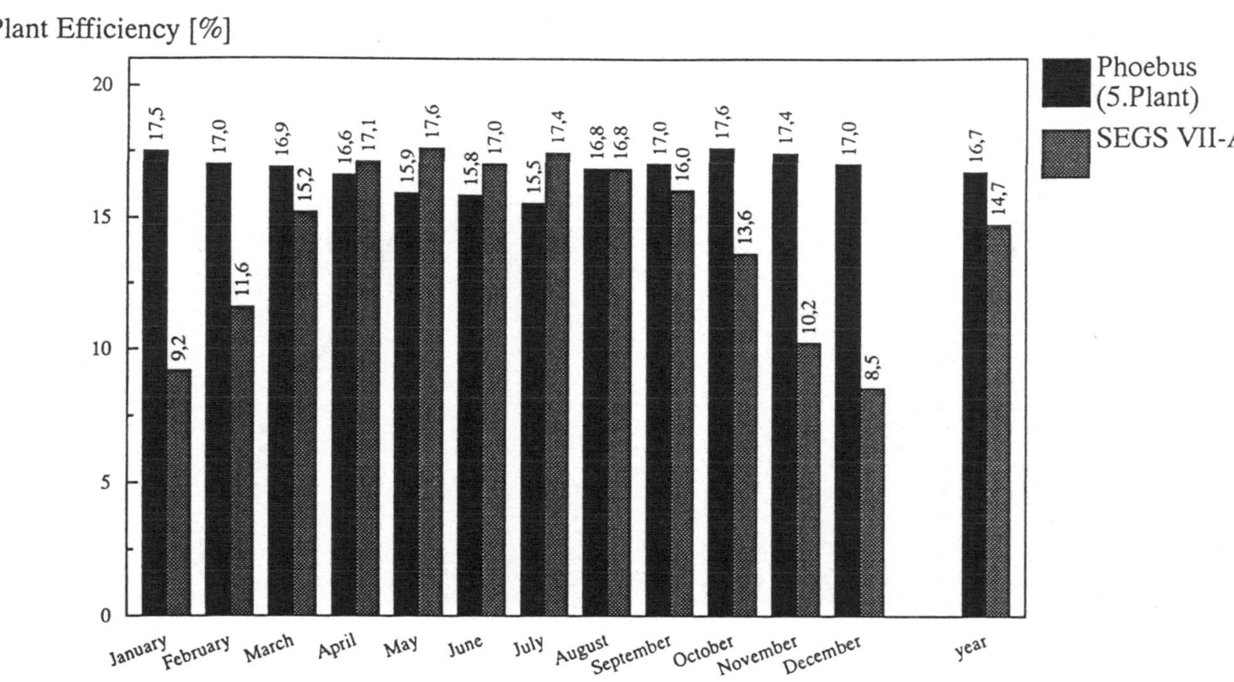

Abb. 9

Vergleich der monatlichen Anlagenwirkungsgrade von Turm- und Farmanlage

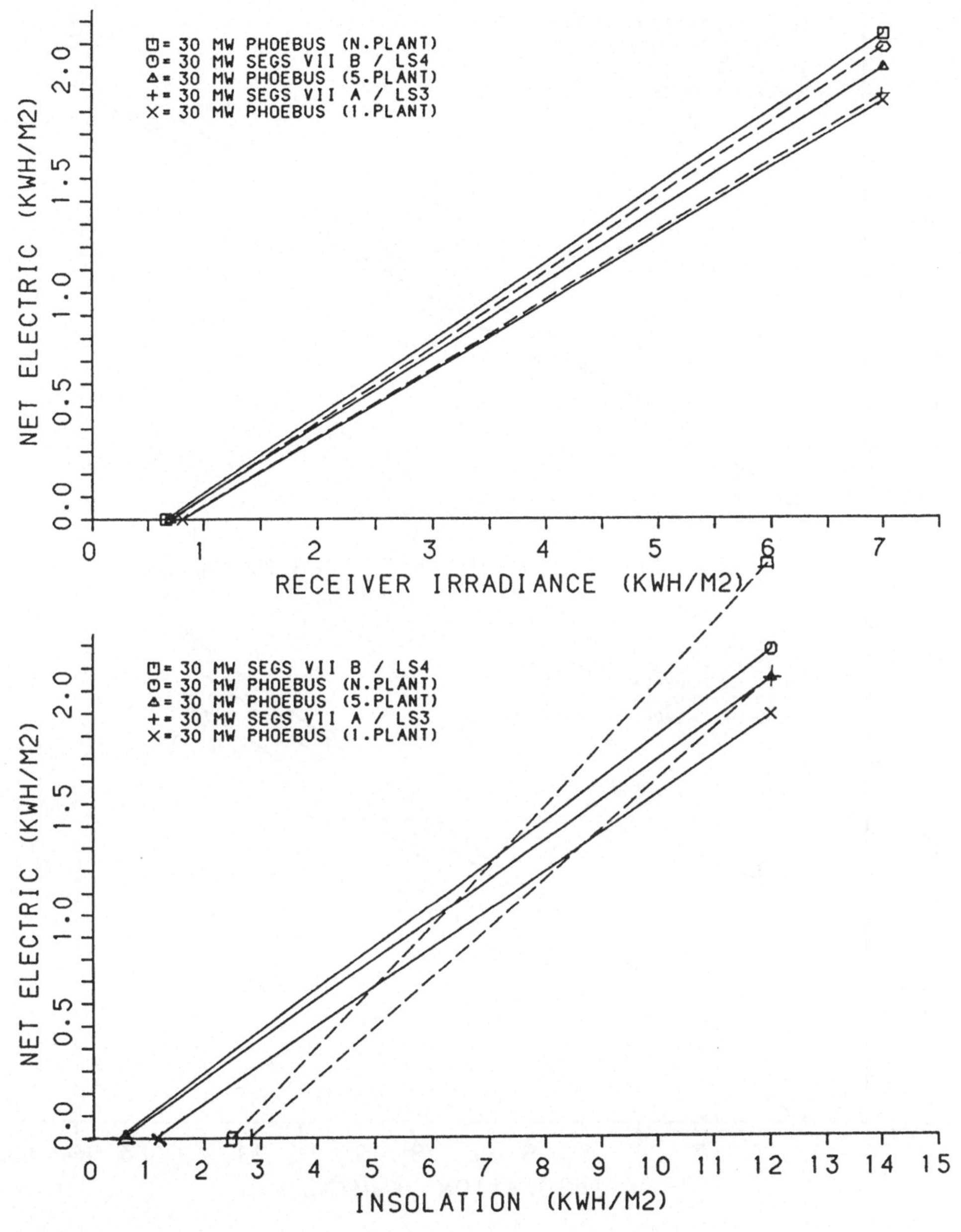

Kennlinienvergleich an den Schnittstellen Receiver-eingang (oben) und Generatorausgang (unten) im solaren Betrieb 1976 — Abb. 10

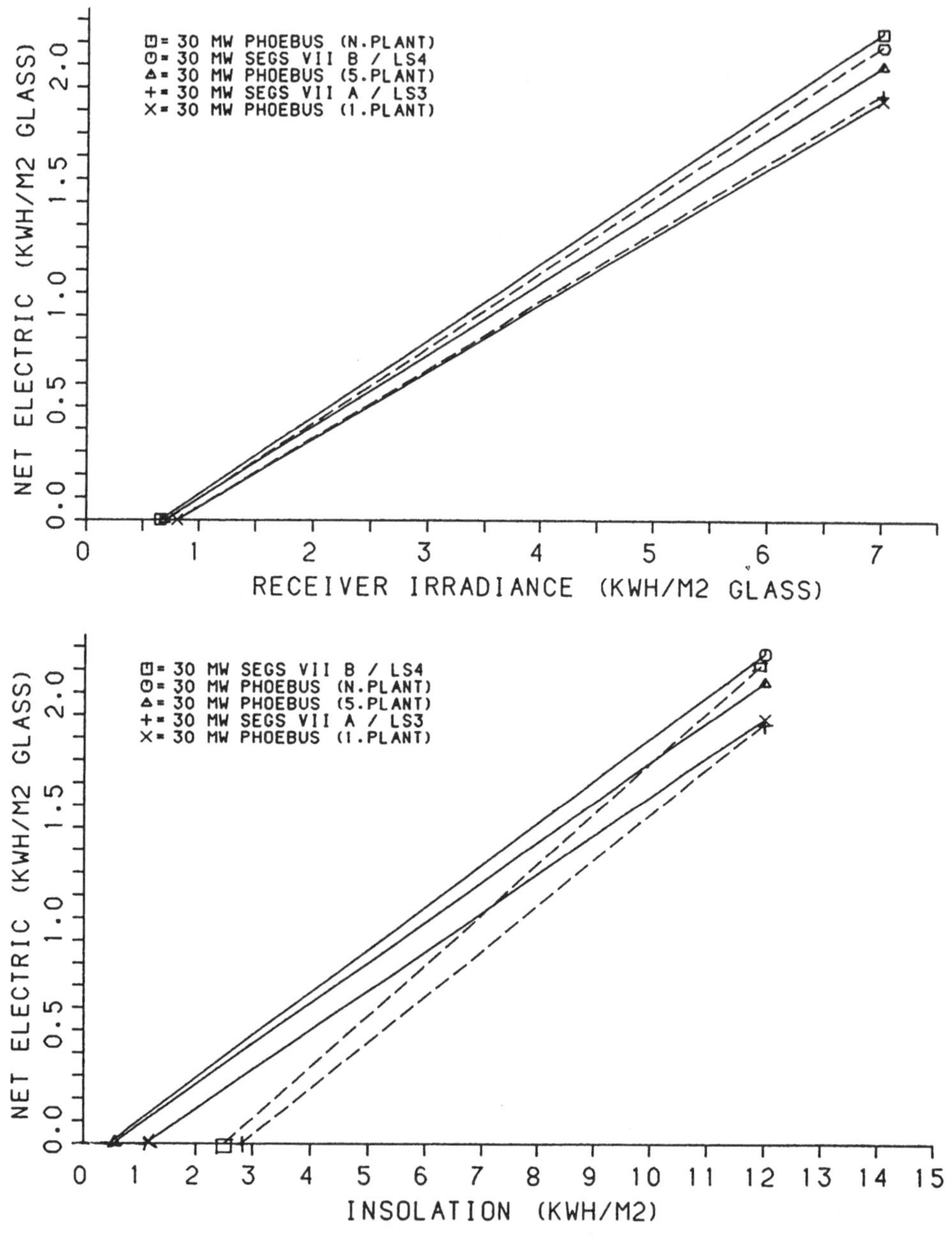

Vergleich der glasflächenbezogenen Kennlinien an den Schnittstellen Receivereingang (oben) und Generatorausgang (unten) im solaren Betrieb 1976

Abb. 10 a

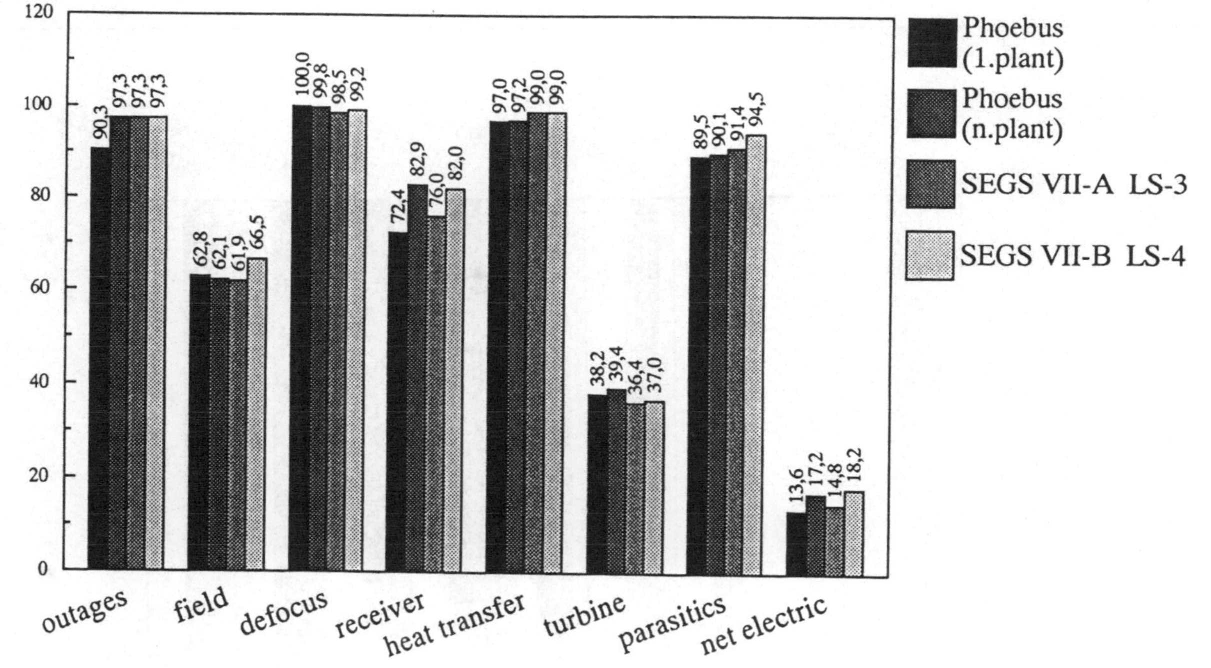

Abb. 11

Vergleich der jährlichen Untersystemwirkungsgrade für Turm- und Farmanlagen der Leistungsklasse 30 MW

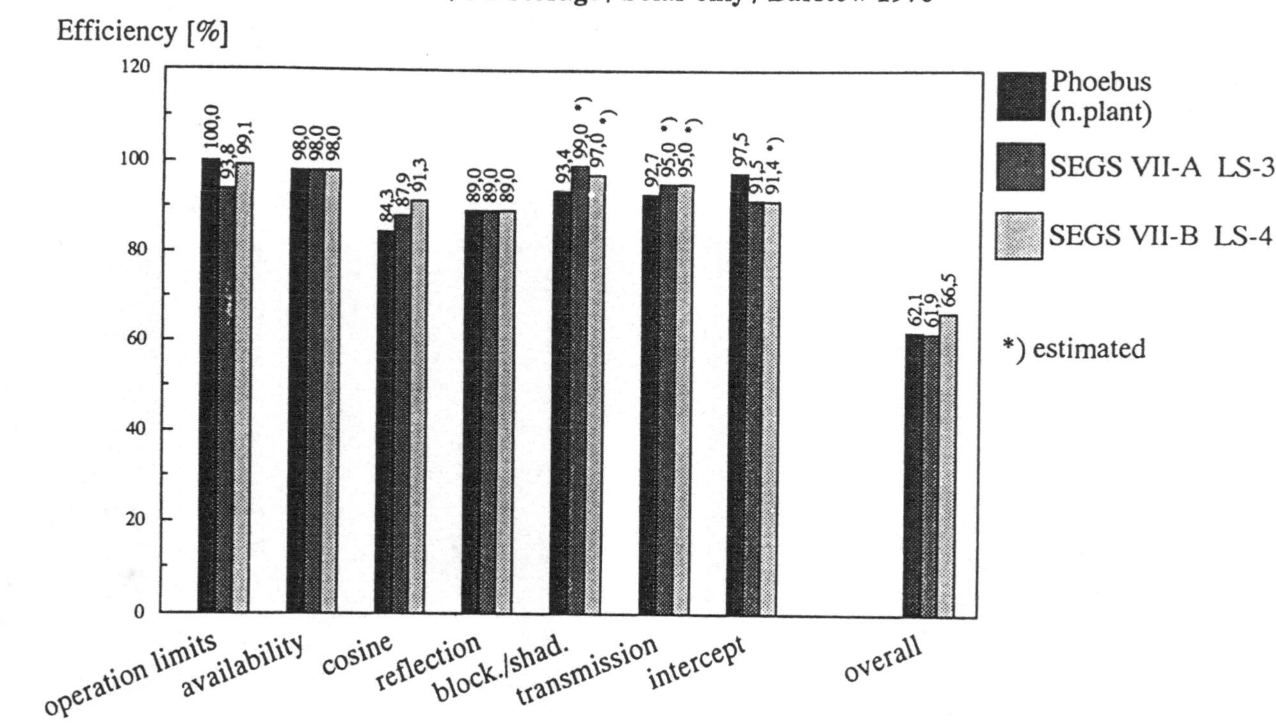

Abb. 12

Vergleich der jährlichen Wirkungsgrade innerhalb des Untersystems "Feld" für das Heliostatfeld 30 MW PHOEBUS-n und die Rinnenkollektoren LS3 bzw. LS4

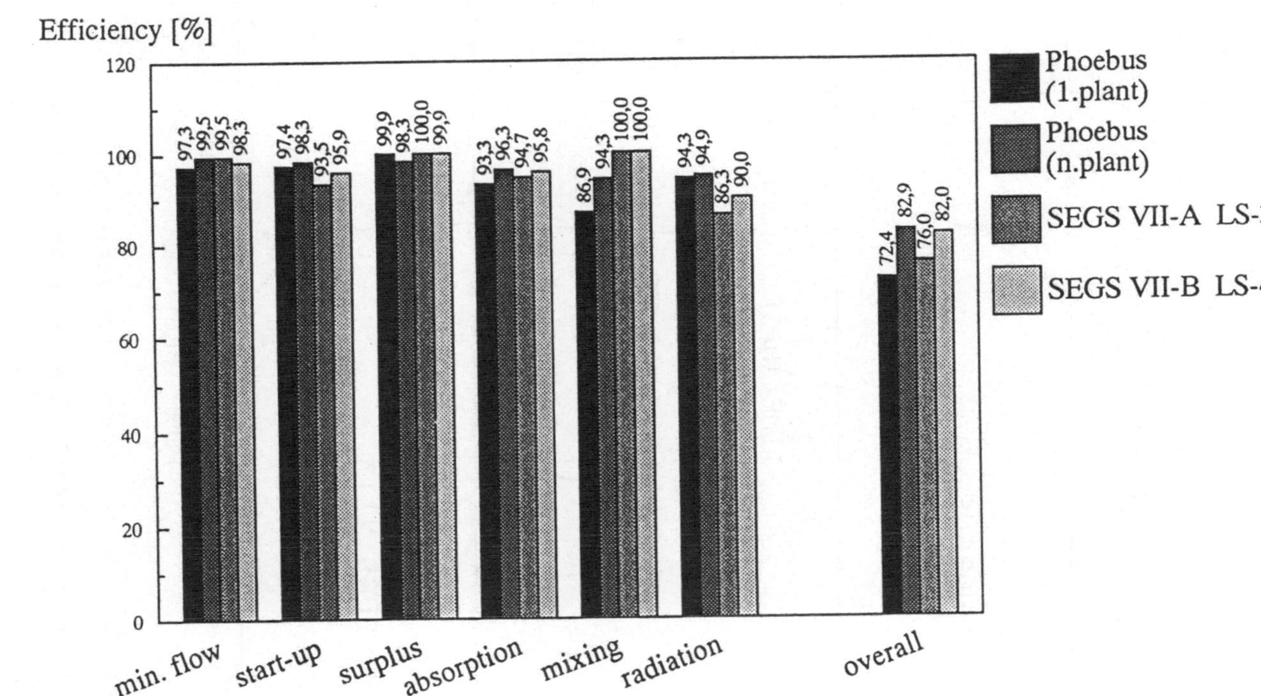

Abb. 13

Vergleich der jährlichen Wirkungsgrade des Untersystems "Receiver" für den volumetrischen Receiver 30 MW PHOEBUS und die Rinnenkollektoren LS3 bzw. LS4

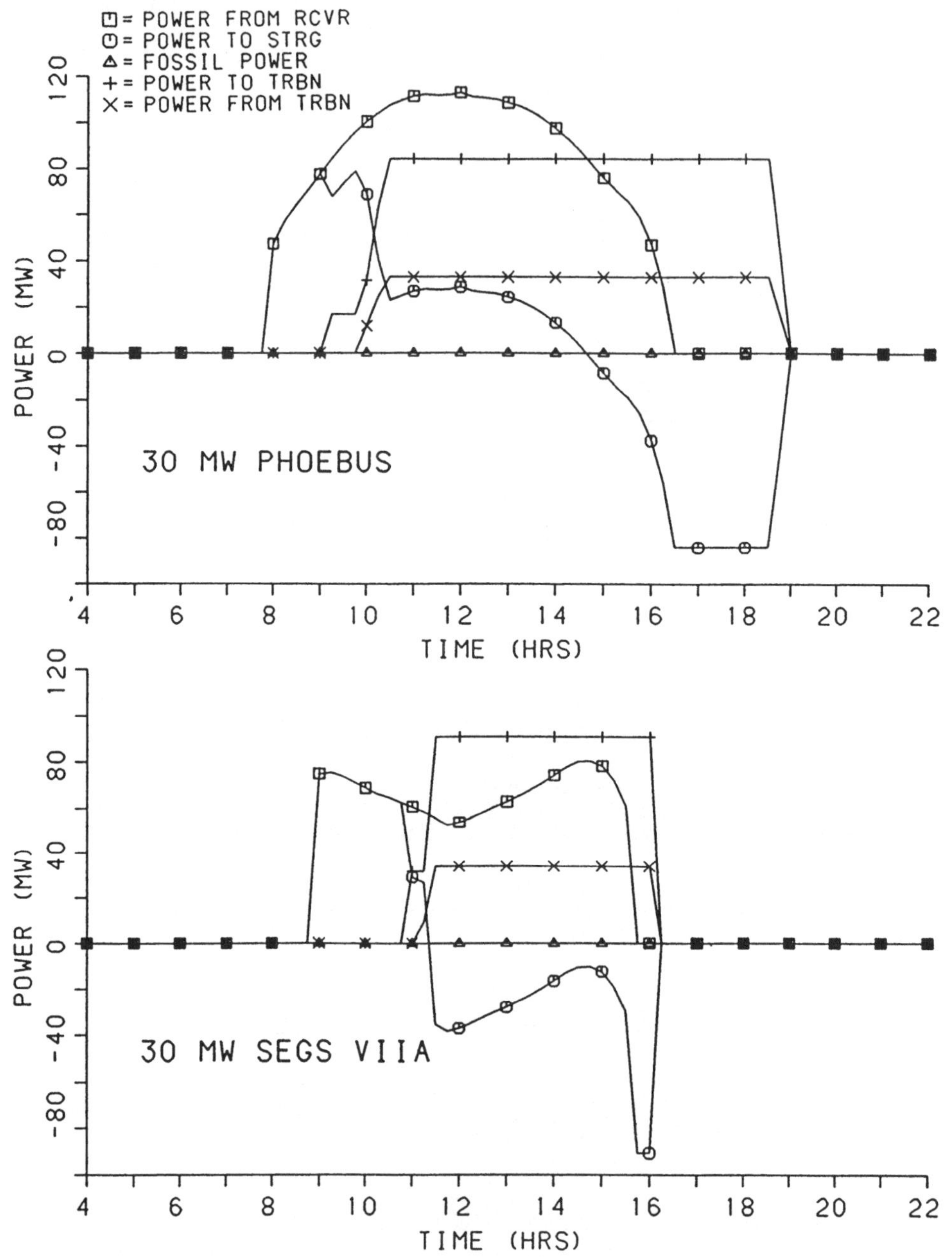

Tagesverlauf der Anlagenleistungen an verschiedenen Schnittstellen
Vergleich von Turm- und Farmanlage mit 3 h-Speicher in Solarbetrieb
Datum: 01.01.76 (klarer Tag)

Abb. 14

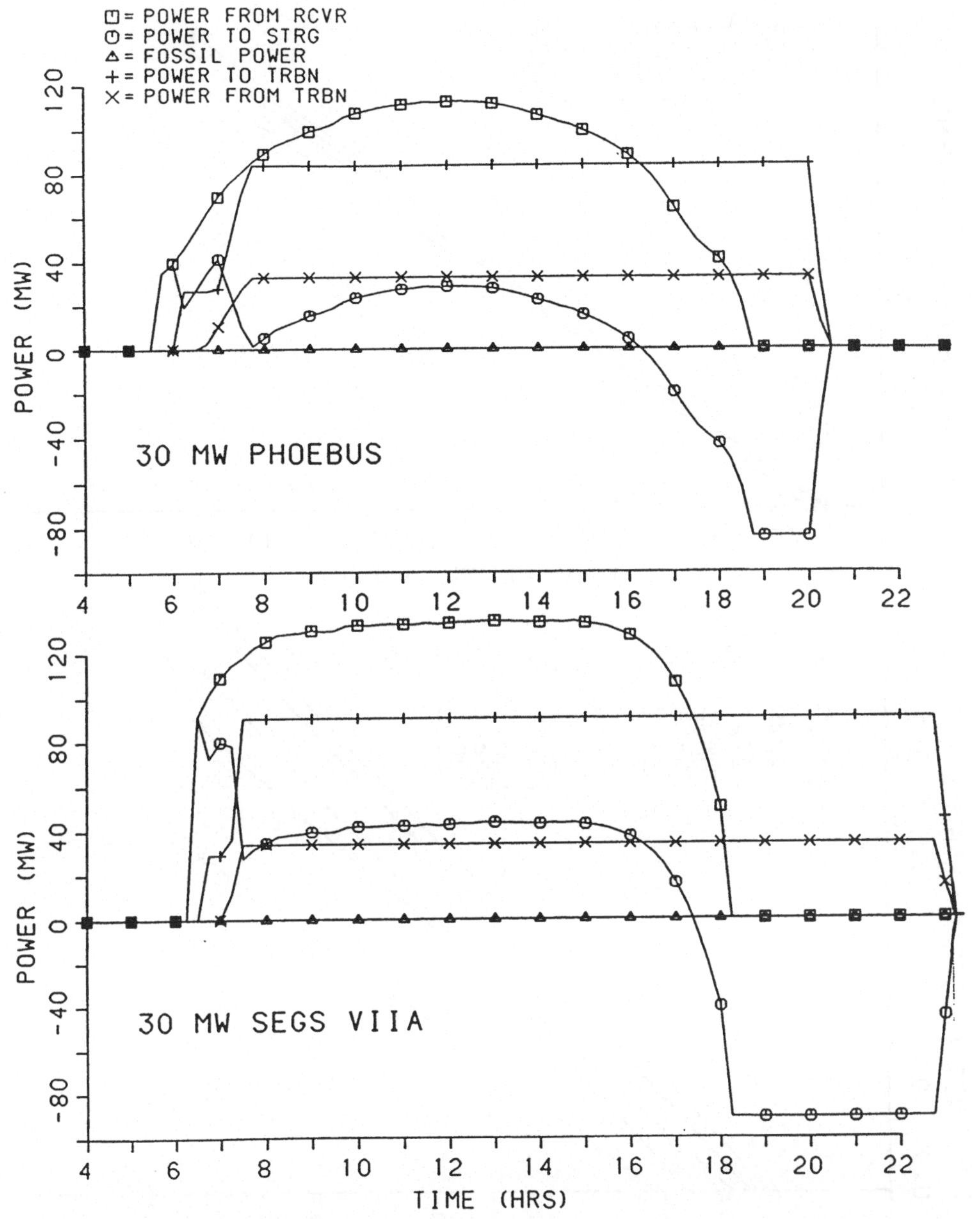

Tagesverlauf der Anlagenleistungen an verschiedenen Schnittstellen — Abb. 14a

Vergleich von Turm- und Farmanlage mit 3h-Speicher im Solarbetrieb — Datum: 24.06.76 (Klarer Tag)

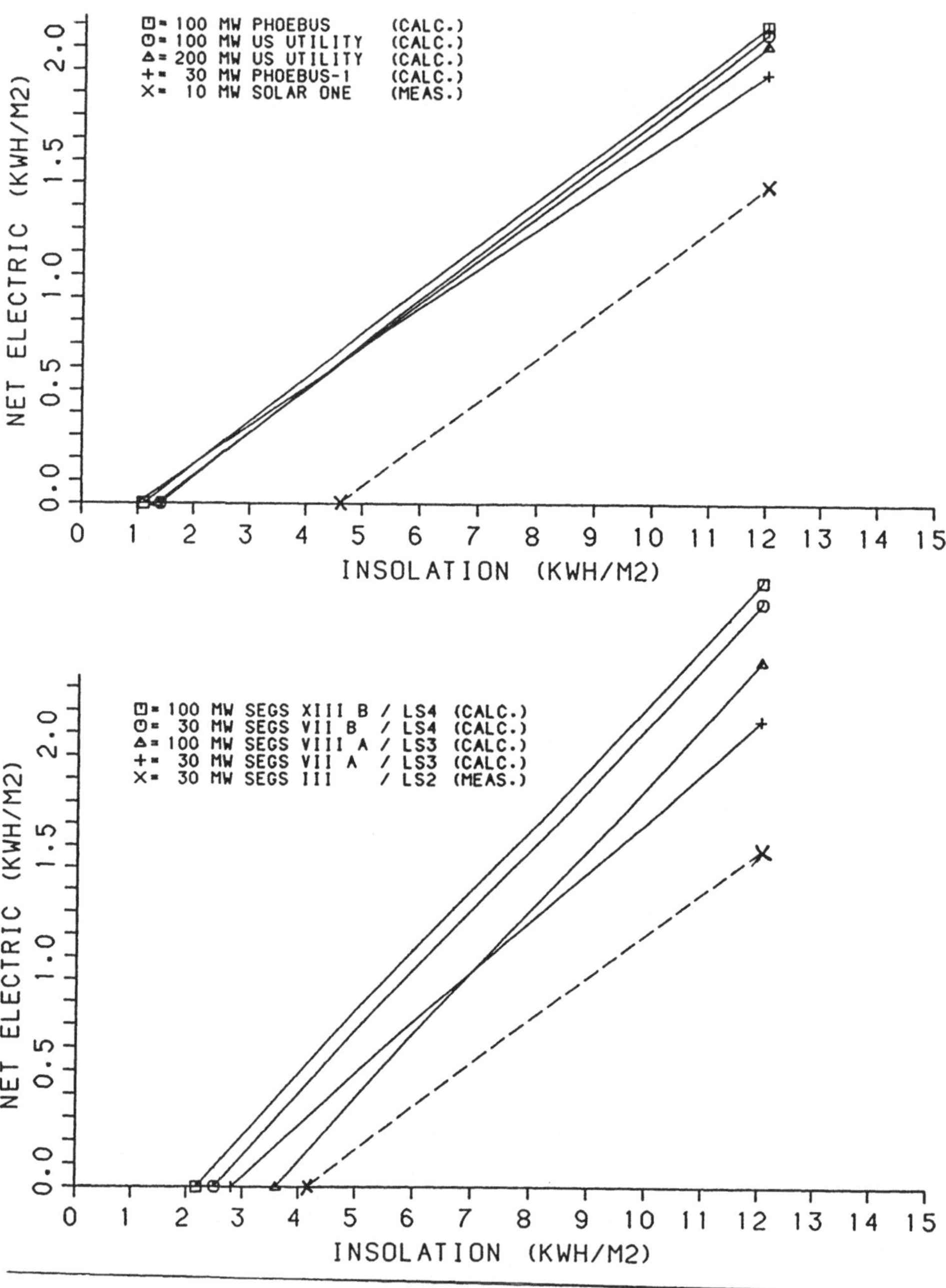

Vergleich der Input/Output-Kennlinien innerhalb der Turm- bzw. Farmfamilie im Solarbetrieb 1976 Abb. 15

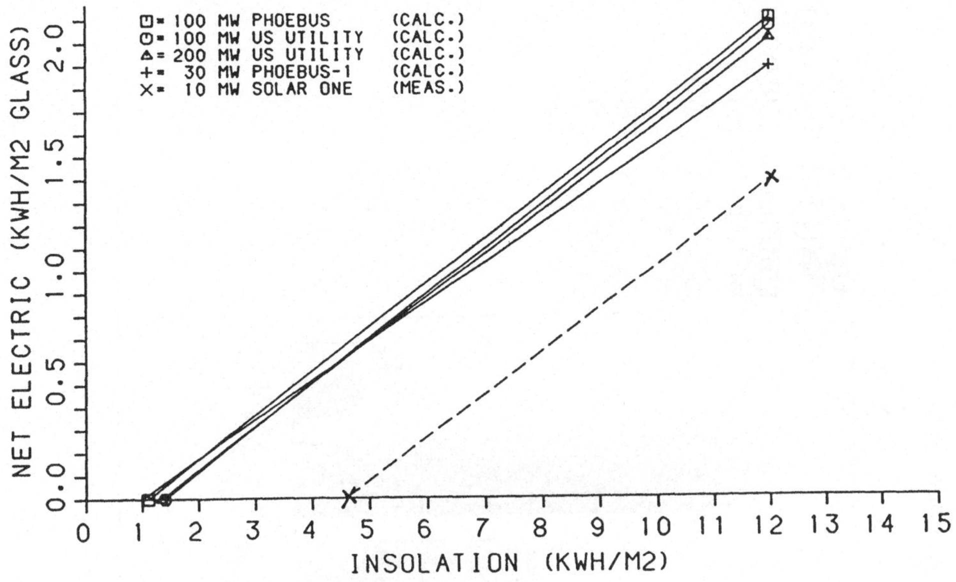

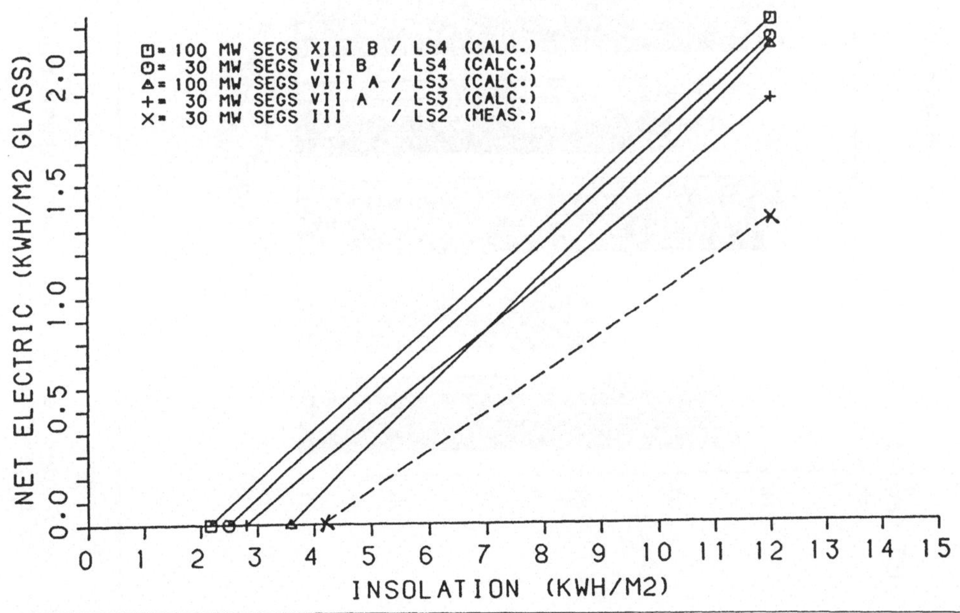

Vergleich der glasflächenbezogenen Input/Output-Kennlinien innerhalb der Turm- bzw. Farmfamilie im Solarbetrieb 1976 — Abb. 15 a

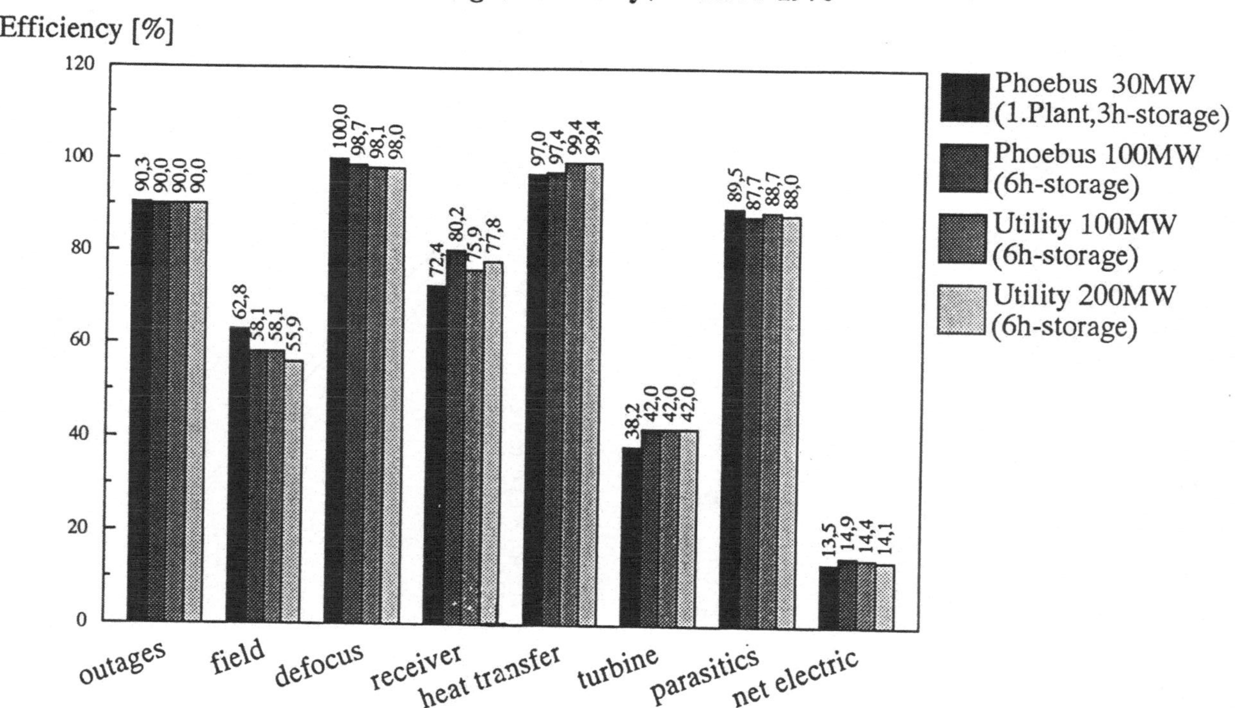

Abb. 16

Vergleich der jährlichen Untersystemwirkungsgrade innerhalb der Turmfamilie

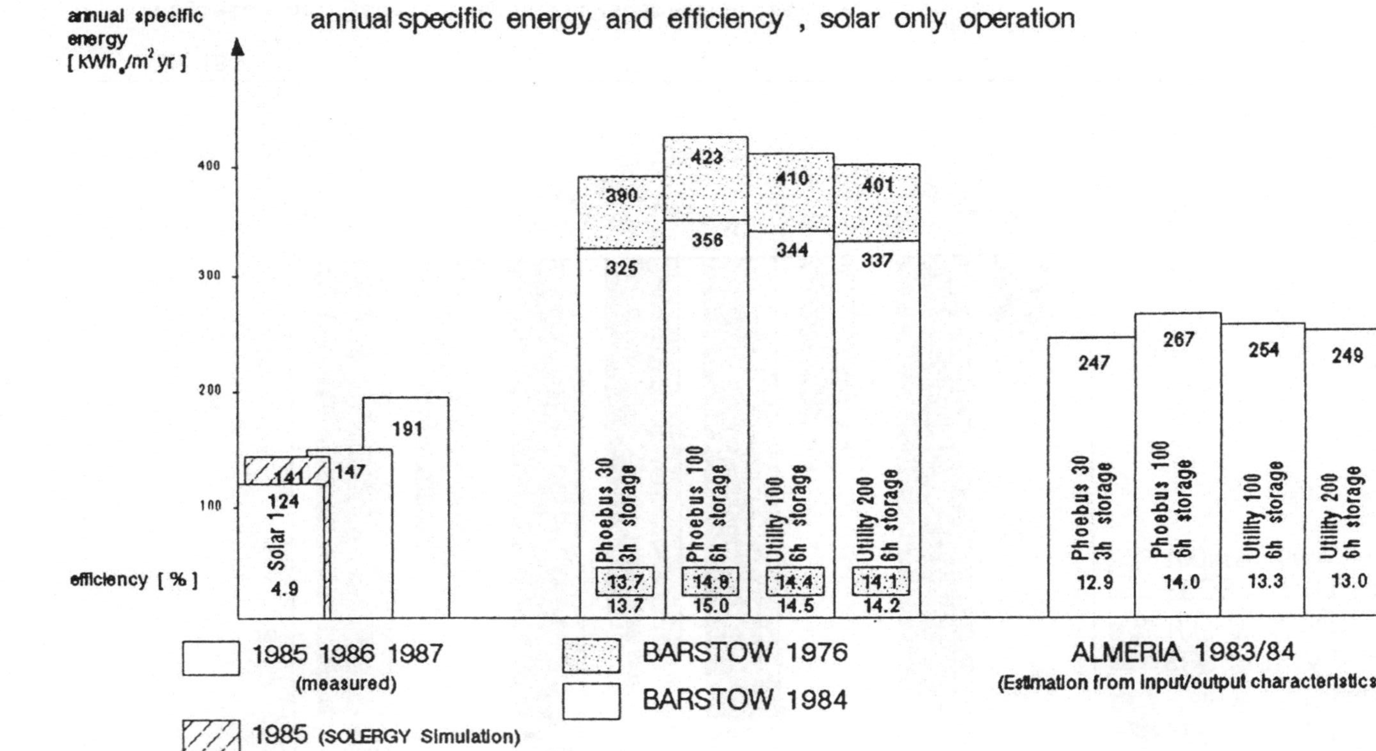

Abb. 17
Vergleich der Jahreswirkungsgrade und der spezifischen Jahresenergien (pro m² Heliostatspiegelfläche) innerhalb der Turmfamilie für unterschiedliche Standorte

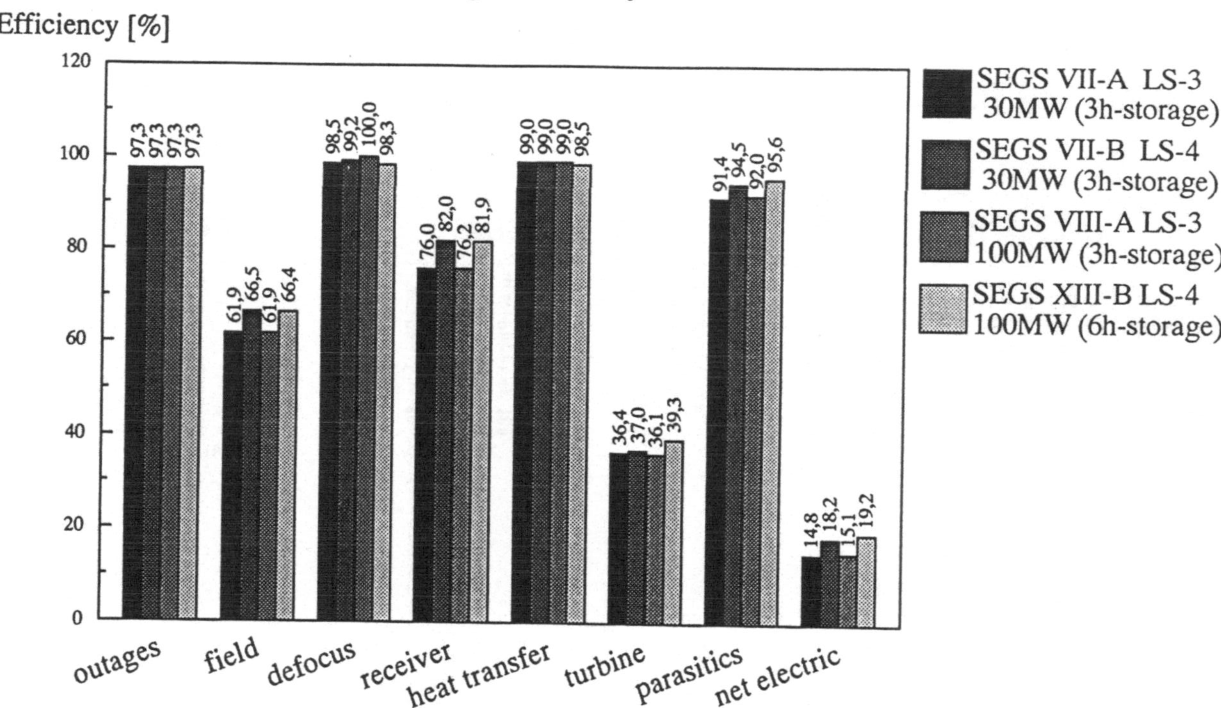

Abb. 18

Vergleich der jährlichen Untersystemwirkungsgrade innerhalb der Farmfamilie

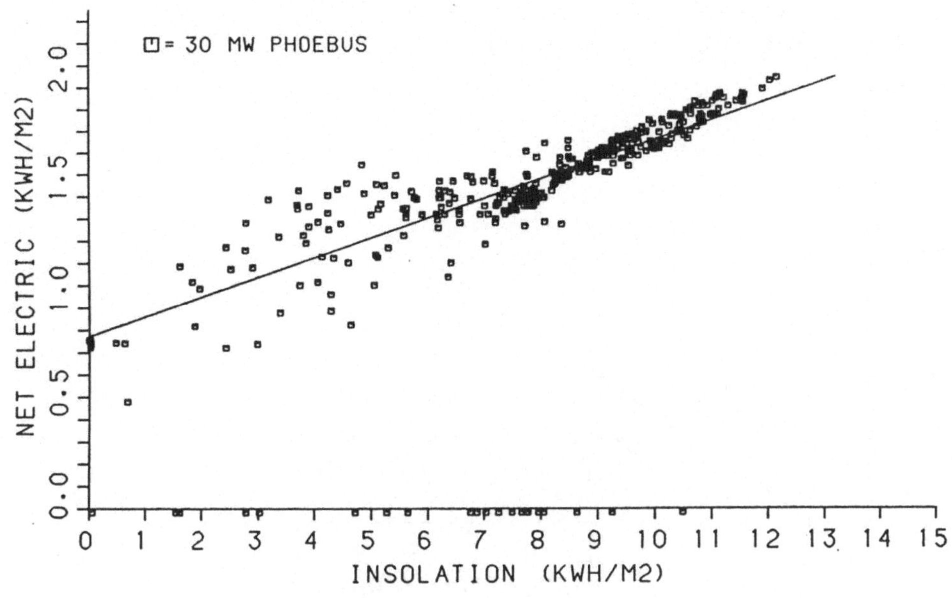

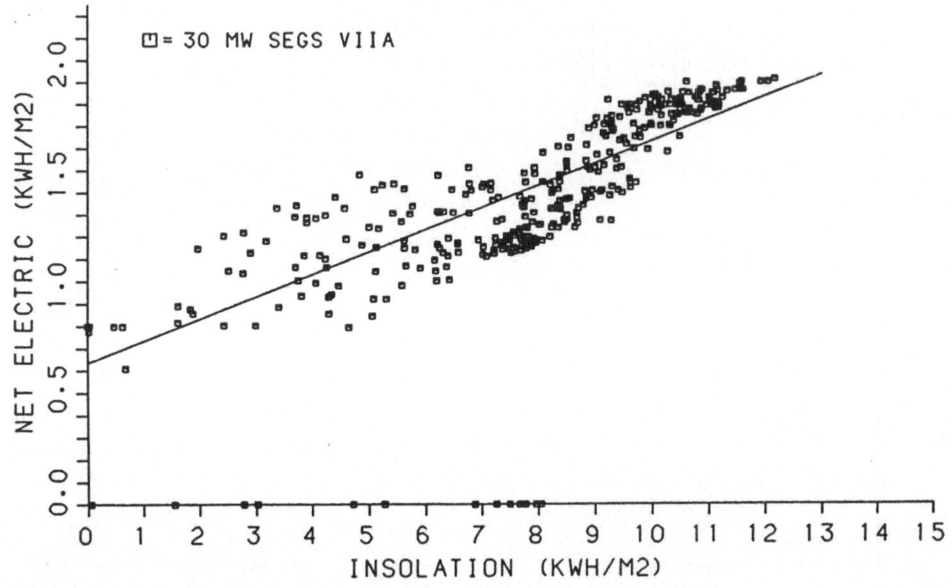

Input/Output-Charakteristik im Hybridbetrieb 1976
Vergleich von Turm- und Farmanlagen mit 3 h-Speicher — Abb. 19
Betriebsmodus: H1 (12.00 - 18.00)

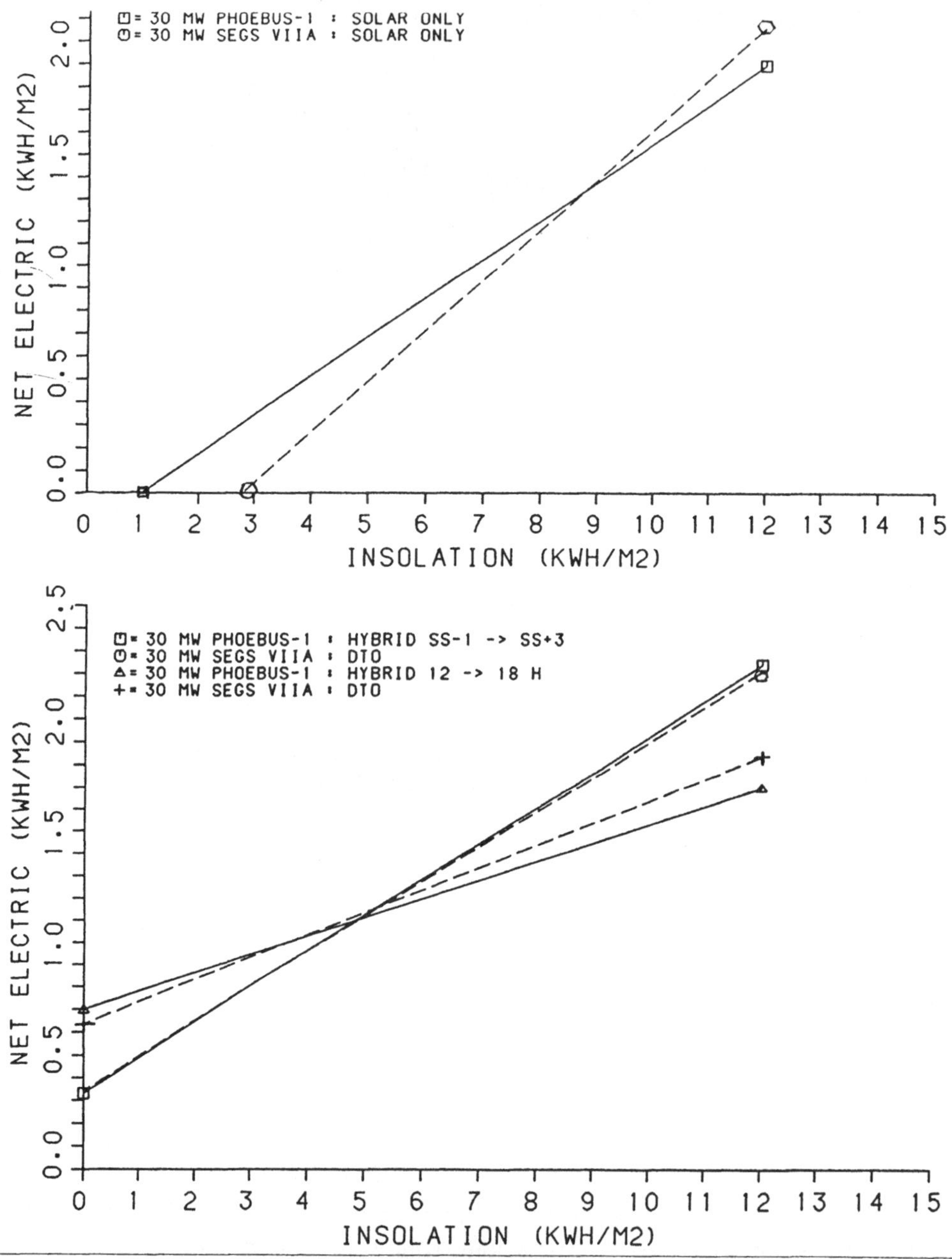

Input/Output-Kennlinien für verschiedene Betriebsweisen
Vergleich von Turm- und Farmanlagen mit 3 h-Speicher Abb. 20
Betriebsmodus: Solar (oben), H1 und H2 (unten)

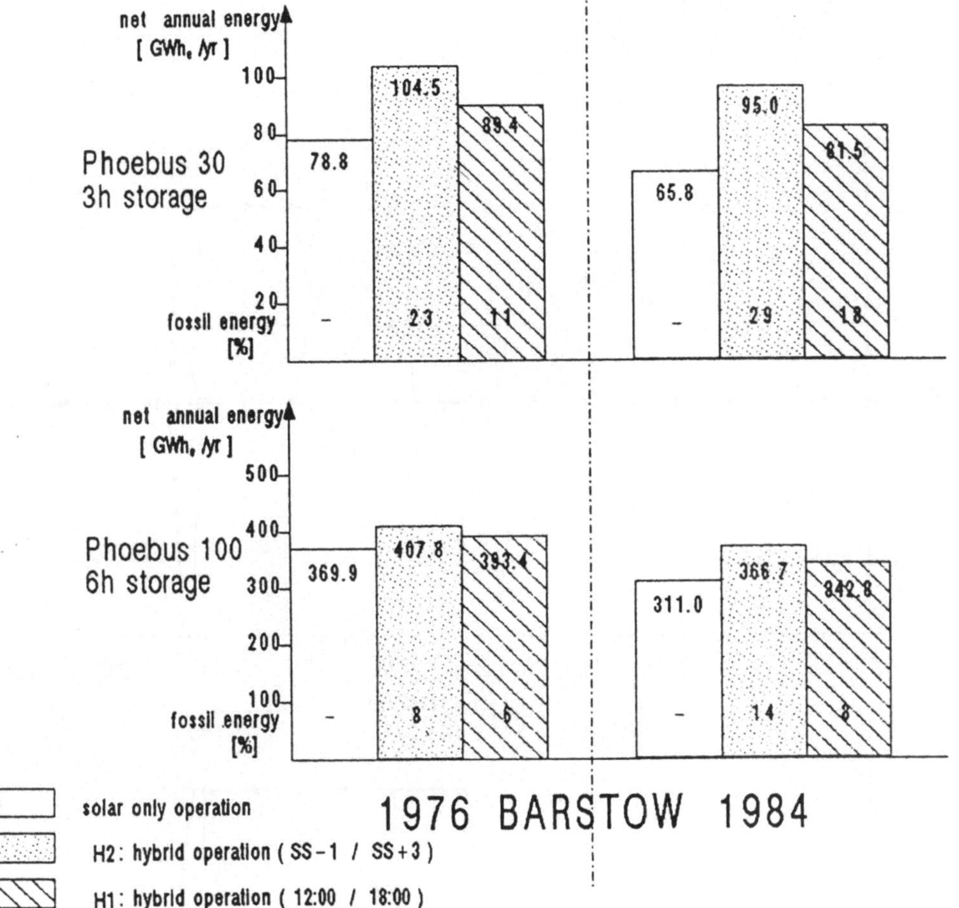

Vergleich der Jahresenergieerträge und der fossilen Anteile innerhalb der Turmfamilie für verschiedene Betriebsweisen — Abb. 21

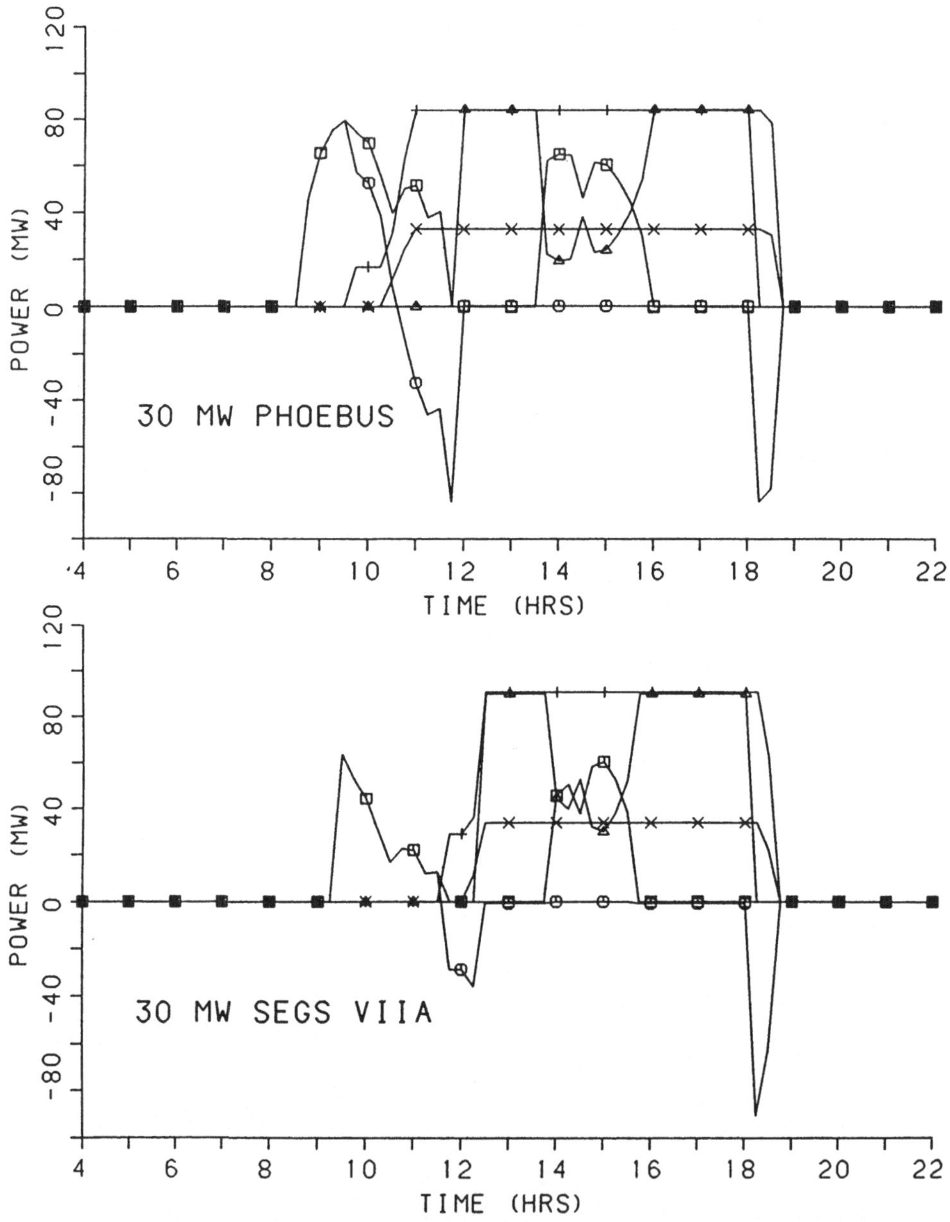

□= POWER FROM RCVR
○= POWER TO STRG
△= FOSSIL POWER
+= POWER TO TRBN
×= POWER FROM TRBN
POWER (MW)
120
80
40
0
-40
-80
30 MW PHOEBUS
4
6
8
10
12
14
16
18
20
22
TIME (HRS)
POWER (MW)
120
80
40
0
-40
-80
30 MW SEGS VIIA
4
6
8
10
12
14
16
18
20
22
TIME (HRS)

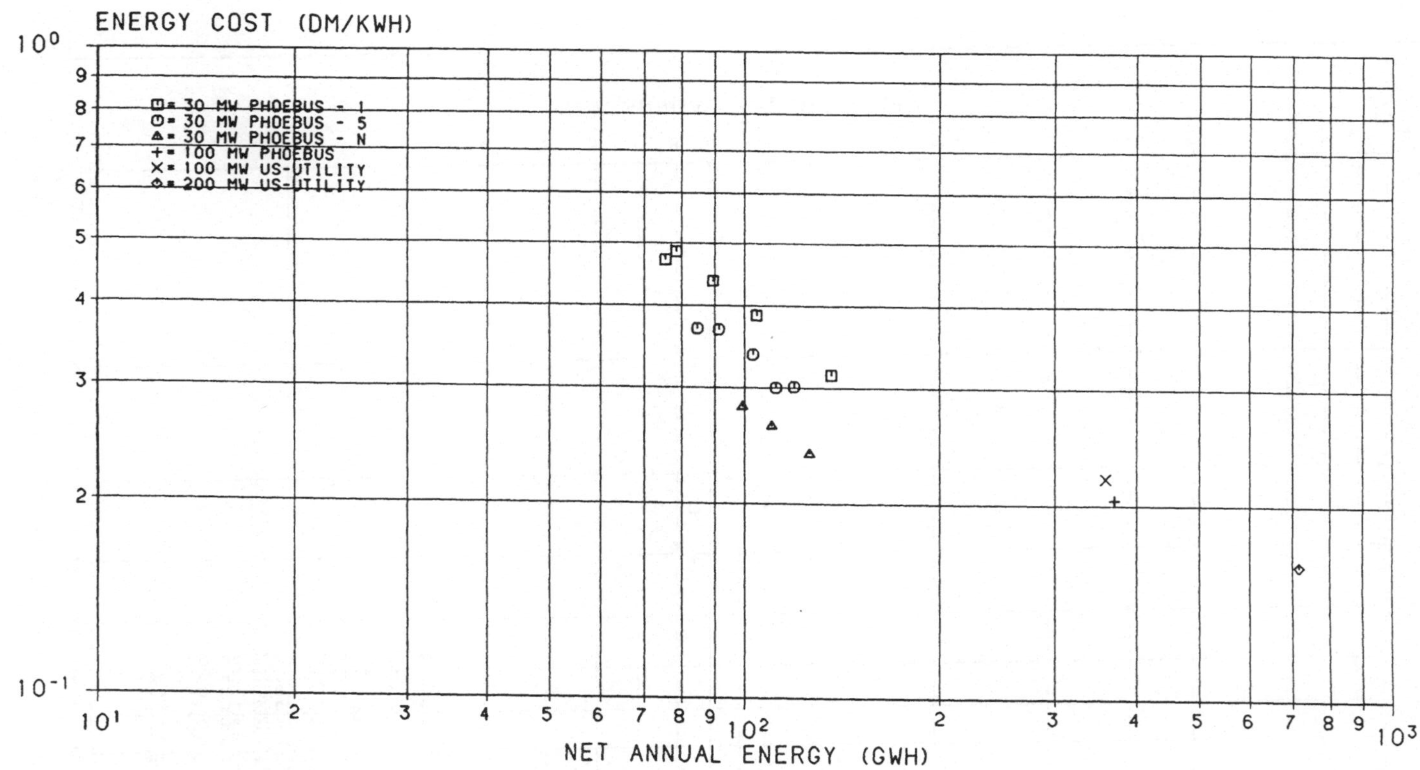

Abb. 23

Stromerzeıgungskosten der Turmanlagen (in 1989 DM)

ENERGY COST (DM/KWH)
□= 30 MW SEGS III (LS2)
⊖= 30 MW SEGS VII (LS3)
△= 30 MW SEGS VII A (LS3)
+= 30 MW SEGS VII B (LS4)
×= 80 MW SEGS VIII (LS3)
◇= 100 MW SEGS VIII A (LS3)
✦= 100 MW SEGS XIII (LS4)
10^0
9
8
7
6
5
4
3
2
10^{-1}
10^1
2
3
4
5
6
7
8
9
10^2
2
3
4
5
6
7
8
9
10^3
NET ANNUAL ENERGY (GWH)

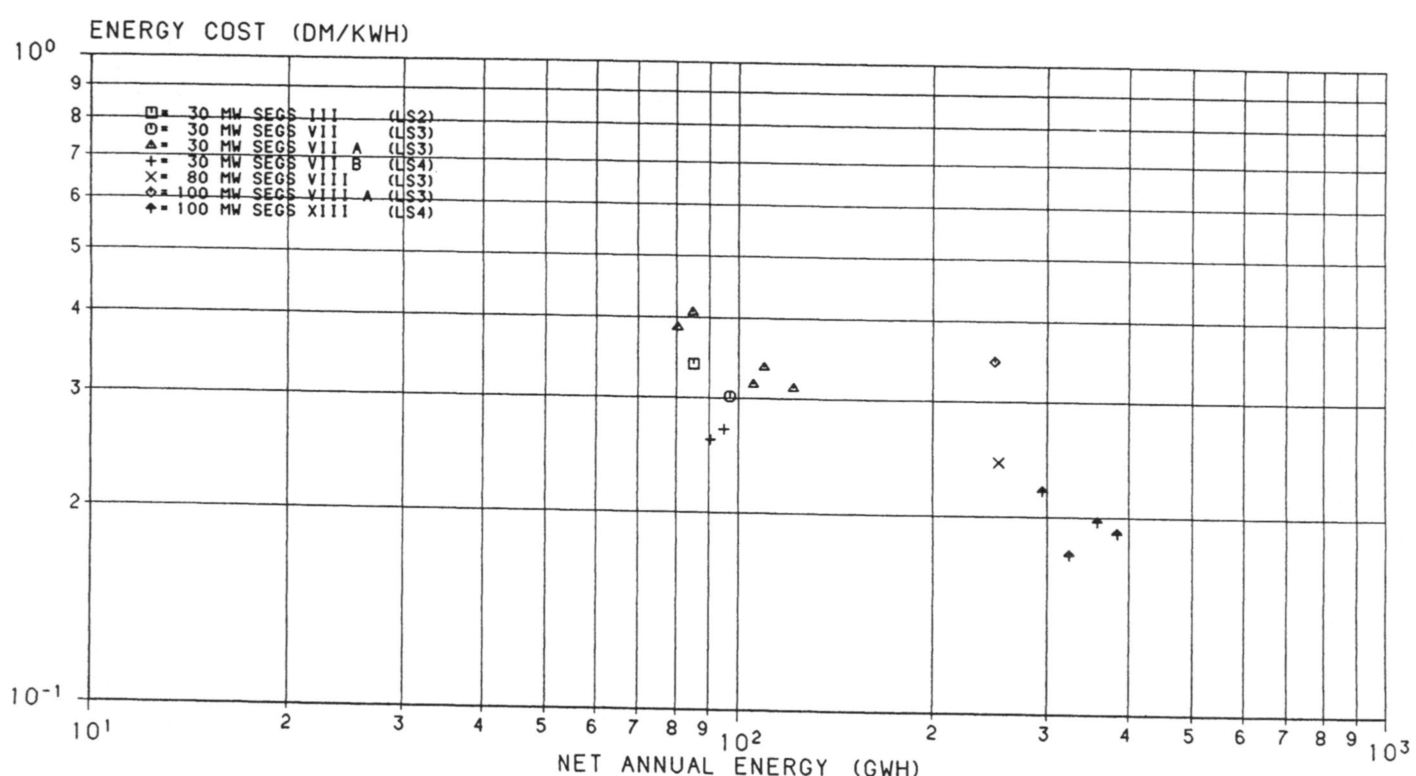

Abb. 24

2.2 Erweiterung der Turm/Farm-Studie für Dish/Stirling-Anlagen (Technisch/wirtschaftl. Potential solarer Dish/Stirling-Anlagen)

M. Kiera, P. Wehowsky
INTERATOM

Bergisch Gladbach, September 1990

Inhalt

1 Einleitung

In der "Studie zum Vergleich von solaren Turm- und Farmanlagen" [1] wurde versucht, Gemeinsamkeiten und Unterschiede des Turm- bzw. Parabolrinnenkonzepts aufzuzeigen. Resultat dieser Untersuchung war eine umfangreiche Sammlung betrieblicher, technischer und ökonomischer Daten, die es erlaubten, die beiden Anlagenkonzepte in Abhängigkeit der meteorologischen Randbedingungen, der Anlagenleistung, der Speichergröße und des Betriebsmodus auf der Basis der mittleren Stromerzeugungskosten miteinander zu vergleichen.

Bereits in der Anfangsphase dieser Studie [1] wurde angeregt, zu einem späteren Zeitpunkt die solare Stromerzeugung nach dem Prinzip des Paraboloidreflektors (Dish) mit direkter Kopplung an einen Stirlingmotor in den Vergleich aufzunehmen. Ferner wurde festgestellt, daß die folgenden, in [1] angewandten Vergleichsebenen und Hilfsmittel ebenfalls für Dish/Stirlingsysteme verfügbar sind:

- Entwicklungsstufen: Experimental- und Demonstrationsanlagen, kommerzielle Anlagen mit Potentialcharakter
- Betriebsdaten
- Programm SOLERGY zur Energiebilanzierung
- Programm STERKO zur Berechnung der mittleren Stromkosten.

Abweichend davon wurde hier jedoch auf die Integration eines Speichers und die hybride Betriebsweise verzichtet, da gegenwärtig dafür weder abgesicherte technische Konzepte noch zuverlässige Kostenschätzungen verfügbar sind.

Bei der Erstellung der vorliegenden Studie hat maßgeblich die Firma Schlaich Bergermann und Partner (SBP) mitgewirkt. Den Herren W. Schiel und R. Benz gilt unser besonderer Dank.

2 Randbedingungen und methodisches Vorgehen

2.1 Referenzanlagen

Die Auswahl der Referenzanlagen folgt weitgehend den im Turm/Farm-Vergleich [1] formulierten Richtlinien. Für den modularen Aufbau der Großanlagen kommt ausschließlich die Dish/Stirling-Einheit von SBP mit ca. 10 kWe Nennleistung zum Einsatz [2]. Umfangreiche Betriebserfahrung sowie abgesicherte Schätzungen der Systemverfügbarkeit, der Investitions-, Betriebs- und Wartungskosten legen die Wahl dieser Einheit nahe. Tabelle 1 gibt einen Überblick über die ausgewählten Anlagenvarianten.

Anlage	Receiver-(Kühlung)	Aperturfläche (m^2)	obere Prozeßtemperatur (°C)	Meßdaten des Jahres
8 kW SBP	Rohr (Helium)	44	500	1990
25 kW MDAC	Rohr (Wasserstoff)	87	720	1985/86
1 MW SBP	Rohr (Helium)	4.639	525	
10 MW SBP	Rohr (Helium)	44.179	580	
30 MW SBP	Rohr (Helium)	126.218	620	
100 MW SBP	Rohr (Helium)	401.704	650	

Tabelle 1: Definition der Referenzanlagen

2.2 Meteorologische Daten

Wie Turm und Rinne nutzt auch das Dish/Stirling-Konzept nur die direkte normale Komponente der solaren Einstrahlung. Daher wurden dieselben meteorologischen Daten wie im Turm/Farm-Vergleich [1] verwendet, d. h. die Datensätze des Standorts Barstow/USA mit 2.850 kWh/$m^2 \cdot a$ Direkteinstrahlung des Jahres 1976.

2.3 Anlagenverfügbarkeit

Im Unterschied zu Energiewandlungssystemen mit mindestens einer zentralen Einheit (Receiver, Turbine) kommt es bei komplett modular aufgebauten Systemen nie zu Ausfall- bzw. Stillstandszeiten der Gesamtanlage, sondern nur zum Ausfall einzelner Module. Die Energieverfügbarkeit ist daher über die Ausfallrate der Dish/Stirling-Einheit und die Wartungsstrategie des Betreibers (Lagerhaltung, Personalaufwand, Reparaturdauer) zu ermitteln.

2.4 Technische Daten

Die wichtigsten technischen Daten, die für eine SOLERGY-Simulation des energetischen Anlageverhaltens benötigt werden, sind in Tabelle 2 zusammengestellt. Für die SPB-Einheit wird dabei unterstellt, daß beim Übergang vom Einzelsystem zu modularen Anlagen steigender Gesamtleistung technische Verbesserungen realisierbar sind, die sich in den Teilverlusten bzw. -wirkungsgraden bemerkbar machen:

- Verschattung: Verkleinerung der Fugen zwischen den Spiegelelementen
- Intercept: Verbesserung der Spiegelkontur
- Receiver: dichtere Packung der Rohrbündel
- Stirling: Steigerung der Austrittstemperatur durch verbesserte Regelung im Solarbetrieb. (Im gasgefeuerten Betrieb wurden 37 % Wirkungsgrad auf dem Prüfstand nachgewiesen.)

Die Spiegelreflektivität wurde in Übereinstimmung mit den Annahmen in [1] mit 89 % im Jahresmittel festgelegt.

elektrische Anlagenleistung netto	MDAC 25 kW	SBP-Prototyp 7,9 kW		SBP 1 MW		SBP 10 MW		SBP 30 MW		SBP 100 MW
Anlage	1.	1.		1.	n-te	1.	n-te	1.	n-te	
Netto-Nennl. der Einheit (kWe) Anzahl Einheiten [1])	25,0 1	7,9 1		9,5 105	11,0 91	10,0 1000	11,0 909	10,5 2857	11,0 2727	11,0 9091
Aperturfläche Modul [m^2]	87,7[2])	44,18		44,18		44,18		44,18		44,18
Verschattungswirkungsgrad	-	0,93		0,95		0,95		0,95		0,95
Reflektivität neu	0,90	0,94		0,94		0,94		0,94		0,94
Reflektivität gemittelt	-	0,89		0,89		0,89		0,89		0,89
Interceptfaktor	0,967	0,93		0,94	0,95	0,95		0,95		0,95
Receiververluste/Modul (Vollast) (kWt)	6,8	5,5		3,5		3,5		3,5		3,5
Generatorwirkungsgrad (Vollast)	0,94	0,91		0,91	0,93	0,92	0,93	0,93		0,93
Stirlingwirkungsgrad	0,415	0,305		0,327	0,360	0,334	0,360	0,345	0,360	0,360
Moduleigenverbrauch [kWe]:										
- Wasserpumpe	} 1,7	0,1	} 0,55	0,50	0,40	0,45	0,40	0,40		0,40
- Lüfter		0,28								
- Elektronik		0,08								
- Unterdruckanlage		0,05								
- Schrittmotorantrieb		0,04								
Elektrische Verluste [%] (Verkabelung, Transformator, Netzanbindung)	-	-		5,2	4,7	5,2	4,7	5,2	4,7	4,7

1) 48 Einheiten werden zu einer Gruppe verschaltet

2) reflektierende Nettofläche

Tabelle 2

Technische Daten der Untersysteme Reflektor, Receiver, Stirlingmotor

Aus Gründen verfügbarer Kostenentwicklungen wurde ausschließlich der SBP-Modul mit ca. 7,5 m Aperturdurchmesser für den Aufbau größerer Leistungseinheiten eingesetzt, obwohl der 25 kW-Prototyp von Mc Donnell-Douglas den höchsten bisher nachgewiesenen Systemwirkungsgrad aufweist [3].

In größeren Anlagen sollen die Module in einem quadratischen Raster von 15 m x 15 m Kantenlänge aufgestellt werden. Dadurch ist eine gegenseitige Beschattung der Reflektoren bei Sonnenelevationswinklen ≧ 10° ausgeschlossen. Je 48 Module werden starkstromseitig zu einer Gruppe verbunden, deren elektrische Leistung auf Mittelspannungsniveau einer Zentraleinheit zugeführt wird, von der aus die Netzeinspeisung erfolgt. Die damit verbundenen elektrischen Verluste betragen ca. 5 %, wobei der Hauptanteil durch den Transport über große Distanzen im Feld verursacht wird (s. auch Tabelle 2).

Bei der technisch-ökonomischen Bewertung der verschiedenen Anlagenvarianten wird in Abschnitt 3 zwischen einer Erstanlage und einer n-ten Anlage unterschieden, wodurch das Entwicklungspotential in technischer und wirtschaftlicher Hinsicht abgeschätzt wird. Bei der energetischen Bewertung der n-ten Anlage wird unabhängig von der Leistungsgröße angenommen, daß der Modul mit der größten technischen Reife, d. h. mit den technischen Daten von Tabelle 2, letzte Spalte, verfügbar ist.

2.5 Finanzmathematische Daten

Das Rechenprogramm STERKO errechnet die über die Abschreibungsdauer entstehenden mittleren Stromerzeugungskosten aus den folgenden Anlagendaten:

- Jahresenergieertrag
- Verbrauch an fossilem Brennstoff (bei Hybridbetrieb)
- Personaleinsatz
- Investitionskosten

- jährliche Betriebs- und Wartungkosten

sowie aus den für alle Anlagen identischen und bereits in [1] zugrundegelegten finanzmathematischen Randbedingungen, die in Tabelle 3 zusammengestellt sind:

Preisbasis:	Dezember 1989
Bauzeit:	s. Tab. 5
Betriebsbeginn:	1992 (1, 10, 30 MW_e) 1993 (100 MW_e)
Fremdkapitaleinsatz:	100 %
Zinsfuß (Errichtung, Betrieb):	7 %/a
Eskalationsrate für Materialkosten:	2,5 %/a
Eskalationsrate für Lohnkosten:	4,0 %/a
Abschreibungsdauer:	20 Jahre
Kapitalsteuersatz:	0 %/a
Einkommensteuersatz:	0 %/a
Versicherungssatz (Errichtung):	0,7 %/a
Versicherungssatz (Betrieb):	0,4 %/a
Eskalationsrate für Versicherung:	3 %/a
Personalkosten:	70.000 DM/MJ
Eskalationsrate für Personalkosten:	4,5 %/a
Eskalationsrate für Wartungs- und Betriebskosten:	4 %/a
Brennstoffpreis (Schweröl):	155 DM/Mg
Eskalationsrate für Brennstoff:	5 %/a
Kosten für sonstige Verbräuche:	0,001 DM/kWh
Eskalationsrate für sonstige Verbräuche:	3 %/a

Tabelle 3: Finanzmathematische Randbedingungen

2.6 Methodisches Vorgehen

Die Erstellung von Input/Output-Kennlinien, monatlichen und jährlichen Wirkungsgraden auf System- und Untersystemebene sowie des zeitlichen Verlaufs der Leistungserzeugung an typischen Tagen erfolgt in derselben Weise wie bei Turm- und Farmanlagen mit thermischem Speicher. Für die Simulation speicherloser, direkt gekoppelter Systeme wird ebenfalls das Programm SOLERGY einesetzt, das zu diesem Zweck modifiziert wurde [4].

Da Dish/Stirling-Systeme auf Grund ihrer geringen thermischen und mechanischen Trägheit in der Lage sind, das momentane solare Angebot praktisch verzögerungsfrei in elektrische Leistung umzusetzen, sind bei einer Simulation sämtliche mit An- und Abfahrvorgängen verbundenen Verluste zu unterbinden. Das in SOLERGY implementierte Regelwerk zur Abarbeitung der eingestrahlten Energie erlaubt dies nicht vollständig. Die rechnerisch ausgewiesenen Verluste von ca. 1 % sind aber tolerierbar.

Sehr hilfreich und aussagekräftig für eine Analyse des Systemverhaltens sind die Momentankennlinien, die die elektrische Ausgangsleistung eines Dish/Stirling-Systems mit der momentanen Einstrahlung in Verbindung setzen und die bei direkt gekoppelten Systemen gemessen werden. Beispiele finden sich im Anhang, in dem die momentanen Input/Output-Kennlinien der Prototypen von SBP (Abb. 1) bzw. von MDAC (Abb. 2) dargestellt sind. Daraus lassen sich eine Reihe von Systemparametern bestimmen, die für eine SOLERGY-Simulation des Ganzjahresverhaltens und die Kalibrierung des Codes von Bedeutung sind.

3 Ergebnisse

3.1 Tages- und Jahresenergien

Da Dish/Stirling-Systeme der Sonne ohne Kosinusverluste folgen, sind die Ergebnisse unabhängig von der geographischen Breite. Dies ist auch der Hauptunterschied zu den in [1] untersuchten Turm- und Rinnensystemen. Daher findet man sowohl im Experiment als auch bei der rechnerischen Simulation im Vergleich zu Turm und Rinne eine deutlich bessere lineare Korrelation zwischen täglicher Einstrahlungsenergie und der von der Anlage produzierten elektrischen Nettoenergie.

Abb. 3 veranschaulicht das Meßergebnis der Input/Output-Charakteristik am MDAC-Prototypen bei optimalem Betrieb, d. h. ohne Störung durch Ausfall einer Komponente. Die gestrichelte Gerade wurde durch Regression der in der Simulation errechneten Tagessummen ermittelt und zeigt, daß der aus der Momentankennlinie abgeleitete SOLERGY-input auch das Ganzjahresverhalten konsistent reproduziert.

Die Gesamtübersicht über alle Simulationsrechnungen zur Bestimmung der Input/Output-Kennlinien gibt Abb. 4. Die linke Hälfte illustriert den Unterschied zwischen den beiden Prototypen auf der Ebene der Untersysteme, die sich in der Steigung der Punktmengen ausdrückt. Dagegen ist die Schwelleneinstrahlung von ca. 1,3 kWh/m^2 · d für beide Systeme ähnlich. Die Regressionsgeraden aller Systeme sind auf der rechten Seite von Abb. 4 dargesellt. Charakteristisch ist, daß ein Teil des technischen Verbesserungspotentials am SBP-Modul durch die elektrischen Leitungsverluste bei Großanlagen wieder vorlorengeht. Die Parameter der Regressionsgeraden sind in Tabelle 4 zusammengestellt.

Aus diesen Daten kann man in einfacher Weise die Nettojahresenergie bei 100 % Anlagenverfügbarkeit abschätzen, indem man in die Geradengleichung die jahresgemittelte Tageseinstrahlung einsetzt und das Ergebnis mit 365 und der gesamten Aperturfläche des Reflektorfeldes multipliziert.

Anlage	Neigung (kWh_e/kWh)	Einstrahlungsschwelle (kWh/m^2·d)
25 kW MDAC	0,286	1,290
7,9 kW SBP	0,186	1,254
1 MW SBP	0,200	1,220
10 MW SBP	0,212	1,234
30 MW SBP	0,220	1,200
100 MW SBP	0,233	1,169

Tabelle 4: Parameter der Regressionsgeraden der Input/Output-Korrelation

Das integrale Jahresverhalten läßt sich analog zum Vorgehen in [1] durch den jahreszeitlichen Gang des Anlagennutzungsgrades sowie der Jahreswirkungsgrade auf Untersystemebene charkterisieren. Aussagekräftiger als die Gegenüberstellung der Dish/Stirling-Anlagenvarianten ist der Vergleich mit dem Turm- bzw. Rinnenkonzept für eine bestimmte Leistungsklasse.

Abb. 5 zeigt die Anlagennutzungsgrade der drei Konzepte der 30 MW_e-Klasse in ihrer jahreszeitlichen Abhängigkeit. Da bei Dish/Stirling-Systemen jegliche sonnenstandsab hängigen Verluste entfallen, verläuft der Anlagennutzungsgrad gleichförmig.

Betrachtet man die Jahreswirkungsgrade auf Untersystemebene (Abb. 6 und 7), so findet man für die Dish/Stirling-Systeme, bedingt durch den Wegfall des Kosinuseffektes sowie die geringe thermische Trägheit, Vorteile bei den Untersystemen Feld und Receiver. Diese werden jedoch teilweise beim Energiewandlungssystem und bei der Netzanbindung wieder eingebüßt.

Schließlich illustriert Abb. 8 den zeitlichen Verlauf der Leistungserzeugung an Tagen mit unterschiedlichem Bewölkungsverhalten, der beispielhaft für alle speicherlosen Wandlungssysteme mit direkter Kopplung steht. Infolge der geringen Systemträgheit folgt die Leistung am Generatorausgang der Schwankung des solaren Angebots praktisch verzögerungsfrei. Dieser Befund wird im Experiment bestätigt [3].

3.2 Stromerzeugungskosten

Sämtliche Kostendaten, die in die Stromerzeugungskostenrechnungen eingingen, wurden von SBP ermittelt. Dabei wurde unterschieden zwischen einer Erstanlage und einer sog. n-ten Anlage, wobei letztere sowohl in technischer als auch in ökonomischer Hinsicht nach gegenwärtigem Stand das Entwicklungsziel repräsentiert. Zusammen mit den energetischen Ergebnissen des SOLERGY-Codes werden die Daten für die energetische Anlagenverfügbarkeit, die Investitions-, Betriebs- und Wartungskosten sowie den geschätzten Personalaufwand mit Hilfe des Rechenprogramms STERKO in mittleren Stromerzeugungskosten ausgedrückt. Meteorologisches Referenzjahr ist 1976 mit 2.850 $kWh/m^2 \cdot a$ Direkteinstrahlung.

Da die finanzmathematischen Randbedingungen (Tabelle 3) aus der Studie [1] übernommen wurden, sind die Ergebnisse des Turm-, Rinnen- und Dish/Stirling-Konzepts untereinander vergleichbar. Es wird angenommen, daß alle Anlagen mit einer Leistung $\leqq$ 30 MW_e trotz unterschiedlicher Zeiten für Bau- und Inbetriebsetzung im April 1992, die Anlagen mit größeren Leistungen Anfang 1993 den Nominalbetrieb aufnehmen.

Die Ergebnisse sind als Zahlenwerk in Tabelle 5 zusammengestellt. Eine graphische Darstellung der Stromerzeugungskosten als Funktion der elektrischen Jahresenergie findet sich in Abb. 9. Es ist charakteristisch für modular aufgebaute Systeme, daß die Produktkosten mit wachsender Anlagengröße zwar degressiv sind, tendenziell aber einem Grenzwert zustreben.

Dish/Stirling Plants	1 MW_e		10 MW_e		30 MW_e		100 MW_e	
	1st plant	nth plant	1st plant	nth plant	1st plant	nth plant	1st plant	nth plant
Total Direct + Indirect Cost (12/89) [Mio DM]	12.7	4.7	77.1	41.9	173.1	121.5	429.4	382.4
Collector Aperture Area [m^2]	4639		44179		126218		401704	
Specific Investment Cost [DM/kW_e]	12686	4732	7713	4193	5770	4039	4294	3824
Maintenance + Service Contracts [Mio DM/a]	0.090	0.056	0.666	0.428	1.270	0.942	3.065	2.400
Number of Personnel [men]	6	2	20	14	42	33	120	110
Annual Energy (Barstow 1976) [GWh_e/a]	2.12	2.15	21.6	21.8	65.3	66.0	223.4	223.4
Annual Full Load Hours [h/a]	2124	2146	2160	2179	2177	2199	2234	2234
Capacity Factor [%]	24.2	24.5	24.7	24.9	24.9	25.1	25.5	25.5
Plant Availability *)	0.95	0.96	0.96	0.97	0.97	0.98	0.98	0.98
Time of Erection + Start up [a]	0.5		0.75		1.0		1.5	
Electric Energy Cost [DM/kWh]	1.004	.375	.530	.307	.384	.275	.296	.263

*) Included in Annual Energy

Tabelle 5

Technisch-wirtschaftliche Vorgaben und Ergebnisse für die Dish/Stirling-Anlagen

Referenzen

[1] M. Kiera, W. Meinecke, P. Wehowsky
Studie zum Vergleich von solaren Turm- und Farmanlagen
Interatom-Bericht, März 1990, (60.17021.9.A)

[2] W. Schiel, R. Benz, T. Keck
Parabolkonzentrator mit Stirlingmaschine
BWK-Zeitschrift Bd. 42 (1990) Nr. 3, S. 108 ff.

[3] C.W. Lopez, K.W. Stone
Performance of the Southern California Edison Co. Stirling Dish,
Proceedings of the Stirling Dish Workshop, May 23, 1989

[4] D.J. Alpert, G.J. Kolb
Performance of the SOLAR ONE Power Plant simulated by the SOLERGY Computer Code
SANDIA-Report 88-0321 (1988)

[5] Dish Stirling Commercialization Workshop Summary
EPRI Special Report, August 1989

[6] W. Schiel
Dish/Stirling Systeme - Technische Auslegung, Betriebserfahrungen und Entwicklung
VDI-Berichte 704, ISBN 3-18-090704-5 (1988)

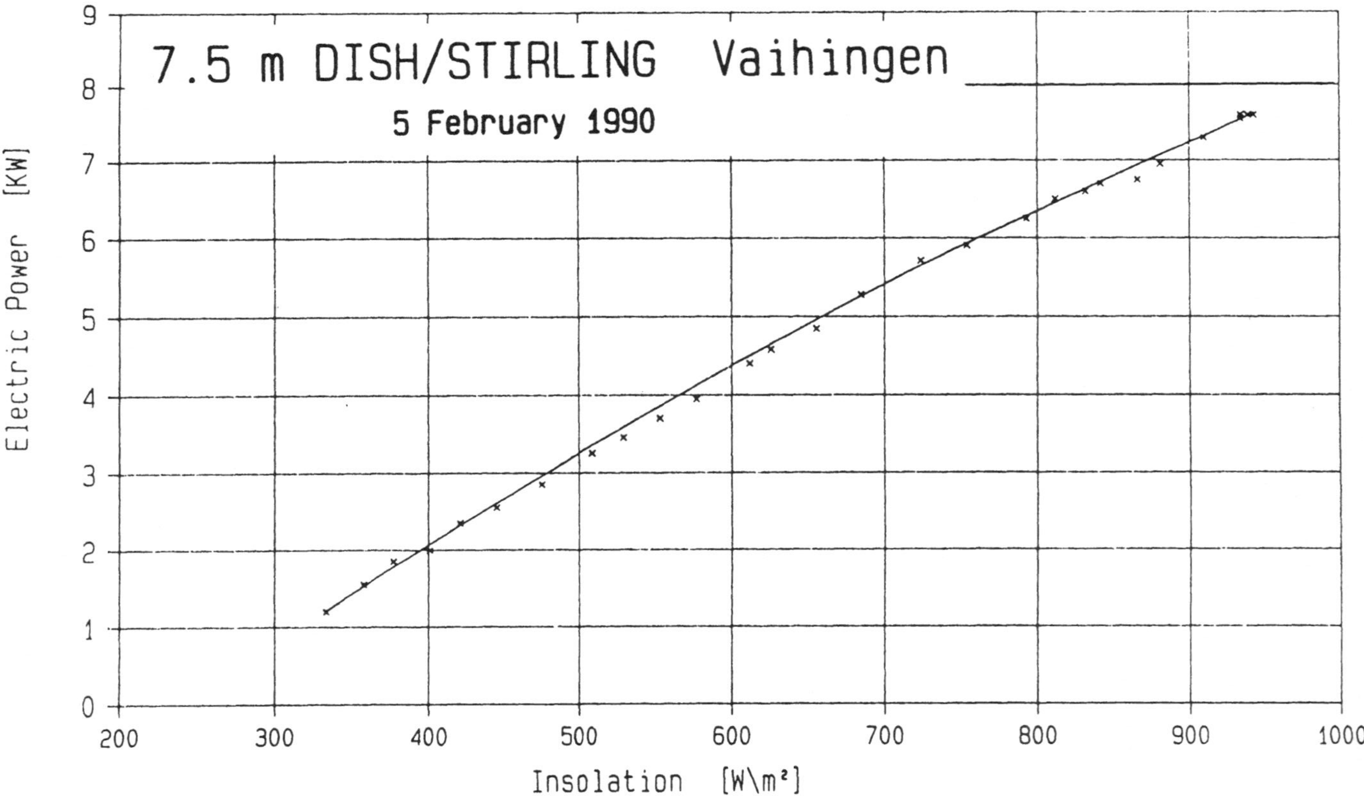

Abb. 1

Momentane Input/Output-Charakteristik des 7,9 kW-Prototyps von SBP (Quelle: SBP)

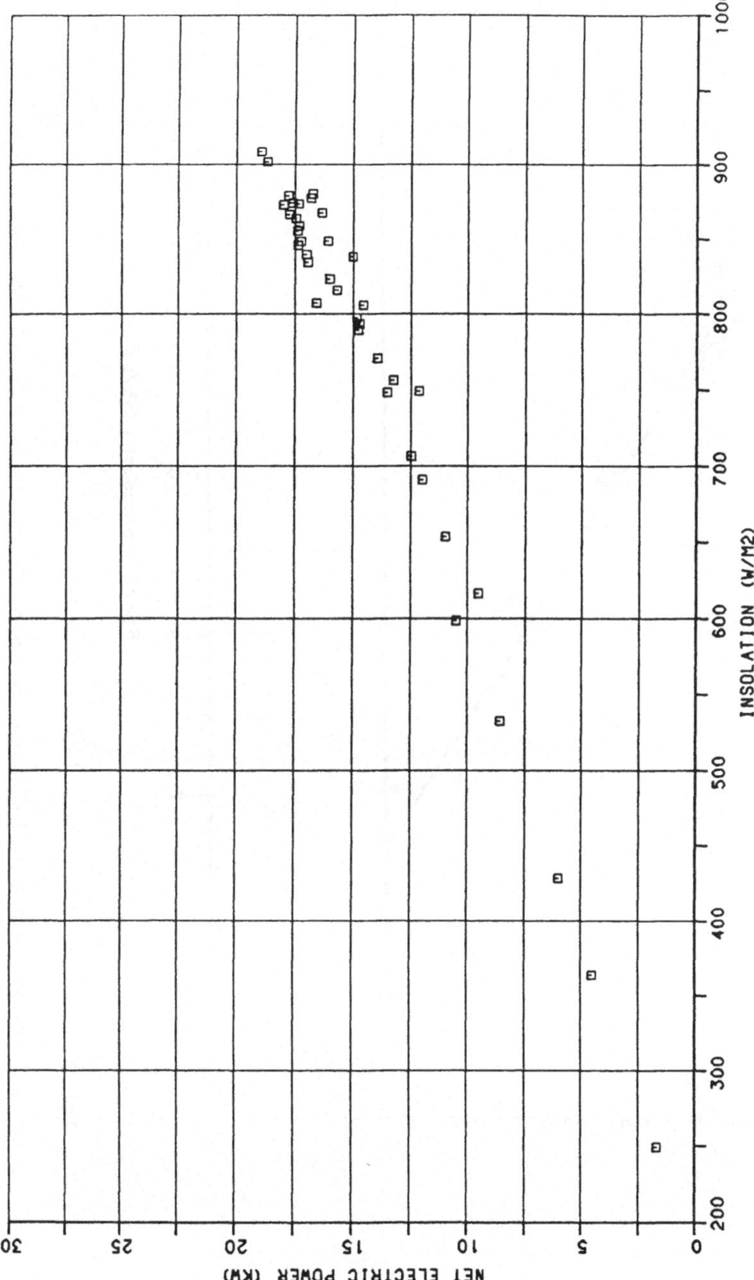

Abb. 2

Momentane Input/Output-Charakteristik des 25 kW-Prototyps von MDAC am 21.08.86 (Quelle: [5])

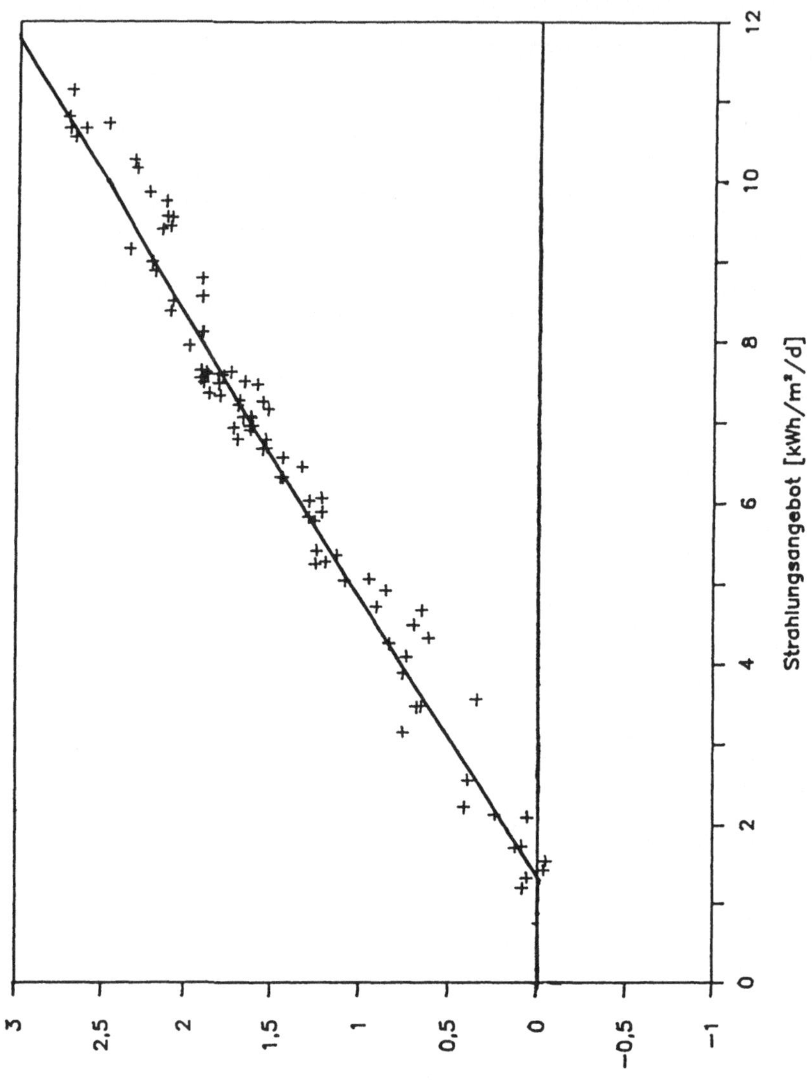

Abb. 3

Input/Output-Charakteristik (Tagesenergien) des 25 kW-Prototyps von MDAC (Quelle [6])

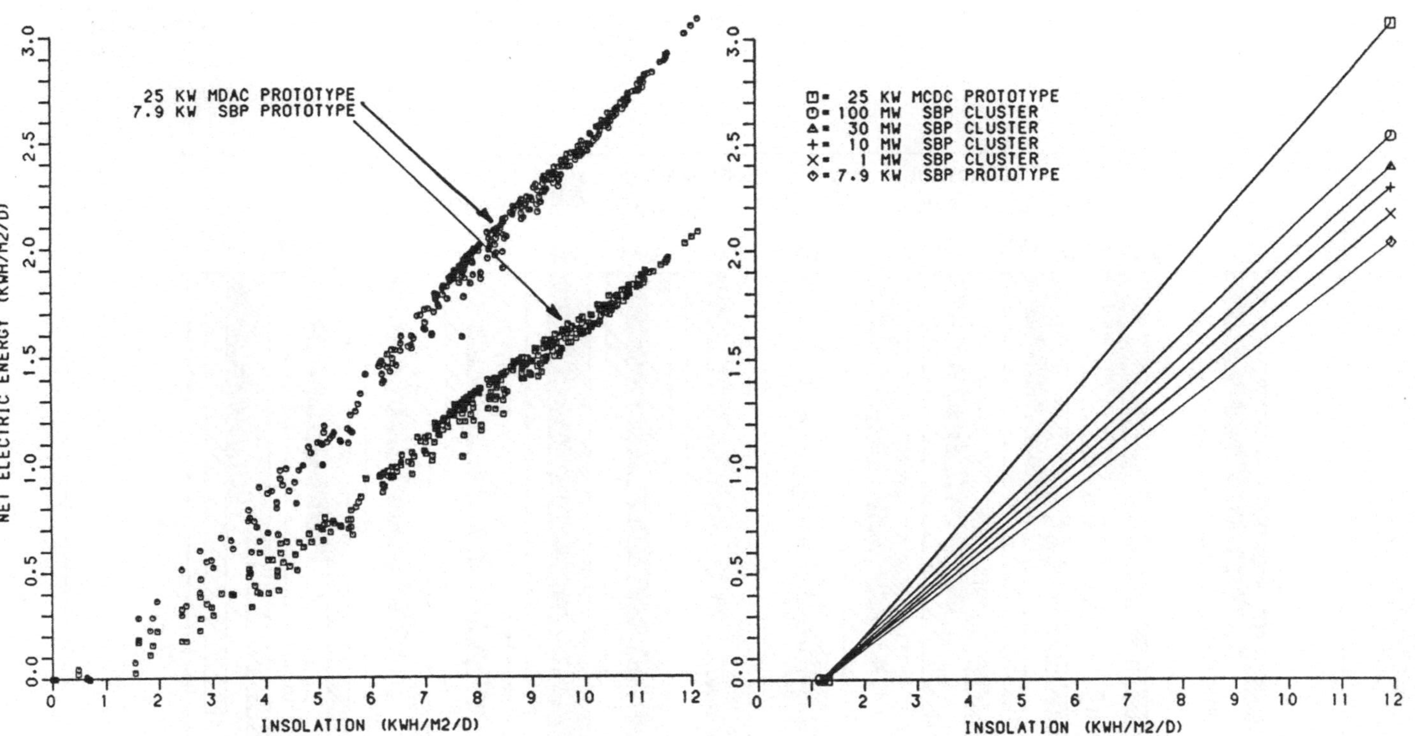

Abb. 4

Input/Output-Kennlinien der Dish/Stirling-Anlagen (SOLERGY-Simulation)

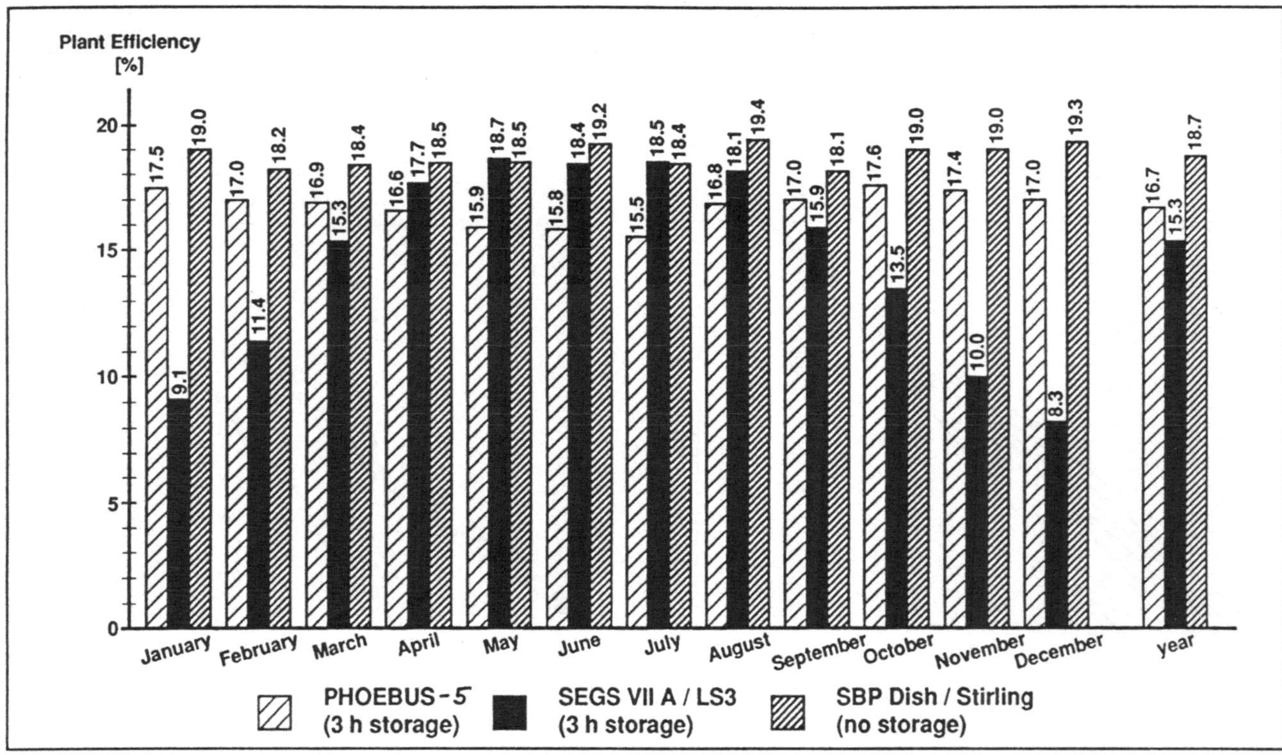

Abb. 5
Anlagennutzungsgrade der 30 MW_e-Klasse im Monats- und Jahresmittel (100 % Anlagenverfügbarkeit)

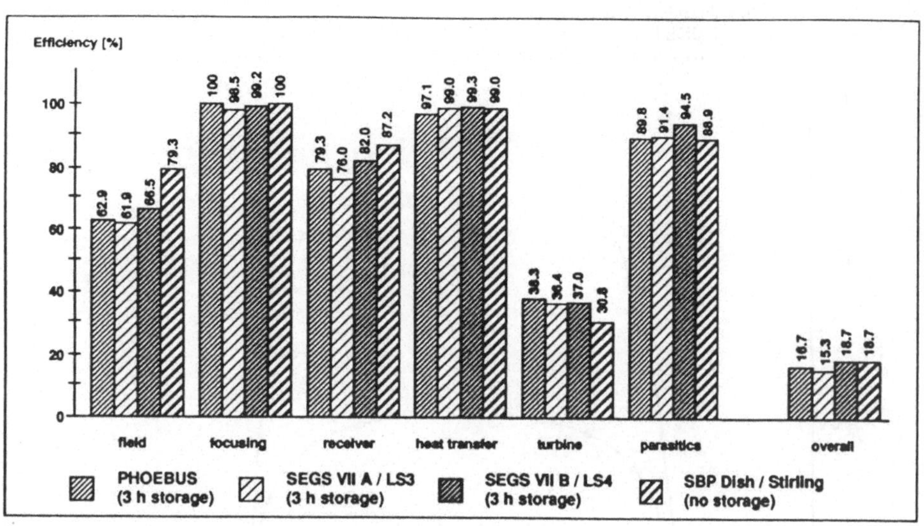

Abb. 6: System- und Untersystemwirkungsgrade der 30 MW_e-Klasse im Jahresmittel (100 % Anlagenverfügbarkeit)

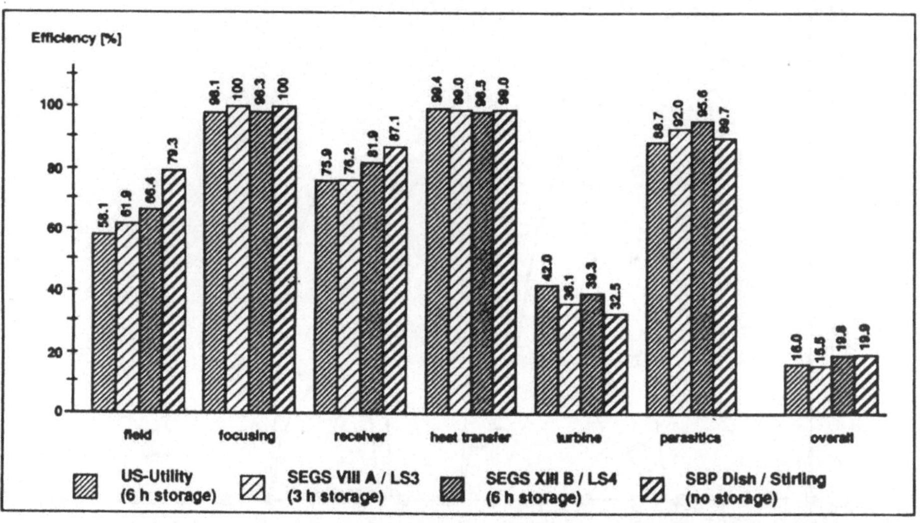

Abb. 7: System- und Untersystemwirkungsgrade der 100 MW_e-Klasse im Jahresmittel (100 % Anlagenverfügbarkeit)

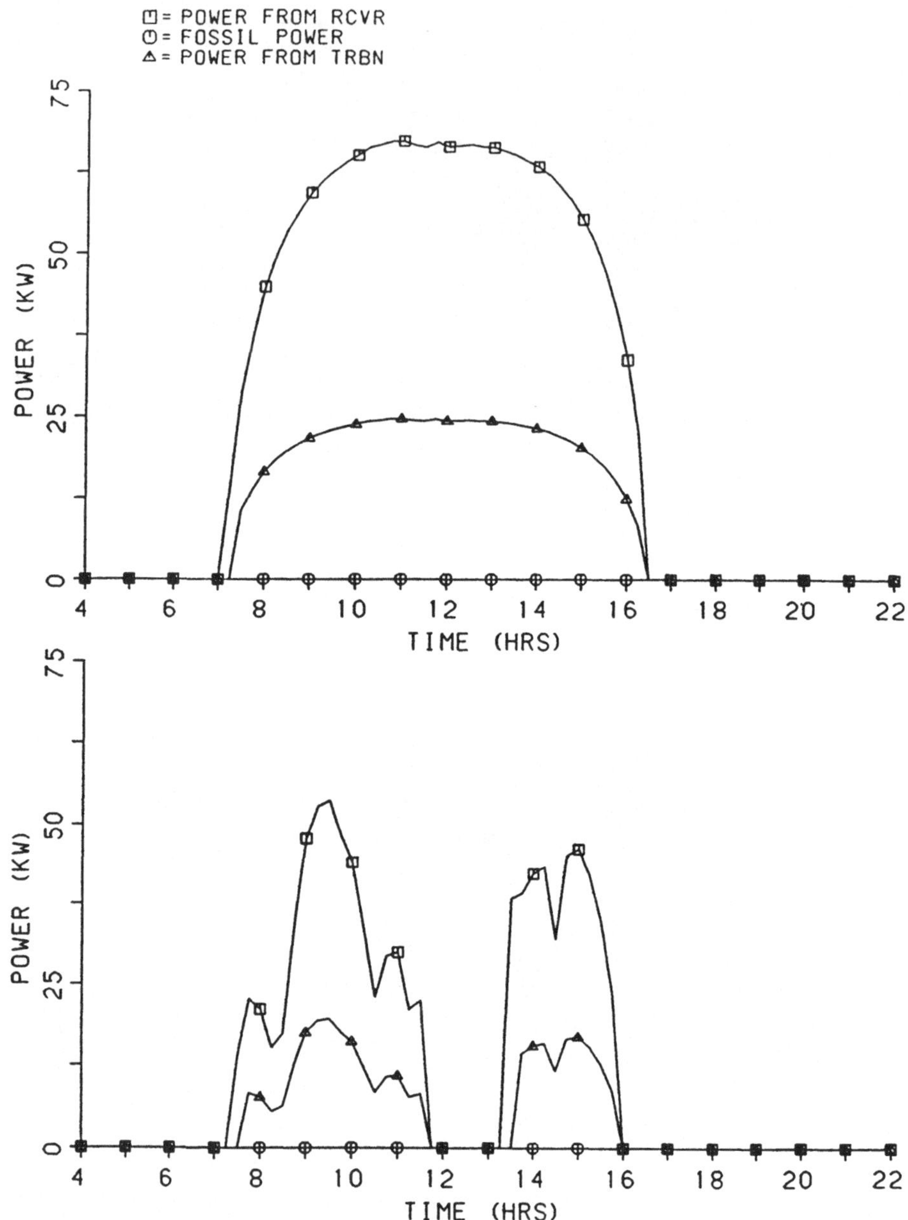

Abb. 8: Tagesverläufe der Anlagenleistung an verschiedenen Schnittstellen des 25 kW-Prototyps von MDAC, Vergleich des Systemverhaltens an Tagen mit unterschiedlichem Bewölkungsgeschehen (01. + 06.01.76) (Quelle: [5])

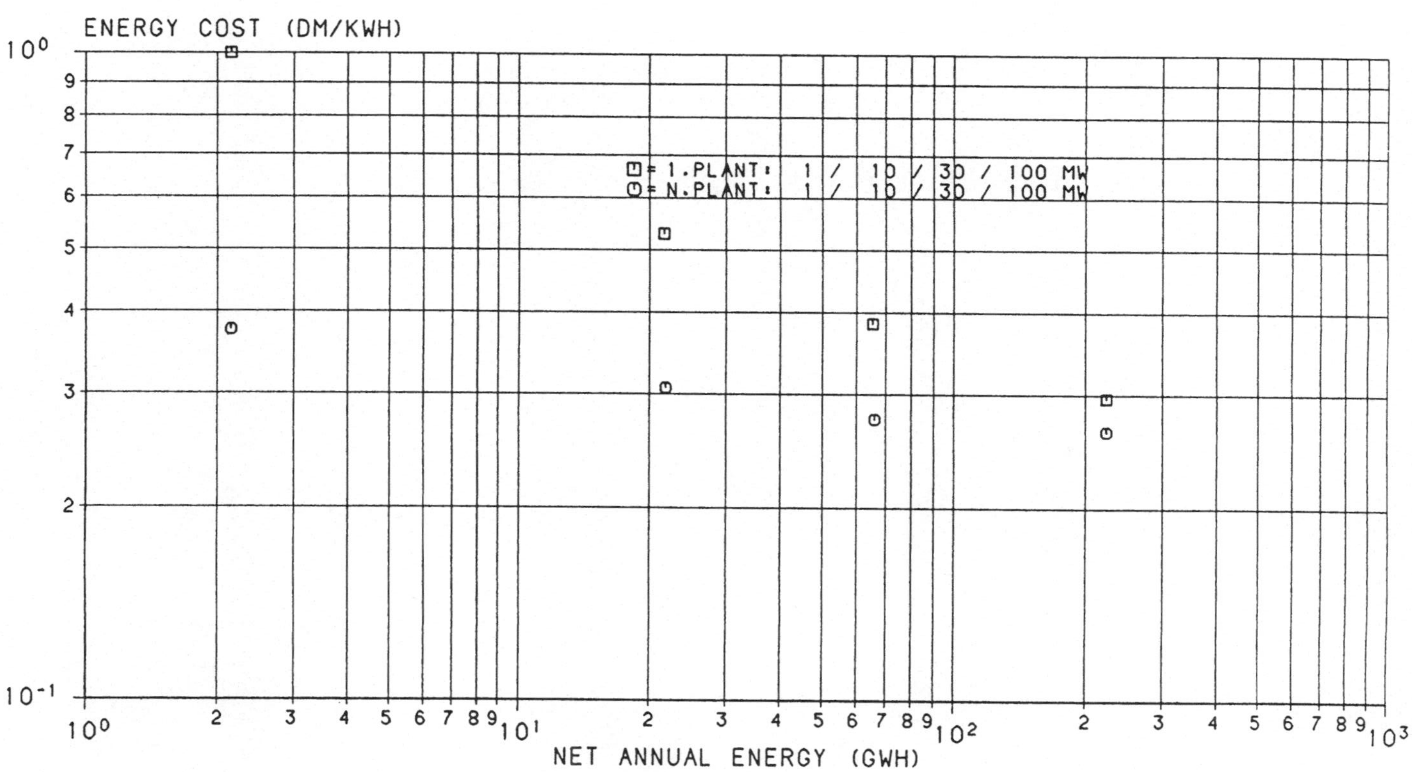

Abb. 9

Stromerzeugungskosten der Dish/Stirling-Anlagen (in 1989 DM)

2.3 Studie zum technisch-wirtschaftlichen Potential solarer Aufwindkraftwerke (Ergänzung zum Vergleich von solaren Turm-, Parabolrinnen- und Dish/Stirling-Anlagen)

M. Kiera, P. Wehowsky
INTERATOM

Bergisch Gladbach, Januar 1991

Inhalt

1 Einleitung

Ergänzend zur "Studie zum Vergleich von solaren Turm- und Farmanlagen" [1] und deren Erweiterung auf "Dish/Stirling-Anlagen" [2] wurde hier - im Rahmen der umfassenden Expertise "Übertragbarkeit der Ergebnisse des Aufwindkraftwerks in Manzanares auf größere Anlagen" [3] - das technisch-wirtschaftliche Potential dieser Anlagenkonzeption untersucht, um damit den Vergleich der vier alternativen solarthermischen Energieerzeugungssysteme zu komplettieren und zu ermöglichen.

Für die AWK-Versuchsanlage Manzanares und deren Extrapolation auf große Leistungen exisitieren ebenfalls umfangreiche technische, betriebliche und wirtschaftliche Daten, die z. B. über die meteorologischen Randbedingungen, Betriebsmoden und Stromerzeugungskosten zum Systemvergleich herangezogen werden können. Dafür sind auch die in [1] und [2] angewandten Vergleichsebenen und Hilfsmittel verfügbar:

- Entwicklungsstufen: Experimental- und Demonstrationsanlagen, kommerzielle Anlagen mit Potentialcharakter

- Betriebsdaten

- Programm STERKO zur Berechnung der mittleren Stromerzeugungskosten.

Abweichend von Turm und Farm wurde, wie auch bei den Dish/Stirling-Anlagen, auf die Integration spezieller Speicher sowie die hybride solar/fossile Betriebsweise verzichtet und zur Energiebilanzierung eine AWK-spezifische Methode angewandt.

Die o. g. Expertise [3] wurde von der Fa. Schlaich Bergermann und Partner (SBP) im Auftrage des BMFT durchgeführt, an der Interatom im Unterauftrag mitwirkte und auf der diese Arbeit aufbaut. Für die gute Zusammenarbeit sei an dieser Stelle Herrn W. Schiel besonders gedankt.

2 Randbedingungen und methodisches Vorgehen

2.1 Bestimmung der Jahresenergie

Die in den Studien [1] und [2] untersuchten Anlagenkonzepte (Turm, Farm, Dish) zur solaren Stromerzeugung haben folgende Merkmale gemeinsam:

- Energiequelle ist die direkte normale Einstrahlung.
- Die thermodynamischen Wandlungsketten sind bezüglich ihrer Struktur und ihrer Untersystemwirkungsgrade miteinander vergleichbar.

Demgegenüber nutzt das Konzept des Aufwindkraftwerks (AWK, Konzeptbeschreibung in [3], [4]) die (horizontale) Globalstrahlung, die mittels des Kollektordaches in fühlbare Wärme umgesetzt wird. Der im Turm des AWK entstehenden Konvektionsströmung wird dann mittels eines Windturbogeneratorsatzes kinetische Energie entzogen. Der Gesamtwirkungsgrad des Aufwindkonzeptes wird größenordnungsmäßig durch das Verhältnis der potentiellen Energie der im Turm befindlichen Luftsäule zu deren Wärmeinhalt unter Umgebungsbedingungen bestimmt:

$$\eta_T = \frac{g \cdot h}{c_p \cdot T_o}$$

- g ≙ Erdbeschleunigung (9,81 m/s2)
- h ≙ Turmhöhe (m)
- c_p ≙ Wärmekapazität der Luft bei konstantem Druck (≃ 1000 J/kg ·K)
- T_o ≙ Umgebungstemperatur (K)
- η_T ≙ Turmwirkungsgrad

Überschlägig ergibt sich ein Wirkungsgrad von ca. 0,3 % pro 100 m Turmhöhe. Dieser Umstand erschwert einen Vergleich mit anderen Konzepten auf der Basis der Anlagentechnik, d. h. der System- und Untersystemwirkungsgrade.

Da die Leistungsentnahme durch den Windkonverter die Wärmeverluste im Kollektor bzw. den Wärmetransfer in den Kollektorboden (Speicherung) beeinflußt, ist das AWK ein in sich gekoppeltes Systems, das in seiner prinzipiellen Wirkungsweise eher mit der photovoltaischen Stromerzeugung als dem Turm-, Rinnen- oder Dish/Stirling-Konzept verwandt ist.

Aus diesen Gründen ist der in [1] und [2] für die Bestimmung der Jahresenergie eingesetzte Rechencode SOLERGY für die Simulation eines AWK ungeeignet. Die relevanten Jahresenergieerträge werden daher mit einem Rechenprogramm ermittelt, das von SBP speziell für die Belange des Aufwindkonzeptes entwickelt und im Vergleich mit umfangreichen Meßdaten verifiziert wurde [3, 4].

2.2 Referenzanlagen

In Anlehnung an die in [1] und [2] getroffenen Vereinbarungen wurden AWK-Anlagen für die 30- bzw. 100 MW-Klasse ausgelegt. Die Varianten "erste und n-teAnlage" unterscheiden sich in ihren Investitionskosten, sind aber bezüglich der Anlagentechnik identisch. Als Repräsentant für die unterste Leistungsklasse wurde eine 5 MW-Anlage als Demonstrationsanlage ausgewählt, deren Technik und Fahrweise nach heutigem Kenntnisstand aus den Erfahrungen mit der 50 kW-Versuchsanlage Manzanares [3, 4] abgeleitet werden können.

2.3 Meteorologische Randbedingungen

In Analogie zum Turm-, Rinnen- und Dish-Konzept wurden als Referenzstandort Barstow/USA und 1976 als Referenzjahr bezüglich der Einstrahlungsbedingungen festgelegt. Die globale Jahreseinstrahlung beträgt ca. 2300 kWh/m^2·a (direkte Einstrahlung: 2850 kWh/m^2·a)

2.4 Anlagenverfügbarkeit

AWK-Anlagen zeichnen sich bei entsprechender Auslegung durch bautechnische Robustheit sowie durch große Trägheit im Betriebsverhalten aus, z. B. gegenüber Einstrahlungsschwankungen. Nur wenige Komponenten (Kollektordach, Windkonverter) bestimmen die Anlagenverfügbarkeit sowie den Wartungs- und Personalaufwand. Daher ist zu erwarten, daß AWK-Anlagen eine höhere Arbeitsverfügbarkeit besitzen als die in [1] und [2] untersuchten Konzepte.

2.5 Finanzmathematische Daten

Das in [1] erläuterte Rechenprogramm STERKO bestimmt die über die Abschreibungsdauer entstehenden mittleren Stromerzeugungskosten nach der nominalen Barwertmethode und benötigt dazu folgende Anlagendaten:

- Nettojahresenergieertrag
- Personaleinsatz
- Investitionskosten
- jährliche Betriebs- und Wartungskosten

sowie die für alle Anlagenkonzepte und Leistungseinheiten identischen und bereits in [1] und [2] zugrundegelegten finanzmathematischen Randbedingungen, die in Tabelle 1 zusammengestellt sind:

Preisbasis:	Dezember 1989
Bauzeit:	s. Tab. 2
Betriebsbeginn:	1992 (5, 30 MW_e) 1993 (100 MW_e)
Fremdkapitaleinsatz:	100 %
Zinsfuß (Errichtung, Betrieb):	7 %/a
Eskalationsrate für Materialkosten:	2,5 %/a
Eskalationsrate für Lohnkosten:	4,0 %/a
Abschreibungsdauer:	20 Jahre
Kapitalsteuersatz:	0 %/a
Einkommensteuersatz:	0 %/a
Versicherungssatz (Errichtung):	0,7 %/a
Versicherungssatz (Betrieb):	0,4 %/a
Eskalationsrate für Versicherung:	3 %/a
Personalkosten:	70.000 DM/MJ
Eskalationsrate für Personalkosten:	4,5 %/a
Eskalationsrate für Wartungs- und Betriebskosten:	4 %/a
Brennstoffpreis (Schweröl):	155 DM/Mg
Eskalationsrate für Brennstoff:	5 %/a
Kosten für sonstige Verbräuche:	0,001 DM/kWh
Eskalationsrate für sonstige Verbräuche:	3 %/a

Tabelle 1: Finanzmathematische Randbedingungen

3 Ergebnisse/Stromerzeugungskosten

Die für die STERKO-Rechnungen benötigten Energie- und Kostendaten einschl. Personalaufwand wurden von SBP und Interatom im Rahmen der Arbeiten zu [4] ermittelt. Trotz unterschiedlicher Zeiten für Bau und Inbetriebnahme wird - wie auch in [1, 2] - angenommen, daß alle Anlagen mit einer Leistung $\leqq$ 30 MW_e im April 1992, die Anlagen mit größerer Leistung Anfang 1993 den Nominalbetrieb aufnehmen.

Die weitgehend einheitliche Behandlung aller Anlagenkonzepte erlaubt den direkten Vergleich auf der Basis der mittleren Stromgerzeugungskosten, die für die Turm-, Rinnen- und Dish-Anlagen in [1] und [2] zusammengestellt sind. Die Ergebnisse der betrachteten AWK-Anlagen sind als Zahlenwerk in Tabelle 2 zusammengestellt; eine graphische Darstellung der Stromerzeugungskosten als Funktion der elektrischen Jahresenergie findet sich in Abb. 1.

Abb. 2 zeigt die Zusammenstellung der entsprechenden Ergebnisse der wesentlichen Varianten aller vier - in [1], [2] und hier - untersuchten solarthermischen Energieerzeugungssysteme (Turm-, Rinnen-, Dish/Stirling- und Aufwind-Kraftwerk) im Vergleich, jeweils für reinen Solarbetrieb.

Solar Chimney Plants		5 MW_e	30 MW_e		100 MW_e	
		1. Plant	1. Plant	n. Plant	1. Plant	n. Plant
Total Direct + Indirect Cost (12/89)	[Mio DM]	74.2	279.2	218.3	659.8	523.1
Collector Aperture Area	[$10^3 \cdot m^2$]	947	3751	3751	10085	10085
Specific Investment Cost	[DM/kW_e]	14849	9308	7279	6598	5231
Maintenance and Service Contracts	[Mio DM/a]	0.35	0.6	0.6	1.3	1.3
Number of Personnel	[men]	6	8	7	10	9
Annual Energy (Barstow 1976)	[GWh_e/a]	13.7	84.0	84.8	289.4	292.3
Annual Full Load Hours	[h/a]	2735	2800	2828	2894	2923
Capacity Factor	[%]	31.2	32.0	32.3	33.0	33.4
Plant Availability*)		0.97	0.98	0.99	0.98	0.99
Time of Erection and Startup	[a]	0.75	1	1	1	1
Electric Energy Cost	[DM/kW_eh]	0.663	0.375	0.294	0.271	0.215

*) included in Annual Energy

Tabelle 2

Technisch-wirtschaftliche Vorgaben und Ergebnisse für Aufwindkraftwerke im Solarbetrieb

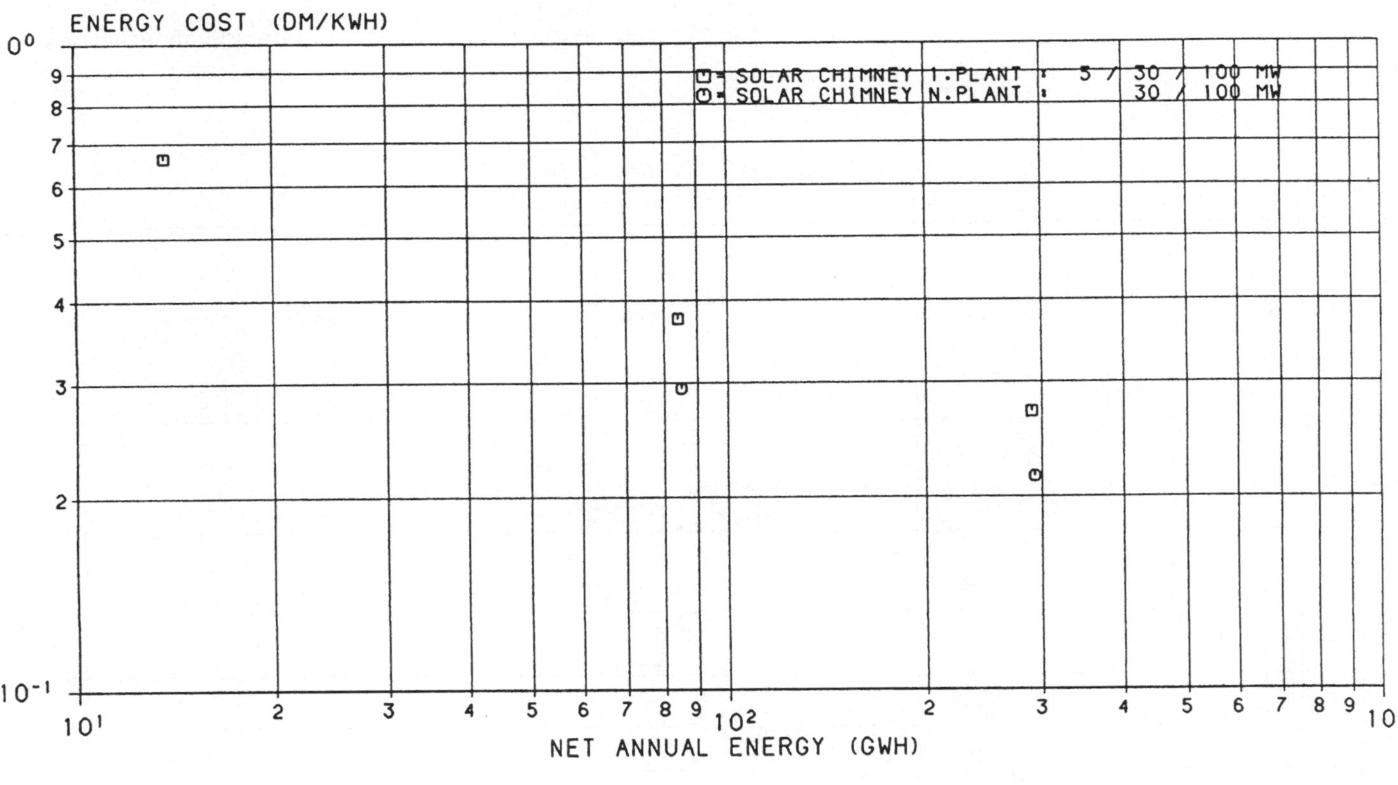

Abb. 1

Stromerzeugungskosten der Aufwindanlagen (in 1989 DM)

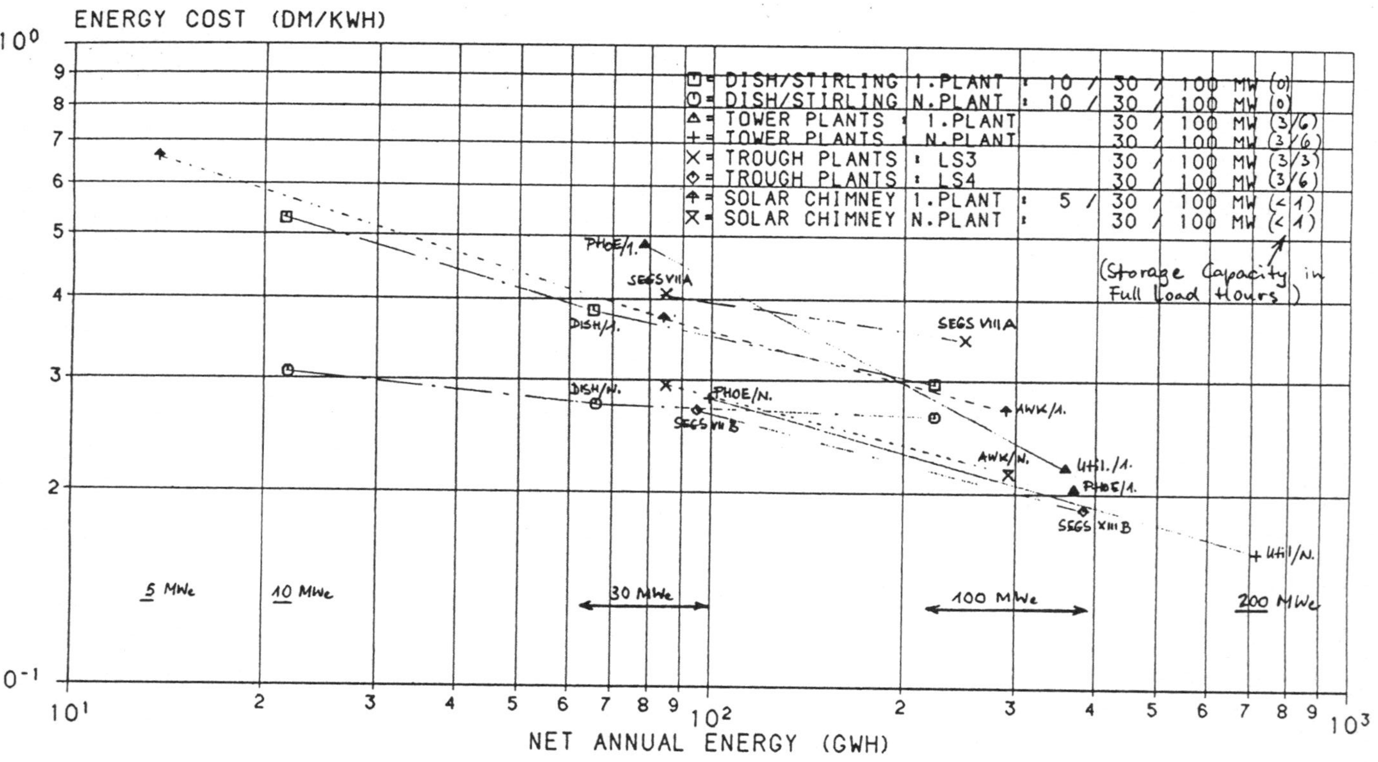

Abb. 2

Stromerzeugungskosten der solarthermischen Energieerzeugungsanlagen: Turm-, Rinnen-, Dish/Stirling- und Aufwind-Kraftwerke im Vergleich (in 1989 DM) für reinen Solarbetrieb. Standort: Barstow/CA (Einstrahlungsdaten 1976)

Referenzen

[1] M. Kiera, W. Meinecke, P. Wehowsky
Studie zum Vergleich von solaren Turm- und Farmanlagen
Interatom-Bericht Nr. 60.17021.9.A, März 1990

[2] M. Kiera, P. Wehowsky
Erweiterung der Turm/Farm-Studie für Dish/Stirling-Anlagen (Technisch-wirtschaftliches Potential solarer Dish/Stirling-Anlagen)
Interatom-Bericht Nr. 60.17102.0, September 1990

[3] J. Schlaich, R. Bergermann, K. Friedrich, W. Haaf, H. Lautenschlager
Baureife Planung und Bau einer Demonstrationsanlage eines atomosphären-thermischen Aufwindkraftwerkes / Anwendungsnahe Auslegung größerer Einheiten und erweitertes Meßprogramm
Bericht BMFT-FB-T 86-208, Dez. 1986

[4] J. Schlaich, W. Schiel, K. Friedrich (SBP), G. Schwarz (Inst. f. Aero- und Gasdynamik der Universität Stuttgart), P. Wehowsky, M. Kiera, W. Meinecke (Interatom)
Übertragbarkeit der Ergebnisse des Aufwindkraftwerkes in Manzanares auf größere Anlagen
SBP-Bericht, Stuttgart/November 1990

3 Detailbericht der Firma Flachglas Solartechnik zu Farmanlagen

3.1 Abschlußbericht zur Studie zum Vergleich von solaren Turm- und Farmanlagen

M. Geyer
Flachglas Solartechnik

Köln, Dezember 1990

Inhaltsverzeichnis

(IPMK1302)

Bildverzeichnis:

(IPMK1302)

Tabellenverzeichnis:

(IPMK1302)

1. Einleitung und Aufgabenstellung

Zur solaren Stromerzeugung wurden in den letzten zehn Jahren große Fortschritte mit den folgenden Technologien erzielt:

- Solarthermische Farm-Kraftwerke mit Parabolrinnen
- Solarthermische Turm-Kraftwerke
- Solarthermische Parabolspiegel mit Stirling-Motor
- Photovoltaïsche Stromerzeugung

Von Entwicklungsbeginn an wurden Leistung und Kosten dieser Technologien in regelmäßigen Abständen durch umfangreiche Studien verglichen. Eine der letzten veröffentlichten umfangreichen Studien zu diesem Thema ist die 1987 erschienene Battelle Studie "Characterization of Solar Thermal Concepts for Electricity Generation". Ein systematischer und detaillierter Vergleich des weiteren Fortschritts, insbesondere unter Berücksichtigung der Betriebsergebnisse der kalifornischen SEGS-Farmanlagen und der jüngsten PHOEBUS Solarturm-Entwicklungen, und ein einheitlicher Wirtschaftlichkeits-Vergleich mit der photovoltaïschen Stromerzeugung wurde, im Frühjahr 1989 angeregt durch SSPS/DLR, von der DLR bei den Firmen INTERATOM GMBH, Bergisch Gladbach, und FLACHGLAS SOLARTECHNIK GMBH, Köln, in Auftrag gegeben, deren langjährige eigene Erfahrung auf dem Gebiet solarthermischer Kraftwerke für diesen Vergleich verfügbar gemacht wurde: INTERATOM in seiner Eigenschaft als internationaler Anlagenbauer mit seiner Solarturm-Erfahrung aus den Projekten SSPS, GAST und PHOEBUS und FLACHGLAS SOLARTECHNIK als Projektentwickler von großen kommerziellen Parabolrinnen-Kraftwerken, zu denen die Schlüsselkomponente Reflektor seit Beginn an von der FLACHGLAS Gruppe geliefert wurden. Vor dem Hintergrund des gemeinsam mit LUZ INTERNATIONAL LTD, Los Angeles, begonnenen Programms zur Entwicklung der nächsten Parabolrinnen-Generation mit Direktverdampfung, LS-4 genannt, hat FLACHGLAS SOLARTECHNIK 11% Eigenbeteiligung an den Kosten der Solarfarm-Untersuchungen übernommen. Bei der Erstellung der vorliegenden Studie haben folgende Firmen mitgewirkt, denen wir zu besonderem Dank verpflichtet sind:

- Deutsche Forschungsanstalt für Luft- und Raumfahrt (DLR): Herr J.Kern und Dr.H.Klaiß
- LUZ INTERNATIONAL LTD.: Herr Y.Gilon
- INTERATOM GMBH: Herr Dr.M.Kiera, Herr W.Meinecke und Herr P.Wehowsky
- SIEMENS/KWU: Herr M.Bald

(IPMK1302)

Zum Vergleich von praktisch gewonnenen Betriebsdaten mit 30-MW_e-Anlagen wurden herangezogen die Daten der Anlagen

- SOLAR ONE, mit 10 MW_e Kapazität das größte, je gebaute Solarturm-Kraftwerk, das inzwischen nach Beendigung der 4jährigen Demonstrations- und Testphase stillgelegt wurde, und

- SEGS I-VII, sieben "Solar Electric Generating System (SEGS)" genannte Parabolrinnen-Kraftwerke mit 194 MW_e Gesamt-Kapazität, die heute zur Spitzenstromerzeugung kommerziell betrieben werden, mit einer Auslegungslebensdauer von 30 Jahren.

Zum Vergleich baubarer Anlagen wurden herangezogen:

- PHOEBUS-1, ein 30 MW_e Solarturm-Kraftwerk, das bei erfolgreicher Entwicklung eines neuartigen luftgekühlten Receivers 1993 in Jordanien als Erstanlage gebaut werden soll und PHOEBUS-5, ein 30 MW_e Kleinserienkraftwerk (aus einer Serie von 5 Anlagen).

- SEGS VIII, ein 80 MW_e Parabolrinnen-Kraftwerk, das im Dezember 1989 erfolgreich ans Netz ging; die identische Anlage SEGS IX ist inzwischen im Oktober 1990 nach 8-monatiger Bauzeit ebenfalls ans Netz gegangen; drei weitere Anlagen dieses Typs werden 1991-1993 gebaut werden. Da detaillierte Auslegungs-Angaben für PHOEBUS-1 nur für eine Kapazität von 30 MW_e zur Verfügung standen, wurden auf Wunsch des Auftraggebers die Auslegungswerte von SEGS VIII und SEGS XIII ebenfalls auf 30 MW_e herunterskaliert, obwohl aus Wirtschaftlichkeitsgründen solche kleineren Anlagen in Zukunft nicht mehr gebaut werden. Bei dieser Herunterskalierung ergibt sich für diese fiktive 30 MW_e SEGS VIII Anlage relativ höhere parasitäre Eigenverbräuche und relativ höhere spezifische Investitionskosten als bei den tatsächlich gebauten 80 MW_e-Anlagen SEGS VIII und SEGS IX.

Zur zukünftigen Potentialabschätzung für kommerzielle Anlagen der zweiten Generation bieten sich an:

- SOLAR 100 und SOLAR 200, Solarturm-Konzeptstudien mit 100 und 200 MW_e Kapazität, die im Auftrag des amerikanischen Department of Energy (DOE) von verschiedenen amerikanischen Elektrizitätsversorgungsunternehmen durchgeführt wurden, und deren Bau erst nach dem Jahr 2000 zu erwarten ist,

- PHOEBUS-N, eine n-te PHOEBUS Serien-Anlage mit zunächst 30 MW_e, später 100 MW_e, in der die vom Auftraggeber vorläufig abgeschätzten Verbesserungsmöglichkeiten der PHOEBUS-

(IPMK1302)

1Anlage voll realisiert werden; eine solche Entwicklung würde nach Inbetriebnahme von PHOEBUS-1 und einer ersten Kleinserie von 30 MW_e beginnen können und

- SEGS XIII, das Konzept von LUZ INTERNATIONAL LTD. für eine 160-400 MW_e Parabolrinnen-Anlage mit LS-4-Direktverdampfungs-Kollektoren, die ab 1995 in USA eingesetzt werden sollen; Qualifikationstests und ingenieursmäßige Entwicklung dafür haben 1989 begonnen.

Zum Vergleich zukünftiger Anlagen wurden mit einem einheitlichen Meteo- und Standortdatensatz die für die Zukunft konzipierten Systeme in Jahres-Modellrechnungen durchgerechnet und damit die entsprechenden Input-/Output-Kennlinien erzeugt. Für die solarthermischen Kraftwerke boten sich dazu die folgenden Rechenmodelle an:

- SOLERGY, ein Berechnungsprogramm von Sandia National Laboratories zur Berechnung des Jahresenergie-Outputs von Solartürmen [20].

- SEGS PERFORMANCE MODEL, ein Berechnungsprogramm von LUZ INTERNATIONAL LTD. zur Berechnung des Jahresenergie-Outputs von Parabolrinnen-Kraftwerken des SEGS-Typs ("Solar Electric Generating System")

Um diesen Leistungs- und Wirtschaftlichkeitsvergleich mit einer einheitlichen Methode durchzurechnen wurde der SOLERGY-Code verwendet. Dabei handelt es sich bei SOLERGY nicht um ein physikalisches, thermo-hydraulisches Simulationsmodell sondern um ein energetisches Bilanzierungsinstrument, das auf Basis von Komponenten-Wirkungsgrad-Kennfeldern in 15-Minuten Zeitschritten Energien bilanziert. Da Turm- und Farmanlagen vergleichbare Komponenten haben, nämlich

- Reflektor / Konzentrator,
- Absorber / Receiver,
- Wärmetransportsystem,
- Speicher,
- Dampfkreislauf und
- Generator,

sowie vergleichbare Verlustmechanismen und vergleichbare Betriebsweisen aufweisen, können bei geeigneter Generierung der Komponenten-Wirkungsgrad-Kennfelder mit dem SOLERGY Instrumentarium auch Farmanlagen energetisch bilanziert werden, wobei die zugrunde liegende unterschiedliche Physik durch die Kennfelder und nicht durch den SOLERGY-Code beschrieben wird.

(IPMK1302)

Unter der technisch-wissenschaftlichen Verantwortung von FLACHGLAS SOLARTECHNIK GMBH wurden auftragsgemäß die folgenden Aufgaben bearbeitet:

- Input-/Output Kennlinie für eine SEGS-Anlage
  Zusammenstellung der verfügbaren, gemessenen Betriebsdaten einer der Anlagen SEGS III-VII und Darstellung der Input-/Output Kennlinie.

- Analyse der Umwandlungskette
  Erstellung eines Energiefluß-Diagramms von
  - einer existierenden 30 MW_e (aus SEGS III-VII),
  - einer existierenden 80 MW_e (SEGS VIII) und
  - einer zukünftigen 100-200 MW_e Parabolrinnen-Anlage (SEGS XIII).

  Die dabei zusammengestellten Daten dienten gleichzeitig als Rohmaterial für die SOLERGY Rechnungen.

- **Simulationsrechnungen**

  Um mit SOLERGY die zum Solarturm analogen SEGS-Energiebilanzierungen durchzuführen, beauftragte der Auftraggeber die Firma INTERATOM, die Ein- und Ausgabe von SOLERGY so zu modifizieren, daß damit die von FLACHGLAS SOLARTECHNIK und LUZ INTERNATIONAL zu liefernden Komponenten-Kennfelder der SEGS-Anlagen eingegeben werden können. Um die direkte Beheizung des Dampferzeugers durch das Solarfeld richtig zu bilanzieren, war INTERATOM weiterhin beauftragt, in SOLERGY neben der Kopplung über den Speicher eine direkte Kopplung von Solarfeld und Dampferzeuger als Betriebsmodus einzubauen. Um INTERATOM die erfolgreiche Durchführung der SOLERGY-Rechnungen für die SEGS-Anlagen zu ermöglichen, führte FLACHGLAS SOLARTECHNIK auftragsgemäß die folgende Zuarbeit aus:

  - Definition und Abstimmung der Vergleichsebene Turm und Farm und der entsprechenden Referenzanlagen

  - Generierung der Komponenten-Wirkungsgrad-Kennfelder und anderer Eingabedaten aus den SEGS-Spezifikationen von LUZ INTERNATIONAL im SOLERGY-Eingabeformat für die folgenden Referenzanlagen:
    - 30 MW_e SEGS III und IV mit LS-2 Kollektor
    - 30 MW_e SEGS VII mit LS-3 Kollektor, ohne Speicher
    - 30 MW_e SEGS VIIA mit LS-3 Kollektor (herunterskalierte SEGS VIII) und 1.5 h bzw. 3 h Zweistoffspeicher

(IPMK1302)

- 30 MW_e SEGS VIIB mit LS-4 Kollektor (herunterskalierte SEGS XIII) mit 1.5 h bzw. 3 h PCM-Speicher (Phase Change Material)
- 80 MW_e SEGS VIII mit LS-3 Kollektor, ohne Speicher
- 100 MW_e SEGS VIIIA (von 80 MW_e heraufskalierte SEGS VIII) mit LS-3 Kollektor und 3 h Zweistoffspeicher
- 100 MW_e SEGS XIII mit LS-4 Kollektor ohne Speicher
- 100 MW_e SEGS XIIIA mit LS-4 Kollektor und 1.5 h bzw. 3 h PCM-Speicher
- 100 MW_e SEGS XIIIB mit LS-4 Kollektor und 6 h PCM-Speicher

Bei den Anlagen SEGS VIIA und SEGS XIIIA wurden Eingabedaten für 0, 1.5, 3 und 6 Stunden Speicherkapazität für eine rein solare und zwei hybride Betriebsarten erzeugt. Es wird darauf hingewiesen, daß die fossile Zufeuerungsstrategie der SOLERGY-Rechnungen nicht mit der tatsächlichen fossilen Zufeuerungsstrategie der SEGS-Anlagen in Kalifornien übereinstimmt und aus diesem Grunde die diesbezüglichen Ergebnisse nicht mit den von LUZ INTERNATIONAL an anderer Stelle veröffentlichten Jahresproduktionswerten übereinstimmen müssen.

- **Wirtschaftlichkeitsrechnungen**

Die Berechnung der spezifischen Stromgestehungskosten der verglichenen Anlagen wurden von INTERATOM und SIEMENS/KWU mit dem Code STERKO nach einer dynamischen Methode für beide Anlagentypen in gleicher Weise berechnet. FLACHGLAS SOLARTECHNIK lieferte dazu die SEGS-spezifischen Kosten-Daten für die o.g. Anlagevarianten.

- **Dokumentation**

Methodik und Ergebnisse der SOLERGY Jahressimulationsrechnungen und der Kostenrechnungen werden im Abschlußbericht von INTERATOM beschrieben. Der Bericht von FLACHGLAS SOLARTECHNIK umfaßt

- Aufgabenbeschreibung
- Beschreibung der zugrunde gelegten SEGS-Anlagen
- Beschreibung des SEGS Performance Model
- Darstellung und Erläuterung der gemessenen Input/Output Kennlinien
- Darstellung und Analyse der Umwandlungskette; Erläuterung der SOLERGY Eingabedaten und Diskussion Simulationsergebisse
- Diskussion und Kommentierung der Wirtschaftlichkeitsrechnungen

(IPMK1302)

2. Beschreibung der SEGS-Anlagen

In diesem Abschnitt wird ein Überblick über die SEGS-Parabolrinnen-Kraftwerke gegeben, die zu dem Turm-Farm-Vergleich herangezogen wurden.
In der Mojave-Wüste Kaliforniens, auf halbem Weg zwischen Los Angeles und Las Vegas, ging am 20. Dez. 1984 das erste kommerziell betriebene Parabolrinnen-Kraftwerk SEGS I mit einer Kapazität von 13.8 MW_e ans Netz der Southern California Edison (SCE). Seitdem installierte LUZ INTERNATIONAL LTD. (LUZ) pro Jahr 30 bis 80 MW_e ihrer "Solar Electric Generating Systems" (SEGS); bis Ende 1990 waren es insgesamt neun Anlagen mit 354 MW_e Gesamtkapazität. Abb.1 zeigt fünf solcher 30 MW_e-Anlagen, SEGS III-VII, bei Kramer Junction. Die ersten beiden 80-MW_e-Anlagen SEGS VIII und IX wurden bei Harper Lake in den Jahren 1989 und 1990 fertiggestellt. Stromlieferungsverträge für weitere 240 MW_e bis 1993 sind derzeit unterzeichnet, so daß bis 1993 zwölf SEGS-Anlagen eine gesamte Spitzenstromkapazität von 600 MW_e bereitstellen werden.

Mit dem technischen Konzept der SEGS-Anlagen mußten die folgenden Vertragsbedingungen erfüllt werden:

- Inbetriebnahme innerhalb von 5 Jahren nach Vertragsabschluß,
- 30-jährige Lebensdauer,
- mindestens 80% Verfügbarkeit während der sommerlichen Spitzenlast-Perioden,
- Erfüllung der gesetzlichen Umweltrichtlinien und
- maximal 80 MW_e Anlagengröße (30 MW_e bis 1987); seit 1991 ist eine Leistungsbegrenzung ganz aufgehoben worden

Unter den verschiedenen Solartechnologien hielt LUZ im Gründungsjahr 1979 nur das Parabolrinnen-Konzept für ausgereift genug, um das Vertrauen privater Investoren gewinnen zu können, auch wenn damals die hauptsächlich öffentlich geförderte Solarforschung die Rinnen gegenüber Solarturm und Parabolic Dish nicht für konkurrenzfähig hielt.

Wichtigste Umweltrichtlinie ist die Beschränkung des Verbrauchs fossiler Brennstoffe auf maximal 25% der eingesetzten Primärenergie, unabhängig davon, ob der Brennstoff zur Elektrizitätsproduktion im Kessel oder zu anderen Zwecken, wie z.B. Vorwärmung oder Frostschutz eingesetzt wird (das Thermoöl erstarrt bei etwa 12° C). Dazu legte die zuständige Federal Energy Regulatory Commission (FERC) fest, daß der untere Heizwert des jährlich verbrauchten Brennstoffs ein Drittel der, am Ausgang des Solarfeldes gemessenen, thermischen Jahresproduktion des Kollektorfeldes, geteilt durch den Faktor 0,8 als von FERC angenommenen Kollektorfeld-Wirkungsgrad, nicht überschreiten darf. Zur Erfüllung der Verfügbarkeitsgarantie hält LUZ in den Anlagen SEGS I bis VII einen gasbefeuerten Zusatz-Dampfkessel vor, ab SEGS VIII mehrere parallel geschaltete, gasbefeuerte Ölerhitzer.

(IPMK1302)

Luftaufnahme der fünf 30 MW_e Parabolrinnenkraftwerke SEGS III - VII

(IPMK0901)

2.1 Die LUZ-Kollektoren LS-1, LS-2, LS-3 und LS-4

Um die Anlagen möglichst schnell zu errichten, wollte LUZ zunächst keine eigene Kollektorentwicklung betreiben, sondern auf in den USA kommerziell verfügbare Rinnen zurückgreifen. Da der betreffende Rinnen-Hersteller selbst ähnliche Kraftwerkspläne hatte und seine Rinnen nicht verkaufen wollte, sah sich LUZ gezwungen, die Kollektoren selbst zu entwickeln. Bis heute sind in drei Kollektor-Generationen, den Modellen LS-1, LS-2 und LS-3, über 2 Millionen Quadratmeter errichtet worden, deren technische Daten in Tab. 1 zusammengefaßt sind.

Beim LS-1 und LS-2 sind die selbsttragenden, heiß vorgeformten Spiegelsegmente auf einem Gerippe, bestehend aus einem Verdrehrohr und Fachwerkträgern, angebracht, das auf eine Überlebenswindgeschwindigkeit von 72 km/h in Betriebsstellung und 128 km/h in Ruhestellung ausgelegt ist. Die einzelnen Segmente des Drehrohrs sind über eine Welle miteinander verbunden und auf Pylonen gelagert.

Der solare Energie-Reflexionsgrad der Weißglas-Spiegel beträgt 94% dank der hohen Glastransmissivität (minimaler Eisenanteil!). Die Reflektoren sind rückseitig mit einer Silberschicht verspiegelt und mit einer Epoxy-Farbschicht gegen die Witterung geschützt. Zur Halterung und Justage sind keramische Scheiben mit eingelassenen Gewindemuttern auf der Spiegelrückseite aufgeklebt.

Von der reflektierten Strahlung erreichen 97% das Absorberelement, so daß die optische Konzentration beim LS-1 61:1 und beim LS-2 71:1 beträgt. Das Absorberrohr besteht aus Edelstahl und ist mit einer schwarzen Chromschicht belegt. Zur Verminderung der Wärmeverluste ist das Absorberrohr von einem Glasrohr mit 95%iger Transmissivität umhüllt, das über einen flexiblen Metallbalg gasdicht mit dem Absorberrohr verbunden ist. Der Raum zwischen Glas- und Absorberrohr ist zur besseren Wärmedämmung auf 10^{-4} Torr evakuiert. Getter auf dem Absorberrohr verhindern, daß dieses Vakuum von Wasserstoff, der durch das Absorberrohr dringt, zerstört wird. Das Prinzip der Vakuumisolierung, das zunächst nur für das Absorberelement gedacht war, verwendet LUZ auch für die Verbindungsleitungen, wo ein Metallhüllrohr das Glasrohr ersetzt.

Zur Nachführung dienen ein Inklinometer für die Grobpositionierung und ein Sonnenfühler für die Feinpositionierung, der mit Hilfe zweier Photozellen den aktuellen Sonnenstand auf 0,05° genau findet und den Antriebsmotor steuert. In der Praxis wird der Mechanismus weder durch Wolken, Dunst, noch Verunreinigungen (bis zu 10% Transmissionsminderung) auf der Linse gestört.

Im Absorberrohr führt ein Thermoöl als Wärmeträger die absorbierte Strahlungsenergie ab. Bei der ersten Anlage, SEGS I, war dies ein Mineralöl, das eine maximale Betriebstemperatur von 307°C er-

(IPMK1302)

laubte. Mit Verwendung des synthetischen Öls VP-1 konnte die Betriebstemperatur in SEGS-II noch mit dem LS-1 Kollektor auf 315°C erhöht werden, bei einem Spitzen-Kollektorwirkungsgrad von 66% (51% im Jahresmittel). Bei LS-2 wurde die Öl-Austrittstemperatur auf 349°C erhöht. Mit einer neu entwickelten Absorberbeschichtung, die bei 350°C einen Absorptionsgrad von 97% und ein Emissionsgrad von 15% haben soll, erreichen LS-2 und LS-3 Öltemperaturen bis zu 393°C.

Techn. Daten der LUZ-Parabolrinnen-Kollektoren LS1 bis LS3

Kollektormodell		LS-1	LS-2	LS-3
Erstinstallation		1984	1986	1988
verwendet in SEGS		I-II	I-VI	VII-IX
Installierte Fläche bis 12/90	m^2	140288	1107320	1048580
Installierte Stückzahl		1096	4712	184
Spiegelfläche	m^2	128	235	545
Aperturweite	m	2,55	5,00	5,76
Länge	m	50,2	47,1	99,0
Pylon-Abstand	m	6,3	8,0	12,0
Reihenabstand	m	7,3	12,5	17,3
Mittl. Fokallänge	mm	700	1840	2120
Öffnungswinkel	°	80	80	80
Spiegelelemente				
Anzahl		64	120	224
Reflektivität	%	94	94	94
Absorberrohr				(HCE)
Absorberrohrdurchmesser	mm	42,4	70	70
Transm. Hüllrohr	%	94	95	96,5
Absorptivität *)	%	94	94/97	94/97
Emmissivität *)	%	30	24/15	24/15
bei Temperatur *)	°C	300	300/350	300/350
Windgeschwindigkeiten				
Betrieb bis	km/h	56	56	56
Überleben bis	km/h	129	129	129
Thermoöl		ESSO-500	VP-1	VP-1
Max. Austrittstemperatur	°C	307-315	349/393	349/393
Konzentrationsfaktor		61	71	82
Optischer Spitzenwirkungsgrad	%	73,4	73,7	77,2
Therm. Spitzenwirkungsgrad	%	66	66	68
Therm. Jahreswirkungsgrad	%	51	50	53

*) Das Absorberelement von LS-2 und LS-3 ist identisch. Unterhalb von 343°C wird mit schwarzem Chrom beschichtet, darüber mit neu entwickelter selektiver Beschichtung. Die erste Zahl gilt für die schwarze Chrom-, die zweite für die neue selektive Schicht.

Tab. 1 FLACHGLAS SOLARTECHNIK

(IPMK0901)

Vom LS-1 Kollektor sind insgesamt 140,288m² in 1096 Einheiten installiert worden, davon 744 Kollektoren in SEGS I und 352 in SEGS II. Der LS-2, dessen Entwicklung knapp zwei Jahre nach der Erstinstallation des LS-1 in SEGS I abgeschlossen war, löste den LS-1 1986 ab und hatte mit 512 Kollektoreinheiten bereits 73% Anteil an den 165,376m² Aperturfläche von SEGS II; 48 LS-2 Kollektoreinheiten wurden als SEGS I-Plus Erweiterung installiert. Standardmäßig wurde der LS-2 in SEGS III, IV, V und VI verwendet, so daß bisher über 1,1 Mio. m² in über 4.700 Kollektoreinheiten installiert wurden und die spezifischen Kosten von 480 $/m² vom LS-1 auf unter 250 $/m² beim LS-2 gesenkt werden konnten. Abb. 2 zeigt ein Foto der LS-2 Kollektoren in SEGS IV.

Beim LS-3, der schematisch in Abb. 3 dargestellt ist, wurde anstelle des Gerippes mit zentralem Verdrehrohr eine Fachwerkkonstruktion gewählt. Diese ermöglicht nicht nur eine Vergrößerung der Spiegelfläche um den Faktor 2.3, sondern auch eine andere Montageweise. Während der LS-2 mit relativ großen Toleranzen gefertigt und erst auf seinem Fundament vor Ort auf die geforderte optische Genauigkeit einjustiert werden konnte, wird der LS-3 in einem Montagebett zusammengebaut und kann fertig justiert auf seine Pylone gesetzt werden. Das Fachwerk verschafft ihm eine erhöhte Steifigkeit und damit verbesserte optische Genauigkeit bei stärkeren Winden. Mit dem auf 77% verbesserten optischen Wirkungsgrad und einer um 14% vergrößerten Aperturweite erreicht der LS-3 eine Konzentration von 82:1. Für die Nachführung wurde ein kompakterer und billigerer Sonnenfühler entwikkelt. Statt eines Schrittmotors mit Zahnradgetriebe wurde ein preiswerterer, hydraulischer Antrieb verwendet.

Die Verdoppelung der Fläche gegenüber dem LS-2 halbiert die Anzahl der notwendigen Motoren, Getriebe, Sonnenfühler, Steuerungen und flexiblen Anschlußschläuche, und senkt die spezifischen Kosten auf unter 250 $/m². Zum ersten Feldtest wurde SEGS VII zur Hälfte mit den LS-3 Kollektoren ausgerüstet. In SEGS VIII sind 464,340 m² LS-3 Kollektoren installiert worden.

Die hardwaremäßige Entwicklung des LS-4 als nächste Kollektorgeneration hat 1989 begonnen, mit dem Ziel, dessen Kosten unter 150 $/m² zu senken, um damit die auslaufenden Steuererleichterungen und die stark gefallenen Stromerlöse auffangen zu helfen. Er soll bis 1994 verfügbar sein.

(IPMK1302)

LS-2 Kollektoren bei SEGS IV in Kramer Junction

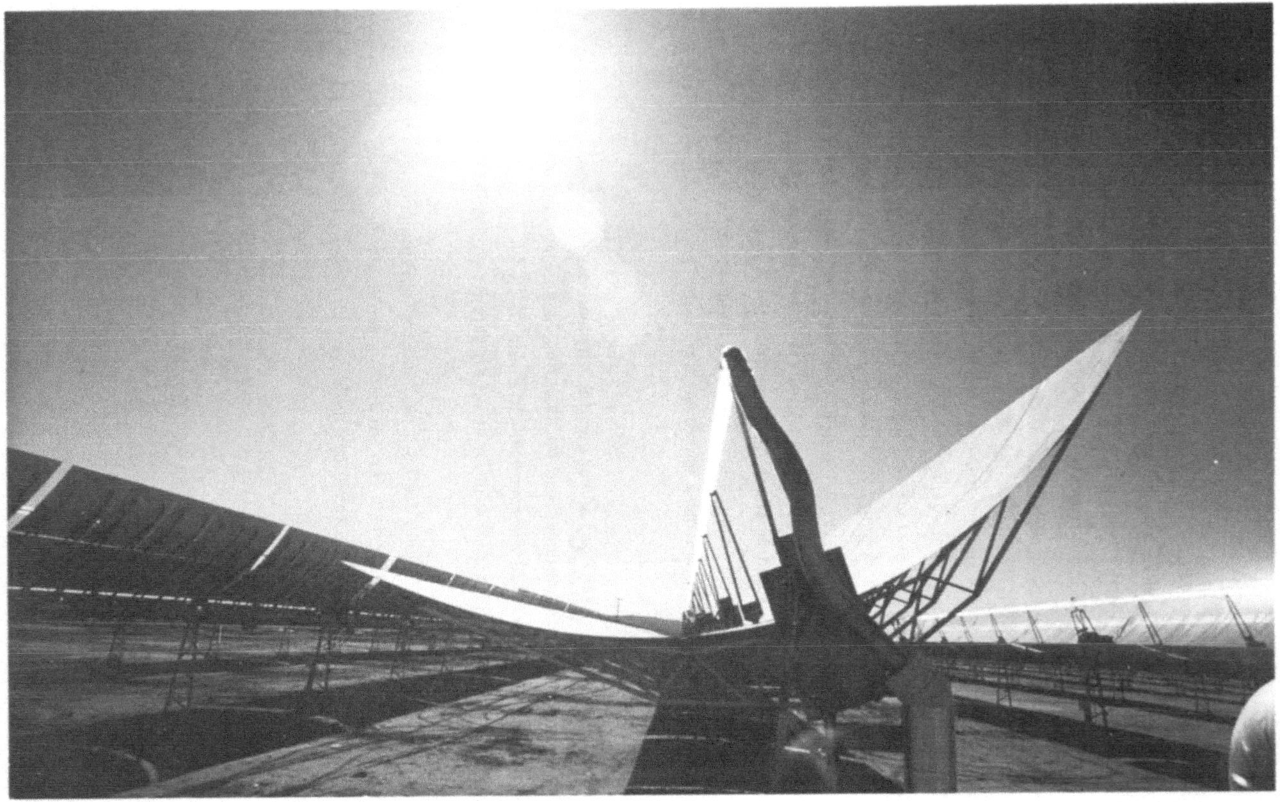

Abb. 2

FLACHGLAS SOLARTECHNIK

Schematischer Aufbau des LS-3 Kollektors

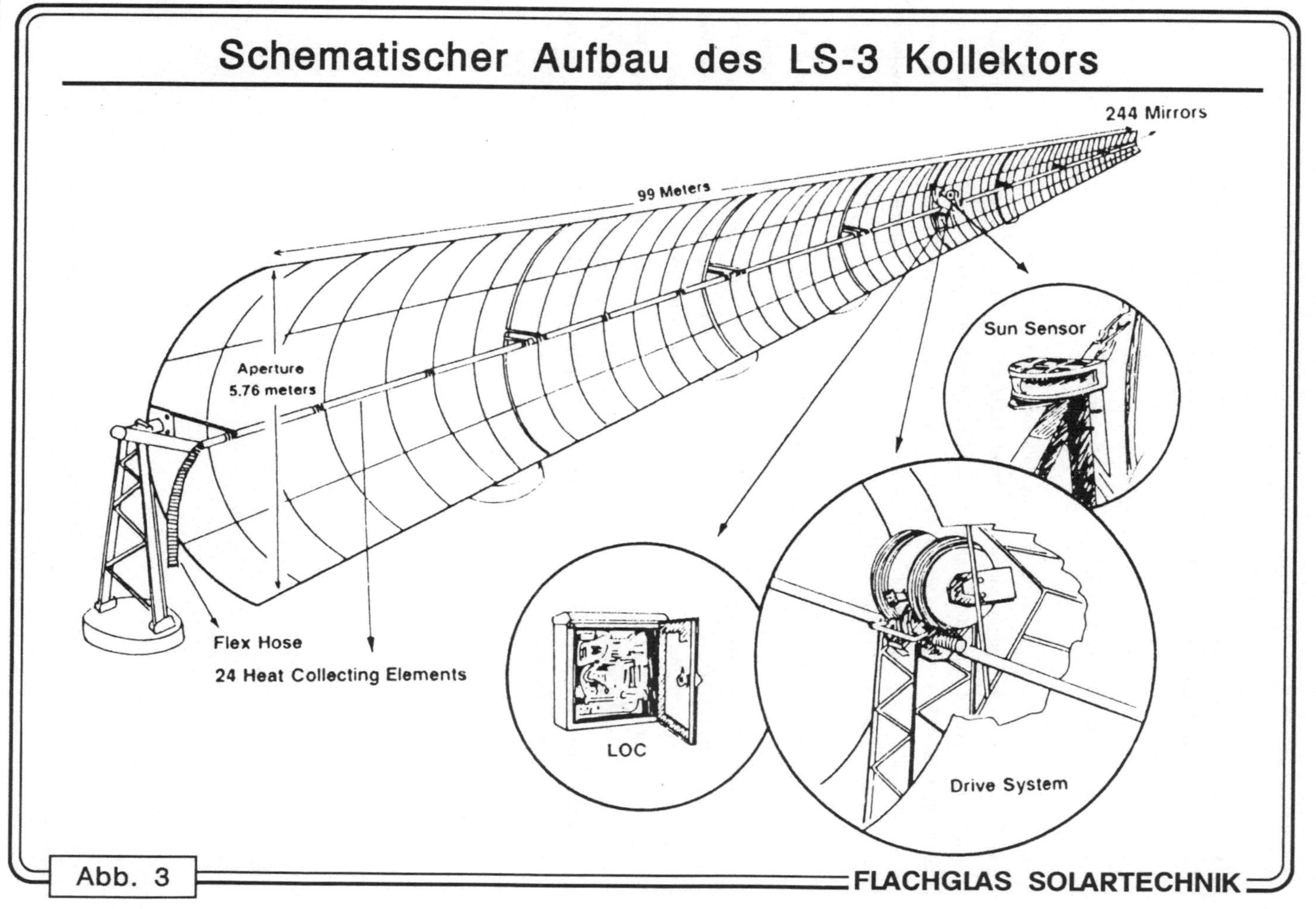

Abb. 3

(IPMK0901)

Gegenüber dem LS-4 werden folgende ehrgeizige Verbesserungen angestrebt:

- Erhöhter Wirkungsgrad durch Direktverdampfung von Wasser im Absorberrohr
- Reduzierte Kosinus-Verluste durch Neigung des Kollektors in Nord-Süd-Richtung
- Erhöhte Konzentration durch größere Aperturweite
- Verminderung der Strahlungsverluste durch verbesserte selektive Schichten
- Senkung der Kosten durch Einsatz neuer Materialien

Die technischen Details des LS-4, die in die entsprechenden Kennfelder für SOLERGY eingegangen sind, wurden dem Auftraggeber in verschiedenen Präsentationen erläutert. Mit dem wirtschaftlicheren LS-4 Kollektor eröffnet sich in den USA als neuer Markt der Staat Nevada, der zwischen 1994 und 1998 400-600 MW_e Kapazität an SEGS-Anlagen installieren möchte. Vor allem aber außerhalb der USA soll mit ihm die Schwelle zur Konkurrenzfähigkeit mit konventionellen Kraftwerkssystemen überschritten werden.

Vom Kollektor baut LUZ selbst das Absorberelement, den Sonnenfühler und die Steuerelektronik. Die übrigen Komponenten bezieht LUZ von anderen Herstellern. Ein erheblicher Liefer- und Leistungsanteil (20-30% der Gesamtprojektkosten) kommt dabei von deutschen und anderen europäischen Lieferanten: Die Solarspiegel werden innerhalb der FLACHGLAS Gruppe hergestellt, die Glashüllrohre bei der SCHOTT GMBH, die metallischen Bälge bei der BERGHÖFER GMBH und die Stahl-Absorberrohre bei AST FAGERSTA (Stockholm). Der Dampfkreislauf kam bei SEGS I von GENERAL ELECTRIC, bei SEGS II-V von MITSUBISHI und wird seit SEGS VII von ABB/Schweiz geliefert. Die Kollektorstruktur wird in Mexiko und Brasilien vorgefertigt. Alle Komponenten werden auf der Baustelle zusammengebaut.

(IPMK1302)

2.2 Die SEGS-Anlagen SEGS I bis SEGS XIII

In Tab. 2 sind die verfügbaren Daten aller gebauten SEGS-Anlagen (Stand April 1990) zusammengetragen. Da bei den kommerziellen SEGS-Anlagen keine wissenschaftliche Datenerfassung und Datenauswertung vorgesehen ist, basieren optische und thermische Qualifikationen auf Labor- und Prototyp- Messungen. Im Gegensatz zu reinen Versuchsanlagen muß LUZ auf Basis dieser Qualifikationen seinen Investoren eine bis zu 10-jährige Energieproduktions-Garantie geben. Streng wachen private Investoren, SCE und FERC darüber, daß die vereinbarten Werte von Energieproduktion, garantierter Leistung und maximalen Gasverbrauch über die 30-jährige Vertragsdauer in der Realität eingelöst werden. Die Einhaltung der Umweltrichtlinien wird, wie bei konventionellen Kraftwerken auch, von den zuständigen Bundestaat-Behörden überwacht.
Der Bau der ersten SEGS-Anlage, SEGS I, begann im September 1983 und sie wurde nach 15-monatiger Bauzeit fertiggestellt. In ihr wurde vom damaligen Stand mineralölgekühlter Kollektortechnologie ausgegangen, die sich in vorangegangenen Versuchsanlagen bis zu einer Arbeitstemperatur von 300°C bewährt hatte. Das SEGS I Funktionsschema ist in Abb. 4 dargestellt: Das mineralische Wärmeträgeröl wird aus dem Kalttank durch das Kollektorfeld gepumpt, dort von 241°C auf 307°C erwärmt und im Heißtank zwischengespeichert. Mit einer separaten Pumpe wird das Öl aus dem Heißtank, der bei einem maximalen Ölvolumen von 3,260m^3 bei 307°C eine Speicherkapazität von 119 MWh$_t$ besitzt, dem solaren Dampferzeuger zugeführt und von dort zurück in den Kalttank transportiert. Der Sattdampf, der bei 247°C / 38 bar im solaren Dampferzeuger entsteht, muß in einem gasbefeuerten Überhitzer auf 417°C überhitzt werden, bevor er mit 37 bar in die einstufige 14,7 MW$_e$ Kondensationsturbine eintreten darf. In diesem Hybridbetrieb wird bis zu 81% Solaranteil erzielt und bei Nennlast einen Kreislaufwirkungsgrad von 31,5% erreicht.

Mit der erstmaligen Verwendung von synthetischem Thermoöl konnte 1985 bei SEGS II die Solarfeld-Austrittstemperatur von der bisherigen 307°C-Grenze auf zunächst 320°C erhöht werden. Dies war die Voraussetzung dafür, den Solar- und Gasbetrieb mit einer zweistufigen Kondensationsturbine mit Hoch- und Niederdruckeingang zu entkoppeln. Wie in Abb. 5 gezeigt, kann der Sattdampf aus dem solaren Dampferzeuger mit einem solaren Überhitzer bei 27,2 bar auf ca. 300°C gebracht und ohne weitere Überhitzung in den Niederdruck-Eingang der Turbine gespeist werden. Der zusätzliche gasbefeuerte Überhitzer, den LUZ zum Schutz der Turbine vor ungenügenden Solar-Dampfbedingungen anfangs immer mitlaufen ließ, wurde nach kurzer Zeit mit einem Bypass versehen. Unabhängig vom solaren Niederdruck-Dampfeingang kann die Turbine Dampf aus dem zusätzlichen Gaskessel, der auf 510°C bei 104,5 bar ausgelegt ist, in ihrem Hochdruck-Eingang empfangen. Aufgrund der unterschiedlichen Dampfbedingungen beträgt der Kreislaufwirkungsgrad im reinen Solarbetrieb 29,4% gegenüber 37,0% im Gasbetrieb. Mit seiner höheren Energie trägt das Gas bei SEGS I jährlich 25% zur erzeugten thermischen Energiemenge bei und 35% zur erzeugten elektrischen Energiemenge.

(IPMK1302)

Charakteristische Daten der gebauten SEGS-Anlagen SEGS-I bis SEGS-VIII

		SEGS-I	SEGS-II	SEGS-III	SEGS-IV	SEGS-V	SEGS-VI	SEGS-VII	SEGS-VIII
Standort		Daggett	Daggett	Kramer-Jct	Kramer-Jct	Kramer-Jct	Kramer-Jct	Kramer-Jct	Harper Lake
Bauzeit	Monate	15	10	10	10	17	15	15	10
Betriebsbeginn	Mon./Jahr	12/1984	12/1985	12/1986	12/1986	10/1987	12/1988	12/1988	12/1989
Nettokapazität	MW	13,8	30	30	30	30	30	30	80
Gesamte Landfläche	m^2	271350	607500	668250	668250	729000	655000	655000	1545900
Jahres-Gasverbrauch	$10^3 m^3/a$	4839	9452	10131	9622	9764	8150	8150	23659
(unterer Heizwert)[a]	GWh	46,57	90,67	97,50	92,60	93,96	78,43	78,43	240,30
Jahresnettoproduktion[b]	GWh	30,10	66,50	85,05	85,05	91,82	90,85	92,65	252,54
davon solar	%	65	64	71	72	75	76	76	70
davon mit Gas[c]	%	35	36	29	28	25	24	24	30
pro Kollektorfläche	$kWh/m^2/a$	236	225	296	296	295	365	380	380
Jahresvollaststunden	h/a	2203	2217	2835	2835	3060	3019	3147	3169
Thermoöl		ESSO-500	Monsanto VP-1	Monsanto VP-1	Monsanto VP-1	Monsanto VP-1	Monsanto VP-1	Monsanto VP-1	Monsanto VP-1
Menge	m^3	3213	378	402	403	461	372	349	1289
Kollektorfeld	m^2	82960	165376	203980[e]	203980[e]	233120	188000	183120	464340
davon LS-1	%	86,4	27,0						
davon LS-2	%	13,6	70,0	100	100	100	100	48,4	
davon LS-3	%							51,6	100
Öl-Eintrittstemperatur	°C	241	248	248	248	248	293	293	293
Öl-Austrittstemperatur	°C	307	320	349	349	349	393	391	393
Therm. Feldeinwirkungsgrad									
Spitze (Peak)	%	66	66	66	66	66	66	67	68
Jahresmittel[g]	%	51	53	50	50	50	50	51	53
Dampf (Solar)	°C/bar	247/38	300/27	327/43,4	327/43,4	327/43,4	371/100	371/100	371/100
Dampf (Gas)	°C/bar	417/37	510/104,5	510/104,5	510/104,5	510/104,5	510/100	510/100	371/100
Kreislauf[k]		ND	HD/ND	HD/ND	HD/ND	HD/ND	HD/ND/ZÜ	HD/ND/ZÜ	HD/ND/ZÜ
Wirkungsgrad Solar	%	h)	29,4[i]	30,6	30,6	30,6	37,7	37,5	38,1
Wirkungsgrad Gas	%	31,5	37,0[i]	37,4	37,4	37,4	39,5	39,5	38,1
Gaskesselwirkungsgrad[j]	%			72	72	72	72	72	91[l]
Verkaufspreis (Basis Verkaufsjahr)[f]	10^6 $	62	95,6	101	104	122	116,0	116,9	230
auf Leistung bezogen	$/kW	4493	3168	3366	3466	4066	3866	3896	2875
Energiebezogen	$/kWh a	2,06	1,44	1,19	1,22	1,32	1,28	1,24	0,91
Lebensdauer	Jahre	20	30	30	30	30	30	30	30

a) unterer Heizwert des Erdgases bei SEGS beträgt 34,644 kJ/m^3

b) "Mature Year", d.h. ab 2. Betriebsjahr einschl. Gaszufeuerung

c) bei einem effektiven Kesselwirkungsgrad von 72%

d) bezogen auf den solaren Anteil im "Mature Year"

e) ohne die SEGS III+ und IV+ Felderweiterungen mit je 26320 m^2 in 1987

f) einschl. Erschließung, Baufinanzierungskosten und Anfangsarbeitskapital

g) bezogen auf normale Direktstrahlung, die auf die Kollektor-Aperturfläche einfällt

h) bei SEGS-I muß mit dem Gaskessel auf 417°C/37bar überhitzt werden

i) bei SEGS-II kann Dampf aus solarem Überhitzer mit Gas weiter auf 360°C/ 27.2bar überhitzt werden

j) einschl. Vorwärm-, Ölfrostschutz und Teillastverlusten 72% effektiv (1988) gegenüber 89% Auslegungswert

k) HD = Hochdruckeingang, ND = Niederdruckeingang, ZÜ = Zwischenüberhitzung

l) gasbefeuerte Ölerhitzer statt Zusatzkessel

Tab. 2

FLACHGLAS SOLARTECHNIK

PMK0901)

Blockschaltbild von SEGS I
SOLARFIELD
HTF LOOP
COLD OIL TANK
HOT OIL TANK
SUPER-
HEATER
NATURAL GAS
TURBINE
GENE-
RATOR
SOLAR STEAM LOOP
STEAM GENERATOR
CONDENSER
COOLING WATER LOOP
COOLING
TOWER
Abb. 4
FLACHGLAS SOLARTECHNIK

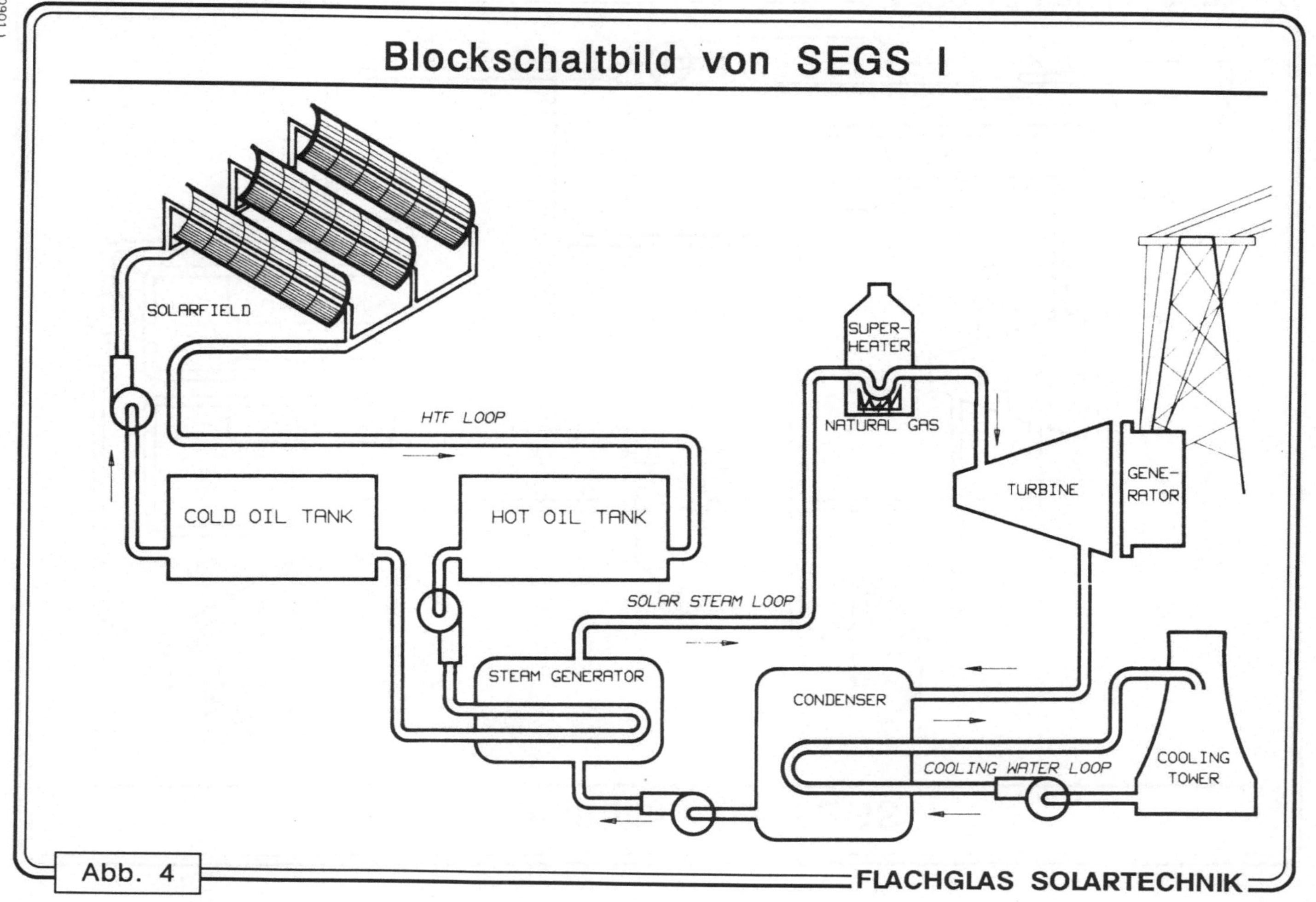

(IPMK0901)

Blockschaltbild von SEGS II
SOLARFIELD
SOLAR STEAM LOOP
SUPER-
HEATER
NATURAL GAS
SUPPL.
BOILER
NATURAL GAS
SUPERHEATER
STEAM GENERATOR
HTF LOOP
TURBINE
HP
LP
GENE-
RATOR
CONDENSER
COOLING WATER LOOP
COOLING
TOWER
Abb. 5
FLACHGLAS SOLARTECHNIK

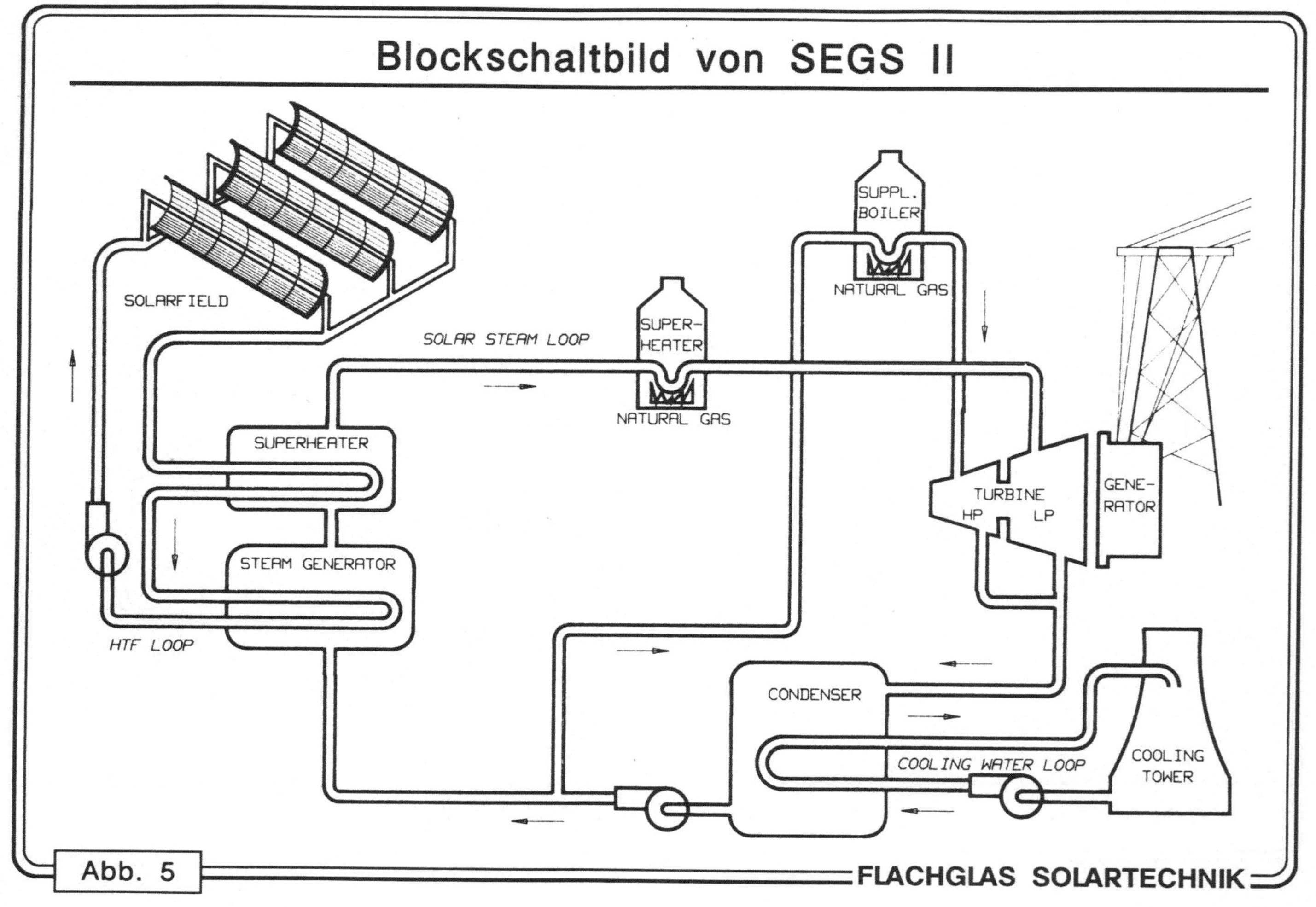

(IPMK0901)

Bei SEGS III-V, die teils schon nach 10-monatiger Bauzeit 1986 und 1987 ans Netz gingen, wurde die Feldaustrittstemperatur weiter auf 349°C gesteigert und, wie in Abb. 6 gezeigt, im solaren Niederdruckzweig auf den gasbefeuerten Überhitzer ganz verzichtet. In diesen Anlagen wird solarer Dampf bei 327°C und 43 bar erzeugt, was den Kreislaufwirkungsgrad im Solarbetrieb von 29,4% auf 30,6% verbessert und den Beitrag des Gasbetriebs zur Elektrizitätsproduktion unter 30% senkt. Mit den Erweiterungen SEGS III+ und IV+ von ursprünglich 203.980 m² auf 230.300 m² Kollektorfläche im Jahre 1987 sind die Anlagen SEGS III-V untereinander fast identisch.

Mit der neuen Absorberbeschichtung gelang es dann bei SEGS VI und VII, die am 29. Dez. 1988 in Betrieb gingen, die Feldaustrittstemperatur auf 393°C zu erhöhen. Dazu wurde die Hälfte der beiden Kollektorfelder, in der das Öl Temperaturen oberhalb von 343°C hat, mit diesen Absorberrohren ausgerüstet. Damit wird solarer Dampf bei 100 bar und 371°C erzeugt, der direkt in den Hochdruck-Eingang der Turbine eingespeist werden kann. Wie in Abb. 7 dargestellt, wird der Kreislaufwirkungsgrad außerdem durch die Einführung einer ebenfalls solar beheizten Zwischenüberhitzung verbessert, insgesamt auf 37,7% im Solarbetrieb und 39,5% im Gasbetrieb. Besondere Beachtung verdient dabei die Tatsache, daß diese erhebliche Steigerung des Wirkungsgrades im wesentlichen durch die Druckerhöhung auf 100 bar bewirkt wird; die Wirkungsgradsteigerung durch weitere Temperaturerhöhung von 371°C auf 510°C fällt dagegen geringer aus als das allgemeine Streben nach hohen Receivertemperaturen gemeinhin erwarten läßt. Um beim Dampfkreislauf die Wirkungsgradsteigernde Zwischenüberhitzung realisieren zu können, ohne in das Naßdampfgebiet zu kommen, genügt es, die kritische Dampftemperatur von 375°C zu überschreiten. Eine weitere Temperaturerhöhung verbessert den Wirkungsgrad nicht mehr wesentlich.

Bei der Anlage SEGS VIII, die nach 10-monatiger Bauzeit im Dezember 1989 bei Harper Lake, Kalifornien, ans Netz ging, wurde mit einem LS-3 Solarfeld von 464.300 m² die Netto-Nennleistung auf 80 MW_e erhöht. Das Funktionschaltbild in Abb. 8 zeigt weiterhin, daß in dieser Anlage zum ersten Mal ganz auf einen fossil befeuerten Dampfkessel verzichtet wurde; die Dampferzeugung erfolgt ausschließlich mit Hilfe des synthetischen Wärmeträgeröles. Die Zusatzheizung in einstrahlungsschwachen Zeiten erfolgt statt dessen über eine mit Gas befeuerte Ölheizung, die wesentlich geringerer Investitionskosten bedarf als ein separater Dampfkessel. Damit erklärt sich, warum der Dampfkreislauf im solaren und fossilen Betriebsmodus denselben Wirkungsgrad von 38% hat. Bei SEGS IX, das nach 8-monatiger Bauzeit im Oktober 1990 ebenfalls bei Harper Lake ans Netz ging, wurde das LS-3-Solarfeld zur Steigerung der Jahresausbeute auf 483.960 m² vergrößert. Die Anlagen SEGS X bis SEGS XII sind mit identischem Funktionsschema geplant.

(IPMK1302)

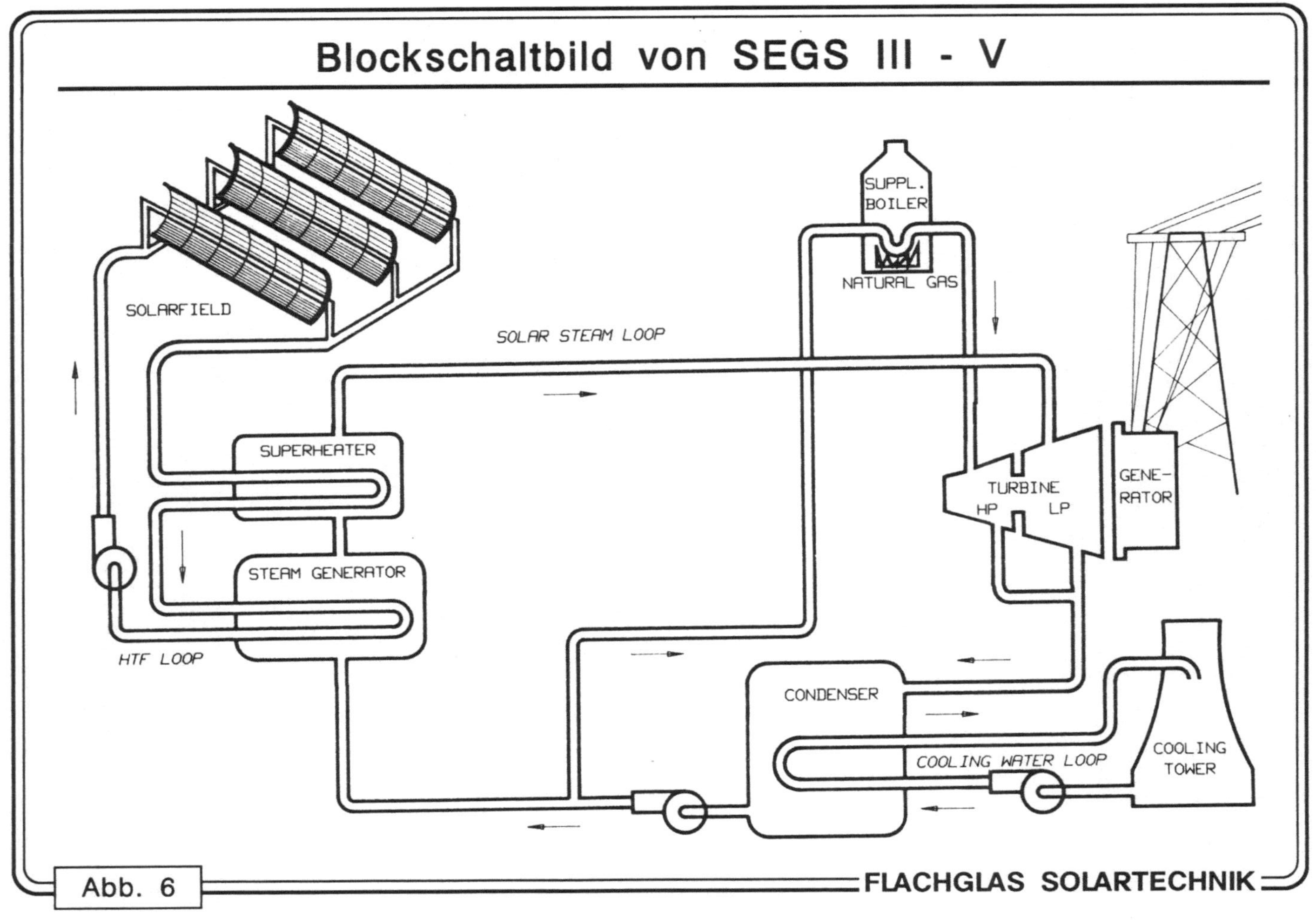

Abb. 6

(IPMK0901)

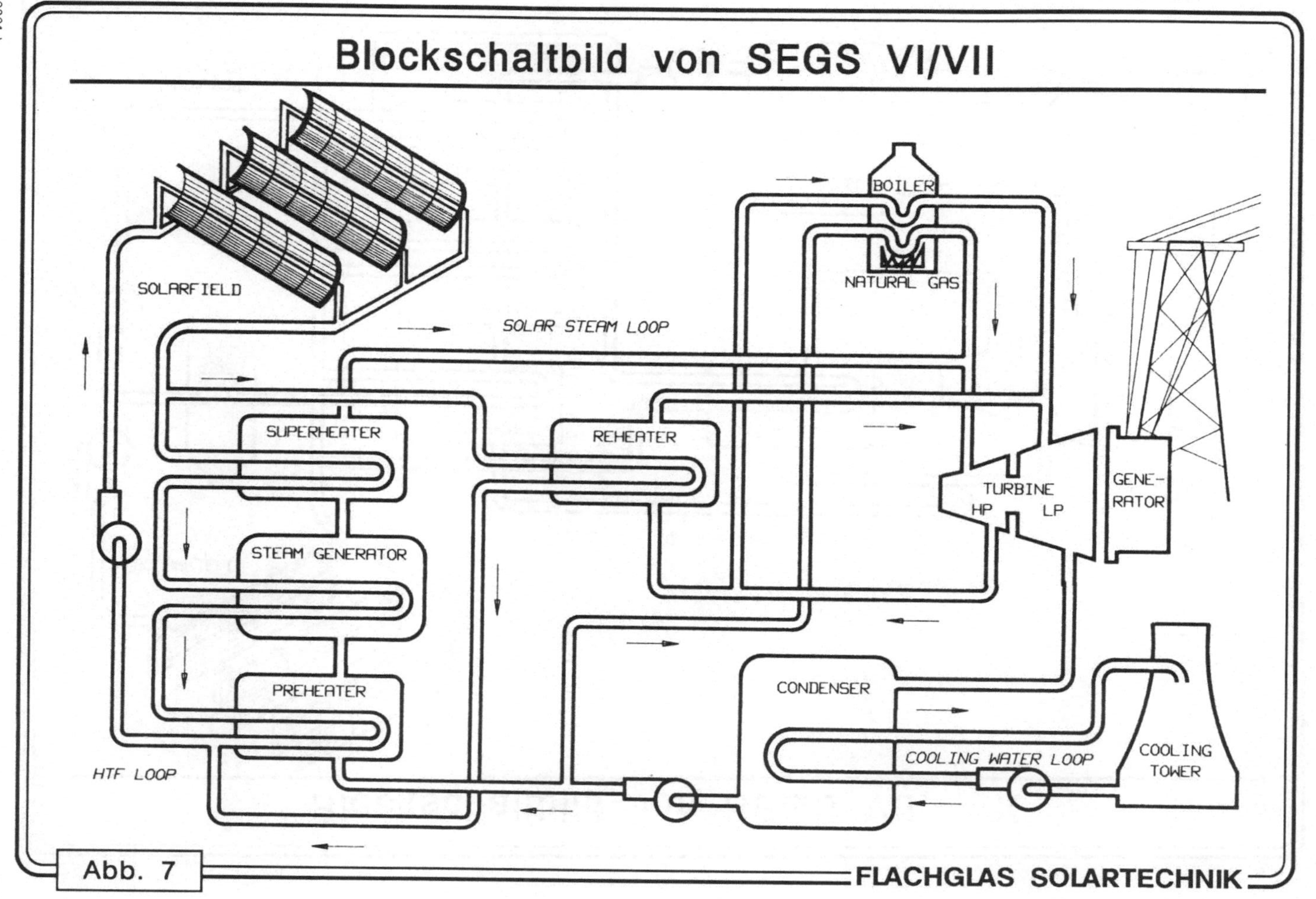

Abb. 7

IPMK0901)

Blockschaltbild von SEGS VIII - X
SOLARFIELD
SOLAR STEAM LOOP
OIL HEATER
SUPERHEATER
STEAM GENERATOR
PREHEATER
REHEATER
TURBINE
HP
LP
GENE-
RATOR
CONDENSER
COOLING WATER LOOP
COOLING
TOWER
HTF LOOP
Abb. 8
FLACHGLAS SOLARTECHNIK

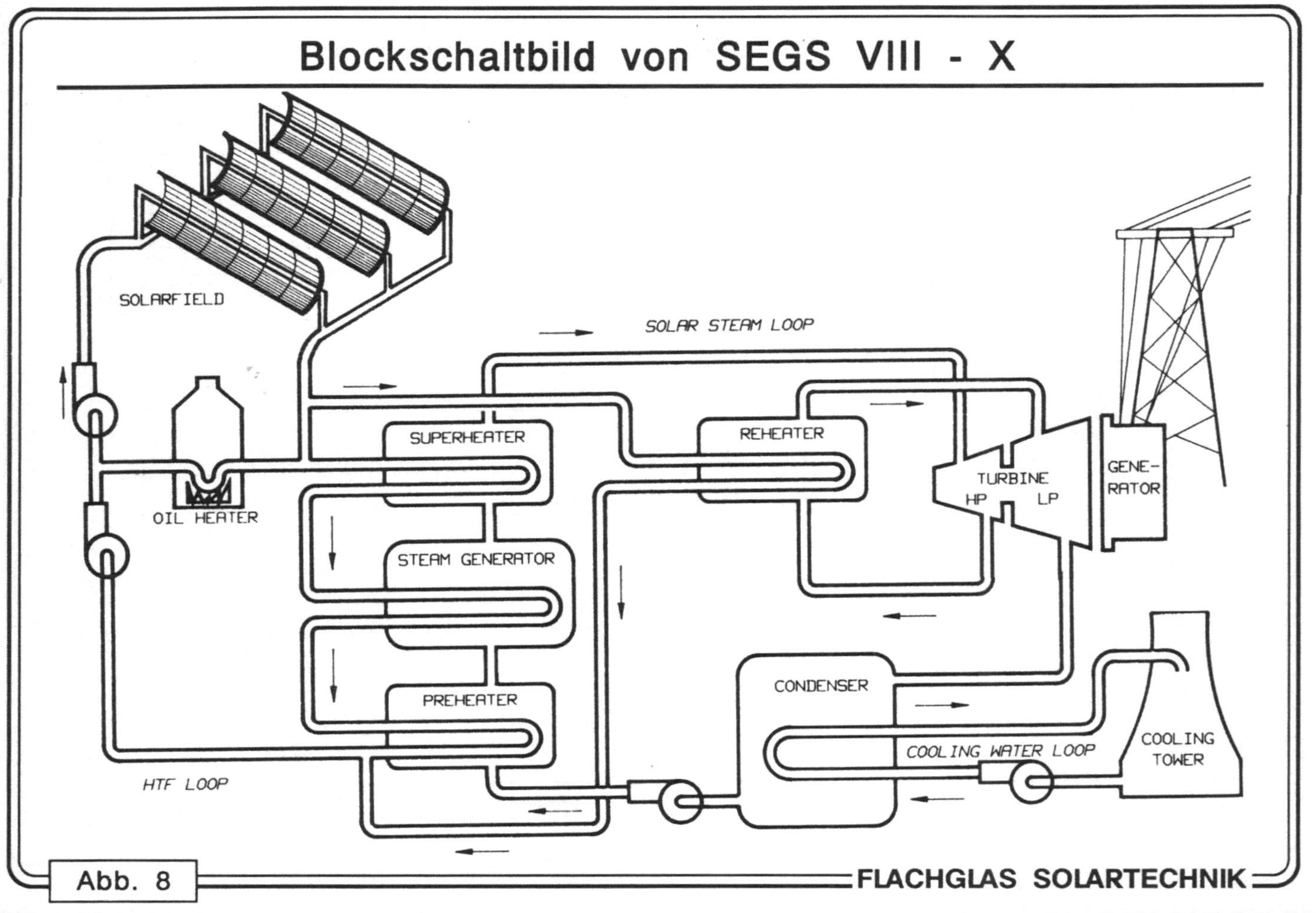

(IPMK0901)

Bis auf SEGS I besitzen die Anlagen in Kalifornien keinen Speicher, da günstigerweise die Hochtarifzeit im Sommer zwischen 12:00 und 18:00 liegt, in einer Zeit, die durch den direkten Solarbetrieb abgedeckt werden kann. Nach 1993, wenn SEGS XII ans Netz gegangen sein wird, besteht in Kalifornien bei SCE kein weiterer Bedarf an Spitzenlastkraftwerken, dagegen aber ein Bedarf an Mittellastkraftwerken, die andere Tarifperioden haben. LUZ erwägt auch, die existierenden Anlagen mit einem Speicher nachzurüsten, um damit den Kapazitätsfaktor weiter zu erhöhen.

Es wird zur Zeit an zwei Speichervarianten gearbeitet: Zum einen an einem Zweistoffspeicher, der im Ölkreislauf eingesetzt wird und nach dem Vorschlag von SIEMPELKAMP aus einem wärmefesten Beton gegossen werden könnte, und zum anderen an einem Phasenwechselspeicher, der auf der Dampfseite installiert würde, wie ihn LUZ zur Zeit favorisiert. Technisch ist ein thermischer Speicher im Temperaturbereich zwischen 200°C und 450°C kein Problem: Unterhalb von 300°C kann man ein Zweitank-System mit preisgünstigem Mineralöl als Speichermaterial einsetzen, oberhalb von 300°C ist ein Zweistoffspeicher mit Gußeisenplatten oder ein Zweitanksystem mit dem Schmelzsalz HITEC kommerziell verfügbarer Stand der Technik. Allerdings liegen die spezifischen Investitionskosten solcher Systeme (oberhalb von 300°C) bei ca. US$ 100 bezogen auf 1 kWh_t nutzbarer thermischer Speicherkapazität. Da bei den SOLERGY-Rechnungen jedoch auch für die heutigen SEGS-Anlagen mit dem LS-3 Kollektor Varianten mit Speicher zum konsistenten Vergleich mit den Solarturm-Varianten hinzugezogen werden sollten, wurden solche Speicher mit diesen hohen Kosten für diese Anlagen angenommen. Es muß hier darauf hingewiesen werden, daß die Berechnung der Speichervarianten durch SOLERGY zwar für Vergleichszwecke konsistente Ergebnisse liefert, absolut gesehen jedoch eher für Solarturm und Solarfarm in gleicher Weise bei Zweistoffspeichern, wie sie der Cowper-Speicher von PHOEBUS und der Phasenwechselspeicher von SEGS darstellen, zu optimistisch ist, da Exergieverluste aufgrund sinkender Entladetemperaturen nicht berücksichtigt werden. Bei großen Zweitankspeichern, wie dem vorgeschlagenen Schmelzsalzspeicher aus HITEC für SEGS oder der Nitrat/Nitrit-Schmelze der salzgekühlten Solartürme, die bei konstanter Temperatur entladen werden können, ist dieser Fehler von SOLERGY vernachlässigbar. Ein Speichernutzungsgrad und ein sogenannter "Lade-/Entladewirkungsgrad" ist dagegen in den SOLERGY-Rechnungen berücksichtigt worden.

Ab 1994, d.h. ab der Anlage SEGS XIII, soll der LS-4-Kollektor mit Direktverdampfung zum Einsatz kommen, mit dem der mittlere solare Anlagen-Nettowirkungsgrad von derzeit 14% auf 18% gesteigert werden soll. Neben den o.g. Verbesserungen des LS-4 ist dies auch auf eine Erhöhung der Dampfzustände, d.h. Druck und Temperatur, zurückzuführen. Für die Anlagen in Nevada, wo die Hochtarifzeit in den späten Nachmittag und frühen Abend fällt, ist ein Speicher aus Phasenwechselmaterial vorgesehen. Für die optimale Einbindung des Speichers werden bei LUZ derzeit verschiedene Varianten geprüft; auch die endgültige Speicherkapazität steht noch nicht fest. Ursprünglich sollte eine Stunde Vollastbetrieb aus dem Speicher gefahren werden, inzwischen deuten Simulationsrechnungen aber eher Vorteile für eine größere Kapazität an.

(IPMK1302)

2.3 Betriebsstrategien und Betriebsergebnisse

Elektrizitätserzeugung und Wirtschaftlichkeit eines Solarkraftwerkes hängen neben der eingestrahlten Sonnenenergie und der Anlagenauslegung von der Art der fossilen Zufeuerungsstrategie ab. Beim Vergleich zwischen Solarturm und -farm verursachte dieser Einflußparameter einen beträchtlichen Arbeitsaufwand, da für die untersuchten SEGS-Anlagen eine ganz konkrete, für die vorliegenden kalifornischen Stromlieferungsabkommen und Tarifstrukturen optimierte Betriebsstrategie vorliegt, während die Betriebsstrategie der untersuchten Solartürme nicht von einem konkreten Stromlieferungsabkommen geprägt war, sondern den erzeugten Strom "as available" mit einem konstanten Verkaufspreis bewertete. Konstanter Verkaufspreis bedeutet aber nichts anderes, als daß die untersuchten SolarturmKraftwerke mangels dieser konkreten Stromlieferungsverträge alle auf maximalen Output, nicht aber auf tarifabhängigen maximalen Erlös bezüglich Speicherkapazität und Solarfeldgröße ausgelegt sind. Da es aufwendiger gewesen wäre, die untersuchten PHOEBUS-Varianten auf die sehr detaillierten und komplexen Tarifbedingungen in Kalifornien (wo PHOEBUS-1 nicht gebaut werden soll) hin kostenoptimal auszulegen, wurden umgekehrt die SEGS-Anlagen für den Turm-FarmVergleich auf maximalen Output ausgelegt, was nicht unbedingt die wirtschaftlichste Lösung sein muß. Zum besseren Verständnis sei die Betriebsstrategie der existierenden SEGS-Anlagen im nachfolgenden erläutert.

Mit der Betriebsstrategie müssen die Bedingungen der vertraglichen Leistungsgarantie erfüllt und gleichzeitig durch vorrangige Produktion zu Hochtarif-Perioden die Erlöse maximiert und die Periodentarifstruktur genutzt werden. Für SEGS I-II wurden die täglichen Tarifperioden noch für die gesamte Lebensdauer festgelegt. Die Tarifperioden der späteren SEGS-Anlagen dürfen mit dreijähriger Ankündigung geändert werden und sind zur Zeit auf die Zeiten von Abb. 9 festgelegt. Sie differenzieren eine Sommer- und eine Winterperiode, und darin jeweils Off-Peak (Grundlast), Mid-Peak (Mittellast) und On-Peak (Spitzenlast) Tarife. Dabei gelten die Sommertarife von 12:01 des ersten Sonntags im Juni bis 12:01 Uhr des ersten Sonntags im Oktober; das übrige Jahr gelten die Wintertarife. An Sonn- und gesetzlichen Feiertagen gilt der Off-Peak Tarif ganztägig. In Abb. 9 ist Start- und Endzeit des solaren Betriebs eingetragen. Der Sprung im April und Oktober markiert den Wechsel von "Standard Time" zur "Daylight Savings Time" (Sommerzeit), die einer Solaranlage im Sommer eine Stunde "entgegenkommt". Weiterhin verbessert hat sich die Situation für den Solarbetrieb, daß gegenüber den festgelegten Tarifperioden von SEGS I-II die abendlichen Winter-On-Peak Perioden ersatzlos weggefallen sind, und die Sommer-On-Peak Perioden von 13:00 bis 19:00 Uhr auf 12:00 bis 18:00 vorverlegt wurden. Über 75% der sommerlichen On-Peak Produktion können damit vom Spiegelfeld erbracht werden. Insgesamt erbringen die SEGS-Anlagen zwischen 2.500 und 2.900 Vollaststunden pro Jahr.

(IPMK1302)

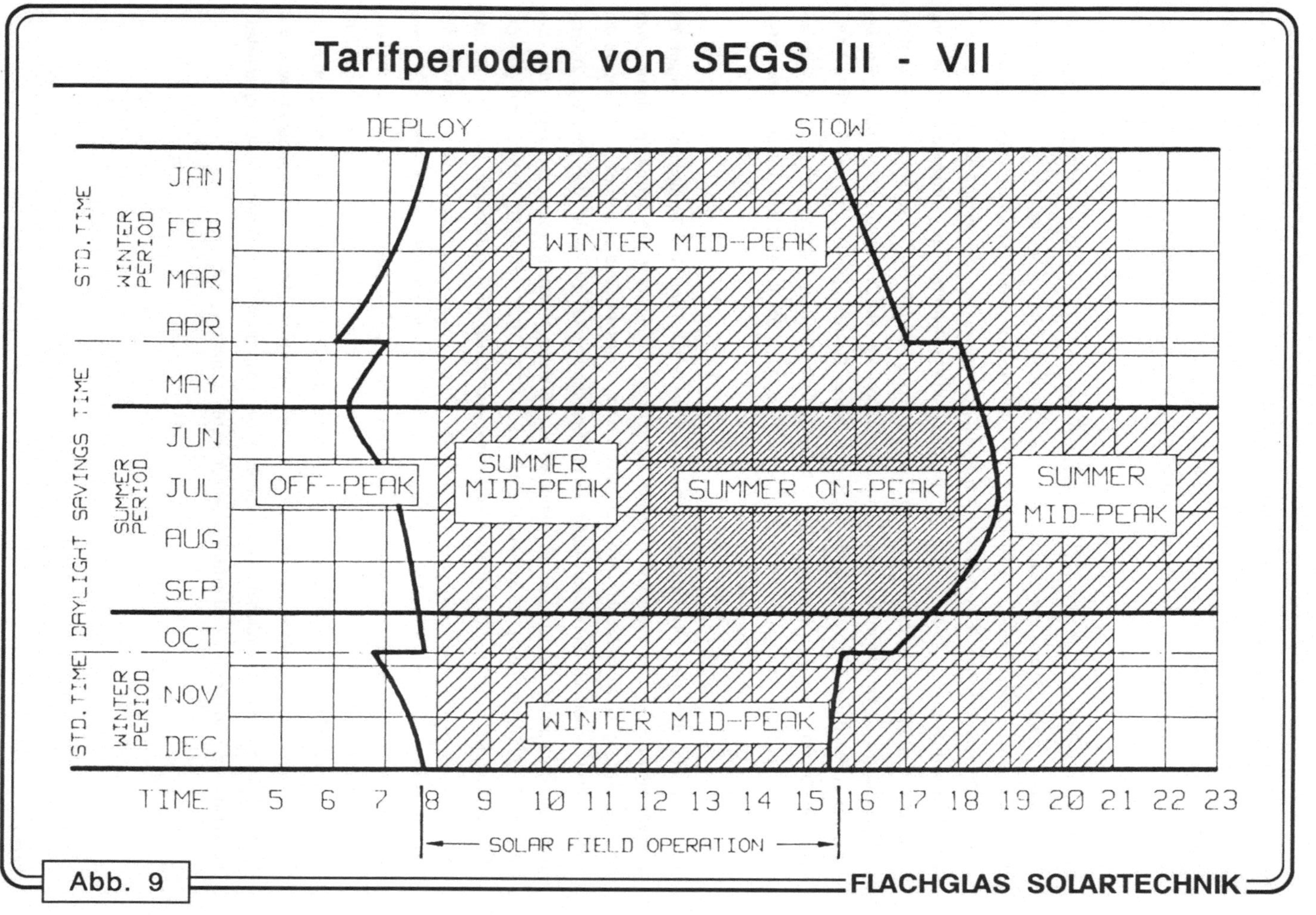

Abb. 9

(IPMK0901)

Betriebsstrategie und Betriebsergebnis sollen am Beispiel von SEGS IV erörtert werden. 1988 war für SEGS IV das erste "mature year", d.h. das erste Jahr, in dem die volle Produktion gewährleistet wird, die fast doppelt so hoch ist wie die garantierte Produktion im ersten Betriebsjahr. In Abb. 10 sind die 1988 monatlich verkauften Strommengen und ihre Aufteilung auf die verschiedenen Tarifperioden dargestellt. Die Aufteilung in Solar- und Gasanteil bei den einzelnen Tarifperioden konnte dank Kenntnis der verbrauchten Gasmengen, der solaren und fossilen Dampfproduktion und der Turbinenwirkungsgrade auf 5% genau abgeschätzt werden. Deutlich wird dabei die jährliche Betriebsstrategie: Vor Beginn der sommerlichen Tarifperioden wird so wenig Gas wie möglich verbraucht, um dann den Sommer On-Peak zu 100% und den Sommer Mid-Peak zu 80% abdecken zu können. Das verbleibende "Gas-Guthaben" wird dann im November und Dezember voll in der Mid-Peak Zeit verbraucht. Wichtet man die Jahresproduktion mit den erzielten Tarifperioden-Preisen aus Abb. 11, so erhält man in Abb. 12 die Aufteilung der monatlichen Erlöse. In Abb. 13 sind die Anteile der verschiedenen Tarifperioden an der Jahresproduktion und am Jahreserlös dargestellt. 1988 betrug der Anteil der solaren Produktion an der jährlichen Elektrizitätserzeugung bei SEGS III 71%. Von der Gesamtproduktion entfielen 19% auf die Sommer On-Peak Periode, wovon 82% solar erzeugt wurden. Dabei betrug der solare Jahreserlösanteil bei SEGS III 74%. Vom Gesamterlös entfielen 49% auf die Sommer On-Peak Periode.

Damit wird deutlich, daß ein realitätsbezogener Vergleich von Turm- und Farmsystemen eigentlich nur vor dem Hintergrund eines solch detaillierten Stromlieferungsvertrages stattfinden dürfte, was aber den vorgegebenen zeitlichen und finanziellen Rahmen dieser Studie gesprengt hätte. Gerade die wirtschaftlich optimale Dimensionierung eines Speichers und die Wahl der fossilen Zusatzfeuerungsstrategie können ohne Bezugnahme auf eine Erlösstruktur nicht vorgenommen werden. Die Vermarktungstätigkeit von LUZ und FLACHGLAS SOLARTECHNIK von SEGS-Anlagen hat gezeigt, daß die angesprochenen Elektrizitätsversorgungsunternehmen eine garantierte oder wenigstens berechenbare Mindestverfügbarkeit zwar nicht immer extra prämieren, aber immer als Grundvoraussetzung fordern, um überhaupt die Installation von Solarkraftwerken in ihrem Kraftwerkspark in Erwägung zu ziehen, was ohne fossile Zusatzfeuerung mit noch so großem Speicher wegen der stochastischen Natur der Einstrahlung nicht erfüllbar ist. Hier liegt der besondere Vorteil der solarthermischen Systeme über die photovoltaischen Systeme: Bei ersteren genügt ein fossiler Zusatzbrenner oder Zusatzkessel, um diese Mindestverfügbarkeit zu garantieren, während letztere mangels wirtschaftlicher Großbatterien dazu noch einen kompletten Wandlungskreislauf installieren müßten, der bis zur Hälfte der Anlagekosten ausmachen kann.

(IPMK1302)

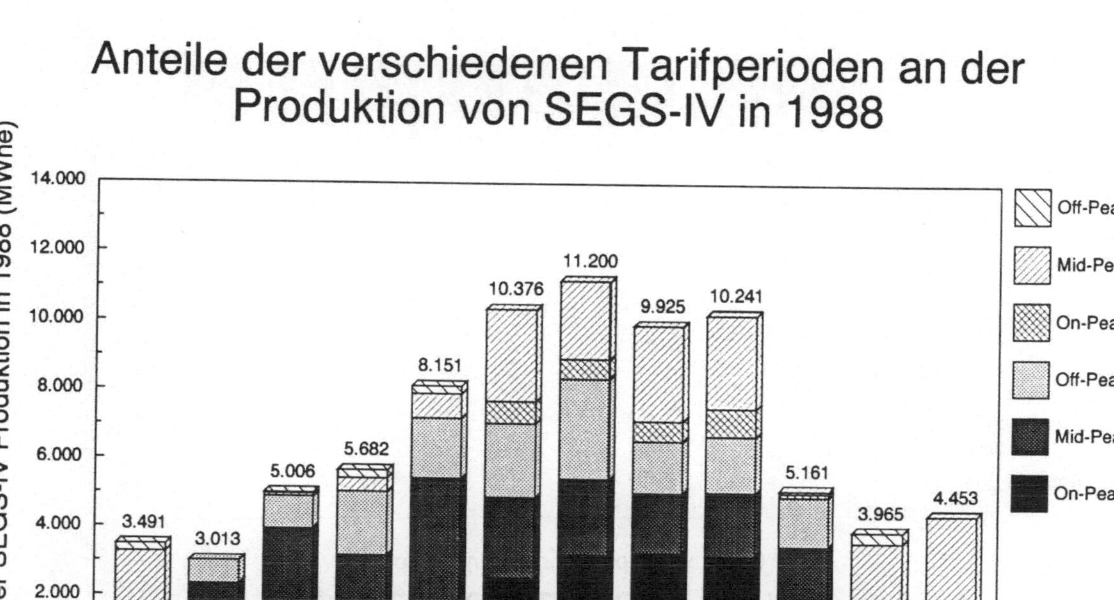

Abb. 10

(IPMK0901)

Stromtarifstruktur in Kalifornien

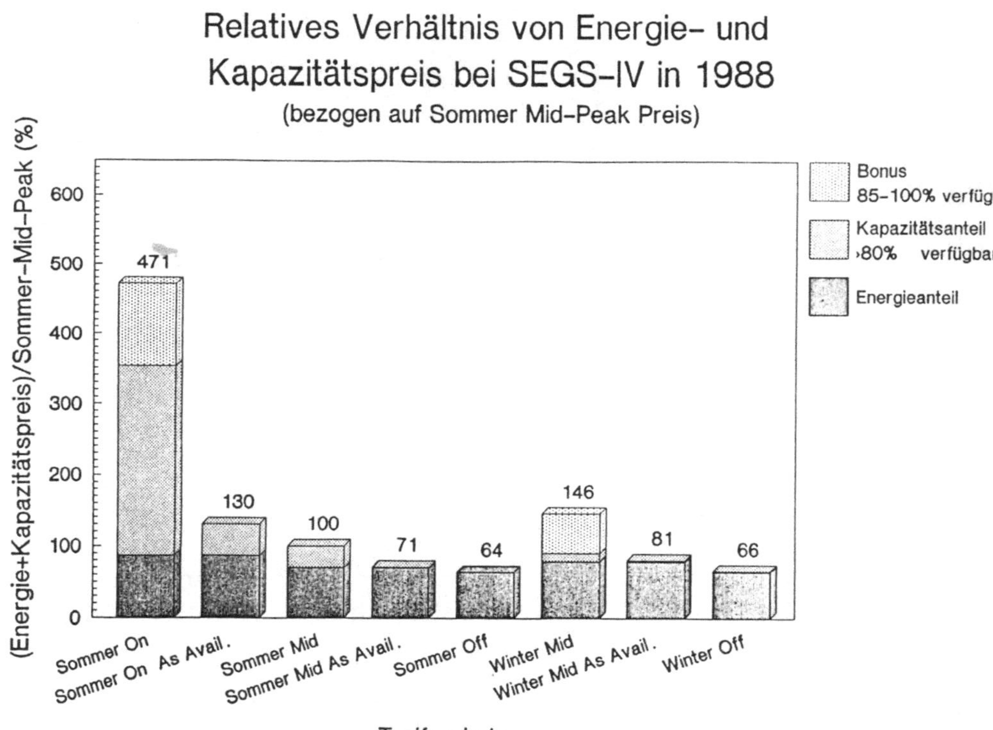

Abb. 11

FLACHGLAS SOLARTECHNIK

(IPMK0901)

Monatliche Erlösstruktur von SEGS IV
Anteile der verschiedenen Tarifperioden am
Erlös von SEGS-IV in 1988
Anteil am SEGS-IV Erlös 1988 (%)
20
15
10
5
0
2,8
2,3
3,9
4,2
6,2
15,9
17,9
17,3
17,9
4,9
3,1
3,7
JAN FEB MAR APR MAI JUN JUL AUG SEP OKT NOV DEZ
Monat
Off-Peak Gas
Mid-Peak Gas
On-Peak Gas
Off-Peak Solar
Mid-Peak Solar
On-Peak Solar
Abb. 12
FLACHGLAS SOLARTECHNIK

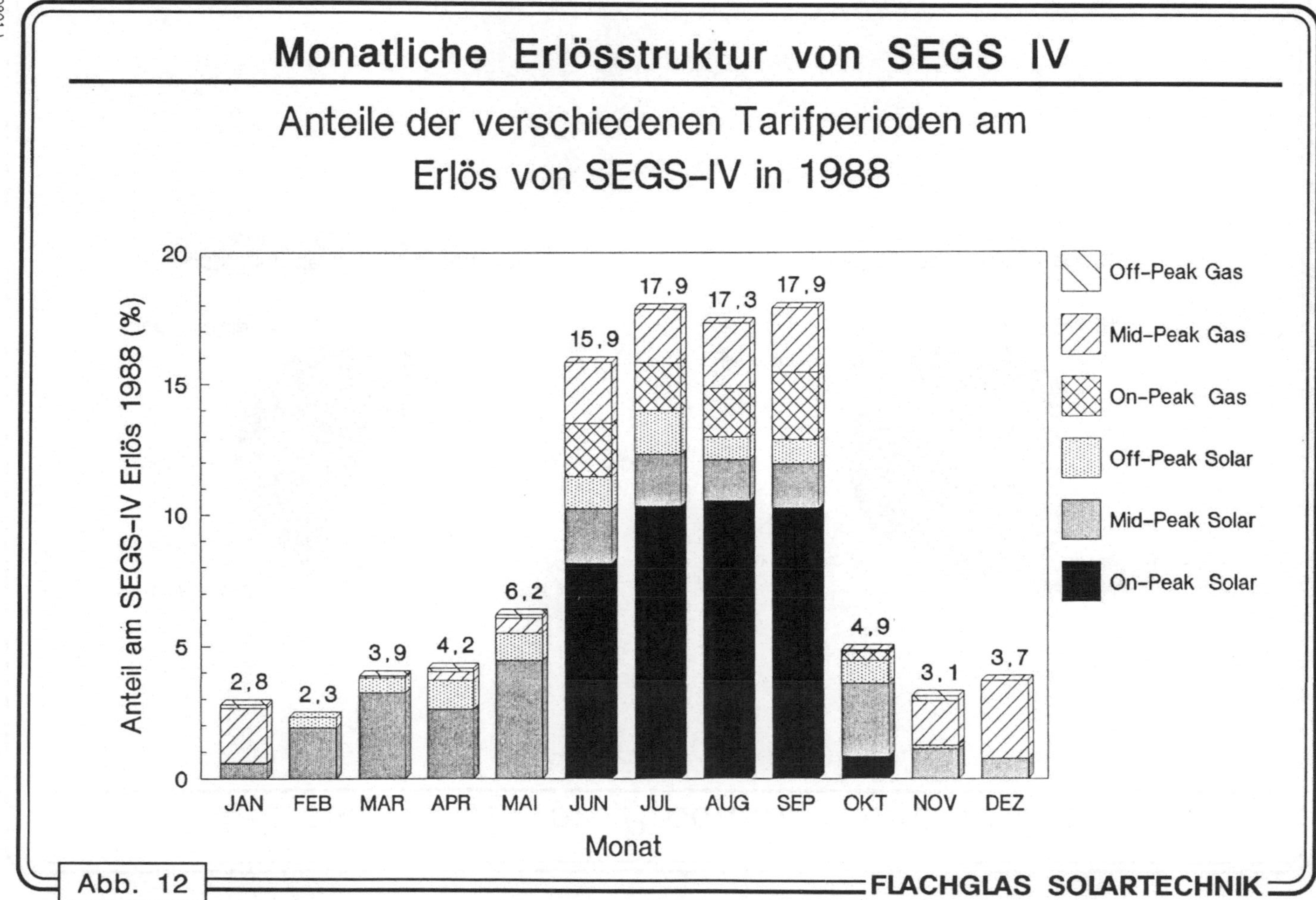

(IPMK0901)

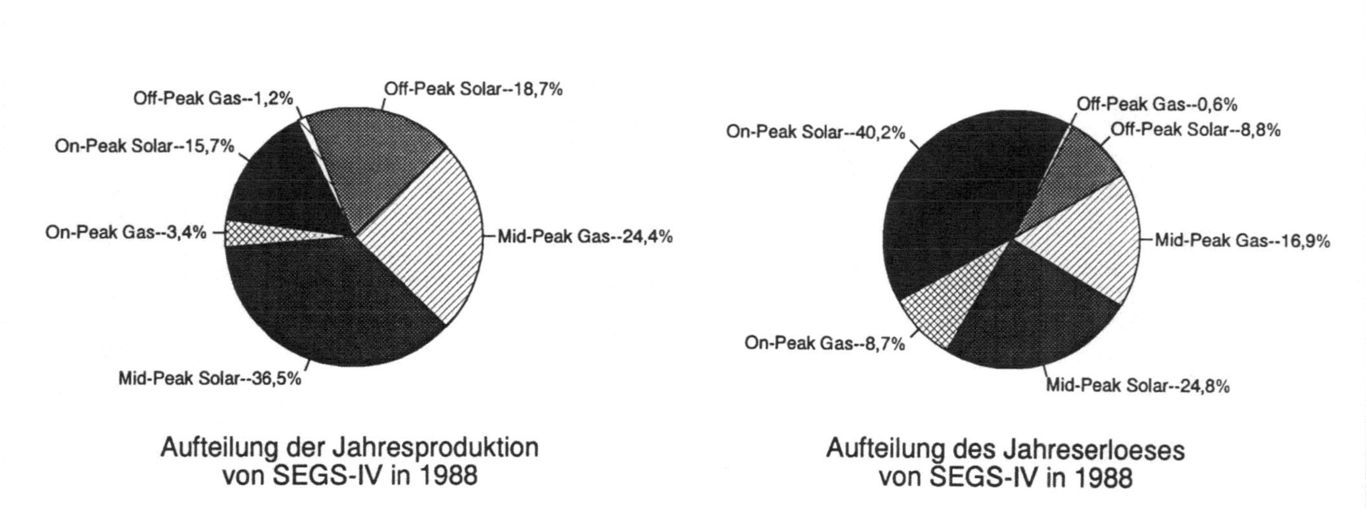

Abb. 13

(IPMK0901)

Durch die Notwendigkeit, in der schwierigen Phase der Markteinführung von Solarkraftwerken in jedem Fall eine fossile Zusatzfeuerung bei Turm- und Farmanlagen vorsehen zu müssen, wird die Aufteilung von speichererzeugter oder fossil zusatzgefeuerter Strommenge rein nach erlösspezifischen Gesichtspunkten erfolgen und sich mit steigenden Ölpreisen (d.h. verknappenden Ressourcen) bis zu einem immer verbleibenden Restanteil fossiler Zusatzfeuerung in Richtung steigenden Speicheranteils entwickeln.

Für eine Markteinführung der Solarturm-Technologie liegt hier aber auch die größte Hemmschwelle: Technisch-physikalisch gesehen ist der Umwandlungswirkungsgrad von einfallender Strahlung bis zum Ausgang der Receiver oder Absorber-Sammelleitung überraschend gleich. In den SOLERGY Vergleichsrechnungen schneiden schon bei einer geographischen Breite von Barstow (35°N) die Parabolrinnen knapp besser ab als der Solarturm; bei Breiten näher des Äquators nimmt der Vorteil der Parabolrinnen noch weiter zu. Inhärenter technisch-physikalischer Vorteil des Solarturm-Prinzips bleibt dabei seine Fähigkeit, durch hohe Energiekonzentration Temperaturen weit oberhalb von 450°C erreichen zu können, die wohl als Temperaturgrenze der Parabolrinnen-Technologie angesehen werden darf. Solange jedoch diese exergetisch wertvollere Energie mit einem Dampfkreislauf umgewandelt wird - und daran wird sich mittelfristig nichts ändern, da der Dampfkreislauf heute die ausgereifteste, weitverbreitetste und effizienteste Wandlungstechnologie in dieser Leistungsklasse darstellt - kann der Temperaturvorteil des Turmes oberhalb von 550°C, wo heute die wirtschaftliche Grenze der Dampfturbinentechnik liegt, nur in Form einer weiteren Temperaturspreizung im Speicher genutzt werden.

Da auch Solarturm-Projekte wie PHOEBUS und SOLAR 100 zur Gewährleistung der Verfügbarkeit eine fossile Zusatzfeuerung benötigen, kommt der Vorteil des Solarturmes, effizientere Speicher zu ermöglichen, bei der Markteinführung nicht wirklich zum Zuge. Zum anderen sind auch bei der Solarfarm neue Speicheransätze gemacht worden, die ein hohes Potential besitzen, Speicher im Mitteltemperaturbereich wirtschaftlich zu machen. Gemäß den SOLERGY-Ergebnissen, präsentiert im Kapitel 5.2 von INTERATOM, fallen die Input/Output-Kennlinien von Turm und Farm im Hybridbetrieb desto enger zusammen, je mehr fossiler Brennstoff eingesetzt wird.

3. Wirtschaftliche Randbedingungen

3.1 Langfristige Stromabnahmeverträge

Mit dem Public Utilities Regulatory Act (PURPA) von 1978 wurden die amerikanischen öffentlichen Elektrizitätsversorgungsunternehmen (EVU) verpflichtet, Strom von selbständigen Produzenten zu "vermiedenen" Kosten (avoided costs) abzunehmen und einheitliche Abnahmetarife zu veröffentlichen. In Süd-Kalifornien, wo wegen des Emmissionsproblems keine Genehmigung für fossile Kraftwerke zu erhalten war, die wachsende sommerliche Klimaanlagen-Lastspitze jedoch eine Erweiterung der Spitzenlastkapazität erforderte, bot die dortige Southern California Edison (SCE), mit 15 GW_e installierter Leistung das viertgrößte öffentliche EVU der USA, den Betreibern qualifizierter nichtfossiler Anlagen Stromabnahmeverträge an, die sogenannten "Standard Offers" (SO), deren Konditionen vor allem auf die langfristige Bindung garantierter Spitzenlastkapazitäten abzielten.

Als Alternative zum eigenen Kraftwerksbau lockte SCE damit, die bei sich vermiedenen Investitions- und Stromproduktionskosten in eine bis zu 30 Jahre feste Kapazitätszahlung und bis zu 10 Jahre feste Energiezahlung umzurechnen, mit denen private Gesellschaften eine Kraftwerksfinanzierung mit überschaubarem Zukunftsrisiko planen und private Investoren gewinnen konnten. Dabei setzte sich die Vergütung zusammen aus einer Vergütung für die gelieferte Strommenge (Energiezahlung), einer Vergütung für die garantierte Kapazität (Kapazitätszahlung) und einem Bonus für Verfügbarkeit zu Spitzenlastzeiten (Verfügbarkeitsbonus). Für Energie- und Kapazitätszahlung gibt es verschiedene Tarifoptionen, in die vor allem die Verfügbarkeit und die Vertragsgesamtdauer eingehen. Für langfristige Verträge kann eine nominal konstante Zahlung vereinbart werden, die für die Energiezahlung auf maximal 10 Jahre und bei der Kapazitätszahlung auf maximal 30 Jahre im voraus festgelegt ist.
Für die bislang gebauten SEGS-Anlagen konnte LUZ Abnahmeverträge nach dem Standard Offer No.4 (SO-4) mit SCE abschließen, die in den ersten Betriebsjahren relativ hohe Stromverkaufserlöse garantieren und damit in den ersten Jahren eine hohe Abschreibung der Investitionskosten ermöglichen. Die genauen Erlöse eines jeden Kraftwerkes hängen vom Zeitpunkt des Vertragsabschlusses und vom Jahr des Betriebsbeginns ab, wobei der Betriebsbeginn spätestens innerhalb von 5 Jahren nach Vertragsabschluß erfolgen mußte. Die 1988 gültige Aufteilung der Tarifperioden-Zahlungen von SEGS IV ist in Abb. 11 wiedergegeben: Die Energiezahlung, die bis auf die "as available"-Tarife auf 10 Jahre festgeschrieben ist, schwankt nur geringfügig in den verschiedenen Tarifperioden. Die "firm" Kapazitätszahlung, die auf 30 Jahre festgeschrieben ist, variiert dagegen um ein Vielfaches. Sie wird bezahlt, wenn die Anlage mindestens zu 80% verfügbar ist. Darüberhinaus kann im Sommer ein monatlicher Verfügbarkeits-Bonus erzielt werden, wenn die On-Peak Verfügbarkeit der garantierten Leistung im betreffenden Monat zwischen 85% und 100% liegt. Um in den

(IPMK1302)

Wintermonaten diesen Bonus zu erhalten, muß die On-Peak Verfügbarkeit in dem betreffenden Wintermonat und in den vorangegangenen vier Sommermonaten über 85% liegen. Bei 100% On-Peak-Verfügbarkeit kann die Anlage damit einen Bonus von maximal 18% auf die Jahreskapazitätszahlung gewinnen.

Verfehlt die Anlage dagegen die 80% On-Peak-Verfügbarkeit, erhält sie statt der o.g."firm" nur noch die "as available" Kapazitätszahlungen, die vierteljährlich veröffentlicht werden.
Überschreitet die Leistung die garantierte 100% Grenze, wird die zusätzlich produzierte Energie ebenfalls nur mit der "as available" Kapazitätszahlung vergütet.

Wer damals, wie LUZ, solche Verträge abschloß, erhielt für seine Anlagen bis zu 30-jährige Garantiepreise, die auf den damaligen Ölpreis-Prognosen basierten. Dazu boten Kalifornien und Washington steuerliche Investitionsanreize für den Bau umweltfreundlicher Kraftwerke. Diese Offerte nutzte LUZ und zeichnete damals Verträge für über 600 MW_e, rechtzeitig bevor mit dem späteren Verfall des Ölpreises auch die attraktiven Konditionen der Standard Offers zurückgenommen wurden und im Laufe der Zeit die steuerlichen Investitionsanreize ausliefen. Für diese Verträge konnte LUZ private Investoren gewinnen und die gezielte Entwicklung und Realisierung der SEGS Solarkraftwerks-Linie beginnen.

3.2 Kosten und Finanzierung der SEGS-Anlagen in Kalifornien

In Tab. 2 ist der finanzierte Verkaufspreis für die bislang gebauten SEGS-Anlagen angegeben, der Erschließung, Finanzierungskosten und Anfangs-Arbeitskapital einschließt. Bezieht man diese Verkaufspreise allein auf die Anlagen-Kapazität, so fällt die Preissteigerung von SEGS III-V auf. Bei gesunkenen Anlagenkosten konnte ein höherer Verkaufspreis erzielt werden, da die verbesserte Produktivität auch die Ertragsfähigkeit der Anlagen entsprechend gesteigert hatte. Dies wird auch durch den Energie-bezogenen Verkaufspreis verdeutlicht, der in der amerikanischen Literatur auch als "Figure of Merit" bezeichnet wird. Für die Vergleichsrechnung Turm-Farm wurden, wie beim Turm, Kosten, nicht Preise, zugrundegelegt und einheitliche Finanzierungskosten gewählt. Die spezifischen Stromgestehungskosten einschließlich Brennstoffkosten betrugen bei SEGS I 22 ¢/kWh_e, bei SEGS II 16¢/kWh_e und bei SEGS III-V 10¢/kWh_e. Vernachlässigt man z.B. bei SEGS III bis V die Gaskosten ganz und berücksichtigt man, daß im Jahresmittel der solare Anteil 70% an der Stromproduktion beträgt, so ergeben sich für den reinen Solarbetrieb etwa 14 ¢/kWh_e. Mit der Anlagenvergrößerung von 30 auf 80 MW_e wurden bei SEGS VIII die Kosten auf 7-8 ¢/kWh_e gesenkt. Für SEGS XIII hat sich LUZ das Ziel gesetzt, auf 6 ¢/kWh_e zu kommen.

(IPMK1302)

Für die ersten Investoren boten die LUZ-Anlagen zwei Anreize: Zum einen wurde ihnen mit den langfristigen Stromabnahmeverträgen ein stetiger Verzinsung von etwa 8% auf das investierte Kapital garantiert, zum anderen boten Kalifornien und Washington substantielle Steuervorteile: Im Rahmen der Förderung umweltfreundlicher Kraftwerke gewährte Kalifornien den Investoren von SEGS I-V eine Ermäßigung ihrer Steuerschuld um 25% der getätigten Investition. Washington förderte ölsparende Kraftwerke mit einer 10% Steuerermäßigung, dem "Investment SEGS X Credit" (ITC) und die Markteinführung der Solartechnologie bei SEGS I-IV mit weiteren 15% Steuerermäßigung, dem "Renewable Energy Tax Credit" (ETC). In der Erwartung, daß die nachfolgenden Anlagen langsam selbst konkurrenzfähig würden, wurden diese Tax Credits bei SEGS V auf 8,25% ITC und 12% ETC und bei SEGS VI-VII auf 6,5% ITC und 10% ETC reduziert.

Finanziert werden die SEGS-Anlagen unter einem "third party venture", die zu 99% aus beschränkt haftenden Anteilseignern aus dem Bank-, Versicherungs- und Elektrizitätswirtschaftsbereich gebildet wird; typische Anteile bewegen sich zwischen 5 und 25 Mio. Dollar. Die Anlagen werden schlüsselfertig verkauft. Während bei den ersten Anlagen der Bau von LUZ und seinen Lieferanten selbst vorfinanziert werden mußte, übernahmen bei den zuletzt gebauten Anlagen Banken die Baufinanzierung, wie bei konventionellen Kraftwerken auch.

Zur Finanzierung von SEGS I mußte eine Gesamtrendite aus Stromverkauf und Steuerersparnis von 18% geboten werden. Aufgrund der positiven Betriebserfahrungen konnten die Anteilsscheine von SEGS III-V bei einer Rendite von 15% und von SEGS VI-VII bei einer Rendite von 14% plaziert werden - gegenüber 12% Rendite von festverzinslichen Staatsanleihen.

Da die Rendite aus der Steuerersparnis allein kleiner ist als die Rendite anderer, sicherer Geldanlagen, übernimmt LUZ als Produktionsgarantie für SEGS I-IV eine unkündbare 20-jährige Schuldverschreibung über 25% des Anlagenpreises von den Anteilseignern, die zu Marktkonditionen verzinst wird. Sollten - nach dem Urteil eines unabhängigen Gutachters - Produktionsausfälle dem Solarfeld zuzuschreiben sein, können die Anteilseigner die resultierenden Einnahmeverluste gegen ihre Darlehensschuld bei LUZ aufrechnen. Diese 25% Eigenbeteiligung nimmt LUZ in die Verantwortung, 20 Jahre für die Funktionsbereitschaft der Anlagen einzustehen - eine Garantie, wie sie bei keinem anderen Kraftwerk gegeben wird.

(IPMK1302)

3.3 Vorteile der EVU-gerechten Einsatzoptimierung

Das SEGS-Konzept verdankt seinen bisherigen Erfolg nur zum Teil einem Durchbruch in der solarthermischen Technologie, sondern hauptsächlich der optimierten Anpassung des technischen Konzeptes an die markt- und finanztechnischen Randbedingungen. Drei Ingredienzen waren die Grundlage für dieses Erfolgsrezept:

- langfristige Stromabnahmeverträge mit einem EVU,
- anfängliche Steuerermäßigungen für private Investoren und
- die Bereitschaft von LUZ, mit einer maßgeblichen Eigenbeteiligung das anfänglich technische Risiko zu tragen.

Der Vorwurf, die SEGS-Anlagen würden unter dem Deckmantel der Solarenergie ihr Geld hauptsächlich mit dem Gasbrenner verdienen, wird angesichts der präsentierten Daten haltlos. Im Gegenteil, gerade das Solarfeld deckt den Löwenanteil der profitablen Spitzenlastproduktion und macht damit den exergetischen Vorteil der Gasfeuerung wieder wett, die mit 25% Gaseinsatz zwar 30% des Stroms produziert, am Ende aber auch nur 26% der Erlöse erwirtschaftet. Der Einsatz eines wirtschaftlichen Speichers ist für zukünftige Anlagen geplant.

Die Not, selbst den Bau der ersten Anlage vorfinanzieren zu müssen, gebar die Tugend eines perfekt organisierten Anlagenbaus. Mit einer Bauzeit von weniger als 12 Monaten vom ersten Spatenstich bis zur ersten Netzeinspeisung sind die SEGS-Anlagen vielen anderen herkömmlichen Kraftwerkstypen weit überlegen und können daher auch kurzfristig auftretende Zuwächse im Stromverbrauch schnell abdecken. Der modulare Aufbau aus vielen gleichen Grundeinheiten war von der ersten Anlage an die Grundlage für eine Serienfertigung, eine stetige Komponentenverbesserung und eine stetige Kostenreduktion. In dieser Modularität liegt der inhärente Vorteil der Parabolrinnen-Technologie.

- Da bei allen Rinnenkollektoren das Absorberelement identisch geometrisch fixiert ist, ist eine hochgenaue Massenmontage in Präzisions-Montagegestellen möglich, während beim Solarturm jeder Heliostat erst an seinem individuellen Standort einjustiert werden muß.

- Die einachsige Nachführung erlaubt 3 - 6 mal so große Konzentratoreinheiten mit entsprechend weniger Steuerungen, Antrieben und Getrieben wie die Turm-Heliostate.

- Für eine Vergrößerung der Anlagenkapazität ist kein neues Receiverdesign notwendig, es wird wie beim Schritt von SEGS VII zu SEGS VIII die Kollektorzahl entsprechend erhöht.

(IPMK1302)

- Der Ausfall einzelner Kollektoren führt im Gegensatz zu Receiverausfällen nicht zu einem Ausfall des gesamten Solarfeldes.

- Da beim Parabolrinnen-Kollektor sozusagen Konzentrator und Receiver eine Einheit darstellen, muß hier ein Hersteller die Leistungsgarantien für das Solarfeld erbringen, während die Trennung in Heliostatenfeld und Receiver, die meist von zwei verschiedenen Herstellern kommen, die Leistungsgarantiefrage komplexer gestaltet.

Der Leistungs- und Lieferanteil der europäischen und insbesondere deutschen Industrie an den kalifornischen SEGS-Anlagen mit 30% des Projektvolumens ist erheblich und hat den Wert aller bis heute in Europa produzierten photovoltaïschen Anlagenteile weit überschritten. Außerhalb Kaliforniens, wie z.B. in Brasilien und Marokko, könnte der europäische Lieferanteil bis zu 45% betragen.

(IPMK1302)

4. Das "SEGS Performance Model"

Das SEGS Performance Model wurde von LUZ und FLACHGLAS SOLARTECHNIK mit eigenen Mitteln entwickelt und für die Verifikationsrechnungen im Rahmen der Turm/Farm-Vergleichsstudie zur Verfügung gestellt.

Als zentrales SEGS Systemprogramm dient das SEGS Performance Modell

- zur Auslegung und Optimierung neuer Anlagenvarianten an beliebigen Standorten
- zur Abschätzung des Verbesserungspotentials der einzelnen Komponenten
- zur Verifikation experimentell gemessener Werte an den SEGS-Anlagen mit der theoretisch vorhergesagten Produktion
- als Vertragsbestandteil im Kauf- und Betreibervertrag zur Bestimmung der garantierten jährlichen Solarfeldproduktion in Abhängigkeit der jährlichen Einstrahlung

Da gerade mit diesem Performance Model für Investor und Betreiber die ökonomischen Betriebsergebnisse jeder einzelnen Anlage ermittelt werden, wie es so detailliert für kein anderes solares Projekt durchgeführt wurde, ist es in langjähriger Feinabstimmung zwischen Auslegungstheorie, Pilottests und Anlagenerfahrung auf jede einzelne Anlage zugeschnitten worden.

Im Rahmen dieser Studie wurde das SEGS Performance Modell für die folgenden Aufgaben verwendet:

- Nachrechnung der gemessenen Anlagenwerte von 1988 für SEGS III-V
- Auslegung der Anlagenvarianten SEGS mit und ohne Speicher
- Generierung der Input-Liste für SOLERGY
- Verifikation der SOLERGY-Rechnungen

Zum besseren Verständnis wird im folgenden eine kurze Programmübersicht gegeben:

Als Input benötigt das SEGS Performance Modell im wesentlichen drei Gruppen von Eingabewerten:

- stündliche Meteodaten des Standortes, d.h. normale Direktstrahlung, Umgebungstemperatur, Windgeschwindigkeit und -richtung
- charakteristische Anlagedaten mit Kennfeldern für die solaren und konventionellen Kraftwerks-Komponenten
- Tarifstruktur und Betriebsstrategie

(IPMK1302)

Als Output berechnet das SEGS Performance Model standardmäßig:

- Monatliche Brutto/Netto-Elektrizitätsproduktion aus Sonne und Gas, aufgeschlüsselt nach Tarifperioden
- Monatliche Erlöse, aufgeschlüsselt nach Tarifperioden

Eine Ausgabe der Einzelwirkungsgrade von Komponenten und Untersystemen, wie sie in dieser Studie erarbeitet werden sollten, ist für den Standard-Anwendungsfall des Modells nicht relevant und deshalb im Programm nicht vorgesehen. Zusätzliche Programmierarbeit wurde im Rahmen dieser Studie durchgeführt, um mit dem Programm entsprechende Werte zu erhalten.

Zu jeder Stunde im Jahr (einschl. nachts) berechnet das Programm quasi-stationär aus den thermophysikalischen Gleichungen die Einstrahlungswandlung auf dem Weg vom Reflektor durch das Absorberhüllrohr, Vakuumzone, Absorberoberfläche, Absorberrohr bis zur Erwärmung des Thermoöls, wobei die folgenden Verlustmechanismen winkel- und temperaturabhängig berücksichtigt werden:

- Abschattung benachbarter Kollektoren
- Abschattung durch Kollektorrohrsystem
- Kosinusverluste
- Kollektorenden-Verluste
- Reflexionsgrad
- Verschmutzung
- Fehlerhafte Ausrichtung
- Hüllrohrtransmissivität
- Absorptionsgrad
- thermische Verluste differenziert nach Kollektor- und Rohrleitung
  - Strahlungsverluste
  - Wärmeleitung
  - Konvektion

Die weitere Umwandlungskette von thermischer Energie in Elektrizität im Dampfkreislauf hinter dem Solarfeld wird mit lastabhängigen Kennlinien berechnet, wobei bis SEGS VII temperaturmäßig zwischen Solarbetrieb und Fossilbetrieb unterschieden wird.

Dabei werden auch die parasitären Eigenverbräuche lastabhängig erfaßt; eingerechnet werden auch die fossilen Verbräuche, die für die Kreislauf- und Kesselvorwärmung sowie für Frostschutz (das Wärmeträgeröl erstarrt bei ca. 12°C) benötigt werden. Die mehrjährige Anlagenerfahrung hat gezeigt, daß für die Jahressimulation ein stündlicher Berechnungsschritt hinreichende Genauigkeit

(IPMK1302)

bietet, da aufgrund ihrer thermischen Trägheit die Anlagen in der Praxis nur wenigen kurzfristigen Schwankungen ausgesetzt sind und die Größe des Solarfeldes lokale Fluktuationen ausmittelt. Eine Ausnahme hierfür stellen die folgenden Ereignisse dar, die auch im Programm mit kleineren Zeitschritten dargestellt werden:

- Startup
- Shutdown
- Zuschalten der Zusatzfeuerung

Diese Ereignisse werden nicht auf die nächste volle Stunde gelegt. Beim Startup z.B. wertet das Modell aus, wieviel Energie das Feld im jeweiligen Stundenschritt gesammelt hat, berechnet, nach welcher Zeit die Temperaturverluste der Nacht wieder ausgeglichen wurden, wieviel zusätzliche Zeit zum Turbinenstart und zur Synchronisation benötigt wird und ermittelt so den exakten Startpunkt der Elektrizitätsproduktion und die in diesem Stundenschritt abgegebene Elektrizitätsmenge. Beginn und Ende und Menge der fossilen Zusatzfeuerung werden danach ermittelt.

Das Ablaufdiagramm des SEGS Performance Modell ist in Abb. 14 dargestellt.

(IPMK1302)

"SEGS Performance Model" Ablaufdiagramm
Eingabe Anlagedaten
und Tarifdaten
Stunden-Schleife
Einlesen Meteodaten
Berechnung der gesammelten
Solarenergie
Festlegung der momentanen
Betriebsstrategie
Berechnung des solaren Dampfes
Berechnung des fossilen Dampfes
Berechnung der Elektrizitätserzeugung
(Brutto, Netto, Eigenverbrauch)
Bilanzierung des verbleibenden
Gas-Guthabens (FERC)
Erlösrechnung
Ausgabe der monatlichen
Elektrizitätsmengen und Erlöse
Abb. 14
FLACHGLAS SOLARTECHNIK

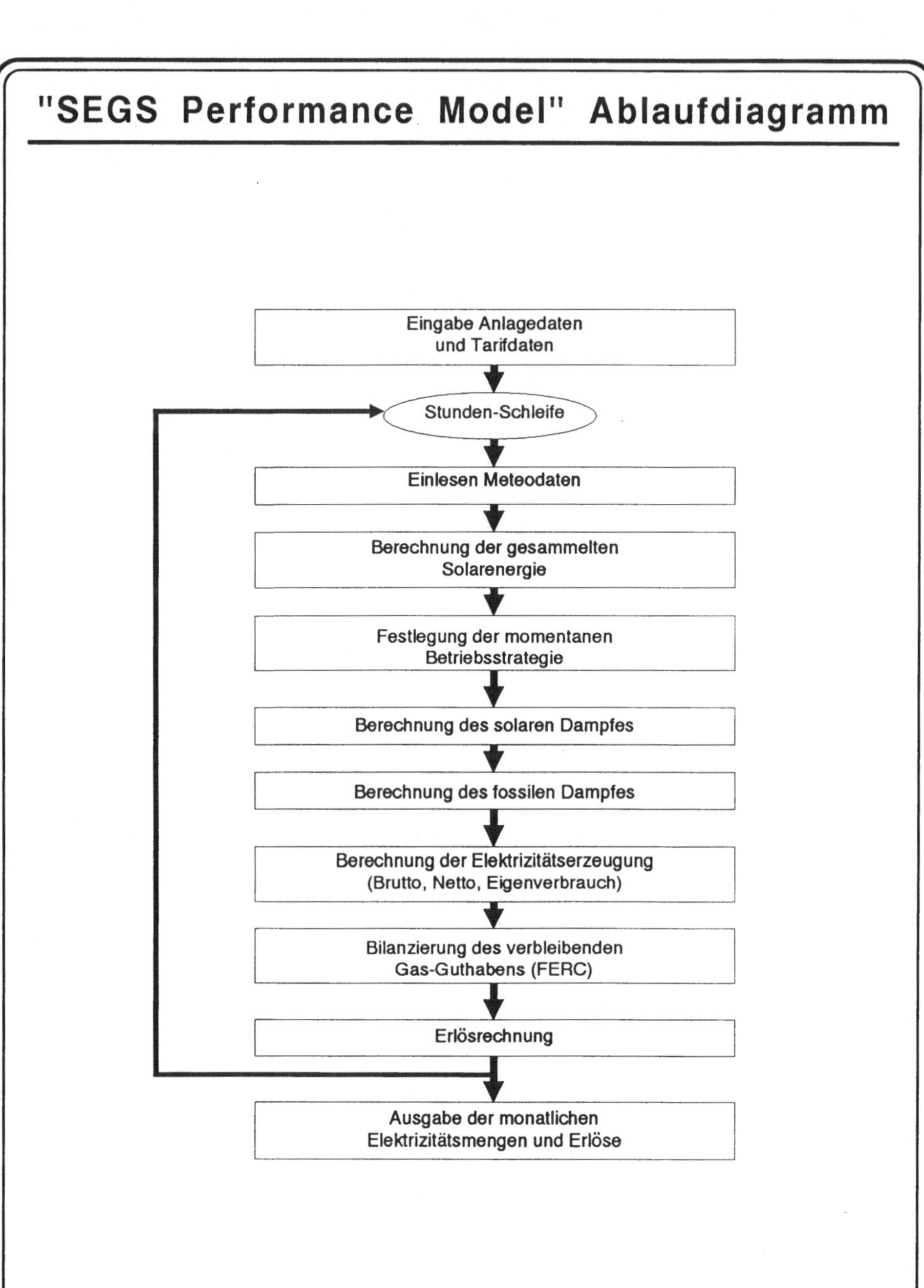

(IPMK0901)

5. Darstellung und Erläuterung der Input/Output-Kennlinien

Für den Turm/Farm-Vergleich stellte LUZ die gemessenen Betriebsdaten des Jahres 1988, die zum Zeitpunkt der Auftragserteilung im Herbst 1989 vollständig vorlagen, für die Anlagen SEGS III-V zur Verfügung. Für SEGS III und IV, die im Dezember 1986 ans Netz gegangen waren, stellte 1988 das erste "Mature Year of Operation" dar, für das zum ersten Mal die volle Produktionsgarantie gegeben wurde. Bei SEGS V, das im Oktober 1987 ans Netz gegangen war, galt 1988 noch als "First Year of Operation", in dem eine niedrigere Produktionsgarantie gegeben wurde. Die Anlagen SEGS VI und VII gingen erst im Dezember 1988 in Betrieb, so daß zu Studienbeginn erst wenige Betriebsmonate vorlagen.

Die Anlagen SEGS III und IV sind fast identische Anlagen mit ca. 230.000 m² reiner LS-2 Kollektoren, deren Absorber noch mit schwarzem Chrom beschichtet sind und deren maximale Ölaustrittstemperatur auf 349°C ausgelegt ist. Daher liegt bei diesen Anlagen der Kreislaufwirkungsgrad im Solarbetrieb bei 30,6 %, der ab SEGS VI auf 37,7 % und bei SEGS VIII auf 38,1 % mit den für 393°C ausgelegten Absorber erhöht wurde.

Für die Zusammenstellung der o.g. Input/Output Kennlinien wurden die Betriebsdaten von LUZ analysiert, die folgende Tagessummen enthalten:

- Direktnormale Einstrahlung
- Durchschnittliche Kollektorverfügbarkeit
- Solar erzeugte thermische Energie
- Fossil erzeugte thermische Energie
- Brutto-Elektrizitätsproduktion
- Netto-Elektrizitätsproduktion
- Elektrische Eigenverbräuche
- Gesamtgasverbrauch (einschl. Eigenverbräuche)

Zur Erstellung der Input/Output-Kennlinien wurden die Betriebstage in drei Klassen eingeteilt:

- Rein solare Betriebstage, an denen gar kein Gas verbraucht wurde (d.h. auch nicht für Zwecke außerhalb der Elektrizitätserzeugung); für diese Tage ist der solar erzeugte Strom dargestellt.

- Hybride Tage, an denen sowohl solarer als auch fossiler Dampf erzeugt wurde; für diese Tage ist in den Kennlinien in der solaren Kurve nur der entsprechende Anteil an solar erzeugtem Strom dargestellt, d.h. die fossil erzeugte Strommenge ist von der gesamten Tagesmenge abgezogen worden.

(IPMK1302)

- Rein fossil gefahrene Tage, an denen das Solarfeld still stand, hauptsächlich wegen unzureichender Einstrahlung.

Die gemessenen 1988er I/O-Kennlinien von SEGS III - V sind in Abb. 15, Abb. 16 und Abb. 17 wiedergegeben. Es wurden dort alle Betriebstage ohne irgendeine Vorauswahl vollständig eingetragen; es handelt sich dabei um die primären gemessenen Daten ohne jegliche Korrekturen.

In allen drei Diagrammen ist die Tagessumme der Netto-Elektrizitätsmenge, die am Kraftwerksübergabepunkt an SCE (nach Abzug des evtl. von SCE bezogenen Stroms) verkauft wurde, bezogen auf einen Quadratmeter Kollektoraperturfläche, aufgetragen über der gemessenen Tagessumme Direktnormaler Einstrahlung. Dabei fallen bei allen drei Diagrammen 1-3 rein fossile Tage auf, an denen mit ca. 2 kWh/m²d die Anlagen überdurchschnittliche Produktionsspitzen aufweisen. Hier handelt es sich um 3 Tage im Frühjahr 1988, in denen ein Schneesturm große Teile des Netzes von SCE außer Betrieb gesetzt hatte, und die drei SEGS-Anlagen im Sonderauftrag von SCE im durchlaufenden 24h-Betrieb Notstrom produzierten. Dieses Beispiel zeigt deutlich, welche strategische Bedeutung die fossile Zusatzfeuerung für die EVUs hat; eine PV-Anlage hätte für diese Zwecke nicht eingesetzt werden können.

Weiterhin zeigen alle Diagramme im reinen wie im hybriden Solarbetrieb eine starke Streuung der Outputwerte für die Tage mit Einstrahlungswerten zwischen 6 und 9 kWh/m²d, während die Outputwerte darüber eng zusammenfallen. Dies hängt damit zusammen, daß die sehr hohen Einstrahlungswerte zwischen 9 und 11,5 kWh/m²d in die Sommermonate fallen, wo die Sonne durch ihren Höchststand läuft und die täglichen Kosinusverluste verhältnismäßig klein sind. Die Einstrahlungswerte darunter sind über das gesamte übrige Jahr verteilt, mit einer entsprechend breiten Verteilung der Kosinusverluste. Mit einer linearen Regressionsanalyse wurden für die einzelnen Anlagen in den verschiedenen Betriebsmodi die Kennliniengleichungen aus Tab. 3 ermittelt.

Die Regressionsgeraden dieser drei identischen Anlagen fallen im rein solaren und hybriden Betriebsmodus sehr eng zusammen. Im Hybridmodus ist der negative Versatz ca. 20 % höher als im rein solaren Modus, da das Vorheizen des fossilen Kessels einen hohen parasitären Gasverbrauch voraussetzt.

(IPMK1302)

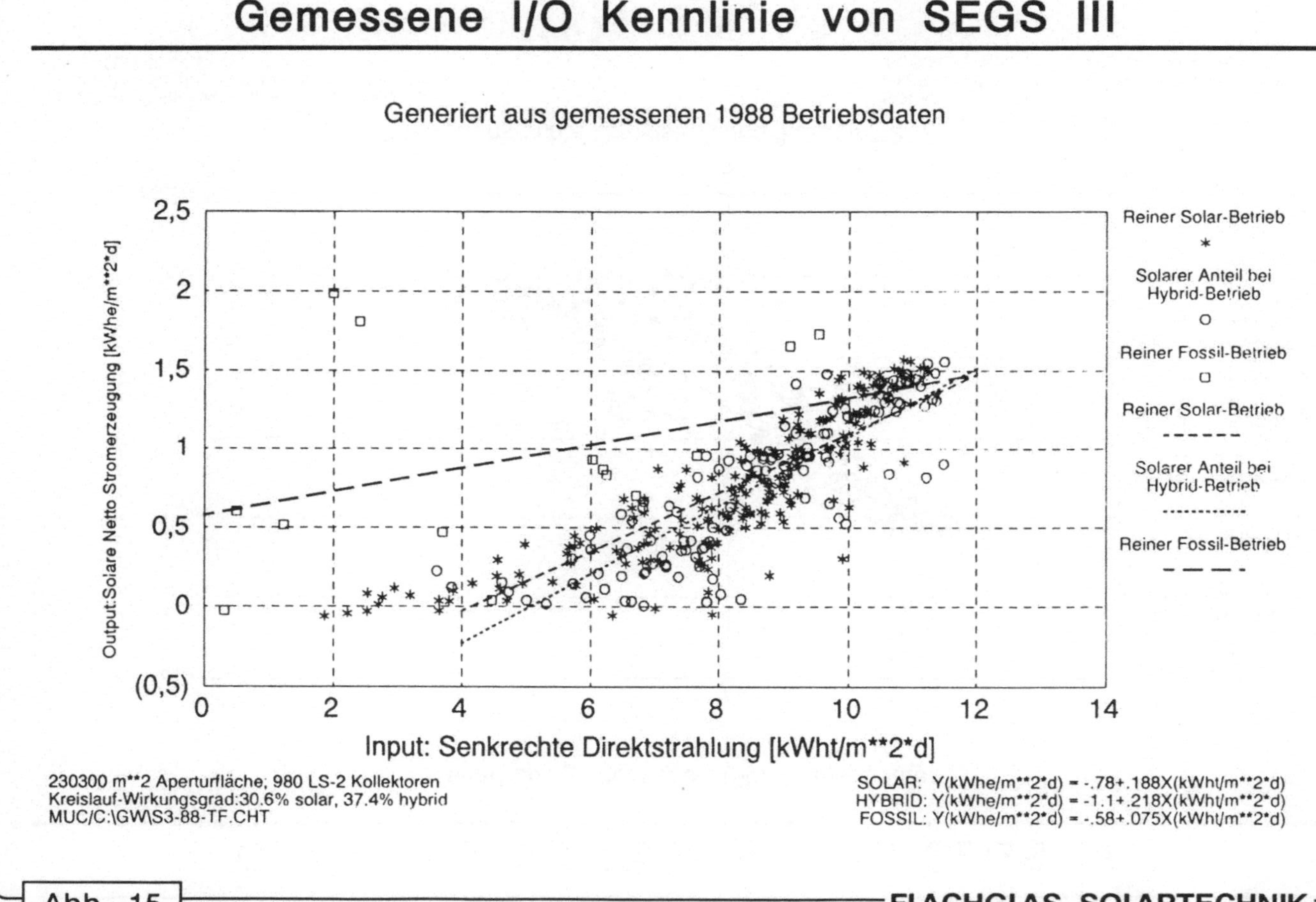

Abb. 15

(IPMK0901)

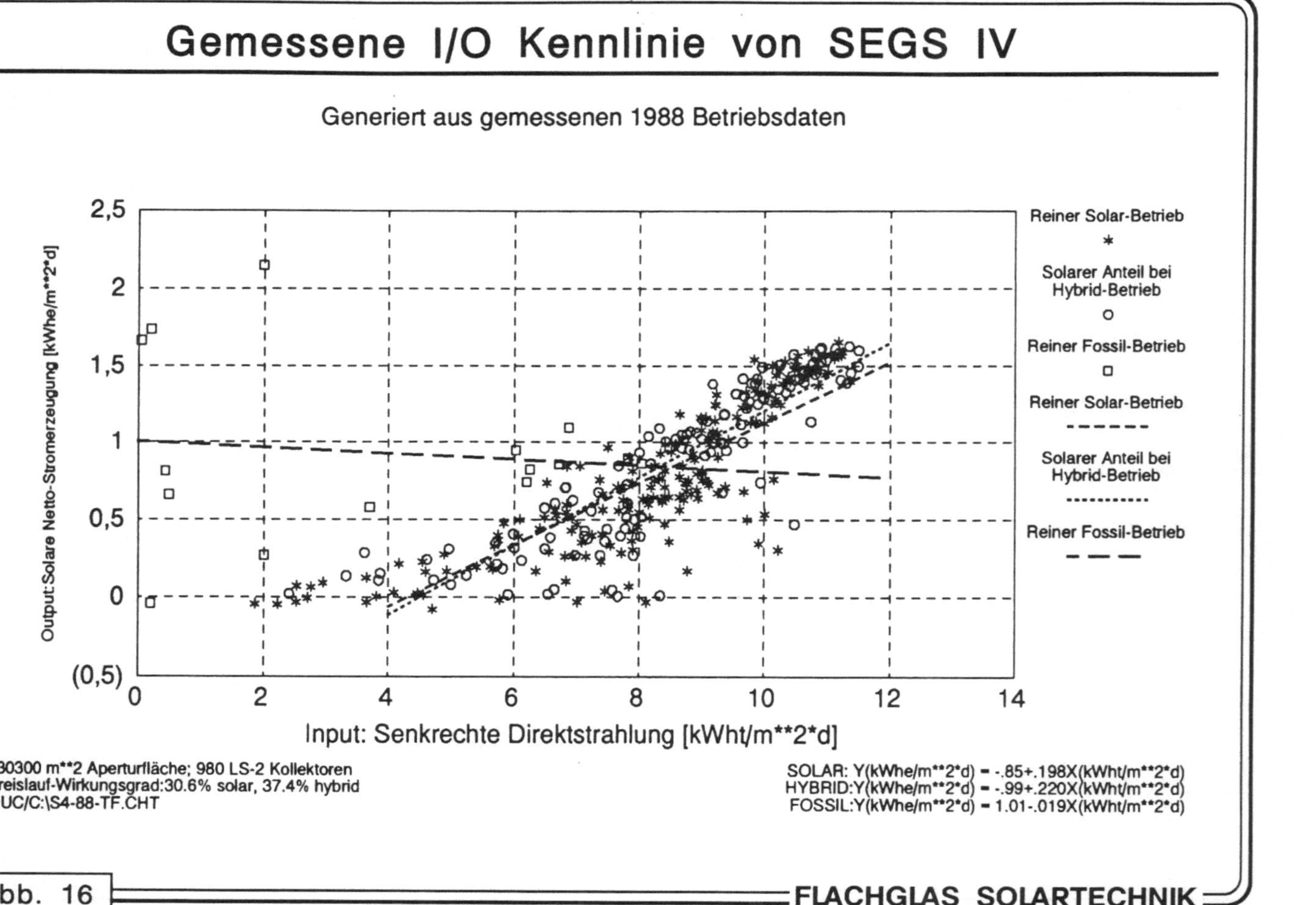

Abb. 16

(IPMK0901)

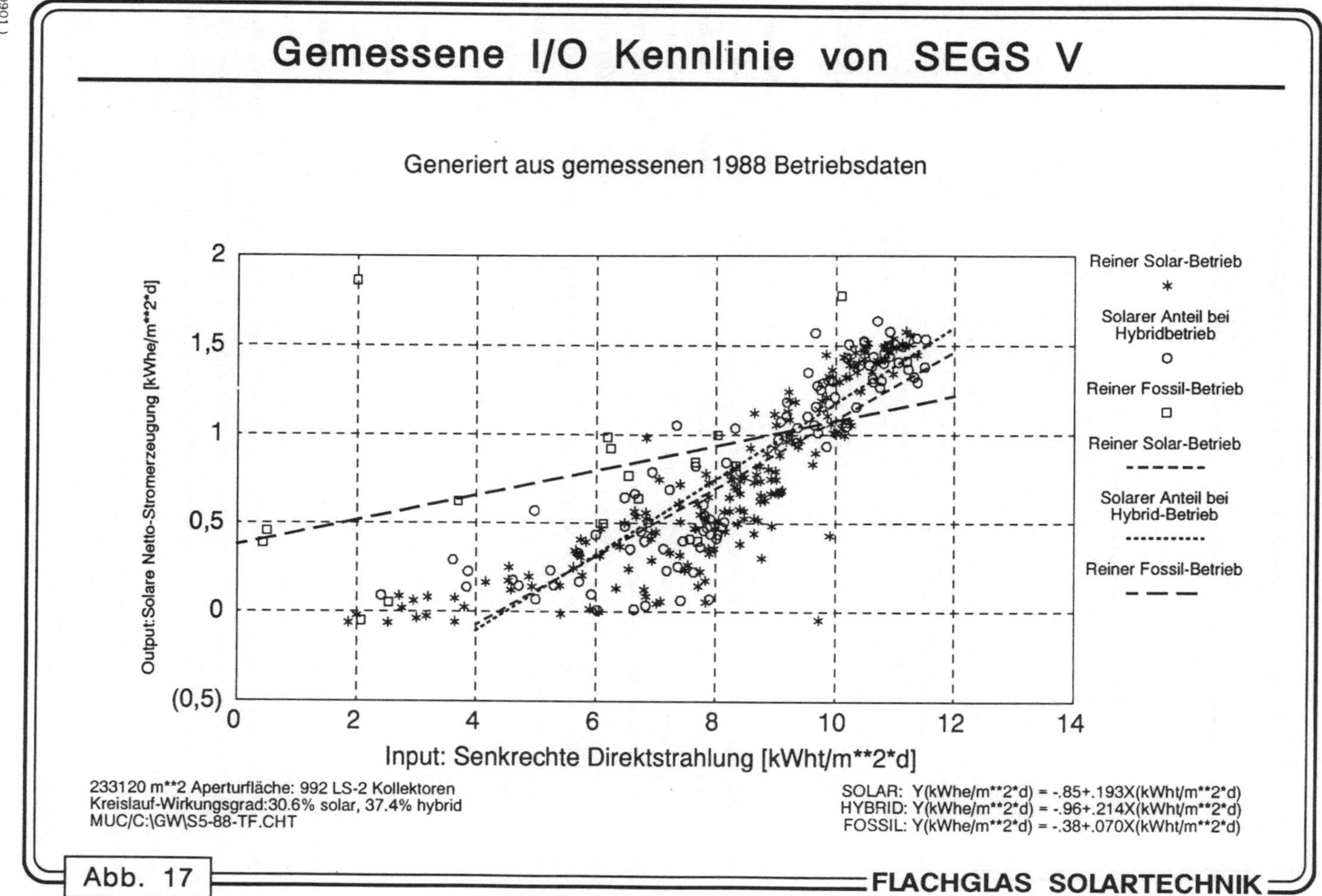

Abb. 17

PMK0901)

Regressionsgeraden der Input/Output-Kennfelder von SEGS III - V im Jahre 1988

Anlage	Betriebsmodus		
	Rein solare Betriebsweise	Solarer Anteil im Hybrid-Betrieb	Rein fossile Betriebsweise
SEGS III	y = - 0.78 + 0.188x	y = 1.10 + 0.218x	y = 0.58 + 0.075x
SEGS IV	y = 0.85 + 0.198x	y = 0.99 + 0.220x	y = 1.01 - 0.019x
SEGS V	y = 0.85 + 0.193x	y = 0.96 + 0.214x	y = 0.38 + 0.07x

y gibt den Netto-Output pro m^2 Aperturfläche und Tag an,
x ist die normale Direkteinstrahlungssumme pro m^2 und Tag.

Tab. 3 FLACHGLAS SOLARTECHNIK

Die Steigung der Kennlinie ist dafür im Hybridbetrieb höher, da bei der Turbine geringere Teillastverluste anfallen. Im rein fossilen Betrieb hat die Beziehung des Outputs auf die Aperturfläche keinen physikalischen Sinn; diese Werte werden nur zum Vergleich in diese Darstellung eingebracht. Da im reinen Fossilbetrieb unabhängig von der Einstrahlung die Leistungsanforderungen des Netzes gefahren werden, verläuft die Input/Output Kennlinie sehr flach. Eine geringe positive Steigung über der Einstrahlung ist folgendermaßen zu erklären: Tage geringer Einstrahlung fallen meist in die Zeit außerhalb der Sommerperiode, wo es keine Hochtarifzeiten gibt. An diesen Tagen wird fossiler Brennstoff meist nur verfeuert, um das Solarfeld vor Frost zu schützen und den Turbinenblock warm zu halten, ohne Strom zu produzieren. In die sommerlichen Tage höchster Einstrahlung dagegen fallen auch die Hochtarifzeiten; gibt es hier einen Anlagenausfall, wird in diesen Zeiten fossil gefahren.

INTERATOM hat in seinem Abschlußbericht die in Abb. 15 dargestellten Input/Output-Kennlinien denen von SOLAR ONE und SEGS III gegenübergestellt. Die Kennlinien von SOLAR ONE und SEGS III fallen eng zusammen; der exergetische Vorteil des Turmes mit 500°C / 100 bar Dampf kommen gegenüber der Farmanlage mit 327°C / 43 bar Dampf nicht zum Tragen. Für die Wirtschaftlichkeit ist vor allem die Jahresproduktion bedeutend. Mit einer auf die Aperturfläche bezogenen solaren Jahres-Elektrizitätsproduktivität von 236 kWh/m²a übertraf bereits die Anlage SEGS I (13,8 MW_e) die Demonstrationsanlage SOLAR ONE (10 MW_e), deren Produktivität von 124 kWh/m²a im ersten Betriebsjahr auf 191 kWh/m²a im dritten Betriebsjahr gesteigert werden konnte, wobei berücksichtigt werden muß, daß die parasitären Verluste vor allem im konventionellen Teil nicht minimiert waren. Bei SEGS III lag die solare Produktion bei 296 kWh/m²a.

(IPMK1302)

Eine theoretische Nachrechnung der gemessenen Kennlinie von SEGS III mit dem SEGS Performance Model und mit SOLERGY ergab eine sehr gute Übereinstimmung; die Abweichung betrug weniger als 3 %, bezogen auf die vorhergesagte Jahresenergiemenge. Da es sich bei LS-3 auch bereits um einen gebauten Kollektor handelt und das verwendete SEGS Performance Model bei der fertiggestellten 80-MW_e-Anlage SEGS VIII Basis der Produktionsgarantie ist, sind die damit berechneten Kennlinien von SEGS VIIIA (eine auf 30 MW_e herunter-skalierte SEGS VIII Anlage) und SEGS VIIIB (eine auf 100 MW_e hoch-skalierte SEGS VIII) bereits mit LS-3 Qualifikationstests verifiziert worden. Die deutliche Wirkungsgradverbesserung gegenüber LS-2 liegt - wie bereits erläutert - in den verbesserten solaren Dampfzuständen. Die Simulations-Ergebnisse der entsprechenden Turmanlagen weisen eine ähnliche Kennlinie auf, allerdings bei einer niedrigeren Startschwelle.

Beim Vergleich mit den bereits realisierten Anlagen SEGS VII und SEGS VIII muß angemerkt werden, daß die Simulationsrechnungen von PHOEBUS und SOLAR 100 noch der Verifikation in der Praxis bedürfen und daß in den bisherigen sieben Solarturm-Demonstrationsanlagen die angeführte Anfahrschwelle von 1 kWh/m^2 d auch nicht näherungsweise nachgewiesen werden konnte.

(IPMK1302)

6. Darstellung und Analyse der Umwandlung

Für die Solarturm- und Parabolrinnen-Anlagen wurden für die SOLERGY-Rechnungen in Abstimmung mit INTERATOM und dem Auftraggeber die folgenden Umwandlungsverluste zum Vergleich gewählt:

- Einstrahlung auf die Aperturfläche (direkt-normal)
- Nichtverfügbarkeitsverluste
- Optische Feldverluste
- Speicherüberlauf- und Feldüberschußverluste
- Thermische Verluste im Absorber/Receiver
- Leitungsverluste
- Speicherverluste
- Thermomechanische Wandlungsverluste
- Parasitäre Eigenverbräuche

Eine detaillierte Beschreibung der Verlustbilanzierung von SOLERGY ist im Abschlußbericht von INTERATOM gegeben. Die einzelnen Farmverlustmechanismen werden im folgenden dargestellt und analysiert:

Gemeinsame Ausgangsgröße ist die direkt-normale Einstrahlung auf die Aperturfläche des Heliostatenfeldes bzw. des Kollektorfeldes. Befürworter des Solarturms-Prinzips merken dabei an, daß die Bezugnahme auf die Aperturfläche statt auf die eingesetzte Spiegelfläche das Betriebsverhalten der Solarfarm gegenüber dem Solarturm beschönigen würde, da aufgrund der stärker gekrümmten Parabolrinnen für gleiche Aperturfläche ca. 7 % mehr Spiegelglasfläche eingesetzt werden müßte als bei einem Heliostatenfeld mit gleicher Aperturfläche. Bei der Untersuchung optischer Konzentrationsmechanismen werden in der physikalischen Optik immer die Aperturflächen als Bezugsgrößen genommen; dies gilt auch für den Rotations-Paraboloiden und konzentrierende PV-Systeme. Solange auch die Produktion, Kosten und Erlöse auf die Aperturfläche bezogen werden, ist die Wahl der Bezugsfläche irrelevant.

Eine relevante alternative Bezugsfläche zur Aperturfläche ist dagegen die eingesetzte Landfläche. Der Landverbrauch von Farmanlagen ist bei gleicher Aperturfläche gegenüber dem von Turmanlagen um 30 - 50 % niedriger, da die Kollektoren dichter installiert werden können als die Heliostaten.

Der erste "Verlustmechanismus" für beide Systeme sind die Einstrahlungszeiten, in denen die Anlagen durch geplanten (Wartungszyklen) und ungeplanten Ausfall nicht verfügbar sind. Für die SEGS-Anlagen wird mit einem jährlichen Mittelwert von 15 Tagen (2. Dezemberhälfte) an geplantem Ausfall ("scheduled outage") gerechnet, der auf den folgenden Vertragsverhältnissen beruht:

(IPMK1302)

Im "Power Purchase Agreement" sind maximal 10 Tage "scheduled outage" zugelassen. Alle fünf Jahre ist jedoch eine Betriebsunterbrechung von 35 Tagen vorgesehen, um wie bei konventionellen Kraftwerken den Dampfturbinensatz zu überholen. Das führt zu einem Mittel von 15 Tagen "scheduled outage" im Jahr. "Forced Outage" wird für eine Anlage im "Mature Year" (ab 2. Betriebsjahr) mit einer Anlagenverfügbarkeit von 98 %, d.h. 7 Ausfalltagen im Jahr, berücksichtigt. In der sommerlichen Spitzenlastperiode dürfen die Anlagen dabei maximal 30 Stunden "forced outage" haben, bei längerem Ausfall verlieren sie den maßgeblichen Verfügbarkeitsbonus. Tage, an denen die Anlagen nicht betrieben werden können, weil SCE z.B. aufgrund von Netzausfällen (ca. 5 - 7 Tage im Jahr) keinen Strom abnehmen kann, werden den Anlagen nicht angelastet.

Mit Ausnahme von der ersten Demonstrationsanlage PHOEBUS 1 wurden für die Turmanlagen der Zukunft die gleichen geplanten und ungeplanten Stillstandzeiten angesetzt, was in der Praxis erst nachgewiesen werden muß. Verfügbarkeit von Heliostaten und Parabolreflektoren sind gleich gut - sowohl bei SOLAR ONE als auch bei den SEGS-Feldern waren von den 1000 - 2000 Einheiten durchschnittlich nur 2 - 3 Einheiten außer Betrieb. Kritischste Komponente der SEGS-Analgen sind die Haupt-Thermoölpumpen, von denen drei Einheiten in die Anlagen eingebaut sind. Für den solaren Betrieb werden bei Nennlast zwei Pumpen benötigt, im fossilen Betrieb genügt wegen des geringeren Druckverlustes eine Pumpe. Die dritte Pumpe ist redundant und wird ständig betriebsbereit gehalten, um bei einem Ausfall einer der anderen Pumpen ohne Unterbrechung automatisch deren Aufgabe zu übernehmen. Die nachgeschalteten Wärmetauscher und Dampferzeuger haben eine vernachlässigbar geringe Ausfallwahrscheinlichkeit. Während bei den Parabolrinnen-Anlagen der Ausfall eines Kollektors (früher hauptsächlich durch Bruch eines Absorberhüllrohrs oder durch Versagen eines flexiblen Schlauchs) maximal zum Stillstand des entsprechenden Kollektorloops führt, muß bei einem Receiver-Ausfall der Solarbetrieb einer Turmanlage meist ganz eingestellt werden. Bei den Parabolrinnen-Anlagen wird die geplante Direktverdampfung bei Drücken über 100 bar und Temperaturen bis maximal 450°C das ölbedingte Leckage- und Brandrisiko eliminieren und die ausfallträchtigen Wärmeträgerölpumpen durch zuverlässigere Speisewasserpumpen ersetzen, die Gefahr von Absorberdeformierungen und Leckagen ähnlich wie beim dampfgekühlten Solarturm-Receiver aber erhöhen. Da die Temperaturen jedoch unter 450°C, einer kritischen Materialtemperatur, liegen und die Energieflüsse weit geringer und gleichmäßiger sind, ist dieses Risiko beim direktverdampfenden Parabolrinnen-Kollektor als geringer zu erachten.

(IPMK1302)

In den optischen Feldverlusten sind zusammengefaßt

- Betriebliche Beschränkungen

  Dazu zählen bei den Parabolrinnen-Kollektoren insbesondere der maximale Kollektorelevationswinkel; er beträgt bei LS-3 10° und wird bei LS-4 mit einem neuen Sonnenfühler auf 5° reduziert werden. Weiterhin werden hier die Defokussierungsverluste erfaßt, die bei Windgeschwindigkeiten über 72 km/h auftreten. Die geplante Erweiterung des Kollektorschwenkbereichs wird die optische Ausbeute bei LS-4 um fünf Prozentpunkte steigern.

- Kosinusverluste

  Die Kosinusverluste, die auf nicht senkrechten Einfall der Sonnenstrahlung in die Kollektoraperturfläche zurückzuführen sind, wurden bis zur Durchführung dieser Studie für den Parabolrinnen-Kollektor höher eingeschätzt als für ein Heliostatfeld. Die SOLERGY Rechnungen von INTERATOM zeigen jedoch, daß auf der geographischen Breite von Barstow (35°N) bereits ein horizontales Nord-Süd-Kollektorfeld über 3 Prozentpunkte geringere Kosinusverluste hat als ein entsprechendes Heliostatfeld; gemäß Abb. 12 im INTERATOM-Bericht beträgt der Kosinusverlustfaktor von SEGS VIIA mit LS-3 87,9% gegenüber 84,3% bei PHOEBUS-N. Je näher der Standort an den Äquator rückt, desto mehr vergrößert sich dieser Vorteil. Weitere 4 Prozentpunkte sollen beim LS-4 durch eine 8°-Nord-Süd-Neigung gewonnen werden, mit der insbesondere die unterschiedliche Ausbeute in Sommer und Winter nivelliert wird.

- Reflexionsgrad

  Als mittlerer Energiereflexionsgrad (bei Moon 1,5) wurden für Turm und Farmanlagen gleichermaßen 94% eingesetzt, wie er mit den heutigen Solarspiegeln aus Weißglas in den SEGS-Anlagen realisiert wird. Im Mittel wird ein empirisch gewonnener Verschmutzungsfaktor von 0,95 angenommen, der zu einem mittleren Reflexionsgrad von 89% führt.

- Blockierungs- und Schattierungsverluste

  Die Schattierungsverluste sind beim Parabolrinnen-Feld wie beim Heliostaten-Feld abhängig vom Einstrahlungswinkel. Diese Winkelabhängigkeiten sind für die Kollektoren LS-1, LS-2 und LS-3 in Prototypversuchen von LUZ empirisch für die folgenden Verlustmechanismen in den jeweiligen Feldwirkungsgradmatrizen explizit eingerechnet worden:

- Blockierung und Schattierung der Kollektoren untereinander
- Schattierung des Absorberrohres mit dessen Aufhängung und Zuleitung
- Kollektorenden-Verluste

Die Schrägstellung der Kollektoren führt beim LS-4 zu erhöhten Schattierungsverlusten, da hier nicht nur die Nachbarkollektoren in West und Ost abgeschattet werden, sondern auch die im Norden. Im Vergleich zum Heliostatenfeld fallen die Schattierungsverluste um 2 - 3 Prozentpunkte geringer aus; Blockierungsverluste gibt es beim Parabolrinnen-Kollektor dabei keine.

- Transmissionsverluste

Während beim Heliostatfeld die Transmissionsverluste auf dem bis zu mehreren 100 m weiten Weg durch die Atmosphäre zwischen Heliostat und Receiver berücksichtigt werden müssen, ist dieser Verlust auf den wenige Meter langen Weg zwischen Reflektor und Absorberrohr beim Parabolrinnen-Kollektor praktisch nicht meßbar. Dagegen führt die Durchquerung durch das Glashüllrohr zu winkelabhängigen Transmissions- und Reflexionsverlusten, die durch eine reflexmindernde Beschichtung im Jahresmittel auf 5 % begrenzt wird.

- Intercept-Faktor

Im Intercept-Faktor werden, empirisch belegt, alle übrigen winkelabhängigen Verlustmechanismen zusammengefaßt, um damit die tatsächliche Strahlungsmenge zu bestimmen, die von der Absorberfläche "aufgefangen" wird. Neben dem für den Kollektor charakteristischen "Incident Angle Modifier", der die Einstrahlungswinkel-Abhängigkeit des Kollektorwirkungsgrades beschreibt, sind hier insbesondere

- Geometrie
- Justierungs- und
- Aberrationsfehler

berücksichtigt worden.

Die Jahresmittelwerte der gesamten optischen Feldwirkungsgradkette sind für die Kollektoren LS-1 bis LS-4 in Tab. 4 zusammengetragen und in Abb. 18 dargestellt.

(IPMK1302)

Optische Feldwirkungsgradkette (Jahresmittelwerte)

		LS-1	LS-2	LS-3	LS-4
Betriebsbeschränkung (Operational Limits)	%	93	94	94	98
Verfügbarkeit (Availability)	%	98	98	98	98
Kosinus (Cosine)	%	88	88	87	91
Reflektivität (Reflectivity)	%	89	89	89	89
Blockierung/Schattierung (Blocking/Shading)	%	96	97	97	96
Transmissivität Hüllrohr (Transmissivity)	%	94	94	95	95
Intercept-Factor	%	89	90	93	93
Optischer Gesamtwirkungsgrad	%	58	59	62	67

Tab. 4 FLACHGLAS SOLARTECHNIK

Speicherüberlauf und Feldüberschußverluste sind rein abhängig von der Wahl der Speicherkapazität und dem Solarvielfachen, nicht aber Turm- oder Farmspezifisch. Diese Verluste wurden in jedem SOLERGY-Lauf berechnet und ausgewiesen.

(IPMK0901)

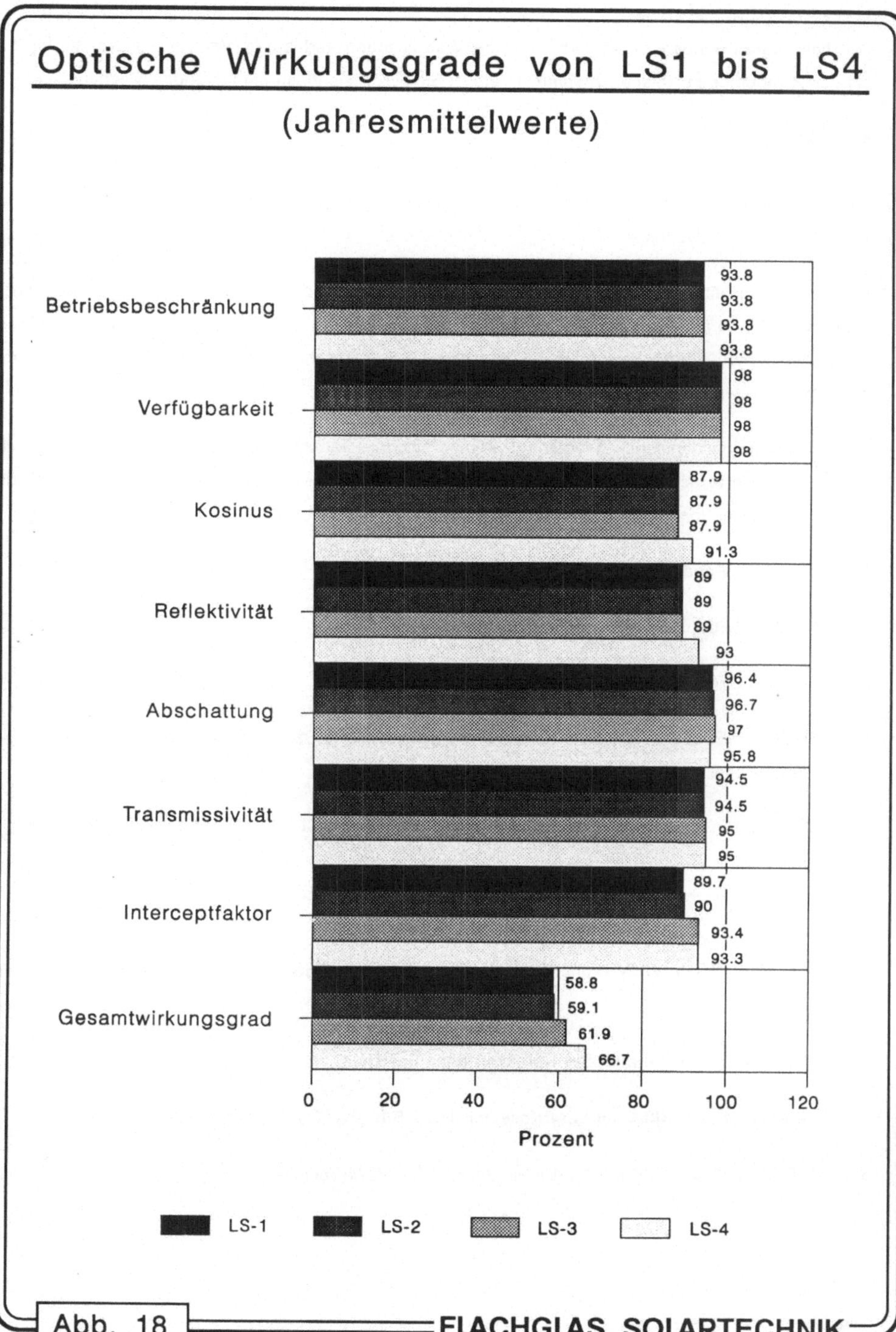

Abb. 18

(IPMK0901)

Die thermischen Verluste im Absorber und die Wärmeleitungsverluste im Verrohrungssystem wurden bei den Parabolrinnen-Anlagen zusammengefaßt. Sie berücksichtigen die folgenden Mechanismen:

- Absorptivität
- IR-Strahlungsverluste
- Konvektionsverluste
- Wärmeleitungsverluste

Die Verbindungsleitungen der SEGS-Anlagen sind so optimiert, daß sie von der gesamten Rohrlänge weniger als 20 % ausmachen; über 80 % der Länge sind aktive Absorberrohre. Die Speicherverluste hängen über das Oberflächen-Volumen-Verhältnis im wesentlichen von der Speichergröße und von der mittleren Speichertemperatur ab.

Für die thermomechanischen Wandlungsverluste und die parasitären Eigenverbräuche wurden die verfügbaren Werte der gebauten Anlagen SEGS VII und SEGS VIII gewählt und für SEGS XIII die vorläufigen Auslegungsdaten von LUZ übernommen.

Die gesamte Umwandlungskette der Varianten

- 30 MW_e SEGS III und IV mit LS-2 Kollektor
- 30 MW_e SEGS VII mit LS-3 Kollektor, ohne Speicher
- 30 MW_e SEGS VIIA mit LS-3 Kollektor (herunterskalierte SEGS VIII) und 1,5 h bzw. 3 h Zweistoffspeicher
- 30 MW_e SEGS VIIB mit LS-4 Kollektor (herunterskalierte SEGS XIII) mit 1,.5 h bzw. 3 h PCM-Speicher
- 80 MW_e SEGS VIII mit LS-3 Kollektor ohne Speicher
- 100 MW_e SEGS VIIIA (von 80 MW_e heraufskalierte SEGS VIII) mit LS-3 Kollektor und 3 h Zweistoffspeicher
- 100 MW_e SEGS XIII mit LS-4 Kollektor, ohne Speicher
- 100 MW_e SEGS XIIIA mit LS-4 Kollektor und 1,5 h bzw. 3 h PCM-Speicher
- 100 MW_e SEGS XIIIB mit LS-4 Kollektor und 6 h PCM-Speicher

(IPMK1302)

wurde mit den charakteristischen Daten dieser Anlagen von INTERATOM mit SOLERGY durchgerechnet und ist in Abb. 19 dargestellt.

Vergleicht man die jahresbezogene Umwandlungskette der Parabolrinnen-Anlagen mit denen der TurmAnlagen, so liefert ein Kollektorfeld durchgängig mehr thermische Energie als ein Heliostatfeld mit Receiverturm, allerdings auf einem exergetisch ungünstigeren Temperaturniveau. Dank des Entwicklungsvorsprungs kann eine heutige SEGS VIII Anlage mit 14,8% Wirkungsgrad diesen exergetischen Nachteil gegenüber einer ersten Turmdemonstrationsanlage wie PHOEBUS-1 mit 13,6% Wirkungsgrad mehr als wettmachen, wobei für PHOEBUS-1 unter jordanischen Randbedingungen mehr Betriebsausfälle angesetzt wurden. Bei einer fünften Turmanlage kommt der exergetische Vorteil gegenüber der LS-3 Technologie mit 16,7% Wirkungsgrad rechnerisch zum Tragen . Bei einer Inbetriebnahme von einer PHOEBUS-Anlage pro Jahr ab 1993 wird dieser Vorteil im Jahr 1998 erreicht, wenn bereits die dritte LS-4 Anlage installiert sein soll, die rechnerisch über 18% Wirkungsgrad erreicht.

(IPMK1302)

SOLERGY Komponenten-Wirkungsgrade von
SEGS VIIA (LS-3) und SEGS VIIB (LS-4)
(Jahresmittelwerte)
120
100
80
60
40
20
0
Wirkungsgrad [%]
97,3
97,3
61,9
66,5
98,5
99,2
76
82
99
99
36,4
37
91,4
94,5
14,8
18,2
Ausfälle
Kollektorfeld
Überschuß
Absorber
Leitungen
Dampfkreislauf
Eigenverbrauch
Gesamt
Untersystem
LS-3
LS-4
Abb. 19
FLACHGLAS SOLARTECHNIK

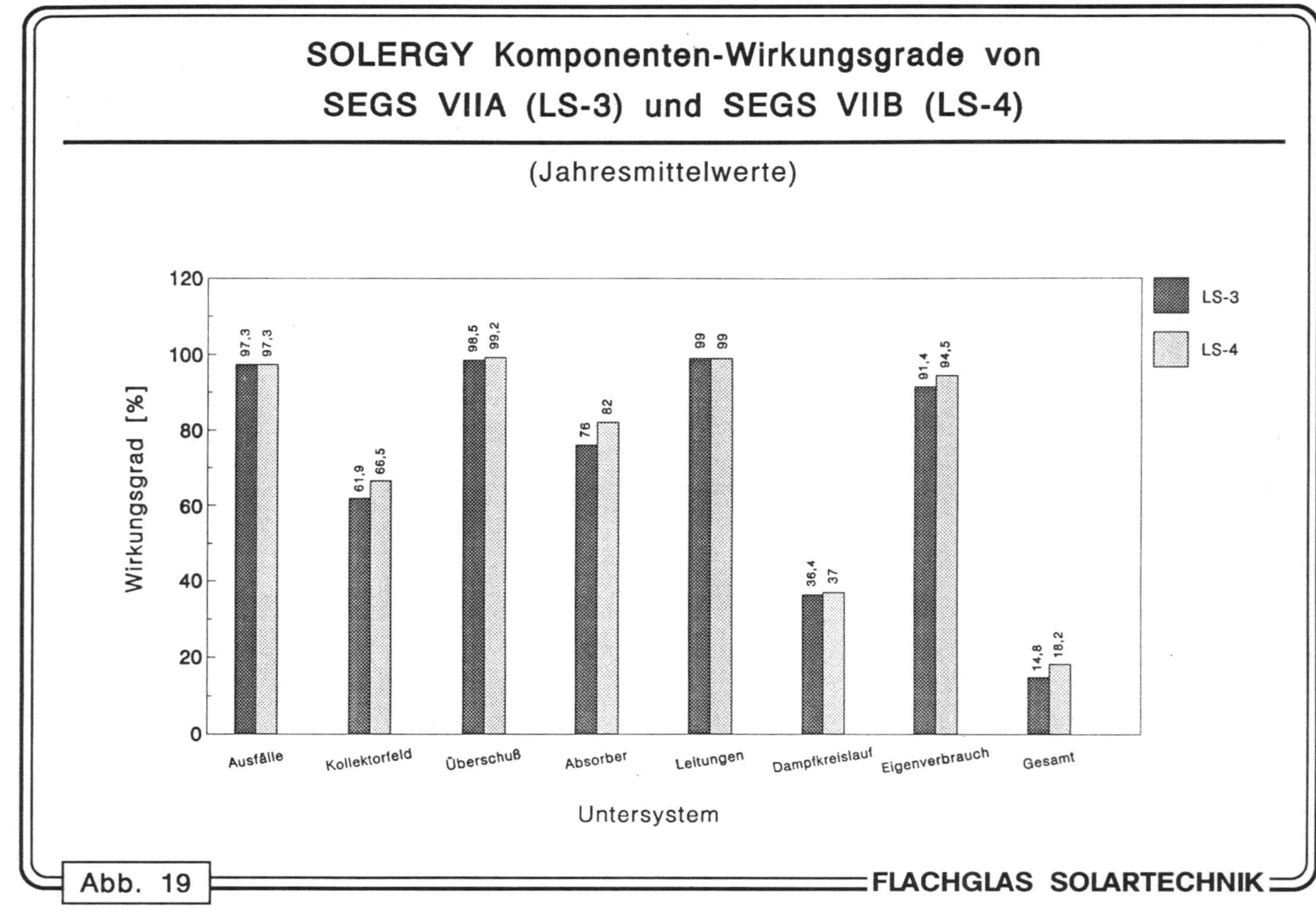

(IPMK0901)

7. Erläuterung der SOLERGY Eingabedaten und der SOLERGY Simulationsergebnisse

Zur Durchführung der SOLERGY-Rechnungen wurden für die Anlagen

- SEGS III
- SEGS VII
- SEGS VIII und
- SEGS XIII

die folgenden Anlagen-charakteristischen Daten im Eingabeformat zusammengestellt:

1. Stillstandzeiten
   - planmäßige Stillstandzeiten (Kalendertage/a)
   - außerplanmäßige Stillstandzeiten (Kalendertage/a)

2. Standort
   - Geographischer Ort Barstow
   - Wetterdaten Barstow 1976

3. Feldwirkungsgradmatrizen für LS-2, LS-3 und LS-4, der als Funktion von Azimut und Elevation die folgenden Verlustmechanismen enthält:
   - Kosinusverluste
   - Schattierungsverluste
   - Transmissionsverluste
   - Intercept-Faktor mit Geometrie-, Justierungs- und Aberrationsverlusten

4. Felddaten
   - Netto-Aperturfläche [m^2]
   - Mittlere jährliche Reflektivität [%]
   - Minimaler Elevationswinkel [Grad]

(IPMK1302)

5. Absorberdaten
   - Thermische Nennleistung des Feldes [MW_t]
   - Absorptivität [%]
   - Thermische Verluste [MW_t]
   - Abkühlungsparameter [1/h]
   - Vorwärmzeit nach Kalt-Start [h]
   - Vorwärmenergie [MWh_t]
   - Minimale Pumpendurchflußmenge [% von Nennlast]

6. Rohrleitungsverluste
   - Thermische Leitungsverluste und parasitäre Verbräuche für den Frostschutz

7. Dampfkreislaufdaten
   - Max. Verzögerungszeit [h]
     - Heißstart
     - Warmstart
     - Kaltstart
   - Thermische Turbineneingangsleistung [MW_t] im
     - Solarbetrieb
     - Hybridbetrieb
   - Minimaler Frischdampfanteil [%]
   - Synchronisationszeiten [h] bei
     - Heißstart
     - Warmstart
     - Kaltstart
   - Anlaufzeit (ramp delay time) [h] bei
     - Heißstart
     - Warmstart
     - Kaltstart
   - Turbinenteillastwirkungsgrade (brutto) [%] bei 20, 40, 60, 80 und 100 % Nennleistung im
     - solaren und
     - hybriden Betriebsmodus

8. Speicherdaten
   - Bruttokapazität [MWh_t]
   - Nettokapazität [MWh_t]

(IPMK1302)

- Minimaler Speicherinhalt [MWh_t]
- Maximaler Speicherinhalt [MWh_t]
- Nutzungsgrad [%]

9. Eigenverbräuche
   - An-/Abfahren des Kollektorfeldes [MWh_e/d]
   - Anfahren und Anwärmen der Absorberrohre mit Kühlmittel
   - Elektrische Hilfsenergien bei 40, 60, 80 und 100% Absorberbetrieb [MW_e]
   - Elektrische Hilfsenergien für Dampfkreislauf bei Normalbetrieb, Minimaler Last und 40, 60, 80 und 100 % Nennlast [MW_e]
   - im solaren und hybriden Betrieb
   - Elektrische Hilfsenergien über Nacht und während Anlagen-Stillstand

10. Fossiler Kessel
    - Maximale Nettoleistung [MW_t]
    - Maximale Last [% von Nennlast]
    - Hochheiz-Zeit [h]
    - Heizwert des Brennstoffes
    - Kesselwirkungsgradkurve im Teillastbetrieb

Die o.g. Daten wurden in Zusammenarbeit mit LUZ INTERNATIONAL LTD. aus den firmeneigenen technischen Unterlagen der einzelnen SEGS-Anlagen zusammengestellt und der Firma INTERATOM ausschließlich zum Zwecke der Durchführung der SOLERGY-Rechnungen zur Verfügung gestellt. Da diese Daten das Ergebnis mehrjähriger rein privatindustrieller Forschung und Entwicklung sind, können sie an dieser Stelle nicht veröffentlicht werden.

(IPMK1302)

8. Diskussion und Kommentierung der Wirtschaftlichkeitsrechnungen

Zur einheitlichen Kostenrechnung von Turm- und Farmanlagen wurde das Rechenprogramm STERKO von SIEMENS/KWU eingesetzt. Alle Kostenrechnungen wurden von INTERATOM und SIEMENS/KWU durchgeführt. Der Auftragnehmer hat dazu die notwendigen Daten für die Farmanlagen beigestellt:

- Direkte Anlagekosten
- Indirekte Anlagekosten
- Wartungs- und Reparaturkosten
- Personalkosten

Die Daten für die ausgewählten Anlagen sind in Tab. 5 zusammengefaßt.

Im Gegensatz zu den verschiedenen Veröffentlichungen über die Gesamtprojektpreise der SEGS-Anlagen, die sämtliche Finanzierungskosten, Genehmigungskosten und Anfangsumlaufkapital mit einschließen, sind in Tab. 5 wie bei den Turmanlagen nur die direkten und indirekten Anlagenkosten berücksichtigt. Baufinanzierungskosten und sonstige Finanzierungskosten bis Inbetriebnahme werden für alle Anlagen einheitlich von STERKO hinzugerechnet, um die gesamten Herstellungskosten nach einem einheitlichen Verfahren zu ermitteln. Auch für die Kostenfrage ist der Standort maßgeblich: Insbesondere Genehmigungs-, Finanzierungs- und Vertragskosten schlagen z.B. in Kalifornien wesentlich höher zu Buche als an einem Standort im nahen Osten, wie z.B. Jordanien. So belaufen sich die Kosten einer SEGS VII-Anlage in Israel auf ca. 95 Mio $, in Kalifornien auf ca 117 Mio $. Bei einem zugrunde gelegten Dollarkurs von $ 1,80/DM sind die angegebenen 187 Mio DM mit 104 Mio $ eine konservative Kostenabschätzung für eine 30 MW_e SEGS-Anlage mit LS-3-Kollektor ohne Speicher. Da bereits mit dem Solarvielfachen SM = 1,2 ein sommerlicher Überschuß nicht genutzt werden kann, genügt es für die Integration eines Speichers bis zu 3 Stunden Kapazität, das Solarvielfache auf 1,3 zu vergrößern.

Für den Speicher wurden dabei die spezifischen Investitionskosten aus Abb. 20 für die verschiedenen Anlagenvarianten zugrundegelegt:

- 190 DM/kWh_t Investitionskosten für Speicher, die heute gebaut werden können und bis zu 300 MWh_t Gesamtkapazität haben. Dies ist das Vielfache des von LUZ angestrebten Kostenzieles von $ 25/kWh_t und stellt eine konservative Kalkulation dar.

- Mit Abschluß des derzeitigen Entwicklungsprogramms zum thermischen Speicher bei LUZ im Jahre 1994 wird für Speicher, die 1995 gebaut werden, eine ebenfalls konservative kapazitätsabhängige Kostenfunktion zugrundegelegt:

(IPMK1302)

Kosten der verschiedenen SEGS-Anlagenvarianten

ANLAGEN-VARIANTE		SEGS-III	SEGS-VII	SEGS-VIIA	SEGSVIIA	SEGS-VIIB	SEGS-VIIB	SEGS-VIII	SEGS-VIIIA	SEGS-XIII	SEGS-XIIIA	SEGS-XIIIB
KOLLEKTOR		LS-2	LS-3	LS-3	LS-3	LS-4	LS-4	LS-3	LS-3	LS-4	LS-4	LS-4
BRUTTO LEISTUNG	(MW_{el})	34	34	34	34	34	34	89	111	106	106	106
NETTO LEISTUNG	(MW_{el})	30	30	30	30	30	30	80	100	100	100	100
SPEICHER KAPAZITÄT	(h)	-	-	3	1,5	3	1,5	-	3	-	1,5	6
SOLARVIELFACHES		1,2	1,3	1,3	1,3	1,2	1,2	1,2	1,2	1,2	1,2	1,8
FELDGRÖSSE	(m^2)	203980	200560	200560	200560	183120	183120	464000	580000	475000	580000	700000
DIR. + INDIR. KOSTEN	(Mio DM)	187	190	251	225	185	169	389	622	342	463	511
SPEZ. DIREKTE KOSTEN	(DM/kW_{el})	6233	6330	8358	7496	6163	5626	4870	6223	3420	4630	5112
REPARATUR + WARTUNG	(Mio DM/a)	1,9	1,9	2,7	2,2	1,4	1,1	3,8	7,5	3,4	4,6	5,5
PERSONALSTÄRKE		33	33	33	33	33	33	53	53	53	53	53
PERSONALKOSTEN	(Mio DM/a)	2,3	2,3	2,3	2,3	2,3	2,3	3,7	3,7	3,7	3,7	3,7
JÄHRLICHE BETRIEBSKOSTEN	(Mio DM/a)	4,2	4,2	5,0	4,5	3,7	3,4	7,5	11,2	7,1	8,3	9,2

Tab. 5

FLACHGLAS SOLARTECHNIK

SEGS Speicher Investitionskosten

Kapazitätsspez. Speicher-Investitionskosten
als Funktion des Baujahres und
als Funktion der Kapazität

Spez. Investitionskosten (1989 TDM/MWht)

200
150
100
50
0

190
95
70
50

1990/ <300 MWht
1995/ <300 MWht
1995/ <700 MWht
1995/ >1500 MWht

Baujahr / Thermische Kapazität (MWht)

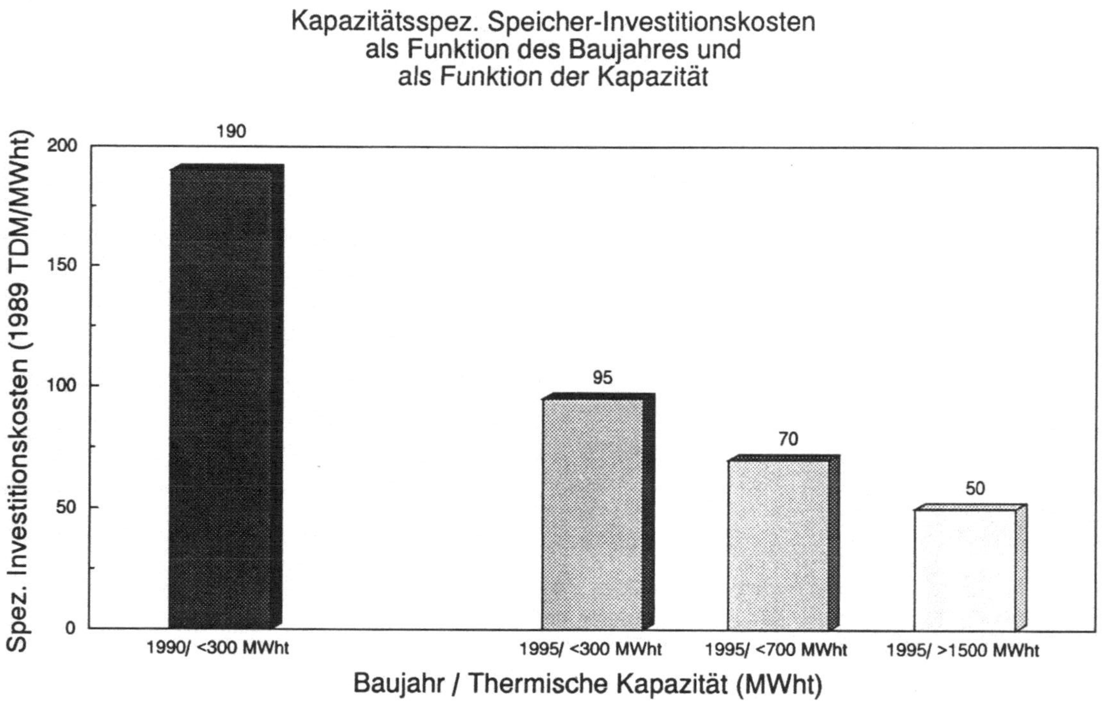

FLAGSOL-MUC/C:TFV-01.CHT

Abb. 20

FLACHGLAS SOLARTECHNIK

(IPMK0901)

Für kleine Speicher mit einer nutzbaren Kapazität unter 300 MWh_t werden spezifische Kosten von 95 DM/kWh_t, d.h. \$ 50/kWh_t angelegt, immer noch das doppelte vom gesetzten Kostenziel. An dieser Stelle darf angemerkt werden, daß auch für eine fünfte PHOEBUS-Anlage eine Halbierung der heutigen Speicherkosten angenommen wird. Für mittelgroße Speicher, mit einer Kapazität unter 700 MWh_t, wird mit 70 DM/kWh_t das 1,5-fache des Kostenzieles angesetzt. Die volle Realisierung des Kostenzieles soll für große Speicher mit einer Kapazität über 1500 MWh_t mit \$ 25/kWh_t erreicht werden. Auch dieser Wert ist im Vergleich mit anderen amerikanischen Kostenstudien [17], [18], [19] für Großspeicher, die teilweise unter \$ 10/kWh_t liegen, konservativ. Die Solarfeldkosten beruhen für die Anlagen mit aktuellem LS-3-Kollektor auf den in der Praxis nachgewiesenen Kosten der SEGS-Projekte in Kalifornien, ebenso die übrigen Anlagenkosten, bei denen der Dampfkreislauf den größten Posten belegt.

Für die Anlagen mit LS-4 Kollektor wurde das Kostenziel von LUZ von \$ 1875 pro kW_e installierter Nettoleistung, bei einem Solarvielfachen von 1,2 mit fossiler Zusatzfeuerung, aber ohne Speicher, zugrundegelegt. Bei Anlagen mit Speicher und größerem Solarvielfachen wurden die spezifischen Anlagenkosten entsprechend erhöht. Für die Realisierung dieses Kostenzieles hat 1989 bereits ein intensives Entwicklungsprogramm begonnen.
Die Ergebnisse der Kostenrechnung hat INTERATOM in seinem Abschlußbericht in der Abb. 23 für die Turmanlagen und in Abb. 24 für die Farmanlagen dargestellt. Darin sind die Stromerzeugungskosten des ersten Betriebsjahres über erzeugter Jahreselektrizitätsmenge aufgetragen. Bei ein und derselben Anlage kann die Jahresenergiemenge durch erhöhte fossile Zusatzfeuerung gesteigert und die spezifischen Stromerzeugungskosten gesenkt werden. Demgegenüber stehen technologisch bedingte Kostensprünge zwischen den einzelnen Anlagegenerationen:

- Von SEGS III nach SEGS VII konnten die Stromerzeugungskosten von 0,34 DM/kWh_e auf 0,30 DM/kWh_e gesenkt werden, da hier bei etwa gleichem fossilen Energieanteil von etwa 25% durch die Erhöhung der Betriebstemperatur von 350°C auf 393°C ein besserer solarer Turbinen-Wirkungsgrad erzielt werden konnte.

- Von SEGS VII nach SEGS VIII gelang bei gleichem fossilen Energienanteil von etwa 25% eine weitere Kostensenkung auf 0,24 DM/kWh_e durch die "economy of scale" bei Erhöhung der Anlagenkapazität von 30 MW_e auf 80 MW_e.

- Von SEGS VIII nach SEGS XIIIA sollen diese Kosten mit den bereits erläuterten Verbesserungen des LS-4 Kollektors bei gleichem fossilen Anteil von etwa 25% weiter gesenkt werden auf 0,18 DM/kWhe.

(IPMK1302)

9. Zeitliche Entwicklung und Markteinführung

Aus der Sicht der Parabolrinnen-Technologie können die folgenden Schlußfolgerungen aus dieser Vergleichsstudie gezogen werden:

9.1 Technischer Vergleich

Leistungs- und wirkungsgradmäßig ist eine 30 MW_e SEGS VIIA Anlage mit heute verfügbarer Technologie im reinen Solarbetrieb mit einem Jahreswirkungsgrad von 14,8 % (siehe INTERATOM-Bericht Abb. 18) einer 30 MW_e PHOEBUS-1 Anlage mit 13,6% überlegen. Der exergetische Vorteil höherer Temperaturen beim Turm schlägt sich erst bei fortschrittlicheren PHOEBUS-Anlagen durch (PHOEBUS-5 und PHOEBUS-N). Auch der Vorteil einer höheren Temperaturspreizung im Speicher kann durch die Notwendigkeit einer fossilen Zusatzfeuerung nicht ausgespielt werden und geht im Anteil fossil erzeugter Energie unter. Bei Diskussionen wurde die Vergleichbarkeit von SEGS VII mit PHOEBUS-1 in Frage gestellt, da SEGS VII bereits die zweite Anlage einer dritten Generation darstellt, während PHOEBUS-1 für Jordanien die erste ihrer Art ist. Unbestritten ist, daß damit die kommerzielle Turmentwicklung gerade in kommerziellem Maßstab erst am Anfang steht und bis zur Reife der heutigen Parabolrinnen-Anlagen noch eine Entwicklungszeit von 7 - 10 Jahren benötigt wird, wenn man davon ausgeht, daß PHOEBUS-1 1993 in Betrieb geht und anschließend jährlich eine kommerzielle Turmanlage gebaut würde. Während dieser Zeit werden bis 1994 jährlich weitere 80 MW_e an Farmanlagen allein in Kalifornien gebaut werden, so daß 1993 einer ersten kommerziellen 30 MW_e Turmanlage bereits kommerzielle Farmanlagen mit insgesamt 600 MW_e installierter Leistung gegenüberstehen würden.

Im Abschlußbericht von INTERATOM wird in Abb. 9 daher die fünfte PHOEBUS-Anlage mit einem Jahreswirkungsgrad von 16,7 % der SEGS VIIA Anlage mit einem Jahreswirkungsgrad von 14,7 % gegenübergestellt, nicht aber der SEGS VIIIA Anlage, die mit heute verfügbarer Technologie gemäß der Abb. 18 des INTERATOM-Berichts einen Jahreswirkungsgrad von 15,1 % hat. Zeitlich gesehen soll PHOEBUS-5 frühestens 1997 in Betrieb gehen, während die sogenannte SEGS VIIB Anlage mit LS-4 bereits 1995 verfügbar sein soll und mit 18,2 % Wirkungsgrad die 16,7 % von PHOEBUS-5 bereits 2 Jahre vorher erreicht und übertrifft.

Das langfristige Potential von Turm und Farm für 100 MW_e-Anlagen und darüber ist im INTERATOM-Bericht für den Turm in Abb. 11 mit 18,2 % für PHOEBUS-n angegeben und in Abb. 18 für die Farm mit 19,2 % für eine 100 MW_e SEGS XIII Anlage mit LS-4 Kollektor.

(IPMK1302)

Dies gilt für den untersuchten Breitengrad von 35°, nördlich davon verbessert sich der Turm, südlich davon die Farm. Allerdings bieten in nächster Zeit nach heutigen Erkenntnissen nur Standorte im Sonnengürtel zwischen 37° Nord und 37° Süd genügend Einstrahlung für eine aussichtsreiche Markteinführung von solarthermischen Kraftwerken.

Bezüglich der Aussage, daß Farmanlagen eine wesentlich ungleichere Jahresverteilung der Stromerzeugung haben als Turmanlagen, muß folgende Anmerkung gemacht werden: In Kalifornien sind die Anlagen auf maximale Ausbeute in den Sommermonaten ausgelegt, da dann die höchsten Erlöse erzielt werden.

In Indien dagegen, das in den Sommermonaten von Monsunregen heimgesucht wird, muß man zunächst folgende Aspekte detailliert untersuchen, bevor über die Rangfolge von Turm und Farm dort entschieden werden kann:

- Standorte in Indien liegen südlich des 20sten Breitengrades, also 15 - 20 Grad südlich von Barstow. An einer solchen Breite reduzieren sich die Kosinusverluste des Feldes erheblich, die jährliche Ausbeute wird vergleichmäßigt. Beim Turm erhöhen sich dagegen mit zunehmender Äquatornähe die Kosinusverluste. Eine quantitative Analyse dieses Effektes lag zur Zeit der Fertigstellung dieser Studie nicht vor und wird als weiterführende Untersuchung angeregt.

- Zur Vergleichmäßigung der Jahresproduktion kann bei der Rinne eine Abweichung von der Nord-Süd-Ausrichtung helfen. Dies reduziert zwar den Jahreswirkungsgrad, könnte aber bei entsprechenden Last- und Tarifstrukturen wirtschaftlich sinnvoll sein.

- Für die nächste Kollektorengeneration LS-4 ist bereits eine Kollektorneigung in Nord-Süd-Richtung vorgesehen, mit der die jährliche Energieproduktion ebenfalls verstetigt werden wird. Auch diesen Effekt sollte man in weiterführenden Untersuchungen quantitativ bewerten und mit entsprechenden Turmanlagen vergleichen.

Ohne diese ortsspezifischen, quantitative Untersuchungen ist aus Sicht des Auftragnehmers keine praxisgerechte Wertung möglich.

9.2 Markteinführungschancen

Die zeitliche Weiterentwicklung von Turm- und Farmwirkungsgraden sind aus Sicht des Auftragnehmers in Abb. 21 dargestellt. Darin wurde angenommen, daß PHOEBUS-1 1993 in Betrieb geht und sich der Wirkungsgrad von PHEOBUS-1 nach PHOEBUS-5 bei einer Anlage pro Jahr

(IPMK1302)

Wirkungsgrade von Turm- und Farmanlagen
Zeitliche Weiterentwicklung der
Jahreswirkungsgrade von Turm- und Farmanlagen
in den projizierten Jahren der Inbetriebnahme
SOLERGY Jahreswirkungsgrad [%]
20
15
10
5
0
1981
82
83
84
85
86
87
88
89
1990
91
92
93
94
95
96
97
98
99
2000
01
02
03
04
05
06
07
08
09
2010
Jahr der Inbetriebnahme
Turm-Anlagen gebaut
Farm-Anlagen gebaut
Turm-Anlagen Studie
Farm-Anlagen Studie
Inbetriebnahme PHOEBUS-1 1993
danach Bau einer Turm-Anlage pro Jahr
FLAGSOL-MUC/C:\GW\TFV-03.CHT
Inbetriebnahme SEGS XIII 1995,
danach weiterhin Bau einer SEGS-Anlage pro Jahr
berechnet mit SOLERGY durch INTERATOM
Abb. 21
FLACHGLAS SOLARTECHNIK

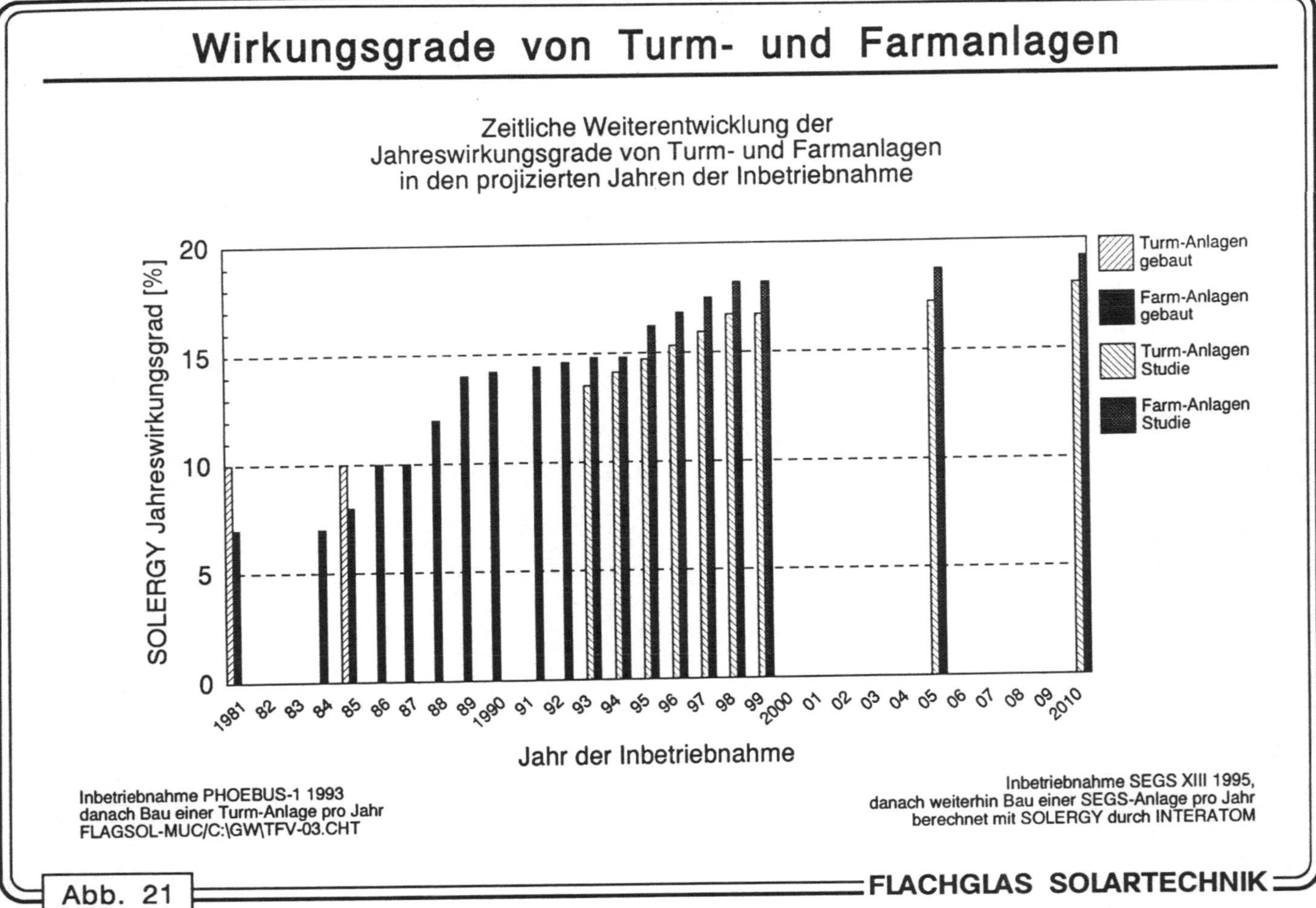

(IPMK1302)

stetig erhöht. Der Bau einer n-ten 100 MWe PHOEBUS-Anlage wurde in das Jahr 2005 gelegt und eine weitere Verbesserung bis 2010 angesetzt.

Die kommerzielle Farmtechnologie hat demgegenüber einen fast 10jährigen Vorsprung: Von 1985 bis 1988 wurden jährlich ein oder zwei 30 MW_e SEGS-Anlagen in Betrieb genommen. Deren akkumulierte Nettoproduktion ist in Abb. 22 dargestellt. Seit 1988 die gesetzliche Leistungsbegrenzung von 30 MW_e auf 80 MW_e erhöht wurde, wird inzwischen jährlich eine 80 MW_e-Anlage in Betrieb genommen, wie sie in Abb. 23 als Luftaufnahme dargestellt ist, bis 1993 insgesamt 600 MW_e. Seit im Dezember 1990 die Leistungsbegrenzung vom amerikanischen Kongreß ganz aufgehoben wurde, werden nun 200 MW_e SEGS-Anlagen an EVU's im amerikanischen Südwesten für eine Inbetriebnahme ab 1994 verbindlich angeboten. Für die vorliegende Studie wurde der erste Einsatz eines 1,5 h bis 3 h Zweistoffspeichers heutiger Technologie auf das Jahr 1993 gelegt. Die erste SEGS-Anlage mit LS-4 ohne Speicher geht 1995 in Betrieb, ein erster 3-Stunden-PCM-Speicher 1998. Die erste 100 MW_e Anlage mit 6-Stunden-PCM-Speicher ist in das Jahr 2005 gelegt.

Abb. 24 zeigt die zugehörige zeitliche Entwicklung der Stromerzeugungskosten für den rein solaren und hybriden Betrieb bei Turm- und Farmanlagen, wie sie von INTERATOM und SIEMENS/KWU einheitlich mit dem Programm STERKO ermittelt wurden. Der Entwicklungvorsprung der Rinnentechnologie führt dazu, daß in der vorausliegenden zehnjährigen Markteinführungsphase die Turmanlagen kostenmäßig den Farmanlagen unterlegen sind. Voraussetzung für die Kostenreduktion ist der möglichst kommerzielle Bau von einer Turmanlage pro Jahr, die bis zum Erreichen der n-ten Anlage jeweils mit einer kostengünstigeren Farmlösung konkurrieren muß. Aussagen für die Kostenentwicklung nach 2000 sind schwieriger, da für die kommerziellen Farmanlagen zunächst nur Entwicklungsschritte und Kostenziele bis 1995 konkret existieren, und die Entwicklung danach erst mit dem Erfolg der gesetzten Ziele absehbar ist. Auch für die Turm-Anlagen wurden mit SOLERGY und STERKO nur Berechnungen für eine 100 MW_e PHOEBUS-Erstanlage durchgeführt. Um die projektierten Kosten von 0,162 DM/kWh_e der 200 MW_e US-Utility zu erreichen, müssen die Membranfolien-Heliostaten zu Serienreife gebracht werden, um die spezifischen Heliostat-Investitionskosten von 344 DM/m^2 (PHOEBUS-1) auf 165 DM/m^2 (Utility 200) senken zu können.

(IPMK1302)

SEGS I - VII Stromproduktion von 1985 bis 1989
Jährliche Netto-Stromerzeugung [GWhe]
1.200
1.000
800
600
400
200
0
16
46
170
301
467
1000
1985
1986
1987
1988
1989
TOTAL
Jahr
SEGS VII
SEGS VI
SEGS V
SEGS IV
SEGS III
SEGS II
SEGS I
Abb. 22
FLACHGLAS SOLARTECHNIK

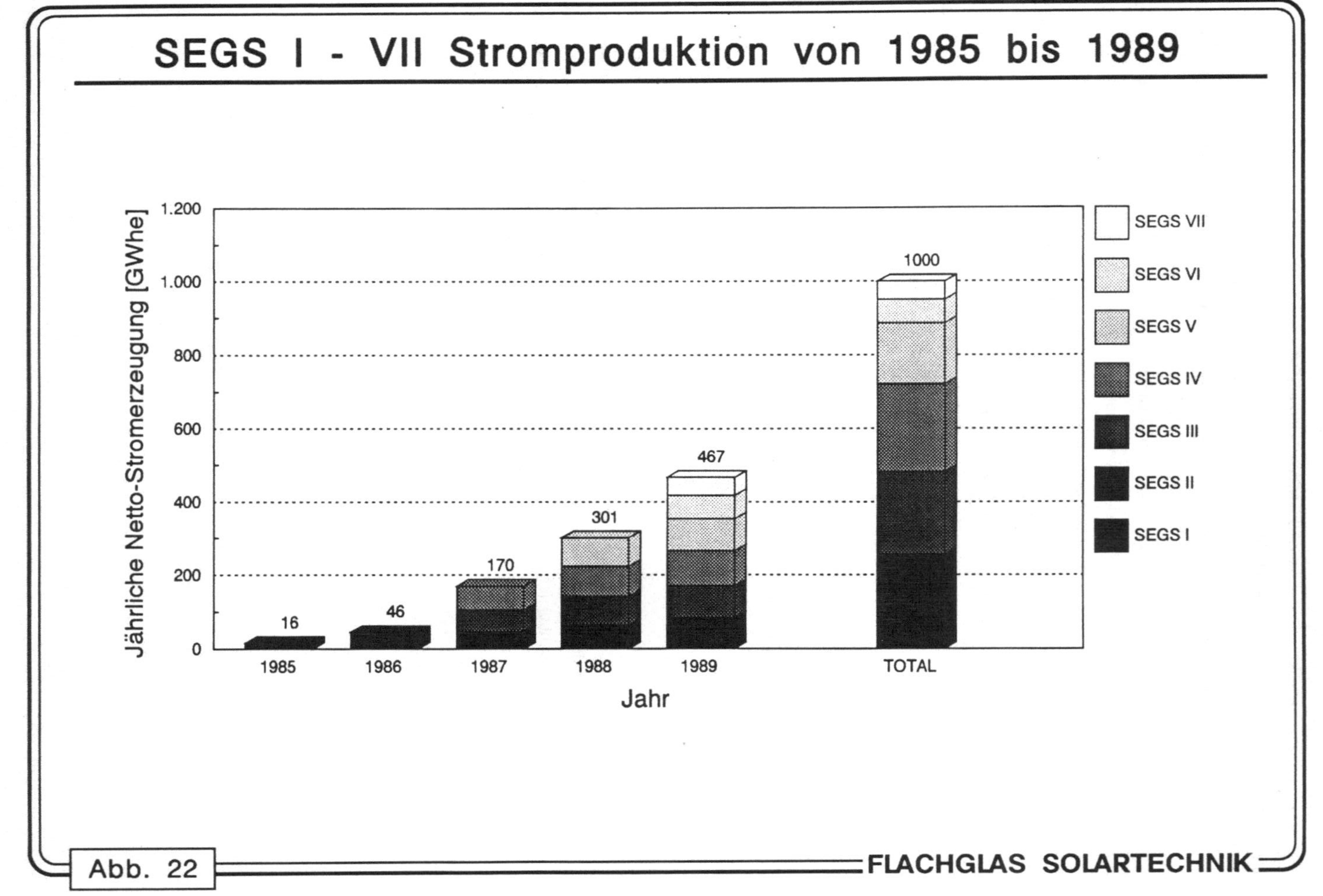

(IPMK1302)

Luftaufnahme der 80 MW_e SEGS VIII Anlage

Abb. 23

FLACHGLAS SOLARTECHNIK

(IPMK0901)

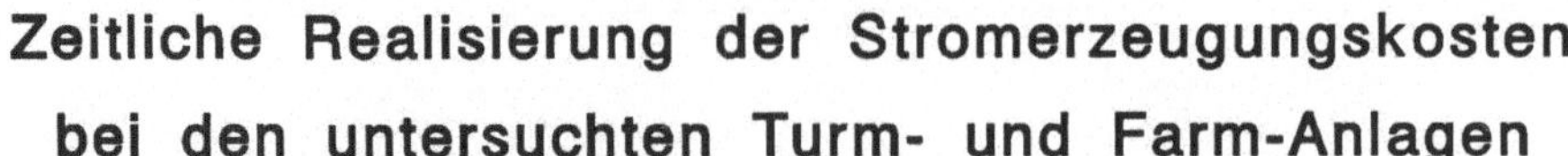

30 MW_e - Klasse

DPf/kWh: 0, 10, 20, 30, 40

1991 - 1993
SEGS VII, LS-3, ohne Speicher 30,2
SEGS VII A, LS-3, 1,5 h Speicher, hybrid 1 31,6
SEGS VII A, LS-3, 3 h Speicher, hybrid 1 33,6
Keine vergleichbare Turm-Anlage vorhanden

1994 - 1997
SEGS VII B, LS-4, 1,5 h Speicher, 100% solar 25,9
Phoebus-5, 1,5 h Speicher, 100% solar 36,8
SEGS VII B, LS-4, 3 h Speicher, 100% solar 26,9
Phoebus-5, 3 h Speicher, 100% solar 36,9

1998 - 2000
SEGS VII B, LS-4, 3 h Speicher, 100% solar 26,9
Phoebus-n, 3 h Speicher, 100% solar 28,1

80 - 100 MW_e - Klasse

DPf/kWh: 0, 10, 20, 30

1991 - 1993
SEGS VIII, LS-3, ohne Speicher 24,2
Keine vergleichbare Turm-Anlage vorhanden

1994 - 1997
SEGS XIII, LS-4, o.Sp. , 25% fossil 17,5
SEGS XIII, LS-4, 1,5 h Sp., hybrid 1 19,7
Keine vergleichbare Turm-Anlage vorhanden

1998 - 2000
SEGS XIII, LS-4, 6 h Sp., 100% solar 18,9
Phoebus-100, 6 h Speicher, 100% solar 20,4
Utility 100, 6 h Speicher, 100% solar 22,0

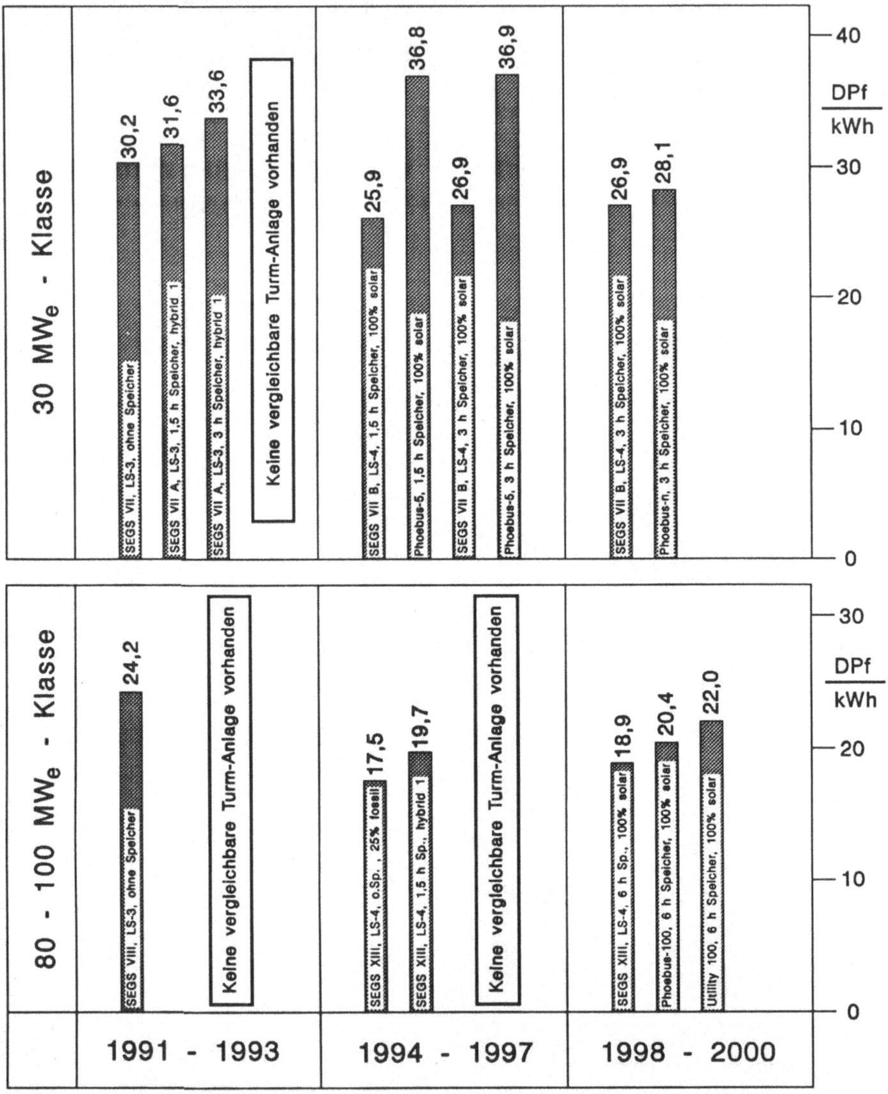

Abb. 24 FLACHGLAS SOLARTECHNIK

(IPMK1302)

10. Literatur zu den SEGS-Anlagen

[1] Electric Energy Information Center: **SEGS-1 Solar Electric Generating System.** Daggett, Kalifornien, Dezember 1985.

[2] Southern California Edison Co.: **Avoided Cost Payment Schedules for Cogeneration and Small Power Producers; Long-term Power Purchase.** Standard Offer No.4, Rosemead, Kalifornien, Januar 1985.

[3] LUZ International Ltd.: **SEGS III & IV (and others) Fact Sheet (1986).**

[4] D.Jaffe, S.Friedlander and D.Kearney: **The LUZ Solar Electric Generating Systems in California.** LUZ Engineering Corp., Los Angeles, Kalifornien, 1987.

[5] D.Kearney und H.W.Price: **Overview of the SEGS plants.** 1987 ASES Jahrestagung, Portland, Oregon, U.S.A., Juli 1987.

[6] D.Kearney and H.W.Price: **SEGS III/IV Performance Report, January-June, 1987.** LUZ Engineering Corp., Los Angeles, 1987.

[7] J.F.Verhey: **Project Development at LUZ: A Minefield of Opportunity,** 4th Int. Symposium on Research, Development and Applications of Solar Thermal Technology, Santa Fe, New Mexico, June 1988.

[8] D.Jaffe, S.Friedlander and D.Kearney: **Bright Future for Californian Solar Plants.** Modern Power Systems, July, 1988.

[9] D.Kearney und Y.Gilon: **Design and Operation of the LUZ Parabolic Trough Electric Plants,** VDI Bericht 704 "Solarthermische Kraftwerke zur Wärme- und Stromerzeugung", Köln, November 1988.

[10] R.Aringhoff: **Zur Wirtschaftlichkeit von Solarfarmanlagen: Das Erfolgsbeispiel der SEGS-Anlagen in Kalifornien,** VDI Bericht 704 "Solarthermische Kraftwerke zur Wärme- und Stromerzeugung", Köln, November 1988.

[11] E.Ehrentraut: **Solarthermische Kraftwerke - Ein Arbeitsgebiet der deutschen Industrie,** VDI Bericht 704 "Solarthermische Kraftwerke zur Wärme- und Stromerzeugung", Köln, November 1988.

[12] G.Nerz: **Finanzierung von High-Tech-Chancen und Risiken** in VDI Bericht 704 "Solarthermische Kraftwerke zur Wärme- und Stromerzeugung", Köln, November 1988.

[13] LUZ Development and Finance Corporation: **Marketing Strategies and Financing of Solarthermal Power Plants in Los Angeles, U.S.A.,** 1988.

[14] FLACHGLAS SOLARTECHNIK GMBH: **Solar Electricity Generating Systems,** Köln 1988.

[15] United States Code Annotated, West Publishing Company: Title 16, Conservation, 761-1150, St. Paul, Minnesota, 1987

[16] M. Geyer, H. Klaiß: **194 MW Solarstrom mit Rinnenkollektoren,** BWK Nr. 6 (1989), Seite 288/95

(IPMK1302)

[17] T.Williams et.al. (1987): **Characterization of Solar Thermal Concepts for Electricity Generation.** Battelle Pacific NW. Lab. Rep. PNL-6128, 1987

[18] T.R.Tracey, O.L.Scott, B.Goodman (1986): **Economical High Temperature Sensible Heat Storage Using Molten Nitrate Salt.** Proc. 21st IECEC, San Diego, 1986, Vol.II. pp.850-855

[19] J.K.Ives, B.Goodman: **High Temperature Molten Salt Storage Concept.** Proc. 21st IECEC, San Diego, 1986, Vol.II. pp.862-866

[20] M.C. Stoddard, S.E. Faas, C.J. Chiang, J.A. Dirks: **SOLERGY - A Computer Code for Calculating the Annual Energy from Central Receiver Power Plants.** Sandia Report SAND86-8060. Sandia National Laboratories, Albuquerque (New Mexico, USA), May 1987

(IPMK1302)

4 Detailberichte von Schlaich Bergermann und Partner zu Dish/Stirlinganlagen und Aufwindkraftwerken

4.1 Abschlußbericht zur Studie zum Vergleich von solarthermischen Anlagen zur Stromerzeugung (Dish/Stirling)

W. Schiel, J. Schlaich
Schlaich Bergermann und Partner

Stuttgart, März 1991

Inhaltsverzeichnis

1. Einleitung

Die Anstrengungen auf dem Gebiet der Solarthermie zur Erzeugung elektrischer Energie haben in den letzten 10 Jahren deutliche Fortschritte erzielt. Am weitesten fortgeschritten sind dabei vier Technologien:

- Aufwindkraftwerk (AWK),
- solarthermische Farmkraftwerke mit Parabolrinnen (DCS),
- solarthermische Turmkraftwerke (CRS),
- solarthermische Dish/Stirling-Anlagen (= Parabolspiegel mit Stirlingmotoren).

Alle vier Technologien haben unterschiedliche öffentliche Förderungen erhalten und können sich heute auf eine mehr oder weniger breite Basis an Betriebserfahrungen, Meßwerten, Auslegeprogrammen, bzw. Komponentenentwicklungen und gebauten Anlagen berufen.

Allen gemeinsam ist, daß die verfügbare Datenbasis eine Beurteilung ihrer Wirtschaftlichkeit zuläßt. Unterschiedliche Organisationen (PNL [1], MDAC [2], EPRI [3], DLR [4]) haben parallel zu den Entwicklungsarbeiten an Komponenten bzw. Systemen Einsatz- und Wirtschaftlichkeitsanalysen durchgeführt.

Ein detaillierter und systematischer Vergleich dieser solaren Wandlungstechniken unter Berücksichtigung der in den letzten Jahren erzielten Fortschritte mit einheitlichen finanzmathematischen, meteorologischen und thermodynamischen Randbedingungen, wurde im Frühjahr 1989 von der DLR/BMFT angeregt. Mit der Einbindung der zur Zeit in Deutschland mit diesen Technologien befaßten Firmen Flachglas Solartechnik GmbH/Köln, Interatom GmbH/Bergisch Gladbach und dem Entwicklungsbüro Schlaich Bergermann und Partner/Stuttgart, wurden die langjährigen Erfahrungen auf dem Gebiet der solarthermischen Kraftwerke dieser System- und Kostenvergleichsstudie verfügbar gemacht.

Das System Parabolkonzentrator mit Stirlingmotor ist unter den solarthermischen Systemen anerkanntermaßen die effizientestete Technologie bei der Wandlung von Solarstrahlung in elektrischen Strom. Der vorliegende Studienteil beschreibt den aktuellen Entwicklungsstand dieses Systems und zeigt das wirtschaftliche Entwicklungspotential dieser Technologie auf. Bei der Bearbeitung dieser Studie hat maßgeblich die Firma Interatom mitgewirkt. Den Herren Wehowsky und Dr. Kiera sei hiermit herzlich gedankt.

2. Aufgabenstellung und Randbedingungen

Im Gegensatz zu Systemen zur zentralen solaren Stromerzeugung, wie AWK, DCS und CRS, die einen wirtschaftlichen Einsatz erst ab Anlagengrößen von 30 MW bzw. 100 MW aufwärts zulassen, ist das Dish/Stirling-System ein dezentrales System. Aus diesem Grunde wurden im Rahmen dieser Studie nicht nur die für die anderen thermischen Systeme in der Vergleichsstudie vorgegebenen 30 MW- und 100 MW-Anlagen betrachtet, sondern auch die Leistungsklassen 1 MW bzw. 10 MW.

Als Grundlage für die vorliegenden Untersuchungen wurde ein einheitlicher Meteo- und Standortdatensatz vorgegeben. Verwendet wurden gemessene Direktstrahlungen aus Barstow/USA vom Jahr 1976.

Zugrundegelegt für die zu erwartende Jahresenergieausbeute wurden die weltweiten Erfahrungen und Meßergebnisse an verschiedenen Dish/Stirling-Anlagen [5, 6, 7, 8, 9, 10]. Mit dem von Sandia National Laboratories, USA für Turmanlagen erstellen und von Interatom auf Farm- und Dish-Anlagen erweiterten Simulations-Programm SOLERGY [11] wurden Jahresmodellrechnungen für unterschiedliche Leistungsklassen dieser drei Anlagen-Konzepte durchgeführt. Bei diesem Programm handelt es sich um kein physikalisch-thermohydraulisches Simulationsmodell, sondern um ein energetisches Bilanzierungsmodell, das auf der Basis von Kennfeldern der einzelnen Komponenten in z.B.15-minütigen Zeitschritten Jahresenergien bilanziert.

Da Turm-, Farm- und Dish/Stirling-Anlagen vergleichbare Komponenten sowie vergleichbare Verlustmechanismen aufweisen, gewährleistet diese Vorgehensweise einen fundierten Anlagenvergleich. (Das Aufwindkraftwerk allerdings gehorcht anderen Mechanismen, insbesondere wegen der viel längeren Lebensdauer seiner Komponenten).

Anhand von gut vermessenen Anlagen wurden die Kennfelder der einzelnen Dish/Stirling-Komponenten erarbeitet und eine gute Übereinstimmung der Simulationsergebnisse an vorhandenen Meßergebnissen fertiggestellt [9, 10, 15].

Von der Firma Interatom wurden unter Verwendung dieser Ergebnisse das energetische Verhalten und die Jahresenergien für fünf verschiedene Anlagen (1 MW,

10 MW, 30 MW, 100 MW) mit SOLERGY berechnet. Die technische Auslegung basiert dabei auf dem von SBP erprobten Metallmembranparaboloid mit 7,5 m Durchmesser und einer Einheitsleistung von 9,5 kW bis 11,0 kW.

Die Investitions- und Betriebskosten dieser fünf Anlagen wurden erarbeitet, wobei zwischen einer ersten bzw. n-ten gebauten Anlage unterschieden wurde, um die Ober- bzw. Untergrenze dieser Technologie darzustellen. Mit einem einheitlichen finanzmathematischen Datensatz und dem Siemens/KWU-Rechenprogramm STERKO wurden von Interatom anhand dieser Daten die zu erwartenden Stromgestehungskosten ermittelt [15, 16].

3. Stand der Technik

Der parabolisch gekrümmte Kollektor bzw. Konzentrator reflektiert die senkrecht einfallende direkte Solarstrahlung in einen Brennpunkt (Abb. 1). Er wird zweiachsig der Sonne nachgeführt und bündelt die Strahlungsenergie auf einen im Fokus angeordneten Wärmetauscher (Receiver), der als Bindeglied zwischen Konzentrator und Wärmetauscher dient. Die im Receiver in Wärme umgewandelte Strahlungsenergie wird einer Stirlingmaschine zugeführt, die als thermodynamische Wärmekraftmaschine die Wandlung in mechanische Energie vornimmt. Direkt an die Welle der Stirlingmaschine ist ein Generator gekoppelt, der die mechanische Energie in elektrische überführt. Der Generator ist direkt an das Netz gekoppelt (Netzbetrieb), bzw. beliefert, gepuffert über eine Batterie, einen speziellen Verbraucher (Inselbetrieb).

Das energetische Potential dieser Anordnung wird primär bestimmt durch die optische Abbildungsqualität des zweiachsig gekrümmten Kollektors und dem Wirkungsgrad der Stirlingmaschine. Das Produkt der Komponentenwirkungsgrade beschreibt die Effektivität,

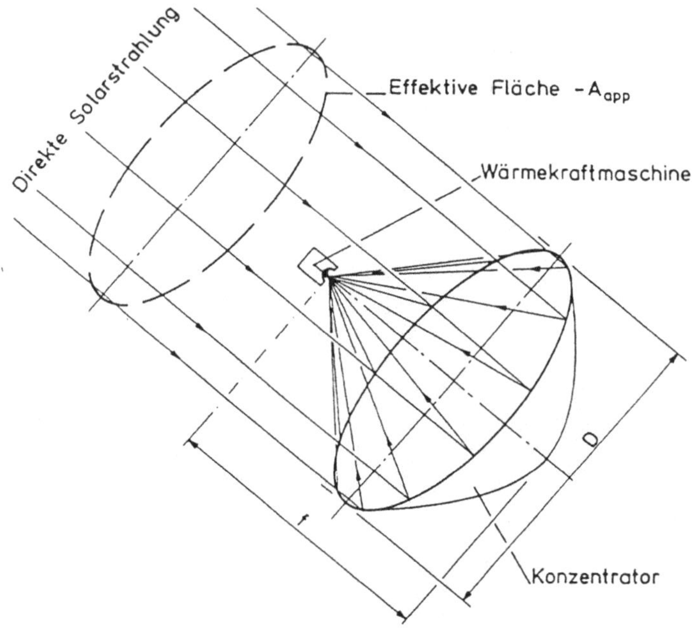

Abb. 1: Prinzipieller Aufbau eines Dish/Stirling-Systems

mit der ein solches System die Strahlungsenergie der Sonne in elektrische Energie wandelt.

In den letzten 10 Jahren wurden für verschiedene Anwendungen unterschiedliche Parabolkonzentratoren und Stirlingmaschinen entwickelt und getestet. Die Ergebnisse dieser Arbeiten bilden die Grundlage der heutigen Dish/Stirling-Entwicklung.

Neben der nahezu als abgeschlossen zu betrachtenden technologischen Machbarkeit und dem Nachweis des vorhandenen energetischen Potentials (Spitzenwirkungsgrade von über 30 % Sonne in Strom wurden bereits nachgewiesen), sind in den nun anstehenden Entwicklungsschritten Konzepte gefragt, die die wirtschaftliche Nutzungsmöglichkeit aufzeigen. Hierbei steht die Reduzierung der System-, Wartungs- und Betriebskosten bei gleichzeitiger Erhöhung der Verfügbarkeit und Zuverlässigkeit im Vordergrund.

3.1. Konzentrator

Unter den bisher hergestellten Konzentratoren lassen sich zwei völlig unterschiedliche Konzeptionen deutlich erkennen.

1. Facettierter Aufbau, bei dem auf eine tragende Stahlstruktur mehrere Spiegelsegmente (verspiegeltes Glas oder Metallfacetten mit einer verspiegelten Folie belegt), aufgebracht und einzeln gestützt und ausgerichtet werden (Abb. 2).

2. Die flächenhafte Gestaltung (stretched membrane technology SMT) mit dünnen Metall- oder Kunststoffmembranen, die mittels eines Formgebungsprozesses in ihre gewünschte Gestalt gebracht und in der Regel mit Unterdruck stabilisiert werden (Abb. 3).

Bei dem segmentierten Spiegelaufbau müssen die einzelnen Facetten entweder zweiachsig parabolisch gekrümmt oder die Facettengröße klein und damit die An-

Abb. 2: JPL-Testbed-Concentrator 11 m Durchmesser (Facettierter Aufbau), Edwards-Airforce-Base, USA mit 4-95 USAB-Stirling (25 kW_e)

Abb. 3: SBP 17 m-Metallmembrankonzentrator (Saudi-Arabien) mit 2-275 USAB-Stirling (50 kW_e)

zahl groß sein, um die notwendigen hohen Konzentrationsfaktoren von 2000 - 4000 zu erzielen. Der Konzentrationsfaktor eines solchen Aufbaus wird durch Ausrichtung der einzelnen Facetten und Überlagerung der Einzelbilder erreicht. Dieser Prozeß erfordert einen hohen konstruktiven Aufwand (3-Punkt-Lagerung und Justage jeder Facette etc.), und ist damit arbeits- und kostenintensiv. Zusätzlich muß in gewissen Zeitabständen die Justage überprüft werden, was den Wartungsaufwand beträchtlich erhöht.

Die von Schlaich Bergermann und Partner seit 1978 auf der Grundlage von Metallmembranen entwickelte elegantere, aber technologisch auch anspruchsvollere Methode ist die ganzheitliche, bleibende Gestaltung der Form unter Verwendung von dünnem Metall- (0,2 - 0,5 mm), bzw. Kunststoffmembranen. Dabei unterscheiden sich Metall- und Folienmembranen drastisch in ihren Festigkeitswerten, so daß bei der Verwendung von Metall die Membran als Tragstruktur mitwirken kann, wohingegen bei Folien die notwendige Steifigkeit durch die Unterkonstruktion des gesamten Konzeptes erbracht werden muß.

In der Tabelle 1 sind alle Konzentratorentwicklungen, über die schriftliche Berichte verfügbar sind, und ihre wesentlichen Merkmale zusammengestellt (s. Abb. 4).

Die aus diesen Entwicklungen erzielten Erfahrungen und Ergebnisse lassen sich wie folgt zusammenfassen:

	FIRST GENERATION				SECOND GENERATION		
	Test Bed Concentrator	Shenandoah	Sulaibyah	White Cliffs	Vanguard	MDC/USAB	PKI
Manufacturer	E-Systems	Solar Kinetics, Inc.	Messerschmidt-Bölkow-Blohm	Australian National University	Advanco	McDonnel Douglas	Power Kinetics
Type	Parabolic Dish	Parabolic Dish	Parabolic Dish	Parabolic Dish	Parabolic Dish, Multiple-Facets	Parabolic Dish, Multiple-Facets	Square Dish, Secondary Concentrator
Reflector Material	Silvered Glass	Aluminized Polymer (FEK-244)	Silvered Glass	Silvered Glass	Silvered Glass	Silvered Glass	Silvered Glass
Reflector Assembly	224 Mirror Facets Mounted to Foam Glass Substrate	21 Aluminum Sheet Metal Petals	Reinforced Plastic Dish	Fiberglass Shell (2300 Mirror Tiles)	336 Mirror Facets Bonded to Foam Glass Substrate	82 Curved Mirrors Bonded to Stamped Steel Back Structure	360 Mirror Facets in Venetian Blind Arrangement
Structure/Mounting	Parabolic-Shaped Tubes, Alidade Structure	Aluminum Ribs, Steel Hubs, Tripod Mount Structure	Concrete Pedestal	Tubular Steel Frame, Steel Pipe Pedestal	Truss Frame/Pedestal Encased in Concrete	Trusses/Beams/Steel Pedestal	Space Frame/Secondary Support System/Boxbeam Track
Tracking Axes	Elevation-Azimuth (Circular Track)	Polar-Declination	Polar-Declination	Elevation-Azimuth	Elevation Azimuth	Elevation-Azimuth	Elevation: Wheel and Drag Links Azimuth: Rotation on Track
Technical data:							
Concentrator diam. [m]	11.0	7.0	5.0	5.0	10.6	11.0	13.2
Reflector area [m²]	97.1	38.0	18.3	19.8	91.4	91.0	135.0
Concentrator ratio	5000	234	678	1000	2700	4000	700
Reflectivity	0.93	0.86 (0.82)	0.94	0.80	0.92	0.92	n/a
Focal length [m]	n/a	n/a	2.0	n/a	6.2	n/a	n/a
Receiver aperture [m²]	n/a	0.21	0.023	0.13	0.03	0.034	n/a
Weight [kg/m²]	168.5	37.0	n/a	80	119.9	100.0	n/a
Number built	2	114	56	14	2	6	1

Tab. 1 a: Zusammenstellung der bisher aufgeführten Konzentratorentwicklungen

	ADVANCED CONCENTRATORS					
	Acurex Innovative	Ski Advanced	LEC-400	LaJet Innovative	SBP Metallmembrane	SBP Advanced
Manufacturer	Acurex	Solar Kinetics	LaJet	LaJet	Schlaich Bergermann und Partner	Schlaich Bergermann und Partner
Type	Parabolic Dish	Parabolic Dish	Stretched Membranes, Multiple-Facets	Stretched Membranes, Multiple-Facets	Single Stretched Membrane Dish	Single Stretched Metal Turnbase
Reflector Material	Silvered Polymer (ECP-300X)	Silvered Polymer (ECP-300X)	Aluminized Mylar (ECP-91)	Silvered Polymer (ECP-300X)	Silvered Glass Mirror Tiles	Silvered Glass Mirror
Reflector Assembly	60 Panels of Aluminized Steel Bonded to Stamped Hat Section Back Sheet	30 Curved Aluminum Parabolic Gore Panels. Sandwich with Corrugated Core.	24 Reflector Membranes on Aluminum Frames, Shaped by Vacuum	95 Membranes Mounted on Curved Spaceframe. Shaped by Vacuum	Double Steel Membranes 0.5 mm thick. Stretched over Steel Ring. Shaped by Vacuum. Mirror Tiles Bonded to Front	Double Steel Membrane 0.23 mm thick. Stretched over Steel Ring. Hydropneumatically shaped. Glass Mirrors bonded to Front Membrane
Structure/Mounting	Rib Trusses/Rings/Hub/Tripod Support	6 Radial Arms, 2 Rings, Hub/Tubular Steel Pedestal	Truss Structure/ Concrete Pier	Spaceframe Tripod Assembly/Anchor Fittings	Steel Support Girders on Ring Turntable base	Steel Support Tower in the North
Tracking Axes	Elevation-Azimuth	Elevation-Azimuth	Polar-Declination	Polar-Declination	Elevation Azimuth: Rotation on Wheels	Polar-Declination
<u>Technical data:</u>						
Concentrator diam. [m]	15.0	14.0	9.5	19.6	17.0	7.5
Reflector area [m²]	177.0	154.0	43.7	164.0	227.0	44.2
Concentrator ratio	2434	1226	24-2000 (changed by vacuum)	1100	800	4000
Reflectivity	0.91	n/a	0.80	0.9	0.94	0.94
Focal length [m]	7.5	n/a	5.60	11.7	13.6	5.0
Receiver aperture [m²]	0.7	n/a	0.2	1.0	0.38	0.018
Weight [kg/m²]	55	n/a	36	69.3	52	81
Number built	1	1 Core	700	1	3	1 (6)

Tab. 1 b: Zusammenstellung der bisher ausgeführten Konzentratorentwicklungen

Glass-metal technology

TBC (1977)
ϕ 11m /C = 3000

Vanguard (1980)
ϕ 11m / C = 2800

MDAC (1984)
ϕ 11 m / C = 2400

Aluminized film technology

SKI (1980)
ϕ 7 m/C = 250

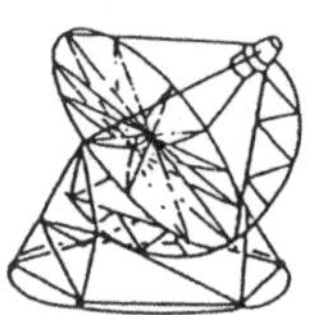

GE (future)
ϕ 12 m / C = 1000

LeJet (1986)
ϕ 7,4 m / C = 800

Silver-polymer/silver-steel technology

Acurex (future)
ϕ 15m / C = 1100

LaJet (future)
ϕ 15m / C = 700

Streched-membrane technology

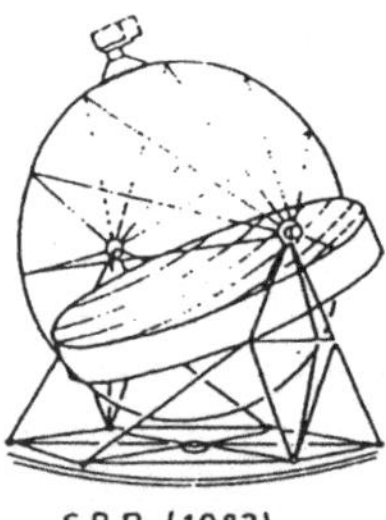

SBP (1983)
ϕ 17 m/C = 600

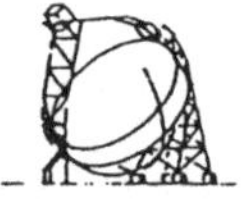

SBP (1990)
ϕ 7,5 m / C = 4000

C = Geometric concentration ratio

Abb. 4: Zusammenstellung der wesentlichsten Konzentratorentwicklungen

- Die prinzipielle Machbarkeit und die geforderte optische Leistungsfähigkeit (Konzentrationsfaktoren von 1500 - 5000) wurden in beiden Konzeptionen erbracht.

- Konzentratoren bis zu 227 m^2 Aperturfläche in Membranbauweise bzw. 177 m^2 in segmentierter Bauweise wurden gebaut und getestet.

- Rückseitig versilberte Glasspiegel zeigten keine nennenswerten optischen Degradationserscheinungen, wohingegen die versilberten Polymerfolien erhebliche Degradationserscheinungen zeigten.

- Struktursteifigkeit bei Wind war ein wesentliches Problem bei der 1-Punkt-Lagerung (Pylonaufbau).

- Deutliche Gewichtsreduzierungen in den Einzelkomponenten wurden erzielt, ohne nennenswerte Reduzierung der optischen Kenngrößen.

Die Metallmembrankonstruktion ist das zur Zeit fortschrittlichste Konzept. Mit dieser Technik können geringe Gewichte hohe Steifigkeiten und gute optische Leistungsfähigkeiten erzielt werden und damit die Komponentenkosten deutlich gesenkt werden.

3.2. Stirling

Der Stirlingmotor ist entsprechend seiner Betriebsart in die Gruppe der Heißgasmotoren einzuordnen und wurde 1816 vom schottischen Pfarrer Robert Stirling erfunden. Man unterscheidet zwei verschiedene Varianten:

- den kinematischen Stirling (ausgeführt als Rhomben-, Kurbel- oder Taumelscheibentriebwerk), der heute den weitesten Entwicklungsstand aufweist. (s. Abb. 5),

- den sog. Freikolben-Stirling, bei dem der Verdränger und der Kompressionskolben nicht über ein Gestänge miteinander verbunden sind, sondern sich im Zylinder frei bewegen.

Im Jahre 1937 begannen in Holland die Philips-Werke moderne kinematische Stirlingmotoren zu konzipieren und erzielten in den 50er-Jahren bereits bis zu 38 % Maschinenwirkungsgrade und übertrafen damit den Otto- bzw. Dieselmotor. Aufgrund der hohen Wirkungsgrade, der geringen Geräuschentwicklung und den guten Emissionswerten (externe Verbrennung) wurden erhebliche Anstrengungen unternommen, den kinematischen Stirling für die Automobilindustrie nutzbar zu machen.

Auf diese Entwicklungsarbeiten greifen die heutigen modernen Stirlingkonzepte zurück. Heute stehen für die solarthermische Nutzung folgende Maschinen zur Verfügung, deren wesentliche Kenndaten in Tab. 2 zusammengefaßt sind:

1. **USAB 4-95-Stirling:**
   Die 4-95-Stirlingmaschine (s. Abb. 6) ist eine 40 kW-Maschine (25 kW im Solarbetrieb), entwickelt von United Stirling AB in Malmö, Schweden. Es handelt sich hierbei um ein 4-Zylindertriebwerk mit 95 cm^3 Hubraum pro Zylinder. Die nachgewiesenen Wirkungsgrade liegen bei ca. 42 %. Die Entwicklungsarbeiten begannen 1968 und zielten auf

	USAB 4-95	USAB 4-275	SPS V-160	STM 4-120	MTI MOD I	MTI MOD II
Maschinentyp	U 4-95	U 4-275	V-160	44-120	44-95	V 4
Hubraum [ccm]	380	1100	160	480	380	n/a
Arbeitsmedium	H2	H2	He	He	H2	H2
Gewicht (PCU) [kg]	690	1300	300	307**	364	550
Anzahl der geb. Maschinen [Stck.]	50	9	160	2	10	2
Akkumulierte Betriebsstunden [h]	60.000-80.000	16.000	425.000	200	21.000	
Gasbetrieb						
Arbeitstemperatur [°C]	780	780	720	800	780	780
max. Arbeitsdruck [MP]	15	15	15	11	15	15
Receiver	Rohr	Rohr	Rohr + Heatpipe	Heatpipe	Rohr	Rohr
max. Leistung						
bei 1800 RPM [kW]	25	--	10	25	54	50
bei 3000 RPM [kW]	40	100	--	--	--	--
bei 3600 RPM [kW]	--	--	16	--	--	--
Solarbetrieb						
Arbeitstemperatur [°C]	720	720	580	--	--	--
max. Arbeitsdruck [MPa]	15	15	15	--	--	--
Receiver	Rohr	Rohr	Rohr	--	--	--
max. Leistung						
bei 1500 RPM [kW]	--	--	8,5	--	--	--
bei 1800 RPM [kW]	25	45	--	--	--	--
Anzahl der solaren Maschine [Stck.]	10	2	5*	--	--	--
akk. solare Betriebsstd. [h]	14.700	3.000	1.000	--	--	--
Bemerkungen	19.000 h mit einer Maschine Kolbenstangen Dichtung alle		28.000 h mit 1 Maschine	Solar Betrieb 1991	3.500 h auf einer Maschine	

Tab. 2: Zusammenstellung der wesentlichen Stirlingentwicklungen

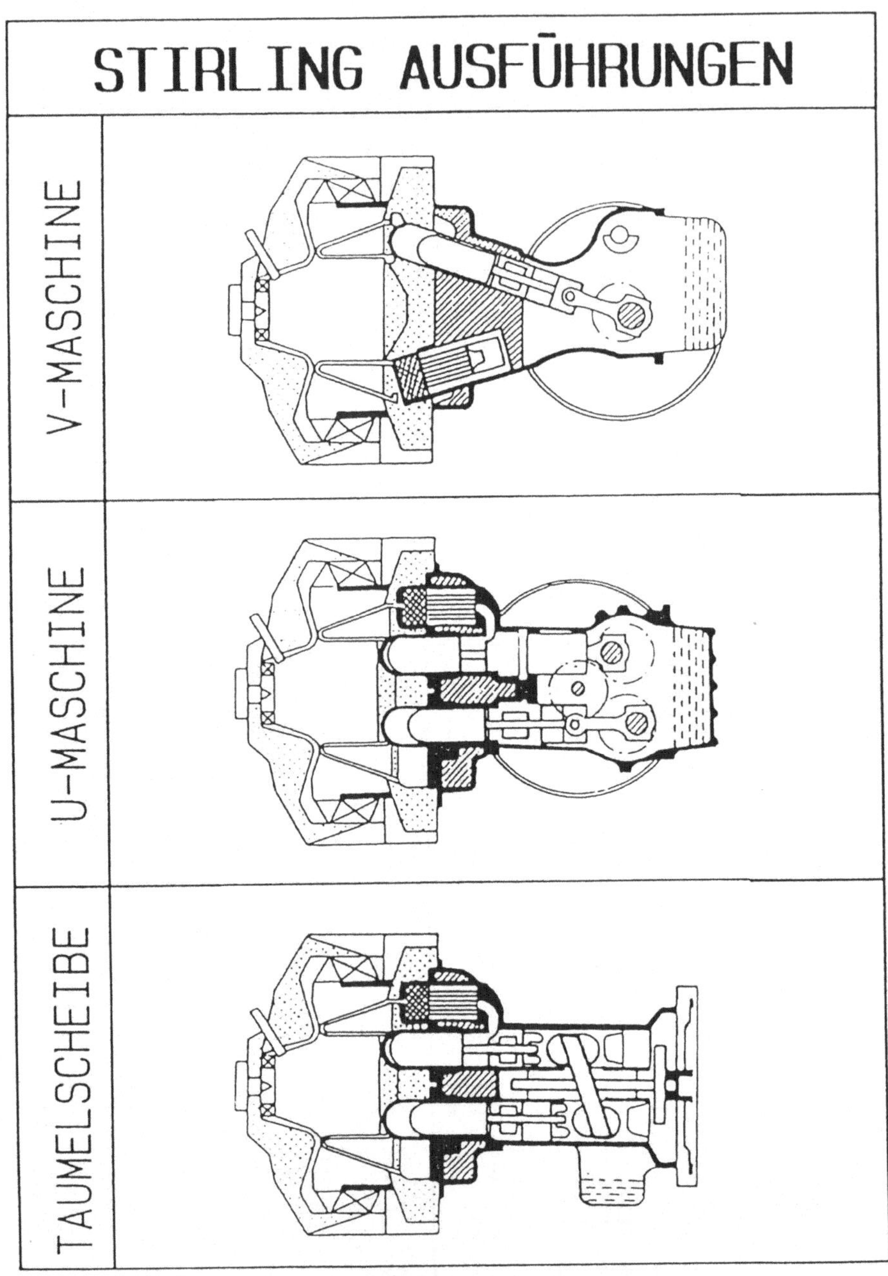

Abb. 5: Stirlingausführungen

die Automobilindustrie. 1976 wurde die erste Maschine im Fahrbetrieb getestet. Das Arbeitsmedium ist Wasserstoff, die mittlere Gastemperatur beträgt 700° C, die Leistungsregelung erfolgt durch Veränderung des Gasdruckes in der Maschine (bis 15 MPa), wobei die obere und untere Prozeßtemperatur konstant bleiben und damit ein gutes Teillastverhalten erzielt wird. Die erste solarisierte Version dieser Maschine wurde 1981/82 vom Jet Propulsion Laboratory im sogenannten Test-Bed-Concentrator getestet (TBC) (s. Abb. 3). Im anschließenden Vanguard-Projekt (1984 - 85) und im darauf folgenden McDonnel-Douglas/USAB-Programm (1983 - 88) wurden Weiterentwicklungen dieser Maschine eingesetzt. Insgesamt wurden über 50 4-95-Einheiten gebaut und getestet, wobei insgesamt über 80.000 Betriebsstunden akkumuliert wurden, davon 15.000 im solaren Betrieb und mehr als 19.000 Stunden beim Betrieb einer einzelnen Maschine nachweisbar sind.

2. **USAB 4-275-Stirlingmaschine:**
Die 4-275-Stirlingmaschine repräsentiert eine weitere Entwicklungslinie bei USAB in Schweden. Die Technologie ist der USAB 4-95-Maschine sehr ähnlich, bei größerem Hubraum (275 cm^3 pro Zylinder) und größerer Leistung (100 kW im Gasbetrieb bzw. 50 kW im Solarbetrieb). Dieser Maschinentyp zeigt die zur Zeit besten Maschinenwirkungsgrade (ungefähr 45 % bei Vollast). Im Rahmen des vom BMFT geförderten und von SBP geführten deutsch-saudischen Gemeinschaftsprojektes wurde diese Stirlingmaschine solarisiert und in zwei 17 m Dish-Konzentratoren von 1984 bis heute getestet.

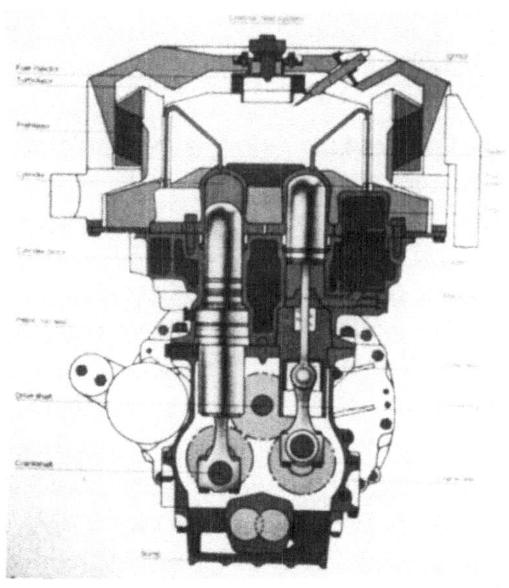

Abb. 6: Schematische Darstellung der USAB 4-95
25 kW_e Stirlingmaschine

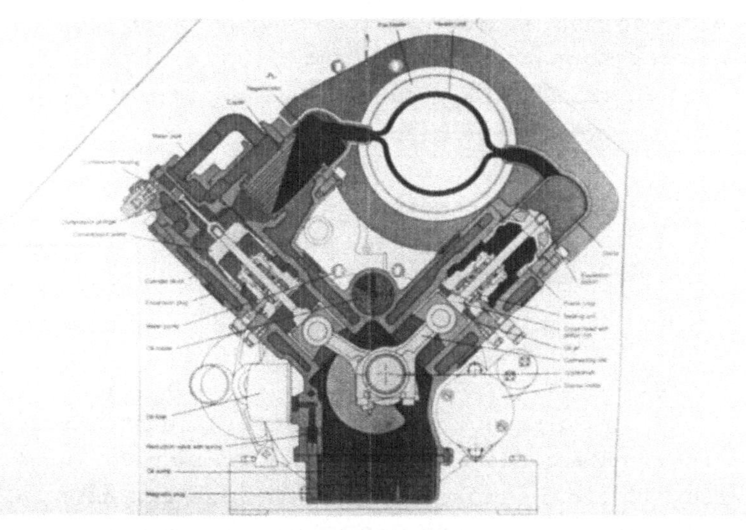

Abb. 7: Schematische Darstellung der SPS/SOLO V-160
10 kW_e Stirlingmaschine

(s. Abb. 3). Mit dieser Maschine wurden insgesamt 16.000 Betriebsstunden akkumuliert, davon ca. 3.000 im solaren Betrieb.

3. **SPS V-160-Stirling:**
Die V-160-Stirlingmaschine (s. Abb. 7) wurde von der Firma Stirling Power Systems (SPS) in Michigan, USA entwickelt und gebaut. SPS ist eine ehemalige Tochterfirma von USAB in Schweden. Die V-160-Maschine ist eine Zwei-Zylindermaschine mit 160 cm^3 Hubraum, deren Zylinder in V-Form angeordnet sind. Es wurden insgesamt 160 Maschinen gebaut und damit über 400.000 Betriebsstunden akkumuliert, dabei 28.000 Stunden auf einer einzelnen Maschine. Damit weist dieser Maschinentyp die meisten Betriebserfahrungen auf. Der Leistungsbereich im Gasbetrieb liegt zwischen 10 kW und 15 kW, je nach Drehzahl (1.800 U/min bis 3.600 U/min), bei Maschinenwirkungsgraden von ca. 30 - 37 %.

Im Rahmen eines gemeinsamen Entwicklungsprogrammes mit SBP wurde 1988 die V-160-Maschine solarisiert und in einem Metallmembrankonzentrator von 44,2 m^2 Aperturfläche bis zu 8 kW getestet (s. Abb. 8, 9). SBP erwarb im Rahmen dieser Kooperation die Lizenzen zum Bau und Vertrieb dieses Maschinentyps und beauftragte Solo-Kleinmotoren GmbH/Maichingen mit der Fertigung. Die DLR Stuttgart entwickelte 1990 einen Heat-Pipe-Receiver für diesen Maschinentyp, dessen Labortests 1990 erfolgreich abgeschlossen wurden. Die ersten solaren Tests begannen 1991 im SBP-7,5 m-Membranspiegel.

Abb. 8: SPS/SOLO V-160 Stirling mit Glaserhitzerkopf

Abb. 9: SPS/SOLO V-160 Stirling in Solarausführung

4. STM 4-120-Stirling:

Die 4-120-Stirlingmaschine wird von der Firma Stirling Thermal Motors, Michigan, USA entwickelt und gebaut. Es ist eine 4-Zylindermaschine mit einem Hubraum von 120 cm^3 pro Zylinder und einer Leistung von 25 kW_e. Die Entwicklung geht zurück auf Patente von Philips aus den 70er-Jahren. Die Leistung dieser Maschine wird über eine Taumelscheibe geregelt. Durch Anstellen der Taumelscheibe wird der Hubraum verkleinert, bzw. vergrößert. Das Kurbelgehäuse dieser Maschine steht unter dem mittleren Maschinendruck, so daß die notwendige Druckdichtung an der Kolbenstange entfällt. Die Maschine wurde für ca. 200 Stunden auf dem Prüfstand getestet und läuft zur Zeit auf einem Prüfstand der Sandia National Laboratories in Albuquerque in New Mexico. Erste solare Tests sind in den nächsten Jahren zu erwarten.

5. MTI-ASE:

Im Jahre 1978 wurde die USAB 4-95-Technologie nach Amerika zu Mechanical Technology Incorporated (MTI), Lettem, New York, USA im Rahmen eines Automobil-Stirling-Programms transferiert, das vom US-Department of Energy gefördert wurde. Auf der Basis der 4-95-Maschine von United Stirling wurde ein Stirling-Automotor entwickelt, der bisher insgesamt 1.100 Betriebsstunden nachgewiesen hat (14). Eine verbesserte Version wurde 1983 begonnen und 1986 erstmalig getestet. Das Ziel dieser Entwicklungsarbeiten ist es, eine kompakte V-Version für kleine Automobile zu entwickeln, bei geringen Systemkosten in der Serie. Eine solare Anwendung ist zur Zeit nicht geplant.

6. **Freikolben-Stirlingmaschine:**
Es werden zur Zeit drei verschiedene Freikolben-Stirlingmaschinen entwickelt. Die beiden Entwicklungen bei Mechanical Technology Incorp. (MTI) in Lettem, New York, USA und bei Stirling Technology Company (STC), Richland, Wa., USA haben zum Ziel, einen 25 kW-Freikolben-Stirling zu entwickeln, der eine Lebensdauer von 30 Jahren und nur eine Überholung in 20 Jahren aufweist. Das Conceptional Design wurde 1987 abgeschlossen und erste Labormessungen liegen vor. Es wird erwartet, daß in den nächsten Jahren ein solarer Prototyp getestet werden kann.

Die Firma Sunpower, Incorporated, Athens, Ohio entwickelt zusammen mit Cummins Engine Company einen 2 kW_e-Freikolbenmotor, der 1990 im Konzentrator LEC 460 der Firma LaJet Energy Company getestet wurde. Dabei wurden zwei Einheiten zu einer 4 kW_e-Einheit zusammengefaßt.

4. Technisches Konzept zur Kommerzialisierung

In allen bisher durchgeführten Studien zur Beurteilung des technischen und wirtschaftlichen Potentials von Dish/Stirling-Systemen (1, 2, 3, 4) wurde ein technisches System unterlegt mit mittleren Netto-Jahres-Energiewirkungsgraden von ca. 25 % (Sonne in Strom). Gemäß den heute vorliegenden Meßdaten (MDAC, Advanco, JPL, SBP) stellt dieser Wert den oberen Rand der heutigen Machbarkeit dar (s. Abb. 10). Speziell die Meßergebnisse im MDAC- und Advanco-Projekt bestätigen diese Annahme, machen aber auch deutlich, daß

JPL/TBC-SYSTEM
11 m/25 kW_e/USAB 4-95

ADVANCO-SYSTEM
10,6 m/25 kW_e/USAB

MDAC-SYSTEM
11 m/25 kW_e/USAB 4-95

SBP-SYSTEM
17 m/50 kW_e/USA 4-275

SBP-SYSTEM
7,5 m/9 kW_e/SPS V-160

BISHER GEBAUTE UND ERPROBTE DISH/STIRLING PROTOTYPEN

die Zuverlässigkeit und Verfügbarkeit der Anlage auf diesem hohen Niveau heute noch nicht gegeben ist.

In Ergänzung zu diesen Arbeiten und mit dem Ziel, den unteren Rand dieser Entwicklungslinie zu ermitteln, wurden in der vorliegenden Studie alle Komponentenwirkungsgrade konservativ angenommen und dabei auf bereits heute bestätigte Werte aus Langzeittests zurückgegriffen. Somit zeigen die Ergebnisse dieser Studie nicht das zukünftig zu erwartende Potential (Wirkungsgradsteigerungen über das heute bereits demonstrierte Maß hinaus) auf.

4.1. Der Konzentrator

Dieser Studie liegt der von SBP entwickelte Metallmembrankonzentrator [9]) (s. Abb. 11) mit 7,5 m Durchmesser (14,18 m^2 Aperturfläche) zugrunde. Es handelt sich hierbei um eine Weiterentwicklung des 17 m-Metallmembrankonzeptes (stretched membrane) (s. Abb. 12).

Die Membran wird über ein Gehäuse gespannt und mit einem speziell dafür entwickelten hydropneumatischen Formgebungsverfahren in seine parabolische Form gebracht. Dazu wird die Membran aus einzelnen 1 m breiten und 0,23 mm dicken Edelstahlblechen zusammengeschweißt, aufgerollt und auf der Baustelle mit dem aus einzelnen Segmenten vormontierten Gehäuse verschraubt. Dieses führt zu einer leichten verwindungssteifen Trommel, deren Vorderseite nach Belegen mit Dünnglasspiegeln zu einer parabolisch gekrümmten Spiegelfläche wird (s. Abb. 13).

Abb. 11: SBP 7,5 m/9 kW Dish/Stirling-Prototyp

Abb. 12: SBP 17 m/50 kW Dish/Stirling-Prototyp

Abb. 13: Montageschritte beim Bau des SBP 7,5 m-Metallmembran-Prototypen

Der Konzentrator wird polar montiert. Dieses ermöglicht die Entkopplung der beiden Drehachsen in eine tageszeitliche und eine saisonale Achse. Die tägliche Nachführung erfolgt in dieser Aufhängung mit einer konstanten Drehbewegung (15° pro Stunde), und die jahreszeitliche Nachführung muß nur einmal täglich durchgeführt werden. Die großen auftretenden Drehmomente in der Drehachse selbst (ca. 10 kN/m), die zu großen und teuren Getriebestufen führen, werden nicht in der Achse sondern auf dem Radius des Konzentrators eingeleitet (große Hebelarme). Dadurch wird hier bereits eine Untersetzung von 1:100 erreicht, so daß das Getriebe nur noch mit etwa 1/100 des Gesamtdrehmomentes belastet wird. Dies ermöglicht die Nutzung von bereits heute in Serie gefertigten Bauteilen für die Antriebstechnik.

Die Steuerung des Tagesantriebes (Drehung um die Polarachse) erfolgt mit einem 40 W-Schrittmotor, der mit konstanter Geschwindigkeit von 15° pro Stunde der täglichen Sonnenbewegung nachfährt. Die Saisonalachse wird täglich einmal mit einem Schrittmotor in seine vorgegebene Position gefahren. Mit diesem Konzept kann die Positionierung des Fokus auf der Receiverapertur mit einer Genauigkeit von 1 cm gewährleistet werden.

Die Struktur der Konzentratoreinheit (Gewicht) ist derart ausgelegt, daß in jeder Position der Überlebenswind von 36 m/sec abgetragen werden kann und ein Betrieb bis 18 m/sec sichergestellt wird. Die dieser Studie unterlegte Entwicklung sieht vor, daß dieses Konzept bis zu gebauten Einheiten von 100 pro Jahr beibehalten wird. Bei einer Steigerung der jährlichen

Produktionsrate wird eine Windschutzstellung eingeführt, so daß ab Windgeschwindigkeiten von 18 m pro Sekunde die Schutzstellung angefahren wird. Dieses führt zu einer deutlichen Reduktion der Lasten mit einhergehender Gesamtgewichtsreduktion. Die Abb. 14 zeigt die zu erwartende Gewichtsentwicklung der Konzentratoreinheit, ab Fundament aufwärts (ohne Energiewandler). Bei der Prototypentwicklung wurden 81,5 kg/m^2 Konzentratorfläche realisiert. Durch Optimierung kann dieses Gewicht auf 72,4 kg/m^2 (11,2 %) reduziert werden. Durch Einführung einer Windschutzstellung (Reduktion der Lasten) kann das Gesamtgewicht der Konzentratoreinheit auf 56,6 kg/m^2 (21,8 %) reduziert werden. Optimierte Fertigungsmethoden führen zu einer weiteren Gewichtseinsparung von 12 % auf 49,8 kg/m^2 bei einer Produktionsleistung von 10.000 Einheiten. Diese Gewichtsentwicklungen wurden durch Finite-Elemente-Rechnung abgesichert, wobei weiterhin die Verwendung von gängigen Stahlprofilen (keine Sonderprofile) unterlegt wurde.

4.2. Der Stirlingmotor

Der eingesetzte Stirlingmotor V-160 ist ein Zweizylinder V-Motor mit einfachwirkenden Kolben und zeichnet sich insbesonders durch seinen hohen Entwicklungsstand und seine einfache und robuste Bauweise aus. Durch den modularen Aufbau ist auch die Kopplung von 2 oder mehreren Motorblöcken zu V-4-, V-6- usw. Einheiten möglich.

Die Entwicklung des V 160-Motors begann Mitte der 70er Jahre bei USAB (United Stirling AB, Schweden). Mit dieser Entwicklung wurde versucht, unter Verzicht auf einige Prozentpunkte im Wirkungsgrad gegenüber den sehr aufwendigen und teuren Vierzylindermaschinen 4-95 und 4-275, einen einfach aufgebauten und kostengünstigen Motor mit hoher Zuverlässigkeit zu bauen. Die Maschine wird inzwischen in der 6. verbesserten Version gebaut und weist über 400.000 akkumulierte Betriebsstunden bei ca. 150 gebauten Einheiten auf. Somit ist hier ein bei Stirlingmotoren bisher noch nie realisierter Entwicklungsstand erreicht worden, der sich auch in den erreichten durchschnittlichen Betriebsstunden ohne Wartung von ca. 5.000 Stunden ausdrückt.

Das Triebwerk ist als 90°-V-Motor mit 160 cm^3 Hubraum ausgeführt (Abb. 7). Kurbelgehäuse und wassergekühlte Zylinderblöcke bestehen aus Grauguß. Die gleitgelagerte Kurbelwelle wirkt auf im unteren Teil der Zylinderbohrung laufende Kreuzköpfe, um eine exakte radiale Führung von Kolben und Kolbenstangen zu gewährleisten. Arbeits- und Verdrängerkolben sind mit je zwei doppelten Kolbenringen gegen die Zylinderbohrungen abgedichtet. Die Kolbenstangen sind mit einem speziellen Dichtungssystem ausgestattet, der sogenannten PL-Dichtung (Pumping Leningrader Seal).

Im Raum zwischen den beiden Zylindern ist der Erhitzer angeordnet. Der Regenerator aus gepackten Drahtnetzen und der im Kreuzstrom durchflutete Rohrbündelwärmetauscher sind im Zylinderblock des Verdrängerkolbens seitlich angeordnet. Ebenfalls am Verdrängerzylinder ist der Arbeitsgaskompressor angeflanscht, dessen Kolben von der Kolbenstange angetrieben wird und bei sinkender Leistung Arbeitsgas in den Vorratsbehälter zurückbefördert. Weiterhin befindet sich im Kurbelgehäuse eine Ölpumpe mit beweglichem Ansaugrohr, durch das in jeder Betriebsstellung Öl aus dem Ölsumpf angesaugt werden kann.

Da auf eine externe Wasserkühlung beim Betrieb im Konzentrator verzichtet werden soll, ist der wassergekühlte Motor mit zwei großformatigen Wasser/-Luftkühlern, einer Umwälzpumpe und einem Kühlkreislauf versehen worden. Ein Axialgebläse sichert bei geschlossener Haube die Luftströmung durch die Kühler.

Die Frontseite der Einheit ist mit einer hochtemperaturbeständigen Keramikfaserisolierung versehen, um beim Anfahren und eventuell auftretenden Nachführfehlern eine Überhitzung von Bauteilen durch die konzentrierte Solarstrahlung zu verhindern.

Aufgrund der wechselnden Einstrahlung und während der An- und Abfahrvorgänge muß der Stirlingmotor leistungsgeregelt werden. Außer beim Anfahren werden dabei die Gastemperaturen im Motor konstant gehalten, um einen guten Teillastwirkungsgrad zu erzielen. Bei Änderungen des zugeführten Wärmestroms wird der Druck des Arbeitsgases geregelt. Dieses erfolgt im Falle einer Druckerhöhung durch Öffnen des Magnetventils zwischen Motor- und Gasvorratsbehälter, bei Druckabsenkung wird der am Verdrängerzylinder angebaute Kompressor genutzt. Über ein weiteres Magnetventil kann die Gasvorratsflasche am Motor bei zu geringem Druck von außen nachgefüllt werden. Dabei strömt das Gas in den laufenden Motor und wird mit dessen Kompressor in die Vorratsflasche befördert.

Die Steuerung des Motors übernimmt außer der Leistungs-Temperaturregelung auch eine Reihe von Überwachungsaufgaben, um bei Fehlbedienung und Defekten Schäden zu verhindern. So werden z.B. Erhitzertemperatur, Gasdruck im Motor und Vorratsbehälter, Drehzahlkühlwassertemperatur, Öldruck, Thermoelemente etc. überwacht. Die Steuerelektronik ist auf nur einer Steckkarte untergebracht und enthält einen 1-Chip-Mikroprozessor EPROM, AD-Wandler, ein Display für Fehlercodes etc. sowie die Ausgangsstufen zur Steuerung der Magnetventile. Zusammen mit dem Lasttrennschalter und den Sicherungen ist die Steuerkarte in einem Metallgehäuse untergebracht.

Die Abb. 15 zeigt die für die einzelnen Anlagengrößen zu erwartenden maximalen Maschinenwirkungsgrade des V 160-Stirlings (Wärme-Wellenleistung).

Ausgehend von den im Prototyp verifizierten Maschinenwirkungsgrade von 30,5 % wird eine Wirkungsgradsteigerung von 6,5 %-Punkten erwartet. Diese Steigerung wird im wesentlichen durch einen besser angepaßten Receiver erzielt, der eine Erhöhung der Arbeitstemperatur von 600° C auf 720° C erlaubt, bei einer zusätzlichen Verringerung des Totvolumens. Damit ist der zu erwartende Maschinenwirkungsgrad bei einer gebauten Stückzahl von 10.000 (100 MW-Anlage) immer noch um fast 10 % niedriger angenommen als im Gasbetrieb heute bereits nachgewiesen. Wie in der Abb. 15 zu erkennen ist, unterscheidet sich diese Annahme immer noch deutlich von den in USA/USAB/TDSA und den

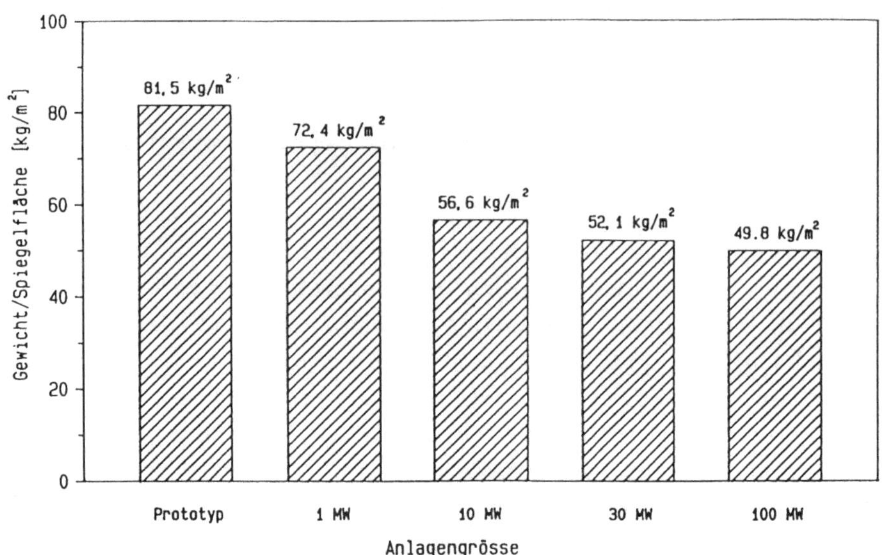

Abb. 14: Gewichtsentwicklung pro m^2 Spiegelfläche der Einzeleinheit in Abhängigkeit von der Anlagengröße (1 MW ≙ 100 Einheiten, 10 MW ≙ 1000 Einheiten, 30 MW ≙ 3000 Einheiten, 100 MW ≙ 10000 Einheiten)

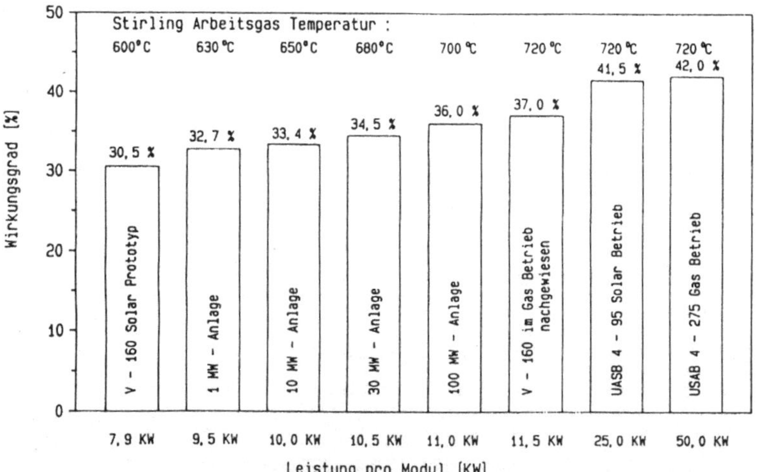

Abb. 15: Maschinenwirkungsgrade der einzelnen SPS/ SOLO V-160-Stirlingmaschine in Abhängigkeit von der Anlagenleistung

mit der USAB 4-95 bereits erzielten 42- 45 % Wirkungsgrad. Diese zeigt, daß dieser Studie eine robuste und zuverlässige Stirlingmaschine zugrunde gelegt wurde, deren Leistungsverhalten für andere Anwendungen bereits ausführlich nachgewiesen wurde.

4.3. Das System

Ausgangspunkt für die Simulation des Leistungsverhaltens von Dish/Stirling-Anlagen ist die örtliche Meteorologie. Um den Einfluß der klimatischen Randbedingungen zu ermitteln, wurde die Simulation auf vorhandene tatsächlich gemessene Wetterdaten abgestellt, da synthetische Wetter untauglich für realistische Simulationsrechnungen sind.

Wie die CRS- und DCS-Anlagen nutzt auch das Dish/ Stirling-System nur die direkte normale Komponente der Solareinstrahlung. Daher wurden dieselben meteorologischen Daten wie im Turm/Farmvergleich [12] verwendet, d.h. die Datensätze des Standortes Barstow, USA mit max. 2.850 kWh/m^2/a (1976).

Im Rahmen dieser Studie wurden vier verschiedene Leistungsklassen betrachtet, die sich aus einzelnen Einheiten (7,5 m Durchmesser, 9,5 - 11 kW) zusammensetzen und in einem quadratischen Raster von 15 x 15 m Kantenlänge aufgestellt sind. Dadurch ist eine gegenseitige Beschattung ab Sonnenelevationshöhen von >10° ausgeschlossen. Je 48 Einheiten werden zu einer Gruppe verbunden, deren elektrische Leistung auf Mittelspannungsniveau einer Zentraleinheit zugeführt wird, von der die Netzeinspeisung erfolgt (Abb. 16, 17).

Die elektrischen Verluste betragen dabei - je nach Leistungsklassen - bis zu 5 %, wobei der Hauptanteil durch den Transport über die großen Distanzen im Feld verursacht wird.

Die technischen Daten dieser Anlagen sind in Tab. 3 zusammengestellt. Dabei sind folgende Verlustmechanismen berücksichtigt.

- Verschattung:
  Die Verschattung berücksichtigt einerseits die Fugen zwischen den einzelnen Spiegelelementen, sowie den Schattenwurf der Stirling-Einheit auf den Spiegel.

- Reflektivität:
  Als mittlerer Energiereflektionsgrad weisen die verwendeten Dünnglasspiegel bei AM 1,5 94 % auf. Im Jahresmittel wird ein einheitlicher empirisch ermittelter Verlust durch Verschmutzung von 5 % angenommen, der zu einem mittleren Reflektionsgrad von 89 % führt.

- Interceptfaktor:
  Der Interceptfaktor beschreibt den Anteil, der vom Spiegel reflektierten Strahlungsenergie, der durch die Receiverapertur auf den Receiver fällt.

- Receiververluste:
  Die Receiververluste, ausgewiesen als kW, bezeichnen die Verlustleistung des Receivers, hervorgerufen durch Reflektionsverluste an den Receiverrohren, Temperaturstrahlungs-, Konvektions- und Konduktionsverluste.

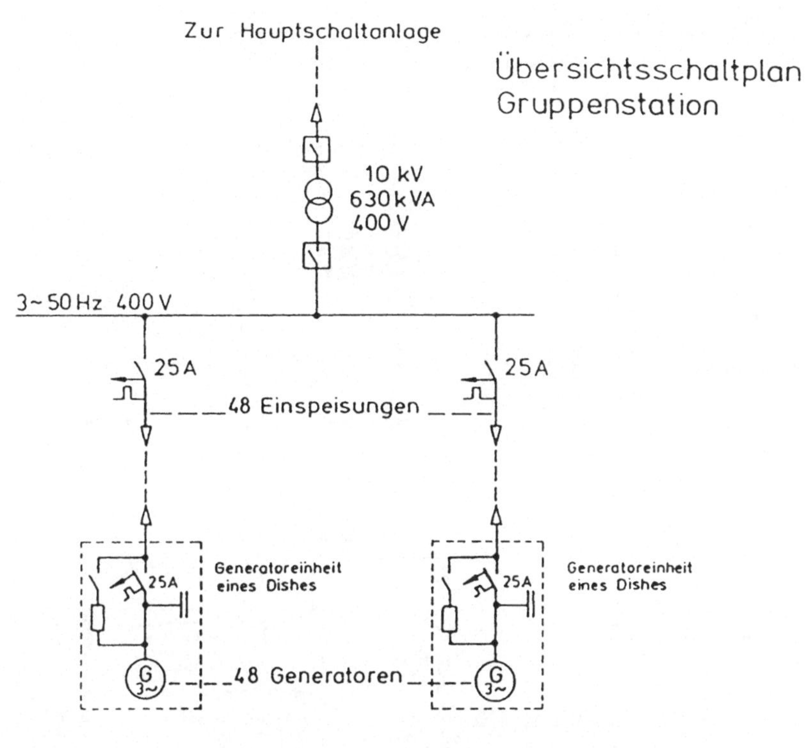

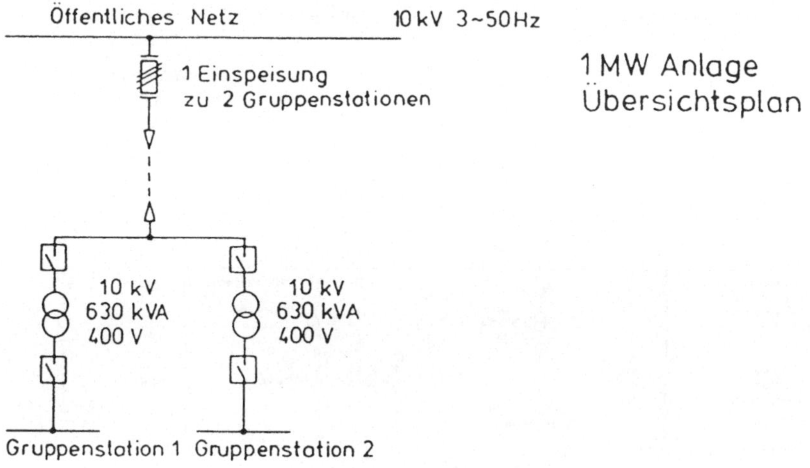

Abb. 16: Elektrischer Übersichtsplan für die Gruppenstation und eine 1 MW-Anlage

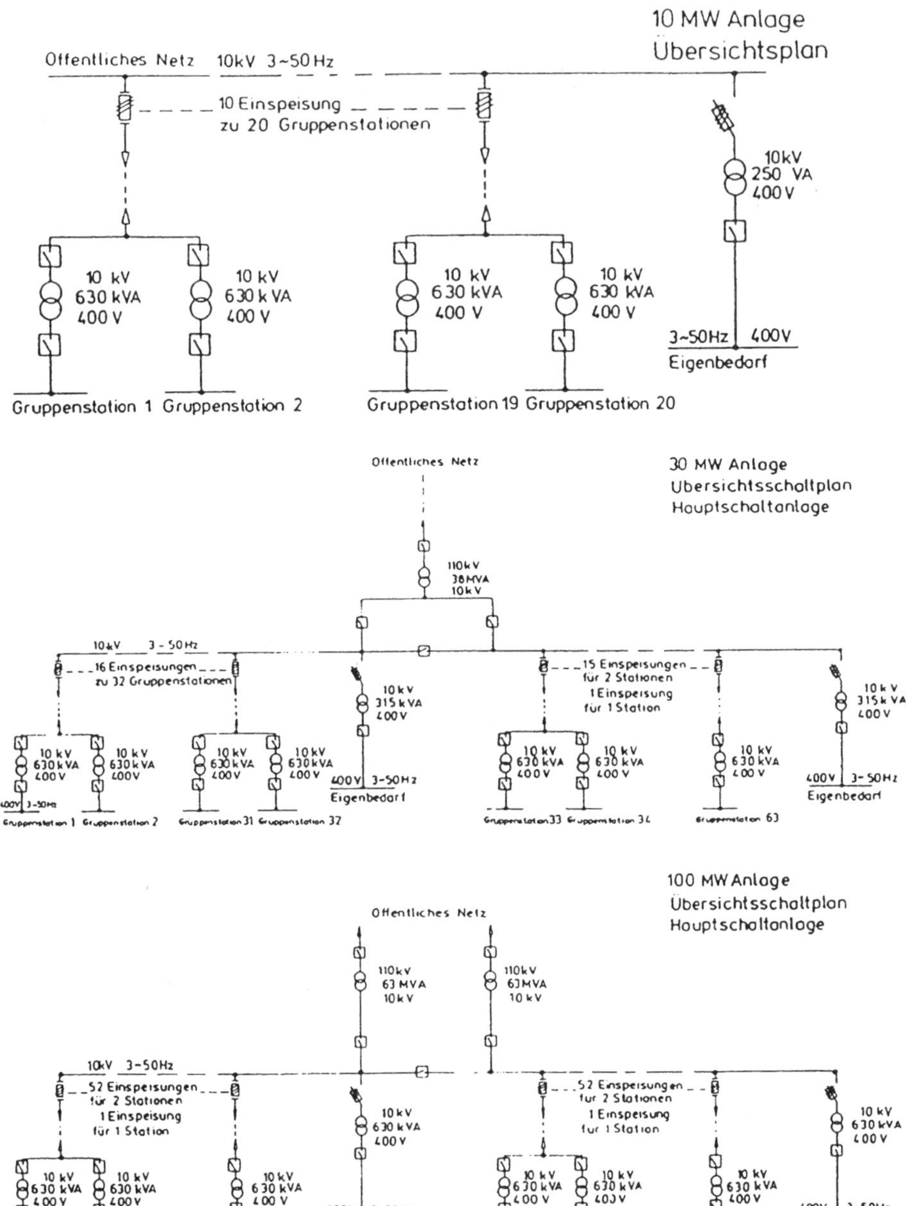

Abb. 17: Elektrischer Übersichtsplan für eine 10 MW-, 30 MW- und 100 MW-Dish/Stirling-Leistungsanlage

Anlage	MDAC 25 kW 1.	SBP-Prototyp 7,9 kW 1.	SBP 1 MW 1.	SBP 1 MW n-te	SBP 10 MW 1.	SBP 10 MW n-te	SBP 30 MW 1.	SBP 30 MW n-te	SBP 100 MW
Netto-Nennlstg. d. Einheit (kWe)	25.0	7.9	9.5	11.0	10	11.0	10.5	11.0	11.0
Anzahl der Einheiten	1	1	105	91	1000	909	2857	2727	9091
Aperturfläche pro Einh. (qm)	87.7*)	44.18	44.18		44.18		44.18		
Gewicht pro Einh. (kg) (ab Fundament o.Stirling)	8552	3600	3200	2200	2500	2200	2300	2200	2000
Verschattung	--	0.93	0.95		0.95		0.95		0.95
Reflektivität neu	0.90	0.94	0.94		0.94		0.94		0.94
Reflektivität gem.	--	0.89	0.89		0.89		0.89		0.89
Interceptfaktor	0.967	0.93	0.94	0.95	0.95		0.95		0.95
Receiververluste/Einheit (Vollast/kwt)	6.8	5.5	3.5		3.5		3.5		3.5
Stirlingwirkungsgrad (Vollast)	0.415	0.305	0.327	0.36	0.334	0.36	0.345	0.36	0.36
Generatorwirkungsgrad -"-	0.94	0.91	0.91	0.93	0.92	0.93	0.93		0.93
Eigenverbrauch der Einh.	1.7	0.55	0.50	0.40	0.45	0.40	0.40		0.40
- Wasserpumpe (kWe)		0.10							
- Lüfter (kWe)		0.28							
- Elektronik (kWe)		0.08							
- U-Anlage (kWe)		0.05							
- Schrittmotorbetrieb (kWe)		0.04							
Elektrische Verluste (%) (Verkabelung, Transformator, Netzanbindung)	--	--	5.2	4.7	5.2	4.7	5.2	4.7	4.7

* = reflektierende Nettofläche

Tab. 3: Technische Daten der Untersysteme Reflektor, Receiver, Stirlingmotor und Systemeinheit

- Elektrischer Eigenverbrauch der Einheit:
  Der elektrische Eigenverbrauch, angegeben in kW_e pro Einheit, erfaßt die elektrischen Eigenverbräuche, von Wasserpumpe, Lüfter, Unterdruckanlage, Konzentratorsteuerung und Elektronik.

- Elektrische Verluste:
  Durch die Verkabelung der einzelnen Einheiten im Feld zu Gruppen treten Transportverluste, Verluste am Transformator und bei der Netzeinbindung auf. Angegeben sind diese Verluste in % von der gesamt erzeugten elektrischen Energie.

Auf der Basis dieser Daten wurden Input/Output-Kennlinien auf der Basis von Energie-Tagessummen, monatliche und jährliche Wirkungsgrade des Gesamtsystems und seiner Komponenten sowie der zeitliche Verlauf der Leistungserzeugung an typischen Tagen errechnet. Hierzu wurde von Interatom das Programm SOLERGY [11] eingesetzt, das auch zur Berechnung der Leistungsfähigkeit von Turm- und Farmanlagen verwendet wurde.

Mit dieser Vorgehensweise wurde sichergestellt, daß auch durch eine einheitliche Ermittlung des Leistungsverhaltens der einzelnen Konzepte (bei identischer Meteorologie) ein Systemvergleich möglich wird.

5. Ergebnisse

Zur Darstellung der Leistungsfähigkeit eines Solarsystems bietet es sich an, die Input/Output-Kennlinie zu ermitteln, die in erster Linie unabhängig von der örtlichen Meteorologie ist. Je geringer die thermische Trägheit des Systems und die tageszeitliche Änderung des Wirkungsgrades der optischen Komponenten sind, um so eindeutiger, und damit wetter- und standortunabhängiger, werden diese Darstellungen. Dieser Abbildung kann der tagesgemittelte Systemwirkungsgrad direkt entnommen werden. Da das System Dish/Stirling immer normal zur Sonne ausgerichtet ist, treten beim Konzentrator keine Kosinus-Verluste (schräger Lichteinfall) auf, und damit sind die Ergebnisse unabhängig von der geographischen Breite. Dieses ist der wesentlichste "optische" Unterschiede zu den Aufwind-, Turm- und Rinnenkraftwerken [12, 13, 15, 16].

Man findet, sowohl im Experiment als auch bei der rechnerischen Simulation, eine deutlich bessere lineare Korrelation zwischen täglicher Einstrahlungsenergie und der erzeugten Nettoenergie der Anlage. Die Abb. 18 zeigt die Meßergebnisse als Input/Output-Charkateristik am MDAC-Prototyp für ungestörten optimalem Betrieb. (D.h. ohne Störung durch Ausfall einer Komponente.) Die eingezeichneten Grade wurden durch Regression der in der Simulation errechneten Tagessummen ermittelt und zeigen, daß die SOLERGY-Rechnung das ganzjährige Verhalten konsistent reproduziert.

Die Gesamtübersicht aller Simulationsrechnungen ist in Abb. 19 dargestellt. Die linke Hälfte illustriert die beiden gut vermessenen Prototypen (SBP, 7,5 m Durchmesser, 8 kW; McDonnel Douglas MDAC, 11 m Durchmesser, 25 kW). Die Regressionsgeraden aller Systeme mit SOLERGY-Simulation sind auf der rechten Seite von Abb. 19 dargestellt. Die Parameter der Regressionsgeraden sind in Tab. 4 zusammengestellt.

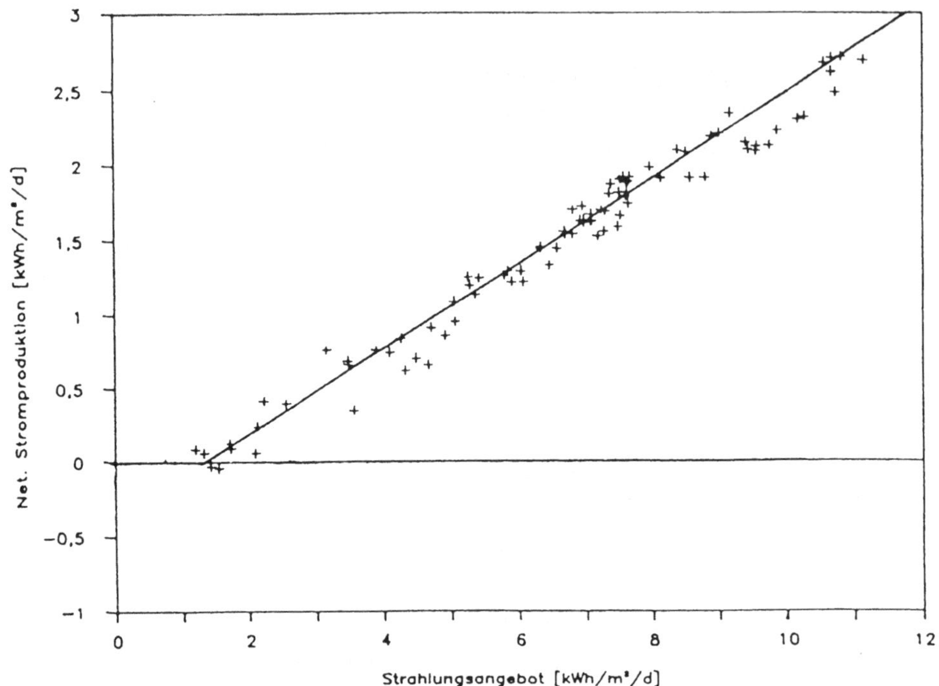

Abb. 18: Input/Output-Charakteristik des 25 kW-Prototypen von MDAC [10]

Zu erkennen ist der energetische Unterschied zwischen den beiden Prototypen (MDAC und SBP), der sich in der Steigung der Geraden ausdrückt und ausschließlich auf den besseren Stirlingwirkungsgrad zurückzuführen ist (V 160- Stirling η_{peak} = 30,5 %; 4-95-Stirling η_{peak} = 42 %). Dagegen ist die Schwelleneinstrahlung von ca. 1,3 kWh/m^2 und Tag für beide Systeme ähnlich.

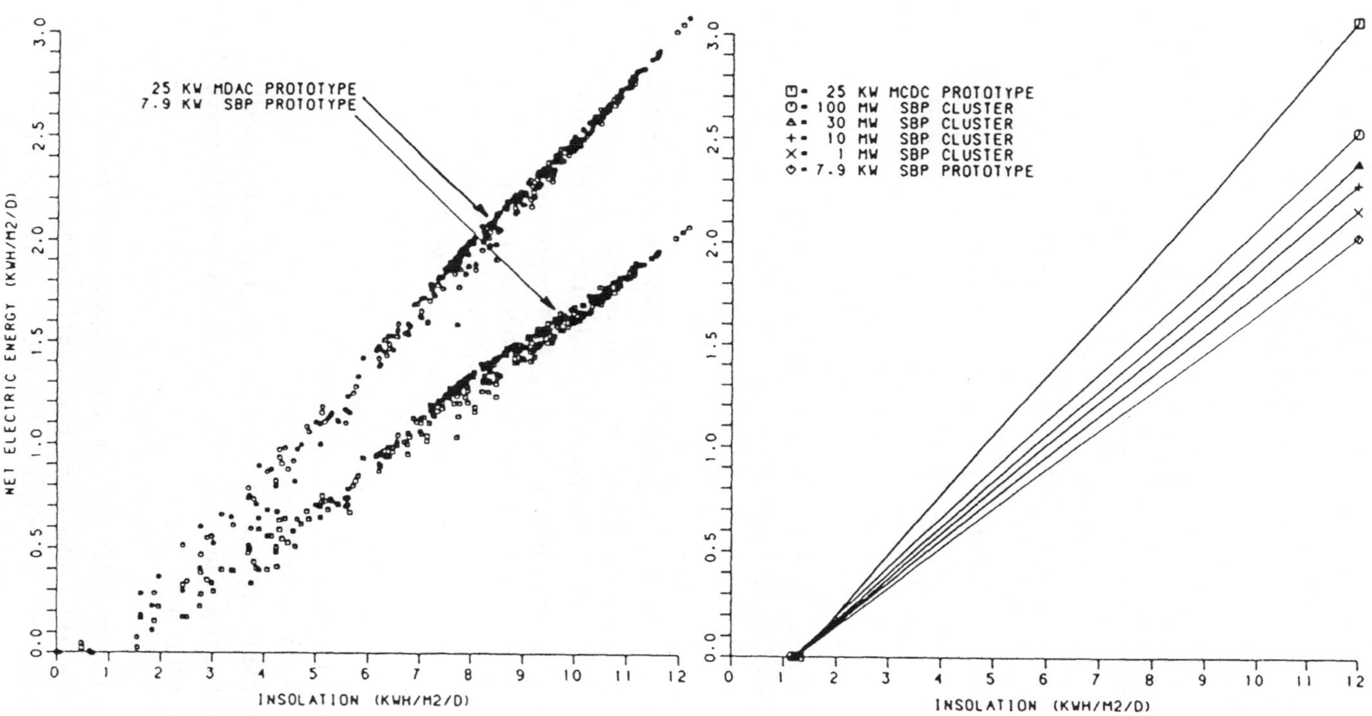

Abb. 19: Input/Output-Kennlinien der Dish/Stirling-Anlagen (SOLERGY-Simulation) [15]

Anlage	Neigung (kWh_e/kWh)	Einstrahlungsschwelle $kWh/m^2 \cdot d$
25 kW MDAC	0,286	1,290
7,9 kW SBP	0,186	1,254
1 MW SBP	0,200	1,220
10 MW SBP	0,212	1,234
30 MW SBP	0,220	1,200
100 MW SBP	0,233	1,169

Tab. 4: Parameter der Regressionsgeraden der Input/Output-Korrelation [15]

In der Abb. 20 sind die gemittelten Jahreswirkungsgrade der Komponenten und der Gesamtanlage dargestellt. Die Gesamtwirkungsgrade (bei 100 % Anlagenverfügbarkeit) steigen von 15,1 % (Prototyp) auf 19,9 % bei einer 100 MW-Anlage (100 MW entsprechen ca. 10000 gekoppelten Einzeleinheiten). Zum Vergleich sind der Gesamtjahreswirkungsgrad der MDAC 25 kW-Anlage von 23,9 % und das von DOE vorgegebene Entwicklungsziel von 28 % eingetragen. Dieser Vergleich zeigt nochmals deutlich, daß bewußt auf einige Prozentpunkte beim Maschinenwirkungsgrad verzichtet wurde mit dem Ziel, ein realistisches und machbares Konzept darzustellen, das die notwendige Dauerhaftigkeit im Betrieb erbringt.

Charakteristisch für die zugrundegelegte Intention dieser Studie ist, daß auch die projizierten Kennlinien "gekoppelter Anlagen (Cluster)" noch deutlich unterhalb der bereits heute nachgewiesenen Machbar-

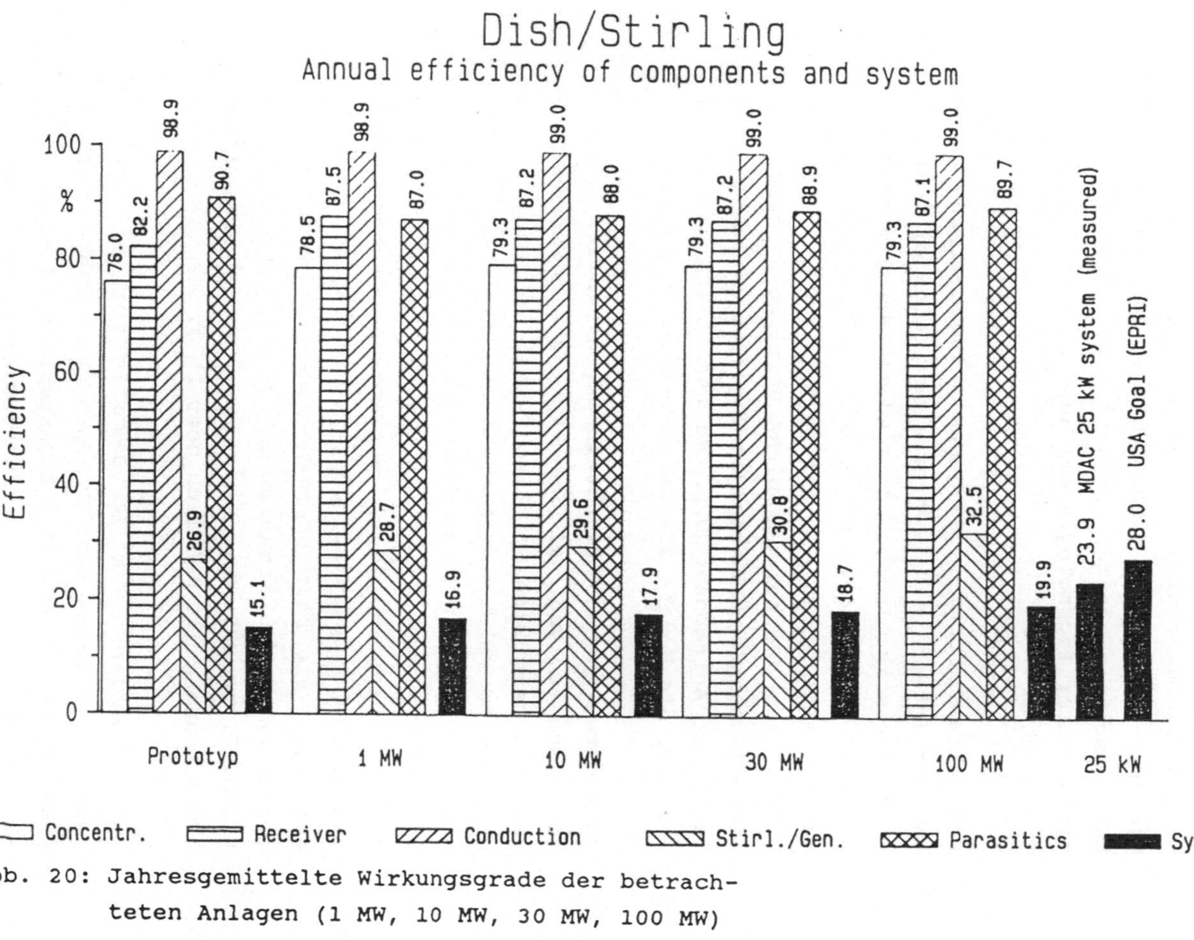

Abb. 20: Jahresgemittelte Wirkungsgrade der betrachteten Anlagen (1 MW, 10 MW, 30 MW, 100 MW)

keit von Einzelanlagen bleiben. Hierin drückt sich die erklärte Absicht dieser Untersuchung aus: belastbare Abschätzungen des energetischen und Kostenpotentials dieser Technologie bei ausdrücklich konservativen Annahmen.

Den jahreszeitlichen Gang des Anlagennutzungsgrades und das integrale Jahresverhalten zeigt eine weitere Charakteristik. In Abb. 21 sind die Nutzungsgrade des SBP Dish/Stirling-Clusters der 30 MW-Klasse dargestellt, verglichen mit den entsprechenden CRS- bzw. DCS-Anlagen. Da bei den Dish/ Stirling-Systemen jegliche sonnenstandsabhängigen Verluste entfallen, verläuft der Anlagennutzungsgrad wesentlich gleichmäßiger über die Monate als bei CRS- bzw. DCS-Anlagen.

Betrachtet man die Jahreswirkungsgrade auf Untersystemebene (s. Abb. 22 und 23), so sind wesentliche Vorteile beim Dish/Stirling-System in Bezug auf das Untersystem Feld zu erkennen, die durch den Wegfall der Kosinus-Verluste bedingt sind. Trotz der konservativen Annahmen zeigen die Dish/Stirling-Systeme die besten jahresgemittelten Systemwirkungsgrade. Würde man ähnliche optimistische Entwicklungsschritte unterlegen, wie beim Übergang vom LS3- auf den LS4-Kollektor der Farmanlagen, bzw. beim Turm von PHOEBUS-1 zu PHOEBUS-n, so lägen die jahresgemittelten Wirkungsgrade deutlich über 25 %.

Beim Übergang vom LS 3-Kollektor auf den LS 4-Kollektor wurde eine Steigerung im Jahreswirkungsgrad von 15,3 % auf 18,7 % (entsprechend einer Zunahme von 22 %, s. Abb. 22 unterstellt, beim Übergang von der PHOEBUS 1-sten zur PHOEBUS n-ten Anlage von

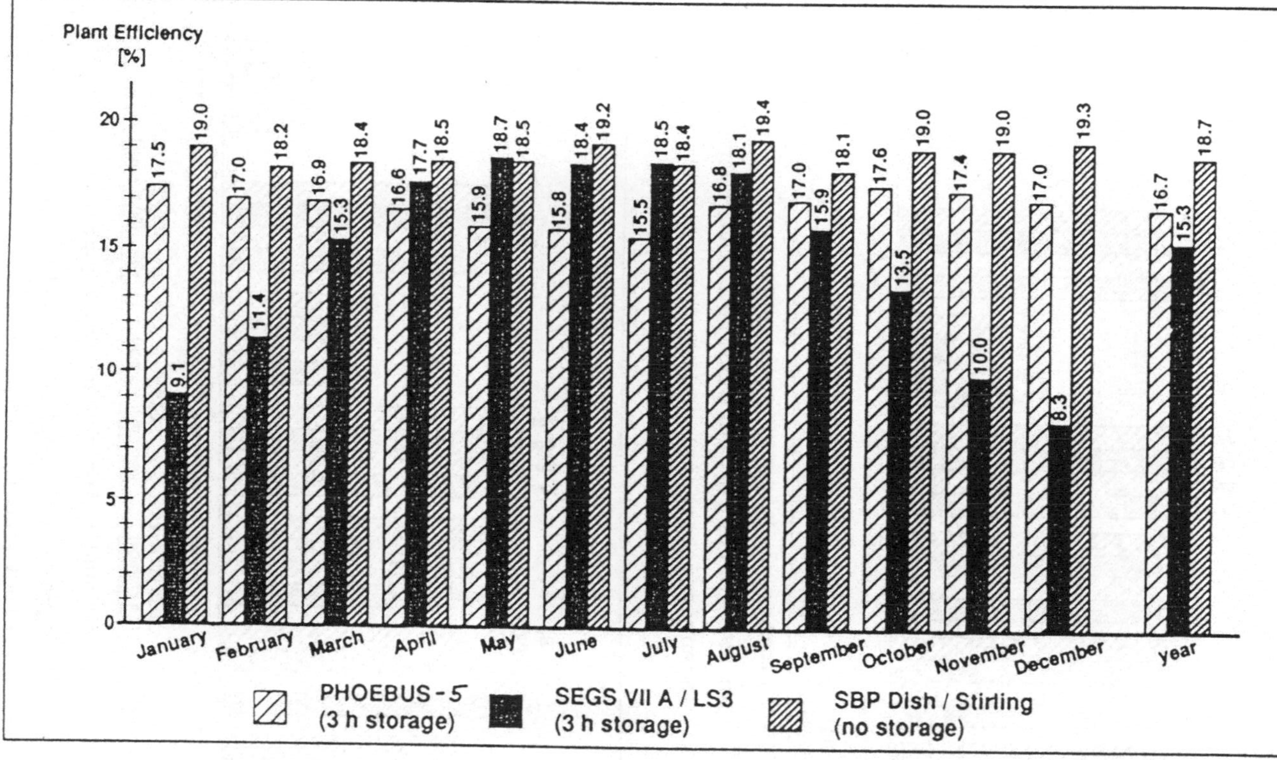

Abb. 21: Anlagennutzungsgrad der 30 MW_e-Klasse im Monats- und Jahresmittel (100 % Anlagenverfügbarkeit) [15]

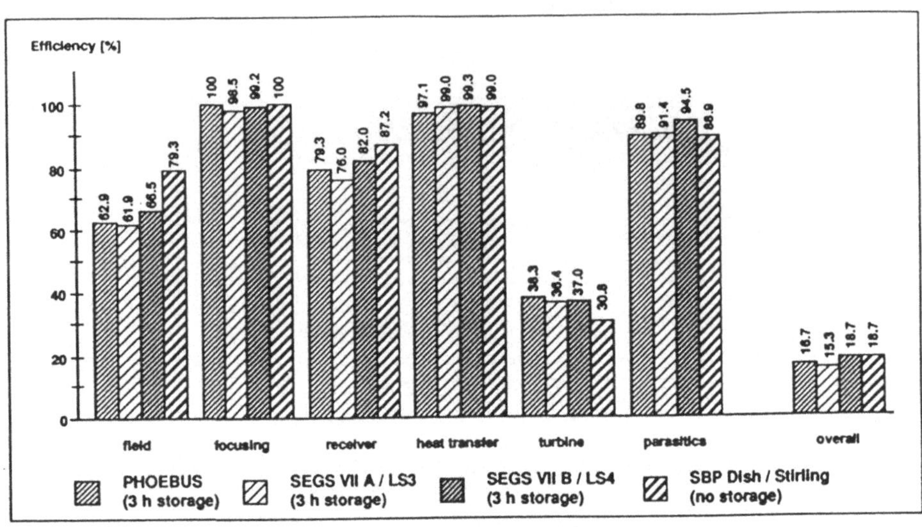

Abb. 22: System- und Untersystemwirkungsgrade der 30 MW_e-Klasse im Jahresmittel (100 % Anlagenverfügbarkeit) [15]

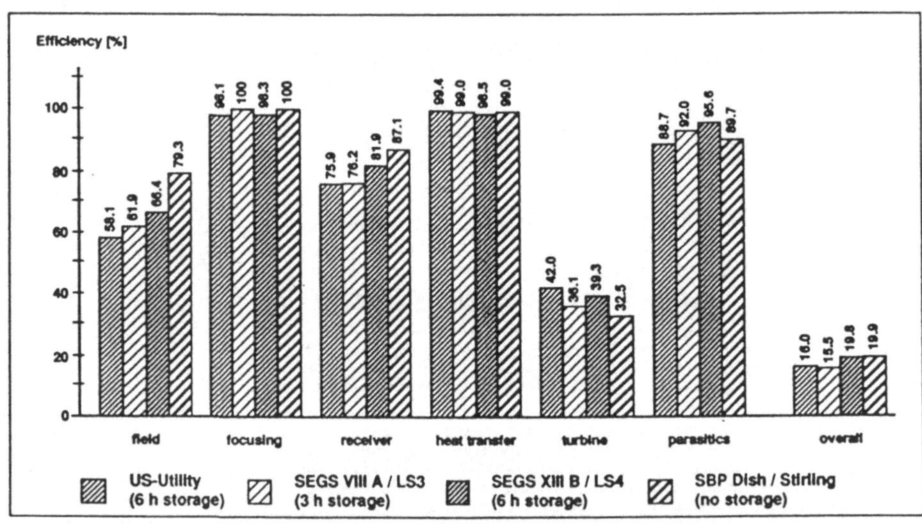

Abb. 23: System- und Untersystemwirkungsgrad der 100 MW_e-Klasse im Jahresmittel (100 % Anlagenverfügbarkeit) [15]

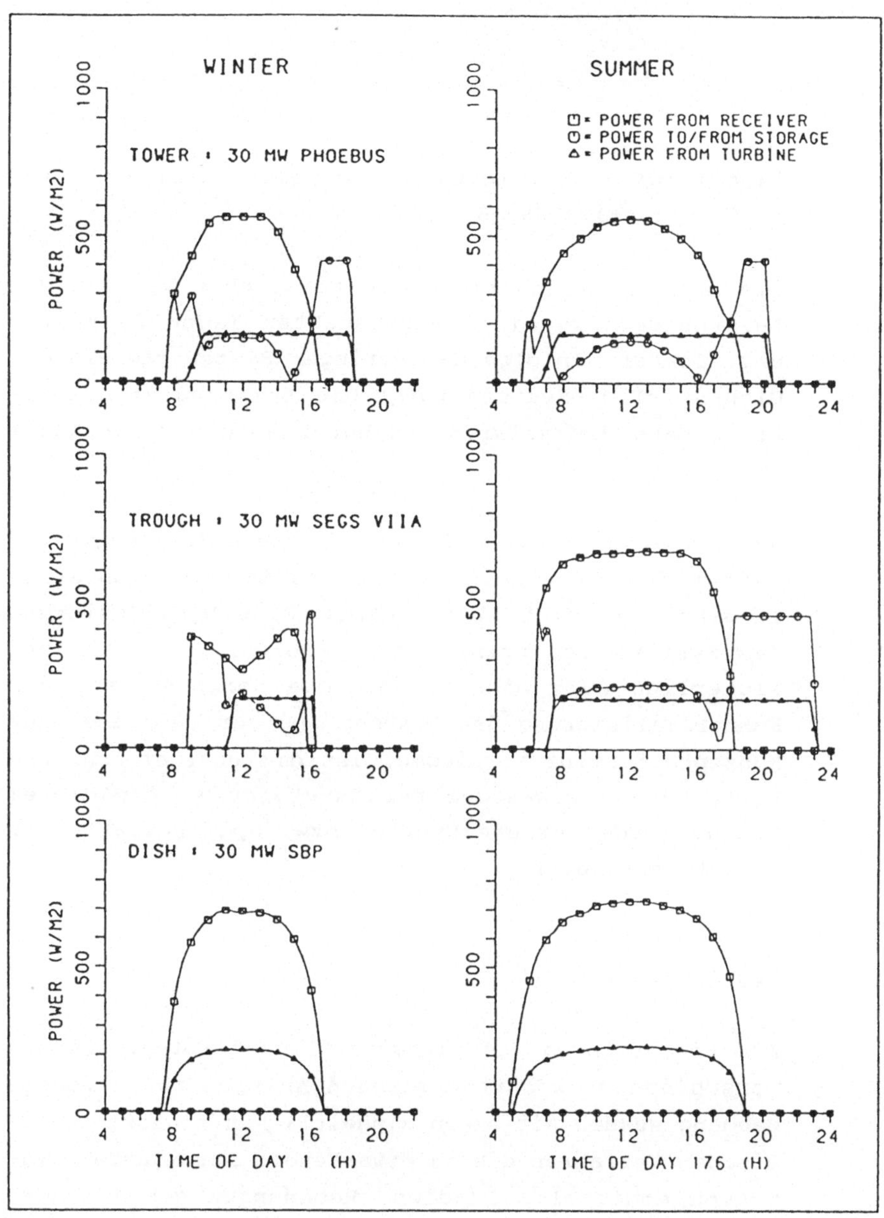

Abb. 24: Tageszeitlicher Verlauf der Energieerzeugung für CRS-, DCS- und DISH-Anlagen im Vergleich [16]

13,6 % auf 17,2 % (entsprechend einer Steigerung von 26 %, vgl. [12], S. 54, Abb. 11).

Die Abb. 24 illustriert den zeitlichen Verlauf der Leistungserzeugung an ausgesuchten Tagen im Winter bzw. Sommer. Infolge der geringen Systemträgheit des Dish/Stirling-Systems folgt die Leistung am Generatorausgang dem solaren Angebot nahezu verzögerungsfrei.

Hybridisierung bzw. die Einbindung von Speichersystemen wurden im Rahmen dieser Studie für Dish/Stirling-Anlagen nicht betrachtet. Eine Hybridisierung des Systems ist prinzipiell problemlos möglich und sicherlich auch eine wesentliche Voraussetzung zur Kommerzialisierung des Systems. Da zur Zeit aber nur Konzepte hierfür vorliegen, ist die energetische und kostenmäßige Bewertung rein spekulativ. Aus diesem Grunde wurde auf die Hybrid- bzw. Speicherfahrweise bewußt verzichtet.

6. Wirtschaftlichkeit

Zur Beschreibung des wirtschaftlichen Potentials der verschiedenen solarthermischen Anlagen zur Stromerzeugung wurden mit einem einheitlichen finanzmathematischen Verfahren die zu erwartenden Stromgestehungskosten ermittelt. In diese Rechnungen gehen einerseits die Anlagenjahresenergien (s. Kap. 5) ein sowie die direkten und indirekten Investitions- und Betriebskosten.

6.1. Investitionskosten

Bei den Investitionskosten wurde unterschieden zwischen direkten und indirekten Kosten.

Die direkten Investitionskosten setzen sich wie folgt zusammen.

1. **Kosten für Gebäude und Einrichtungen einer großen Anlage:**
   Diese Kosten berücksichtigen folgende Maßnahmen
   - Verwaltungsgebäude
   - Werkstattgebäude
   - Lagerhaltung und deren Ausstattung
   - Parkplätze, Straßen auf der Anlage
   - Wasser und Abwasser.

2. **Kollektorkosten:**
   Dieser Kostenteil enthält alle Kosten zur Herstellung der Fundamente, der Antriebe, der elektrischen Installation, Transport, Versicherung und Montage, Ersatzteile und Inbetriebnahme, sowie Auslegung und Bemessung der Kollektorkomponente.

3. **Stirlingkosten:**
   Dieser Kostenanteil enthält den Stirlingmotor incl. Receiver, Generator, Transport und Versicherung, Montage, Inbetriebnahme und Ersatzteile.

4. **Instrumentierung und Überwachung:**
   In diesem Kostenanteil wurde die zentrale Anlagensteuerung, incl. Datenerfassung, Sensoren, Verkabelung und Software berücksichtigt.

5. **Elektrische Verkabelung:**
   In diesem Kostenteil wurde die elektrische Anbindung der einzelnen Einheiten zu Gruppen, sowie der Gruppen untereinander, die Hauptschalttafel, die Beschaffung und Verlegung von 10 kV-Kabeln, Blitzschutz und Erdung, Potentialausgleich, Steuerkabel, Kabelkanäle und Verlegung, Erdarbeitenfundamente sowie des Betriebsgebäudes detailliert berücksichtigt.

6. **Balance of Plant (BoP-Kosten):**
   Dieser Kostenanteil berücksichtigt alle notwendigen Werkstatteinrichtungen, technischen Hauseinrichtungen, Meteo-Station sowie alle Betriebsstoffe und Verbräuche.

7. **Die Summe der direkten Investitionskosten** wurde mit einem Aufschlag von 10 % für Unvorhergesehenes belegt.

Die indirekten Kosten setzen sich aus den folgenden beiden Einzelpositionen zusammen.

a) Auslegung, Koordination und Bauleitung.
b) Infrastruktur.
   In diesem Posten wurde der notwendige Landkauf (Zufahrtsstraßen zur Anlage 3 km), Stromzuführung (3 km), Zaun und Wache berücksichtigt.

Die gesamten Investitionskosten werden dominiert von den Kosten für den Kollektor und die Stirlingeinheit. Abb. 25 zeigt die Kostenentwicklung in Abhängigkeit von der gebauten Stückzahl der Konzentratoren (incl. Fundamente, Elektrik und Antrieben) vom Stirlingmotor, Gesamtmontage und Ersatzteile sowie der Inbetriebnahme vor Ort. Unterschieden wurde dabei zwischen den jeweils ersten bzw. n-ten gebauten Anlagen.

Die Abb. 26 zeigt die Kosten des Konzentrators, incl. Fundament (fertig installiert), pro m^2 Spiegelfläche in Abhängigkeit von der Stückzahl. Man erkennt, daß die Konzentratorkosten von 2.781,-- DM/m^2 (nachgewiesen im Prototyp) auf 527,-- DM/m^2 zurückgehen, was ca. einen Faktor 5 beim Übergang von der Prototypfertigung zur Massenfertigung bedeutet (s. dazu auch Tab. 5). Zusätzlich dargestellt sind die Kostenschätzungen der PNL-Studie 1987, MDAC-Studie 1986 und EPRI-Studie 1989. Die Kostenansätze dieser Studien sind speziell beim Konzentrator bis zu einem Faktor von 3,3 günstiger als in dieser Studie erarbeitet. Dasselbe trifft für die Stirlingkosten zu, wo ein Faktor 2,3 zu verzeichnen ist. Desweiteren ist zu berücksichtigen, daß in den amerikanischen Studien die erwarteten Systemwirkungsgrade um bis zu 40 % höher liegen als in dieser Studie liegen.

Diese Ergebnisse machen deutlich, daß das dieser Studie zugrunde gelegte SBP-Konzept auch in den Kostenansätzen das vorhandene Potential der Dish/Stirling-Entwicklung nicht vollständig ausschöpft. Somit stellen die Ergebnisse technisch wie wirtschaftlich den unteren Rand dieser solaren Wandlungstechnik dar. Die tatsächlich realistisch erreichbaren Kosten werden eher niedriger liegen.

Da für die Betriebs- und Wartungskosten noch keine detaillierten Daten vorliegen, wurde auch hier der obere Kostenrand angenommen.

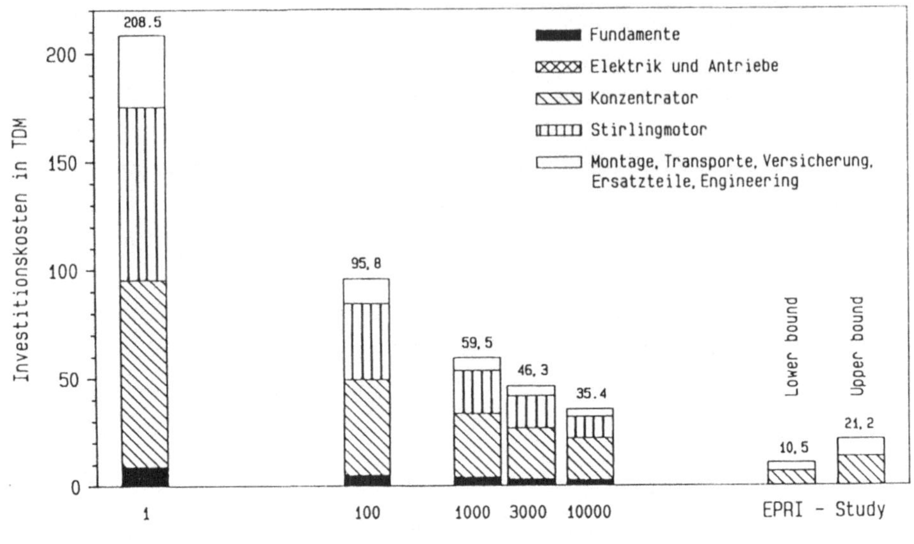

Abb. 25: Investitionskosten pro Dish/Stirling-Einheit in Abhängigkeit der gefertigten Stückzahl

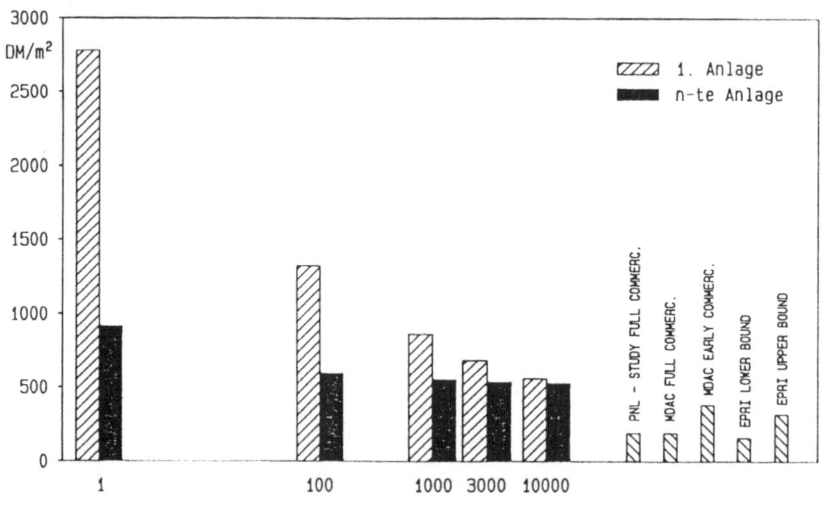

Abb. 26: Investitionskosten des Konzentrators, bezogen auf die Aperturfläche in Abhängigkeit der gefertigten Stückzahl

6.2. **Stromgestehungskosten**

Die Berechnung der Stromgestehungskosten wurde bei Interatom durchgeführt. Das dabei verwendete Rechenprogramm STERKO (Siemens/KWU) errechnet u.a. die über die Abschreibungsdauer zu erwartenden mittleren Stromgestehungskosten aus den folgenden anlagenspezifischen Daten [15]:

- Jahresenergieertrag, Brennstoffverbrauch, Personaleinsatz für Betrieb und Wartung, Investitionskosten, jährliche Betriebs- und Wartungskosten.

Für die Rechnungen wurden folgende finanzmathematischen Randbedingungen festgelegt (einheitlich für alle betrachteten Konzepte bzw. Leistungsklassen):

Preisbasis:	Dezember 1989
Errichtungsbeginn:	1990
Betriebsbeginn:	1992 (1,10,30 MW_e)
	1993 (100 MW_e)
Fremdkapitaleinsatz:	100 %
Zinsfuß (Errichtung Betrieb):	7 %
Eskalation für Materialkosten:	2,5 %/a
Eskalation für Lohnkosten:	4,0 %/a
Abschreibungsdauer:	20 Jahre
Kapitaleinsatz:	0 %/a
Einkommenssteuersatz:	0 %/a
Versicherungssatz (Errichtung):	0,7 %/a
Versicherungssatz (Betrieb):	0,4 %/a
Eskalationsrate für Versicherung:	3 %/a
Personalkosten:	70.000 DM/MJ

Eskalationsrate für Personalkosten:	4,5 %/a
Eskalationsrate für Wartung und Betriebskosten:	4 %/a
Kosten für sonstige Verbräuche:	0,001 DM/kWh
Eskalationsrate für sonstige Verbräuche:	3 %/a

In der Tab. 5 sind die Eingangsdaten für diese Rechnungen und die zu erwartenden Stromgestehungskosten zusammengefaßt.

7. Zusammenfassung und Bewertung der Ergebnisse

Die Dish/Stirling-Entwicklung hat in den letzten 10 Jahren weltweit die geringste öffentliche Unterstützung erhalten. Die Ergebnisse der bisher abgeschlossenen fünf Dish/Stirling-Projekte (JPL, Advanco, MDAC, SBP 17 m, SBP 7,5 m) haben gezeigt, daß bereits mit den Prototypen (im Gegensatz zur CRS- und DCS-Entwicklung) die prognostizierte energetische Leistungsfähigkeit mit Spitzensystemwirkungsgraden von über 30 % erreicht werden konnte). Damit ist das Dish/Stirling-System anerkanntermaßen die z.Zt. effizienteste Technologie bei der Wandlung der direkten Solarstrahlung in elektrische Energie.

Im Vergleich zu AWK, CRS- und DCS-Anlagen sind drei wesentliche Unterschiede zur Beurteilung der Ergebnisse wichtig:

Dish/Stirling Plants	1 MWe		10 MWe		30 MWe		100 MWe	
	1st plant	nth plant	1st plant	nth plant	1st plant	nth plant	1st plant	nth plant
Total Direct + Indirect Cost (12/89) [Mio DM]	12.7	4.7	77.1	41.9	173.1	121.5	429.4	382.4
Collector Aperture Area [qm]	4639		44179		126218		401704	
Collector Cost [DM/qm]	1320	593	862	552	683.5	538	559	527
Spec. Investment Cost [DM/kWe]	12686	4732	7713	4193	5770	4039	4294	3824
Maintenance + Service Contracts [Mio DM/a]	0.090	0.056	0.666	0.428	1.270	0.942	3.065	2.400
Number of Personnel [men]	6	2	20	14	42	33	120	110
Annual Energy (Barstow 1976) [GWhe/a]	2.12	2.15	21.6	21.8	65.3	66.0	223.4	223.4
Annual Full Load Hours [h/a]	2124	2146	2160	2179	2177	2199	2234	2234
Capacity Factor [%]	24.2	24.5	24.7	24.9	24.9	25.1	25.5	25.5
Plant Availability *)	0.95	0.96	0.96	0.97	0.97	0.98	0.98	0.98
Time of Erection + Start up [a]	0.5		0.75		1.0		1.5	
Electric Energy Cost [DM/kWh]	1.004	0.375	0.530	0.307	0.384	0.275	0.296	0.263

*) Included in Annual Energy

Tab. 5: Technisch-wirtschaftliche Vorgaben und Ergebnisse für die Dish/Stirling-Anlagen

Im Vergleich zu den anderen, in dieser Studie bearbeiteten solarthermischen Anlage, sind drei wesentliche Unterschiede zur Beurteilung der Ergebnisse wichtig:

1. Die normale Ausrichtung des Konzentrators zur Sonne.

2. Der hohe Konzentrationsfaktor.

3. Die hohe Modularität des Systems.

Die normale Ausrichtung des Konzentrators zur Sonne führt, wie aus den Abb. 22, 23 zu entnehmen ist, im Vergleich zu allen anderen Systemen, zu deutlich besseren Feldwirkungsgraden (optischer Wirkungsgrad). Ursache hierfür ist der Wegfall der Kosinus-Verluste, die durch schrägen Lichteinfall während des Betriebes hervorgerufen werden. Dieses ist ein inhärenter Vorteil des betrachteten Systems, wodurch weder zusätzliche Komponenten noch zusätzliche Kosten notwendig sind. Die für zukünftige Anlagen geforderte optische Leistungsfähigkeit konnte bei den Prototypentwicklungen bereits ohne Schwierigkeiten erzielt werden.

Aufgrund der hohen machbaren und bereits demonstrierten Konzentrationsfaktoren von 3000 - 5000 bei Dish/Stirling-Anlagen (CRS ungefähr 1000 - 1500, DCS ungefähr 80 - 100) sind einerseits hohe Arbeitstemperaturen von 700° C und weit höher erreichbar und andererseits kleine Receiveraperturen möglich.

Die hohen Arbeitstemperaturen führen zu potentiell hohen Maschinenwirkungsgraden (η_{peak} = 45 % im SBP

17m- Spiegel mit USAB 4-275-Stirling, η_{peak} = 42 % im Advanco und MDAC 4-495-Stirling). In dieser Studie wurde bewußt auf diese Spitzenwirkungsgrade verzichtet (im Gegensatz zu CRS und DCS), um eine konservative Abschätzung des Leistungsverhaltens, basierend auf verfügbaren Meßergebnissen, vornehmen zu können. Auch beim Übergang zur n-ten Anlage wurden keine Technologiesprünge unterlegt, wie z.B. beim Übergang vom LS 3-Kollektor auf den LS 4-Kollektor).

Die ermittelten Jahressystemwirkungsgrade bei Dish/ Stirling-Anlagen von 18,7 % für eine 30 MW-Anlage, bzw. 19,9 % bei einer 100 MW-Anlage, liegen trotz dieses konservativen Vorgehens noch oberhalb der CRS- bzw. DCS-Anlagen.

Die hohen Konzentrationsfaktoren ermöglichen zusätzlich eine sehr kompakte Receiverbauweise mit kleinen Aperturöffnungen. Dieses führt zu guten Jahresreceiverwirkungsgraden (s. Abb. 20). (Receiververluste sind proportional der Aperturfläche). Damit liegen die jahresgemittelten Receiverwirkungsgrade deutlich über denen von DCS und CRS. Für die 30 MW_e-Klasse werden z.B. 87,2 %, im Gegensatz zu 79,3 % (Phoebus), 76 % (LS 3) und 82 % (LS 4) erzielt.

Im Gegensatz zu den zentralen Systemen zur solaren Stromerzeugung, wie AWK und DCS und CRS, zeichnet sich das Dish/Stirling-System durch seine große Modularität aus. Hieraus lassen sich folgende Bewertungen ableiten:

- Die Darstellung sowohl des energetischen als auch des wirtschaftlichen Potentials basiert im wesentlichen auf den Erkenntnissen des Einzelsystems, und läßt sich damit gut und sicher in den MW-Bereich hineinprojizieren.

- Die Modularität führt zu einer hohen Anlagenverfügbarkeit, da nahezu keine zentrale Komponente vorhanden ist, deren Ausfall die Gesamtanlage stillegt.

- Die Ersatzteilhaltung und Wartung ist aufgrund der Identität der einzelnen Komponenten einfach und günstig.

- Die zu erwartenden Entwicklungskosten dieser Technologie beschränken sich im wesentlichen auf die Einzeleinheit und sind damit um 1 - 2 Größenordnungen günstiger als bei CRS- und DCS-Anlagen.

Die zu erwartenden Stromgestehungskosten sind in Abb. 27 im Vergleich mit den errechneten Werten für DCS und CRS dargestellt [12], wobei in dieser Darstellung nur die rein solare Betriebsweise berücksichtigt wurde. Man erkennt, daß die Dish/Stirling-Anlagen mit Metallmembrankonzentrator bis zur 30 MW-Klasse (trotz der zugrundegelegten konservativen Annahmen) günstigere Stromgestehungskosten aufweisen als CRS- und DCS-Anlagen. Auch gegenüber photovoltaischen Systemen sind die Stromgestehungskosten im -zig KW-Bereich für Dish/Stirling-Systeme weit günstiger.

Damit zeichnet sich für die Dish/Stirling-Technologie ein großes Einsatzgebiet von einigen kW-Anlagen bis in den zig-MW-Bereich hinein ab und weist damit ein ausreichendes Potential zur wirtschaftlichen Nutzung auf.

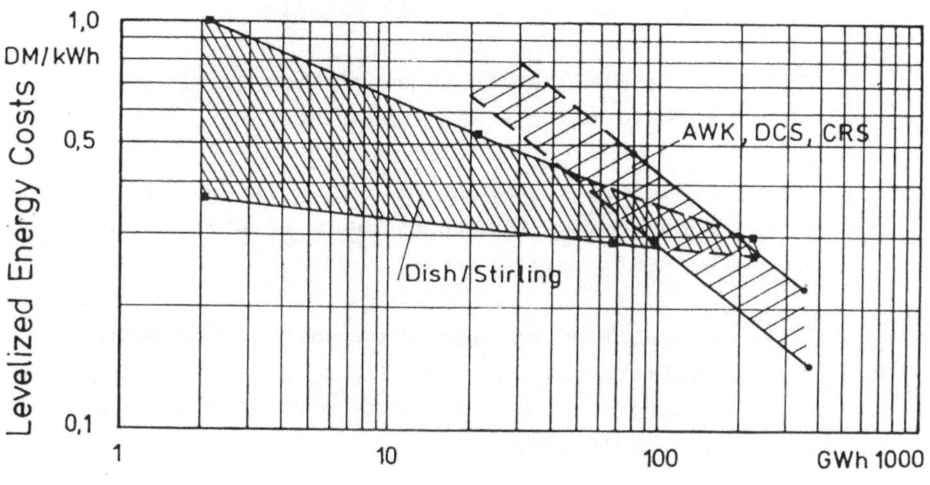

Abb. 27: Zu erwartende Stromgestehungskosten von Dish/Stirling-Anlagen im Vergleich zu DCS- und CRS-Anlagen in Abhängigkeit von der erzeugten Jahresenergie (reiner Solarbetrieb)

8. Literatur

[1] T.A. WILLIAMS, et al.: Characterization of Solar Thermal Concepts for Electricity Generation. Volume 1 - Analyses and Evaluation: Richland, Washington: Battelle Pacific Northwest Laboratories, July 1987 PNL-6128.

[2] Commerzialization study of Dish/Stirling; nicht veröffentlichte MDAC-Dokumente.

[3] R.J. HOLL: Status of Solar Thermal Electric Technology, Electric Power Research Institute/EPRI, California 2003-09.

[4] M. BÖHMER et al: Proceedings des Seminars "Solarthermische Stromerzeugung", Deutsche Forschungsanstalt für Luft- und Raumfahrt e.V., DLR, Köln 1988.

[5] B.J. WASHOM: Vanguard 1 Solar Parabolic Dish/ Stirling Engine Model Final Report. El Segundo, California: Advanco Corporation, September 1984. DOE-AL-16333-2.

[6] V.R. GOLDBERG: Test Bed Concentrator. In Proceedings of the First Semi-Annual Distributed Receiver System Program Review, Jan. 22.-24. 1980. Pasadena, California Jet Propulsion Laboratory, April 1980. DOE/JPL-1060-33.

[7] H.G. NELVING: Testing of the United Stirling 4-95 Solar Stirling Engine on the Test Bed Concentrator. In Proceedings Fifth Parabolic Dish

Solar Thermal Power Program Annual Review. Indian Wells, Ca., Dez. 6.-8. 1983, DOE/JPL-1060-69.

[8] W. SCHIEL: Parabolkonzentrator mit Stirlingmaschine BWK Bd. 42 (1990) Nr. 3.

[9] T. KECK et al: An Innovative Dish/Stirling-System. Proceedings 25th Intersociety Energy Conversion Engineering Conference (IECEC), 12.-17. Aug. 1990, Reno/Nevada.

[10] W. SCHIEL: Solarthermische Kraftwerke zur Wärme- und Stromerzeugung. VDI-Bericht 704 (1988). ISBN 3-18-090704-5.

[11] D.J. ALPERT et al: Performance of the SOLAR ONE Power Plant, simulated by the SOLERGY Computer Code, Sandia Report 88-0321 (1988).

[12] M. KIERA et al: Studie zum Vergleich von solaren Turm- und Farmanlagen, Interatom GmbH, Bergisch-Gladbach, März 1990.

[13] M. GEYER: Abschlußbericht zur Studie zum Vergleich von solaren Turm- und Farmanlagen, Flachglas Solartechnik GmbH, Köln, Dez. 1990.

[14] D.G. Beremand, R.K. Shaltens. NASA/DOE Automotive Stirling Engine Project Overvico 1986. Cleveland, Ohio: NASA-Lewis Research Center, August 1986. DOE/NASA/50112-66; NASA TM-87345.

[15] M. Kiera, P. Wehowsky: Erweiterung der Turm/Farm-Studie für Dish/Stirling-Anlagen. Interatom-Report 60.17102.0 (Sept. 1990).

[16] M. Kiera, W. Meinecke, H. Klaiß: Energetic Comparison of Solar Thermal Power Plants. IEA 5th Symposium on Solar High Temperature Technologies, Davos/CH (Aug. 1990).

4.2 Zusammenfassung der Ergebnisse der Studie zum Aufwindkraftwerk "Übertragbarkeit der Ergebnisse von Manzanares auf größere Anlagen"

W. Schiel, J. Schlaich
Schlaich Bergermann und Partner

Stuttgart, März 1991

INHALTSVERZEICHNIS

Zusammenfassung

Im Abschlußbericht "Aufwindkraftwerk: Übertragbarkeit der Ergebnisse von Manzanares auf größere Anlagen" (BMFT-Förderkennzeichen D 324249D), dessen Kurzfassung vorliegt, wurden zunächst die beim Bau des ersten Aufwindkraftwerks in Spanien gesammelten Erfahrungen und die während des Testbetriebs und der 30-monatigen Dauerbetriebsphase erzielten Ergebnisse bewertet, um darauf aufbauend die Übertragbarkeit der physikalischen Ansätze auf größere Anlagen zu untersuchen. Dies war die Grundlage für die technische Auslegung von 5 MW_e-, 30 MW_e- und 100 MW_e-Anlagen und die Ermittlung der zu erwartenden Investitions- und Stromgestehungskosten mit dem Ziel, das technische und wirtschaftliche Potential dieser Technologie darzustellen.

Die Untersuchungen ergaben, daß die thermodynamische Simulation von Kollektor, Bodenspeicher, Turm und Turbine sehr zuverlässig auf Großanlagen übertragen werden kann. Damit steht jetzt ein leistungsfähiges Anlagensimulationsprogramm zur Verfügung, das bei vorgegebener Meteorologie und Anlagengeometrie unter Berücksichtigung aller hier in Betracht zu ziehenden physikalischen Phänomene einschließlich Einfach- und Doppelverglasung des Kollektors, Bodenspeichereffekte, Nachtbetrieb, Kondensationseffekte im Kollektor und Turm, Druckentnahme an der Turbine und Anlagenreibung, sowie die erzeugte Energie und den tageszeitlichen Verlauf aller wesentlichen Anlagenparameter mit einer Genauigkeit von $\pm$ 5 % berechnet.

Die bautechnische Auslegung ergab, daß der Kollektor mit Glasabdeckung, so wie er in der Experimentieranlage in Manzanares über 30 Monate erprobt wurde, ohne große Änderungen für Großanlagen übernommen werden kann und damit eine bewährte, robuste und kostengünstige Lösung darstellt. Der Bau von etwa 1000 m hohen Kaminröhren ist heute sowohl hinsichtlich der statischen und dynamischen Nachweise (Schlankheiten = Höhen zu Durchmessern < 10), als auch hinsichtlich der Bauausführung ohne Schwierigkeiten möglich. In Zusammenarbeit mit einem großen und international tätigen Bauunternehmen wurden verschiedene Bauarten aus Beton und Stahl, einschließlich der zugehörigen Herstellungs- bzw.

Montageverfahren entwickelt. Dabei zeigte sich, daß die im Einzelfall zu wählende Bauart standortbedingt ist. Wenn Zuschlagstoffe für Beton ausreichend nahe vorgefunden werden und die zu erwartende Erdbebenbeschleunigung $\leq$ 0,33 g bleibt, sind Betonröhren am zweckmäßigsten.

Bei der maschinentechnischen Auslegung konnte auf die reichen Erfahrungen mit Windkraftanlagen, der Lüftertechnik für Kühltürme und den jahrelangen Betrieb des Aufwindkraftwerkes in Manzanares zurückgegriffen werden. Obwohl langfristig am Turmfuß angeordnete Vertikalachsenmaschinen als Siebenergruppen als die richtige Lösung angesehen werden, wurden, um auch hinsichtlich der Kosten auf vorhandene Baugrößen zurückgreifen zu können, in dieser Studie konzentrisch am Turmumfang angeordnete Horizontalachsenmaschinen zugrunde gelegt. Die dafür notwendigen Rotordurchmesser und die zugehörige Zahl der Turbinensätze sind 10 m/33 (5 MW-Anlage), 15 m/35 (30 MW-Anlage) bzw. 20 m/36 (100 MW-Anlage). Die aerodynamische Auslegung des Eingangsbereiches und der Turbinen selbst werden durch strömungstechnische Untersuchungen im Windkanal abgesichert, so daß eine zuverlässige Prognose über die Baubarkeit und die Leistungsfähigkeit vorliegt.

Auf der Basis dieser technischen Auslegung wurden die einzelnen Komponentenkosten bei der Industrie eingeholt und im Wechselspiel mit den Aussagen des Simulationsmodells iterativ die kostenoptimierten Anlagen der Leistungsklassen 5 MWe, 30 MWe und 100 MWe erarbeitet.

Mit diesen Datensätzen wurde von der Firma Interatom GmbH unter Verwendung eines Rechenprogramms der Firma Siemens/KWU die zu erwartenden mittleren Stromgestehungskosten errechnet und mit den Kosten anderer solarthermischer Anlagen, die unter identischen finanzmathematischen Randbedingungen ermittelt wurden, verglichen und diskutiert. Als Abschreibungsdauer wurde hierfür allen Anlagen einheitlich 20 Jahre zugestanden.

Bei diesen Betrachtungen wurde unterschieden zwischen Erstanlagen (als Prototypen in realistischer Baugröße) und sogenannten n-ten Anlagen (also Serienbau). Der n-ten Anlage wurde aber keine Leistungssteigerung unterlegt, sondern nur die zu erwartende Kostenreduktion durch Massenfertigung und Wiederverwendung von Baustelleneinrichtungen angerechnet. Für die Erstanlagen ergaben sich nach diesen Berechnungen mittlere Stromgestehungskosten von 66,3 DPf/kWh für eine 5 MW_e-Anlage, von 37,3 DPf/kWh für eine 30 MW_e-Anlage und von 27 DPf/kWh für eine 100 MW_e-Anlage. Für die n-ten Anlagen wurden 29,4 DPf/kWh für die 30 MW_e-Anlage und 21,5 DPf/kWh für die 100 MW_e-Anlage ermittelt. Natürlich wird bei einem solchen Vergleich das Aufwindkraftwerk stark unterbewertet, weil es viel robuster ist und eine ungleich höhere wartungsarme Lebensdauer hat als Anlagen, die mit anspruchsvoller Technologie im Hochtemperaturbereich arbeiten.

Könnte man in solchen Kostenberechnungen die nahezu unbegrenzte Lebensdauer eines Kaminrohres aus Beton und zumindest wesentlicher Teile des Kollektors und der Maschinenanlagen folgerichtig berücksichtigen, so wie das bei der Bewertung der dem Aufwindkraftwerk nahe verwandten Wasserkraftwerken geschieht, dann ergäben sich für die 100 MWe-Anlage wesentlich niedrigere Stromgestehungskosten als die oben genannten.

Akzeptiert man einmal dieses vorgegebene Berechnungsschema, dann steht das Aufwindkraftwerk (AWK) im Vergleich zu den Central Receiver Systems (CRS) und Distributed Collector Systems (DCS) wie folgt da:

- Die Spreizung der Stromgestehungskosten zwischen AWK-Erstanlage und n-ter Anlage ist deutlich geringer als bei den CRS- und DCS-Anlagen, weil beim Übergang von einer Erst- zu der n-ten Anlage bei CRS- und DCS-Anlagen Kostenreduktionen, Lerneffekte und technologische Weiterentwicklungen (Technologiesprünge) mit daraus folgenden Wirkungsgradsteigerungen angenommen wurden. Im Gegensatz dazu ist das Aufwindkraftwerk bereits heute grundsätzlich ausgereift und klar berechenbar, so daß ihm keine wirkungsgradsteigernden Maßnahmen mehr angerechnet werden dürfen. Auch der zukünftige Wegfall der Entwicklungskosten und die Kostenreduktion durch Massenfertigung schlagen bei dieser Technologie natürlich nur gering zu Buche

- Die Stromgestehungskosten von 30 MW- bzw. 100 MW-AWK-Erstanlagen liegen etwas unterhalb der Kosten von bereits gebauten DCS-Anlagen (LUZ mit LS3-Kollektor).

- Die Stromgestehungskosten für die n-te AWK-Anlage sind nahezu identisch mit denen der n-ten DCS-Anlagen (LUZ mit geplanten LS4-Kollektoren mit Direktverdampfung).

- Die Stromgestehungskosten der CRS-Anlagen sind etwas niedriger als die der AWK-Anlagen und der DCS-Anlagen, besonders bei den n-ten Anlagen.

- Es mag zunächst überraschen, daß die Stromgestehungskosten der Aufwindkraftwerke ausgerechnet im niederen Leistungsbereich von 5 bis 30 MW deutlich geringer sind als die der anderen Technologien (einschließlich natürlich der hier nicht in den Vergleich einbezogenen, wie der Photovoltaik), weil doch der Wirkungsgrad der Aufwindkraftwerke mit der Turmhöhe zunimmt. Die Erklärung hierfür liegt in der Tatsache, daß den 1000 m hohen Türmen der 100 MW-Anlagen höhere relative Kosten angerechnet wurden, weil hier der kalkulatorische Erfahrungsbereich fehlt, als den niederen Türmen für die 30 MW-Anlagen. Daraus folgt unmittelbar, daß als nächstes ein 30 MW-AWK gebaut werden sollte.

- Der Investitionsbedarf ist bei AWK-Anlagen im Vergleich zu DCS bzw. CRS-Anlagen am größten. Dies wird durch die deutlich größere Lebensdauer der wesentlichen Komponenten des Aufwindkraftwerks mehr als kompensiert, geht aber, wegen der für die vorliegenden Berechnungen einheitlich zugrunde gelegten Lebensdauer von 20 Jahren (Abschreibungszeit) in diesem Vergleich nicht angemessen ein.

- Die Betriebs- und Wartungskosten sind bei AWK-Anlagen wesentlich geringer als bei DCS- bzw. CRS-Anlagen. Hier spiegelt sich die Einfachheit des technischen Konzeptes wieder. Die AWK-Technologie ist eher mit Wasserkraftanlagen vergleichbar, die ebenfalls hohe Anfangsinvestitionen haben bei geringen Betriebskosten und entsprechenden Stromgestehungskosten.

Auch die klimatologischen Bedingungen sollten bei der Interpretation dieser Ergebnisse Berücksichtigung finden. Zugrundegelegt wurde für alle Berechnungen die Meteorologie von Barstow/USA im Jahre 1976. Dieser Standort weist speziell für DCS- und CRS-Systeme, die die direkte Solarstrahlung nutzen, exzellente Werte auf (max. 2800 kWh/m^2/a direkt). Das Aufwindkraftwerk kann (vergleichbar hierbei der Photovoltaik) auch die Diffusstrahlung nutzen, hat also eine viel größere Einsatzbreite und ist an den weltweit viel mehr verfügbaren Standorten mit hoher Globalstrahlung (Diffus- und Direktstrahlung) im Vorteil. Eine vergleichende Kostenberechnung für unterschiedlich strukturierte Einstrahlungsbedingungen sollte zur Vervollständigung des Gesamtbildes unbedingt noch durchgeführt werden.

Zusammenfassend kann gesagt werden, daß mit Aufwindkraftwerken relativ günstige Stromgestehungskosten erreicht werden und das zu erwartende Kostenniveau, verglichen mit anderen solarthermischen Anlagen wie CRS und DCS, als gut zu bewerten ist. Die Einfachheit und damit verbundene Robustheit und Dauerhaftigkeit des gesamten Konzeptes des Aufwindkraftwerks, das geringe Risiko beim Bau durch die Nutzung bewährter Techniken, die Attraktivität für ein Standortland in der Dritten Welt, einen Großteil der Anlage mit eigener Industrie und unausgebildeten Arbeitskräften bauen zu können, die Bodenspeicherung mit Nachtleistung, und das einfache Betreiben einer solchen Anlage einschließlich des Wegfalls einer Kühlung von Komponenten mit Wasser, sind nur schwierig in Zahlen auszudrücken, aber eindeutige Vorteile dieser Technologie.

1. Einleitung

Die drei bekannten physikalischen Prinzipien: der Treibhauseffekt, der Kaminzug und die Turbine werden in einem solarthermischen Aufwindkraftwerk in neuartiger Weise miteinander verknüpft (Abb. 1,2). Die einfallende Solarstrahlung erwärmt die Luft unter einem großen Kollektorvordach. Die damit erzeugte Temperaturdifferenz zur Außenluft erzeugt über den Kamin und dessen Höhe ein Druckgefälle, das in kinetische Energie, den Aufwind, gewandelt wird. Die kinetische Energie wird mit einer Turbine in mechanische und über einen konventionellen Generator in elektrische Energie transformiert und an das örtliche Netz abgegeben. Dieses solare System zeichnet sich durch die folgenden technisch-physikalischen Vorteile aus:

- Einfache und billige Bauweise mit in Drittländern verfügbarem Know-How und Materialien (Glas, Beton, Stahl).

- Nutzung der Globalstrahlung und damit auch der Diffusstrahlung bei bewölktem Himmel.

- Gleichmäßiger Betrieb bis in die Nachtstunden hinein durch natürliche Bodenspeicherung (bei Großanlagen 24 h-Betrieb).

- Kein Wasserverbrauch zum Kühlen von Maschinenteilen.

- Hoher Kostenanteil von Arbeiten, die wegen ihres einfachen Charakters im Entwicklungsland mit lokalen Arbeitskräften durchgeführt werden können und damit dem örtlichen Arbeitsmarkt zugute kommen und gleichzeitig die Möglichkeit der Kostenreduktion bieten.

- Außer Turbine und Generator keine beweglichen und wartungsintensiven Teile.

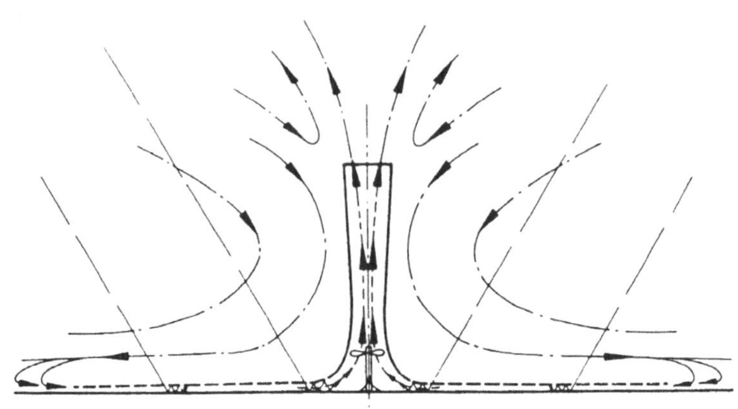

Abb. 1: Schematische Darstellung eines Aufwindkraftwerkes

Abb. 2: Luftbildaufnahme der Experimentieranlage bei Manzanares/ Spanien. (Turmhöhe 200 m, Turmradius 5 m, mittlerer Kollektorradius 119 m, Rotordurchmesser 10 m, Nenndrehzahl 100 rpm).

Nach der vom BMFT geförderten (Projekt-Nr. 03E4249A,B,C) Testphase (1981 bis Anfang 1986) wurde die Experimentieranlage in Manzanares/Spanien von Juli 1986 bis Februar 1989, also über einen Zeitraum von 30 Monaten, kontinuierlich wie ein reguläres Kraftwerk betrieben (s. Abb. 3). Während dieses Dauerbetriebes wurden rund um die Uhr über 180 verschiedene Daten im Sekundenrhythmus aufgezeichnet und später ausgewertet, so daß zur Beurteilung dieser Technologie heute eine breite und zuverlässige experimentelle Datenbasis zur Verfügung steht.

Von Anfang an wurde parallel dazu ein umfangreiches thermodynamisches Modell erarbeitet und ständig verfeinert, mit dem Ziel, ein detailliertes Wissen und Verständnis für die einzelnen thermodynamischen, optischen und aerodynamischen Vorgänge in einem Aufwindkraftwerk zu gewinnen und eine Quantifizierung des gesamten Anlagenverhaltens unter vorgegebenen meteorologischen Randbedingungen durchführen zu können.

Ein Vergleich des theoretisch berechneten und des experimentell gemessenen Anlagenverhaltens ist in den Abb. 4 und 5 dargestellt. In der Abb. 4 sind die berechneten und gemessenen mittleren Monatsenergien für das Jahr 1987 dargestellt. In dieser verdichteten Darstellung stimmen die Jahresenergien und die monatliche Verteilung (Jahresgang) sehr gut mit den experimentellen Ergebnissen überein. Die Abb. 5 zeigt in einem höheren Auflösungsgrad einzelne Tagesgänge. Aufgetragen sind die globale solare Einstrahlung, die Bodenbilanz, der Temperaturhub im Kollektor, die Aufwindgeschwindigkeit im Turm und die abgegebene Leistung. Trotz einzelner Abweichung könnte auch hier die Übereinstimmung von Theorie und Experiment anbetrachts der Vielfalt der physikalischen Phänomene nicht besser sein.

Speziell das für solare Anlagen typische transiente Verhalten wird gut wiedergegeben.

Insgesamt kann gesagt werden, daß damit die optischen, thermodynamischen und aerodynamischen sowie maschinentechnischen Vorgänge in der Experimentieranlage in Manzanares gut verstanden sind, und die theoretische Modellierung einen Reifegrad erreicht hat,

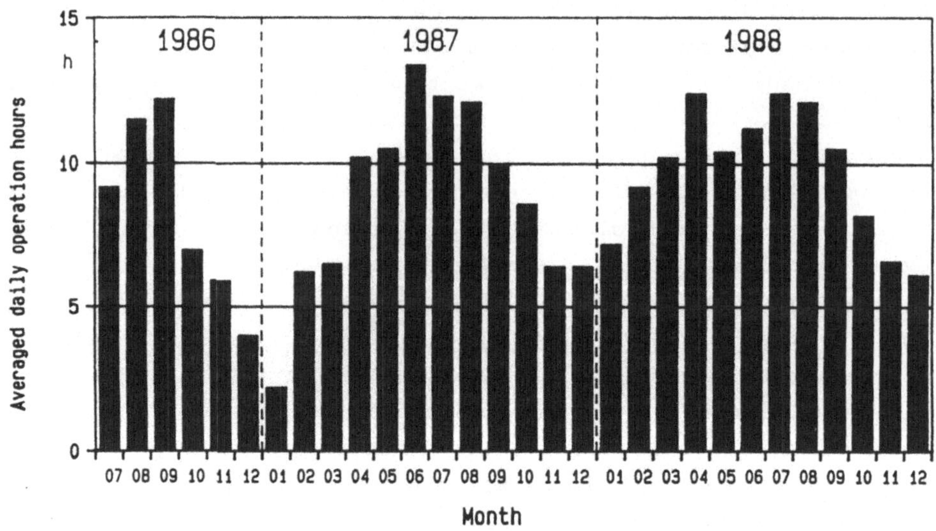

Abb. 3: Gemessene mittlere Betriebsstunden während der Dauerbetriebsphase 1986 - 1988 an der Experimentieranlage in Manzanares.

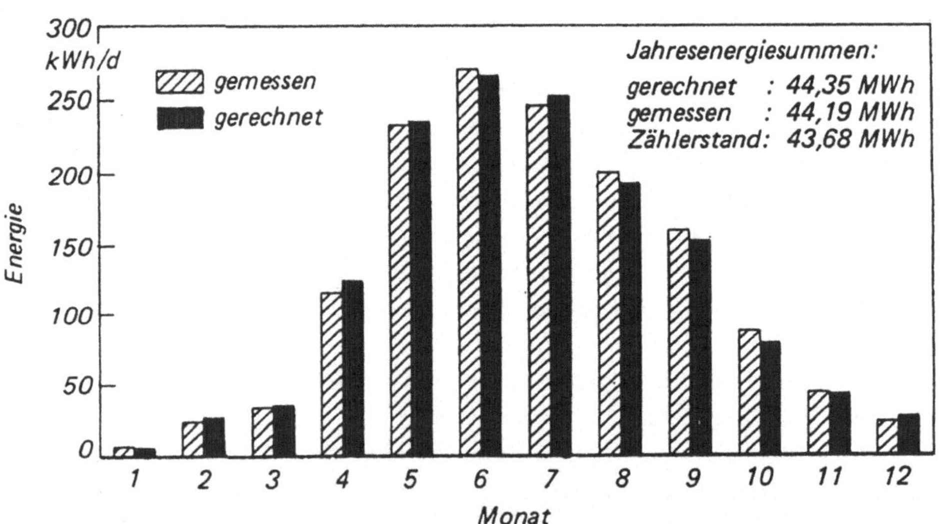

Abb. 4: Vergleich zwischen den gemessenen und berechneten mittleren Monatsenergien für das Jahr 1987.

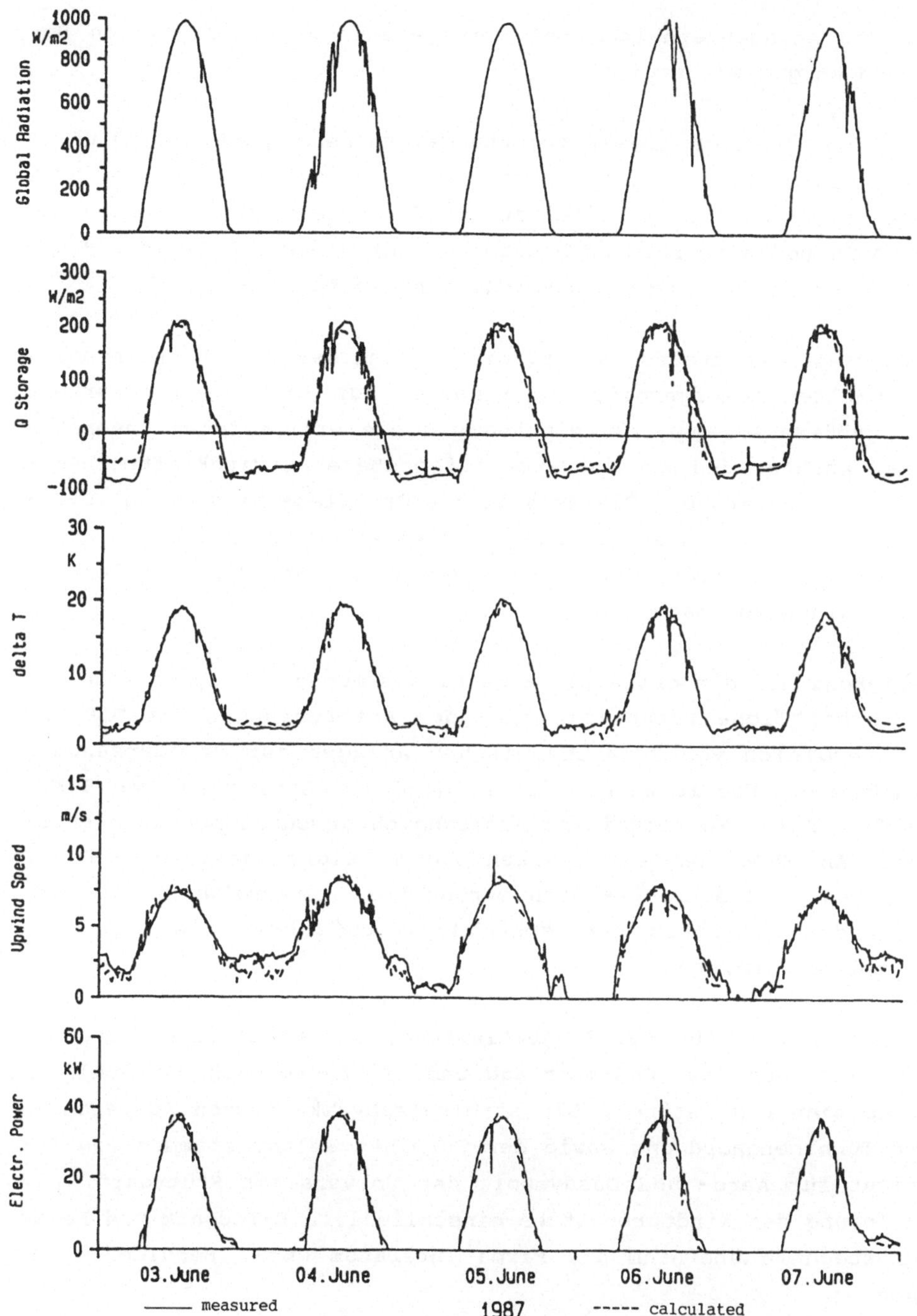

Abb. 5: Vergleich zwischen Messung und Simulation im Tagesgang für den 3. - 7. Juni 1987.

die das Anlagenverhalten bei vorgegebenen meteorologischen Bedingungen gut wiedergibt.

Nach dem Abschluß dieses Forschungsvorhabens wurde am 20.06.89 das Ingenieurbüro Schlaich Bergermann und Partner (SBP) vom BMFT beauftragt, mit den Arbeiten zur "Übertragbarkeit der Ergebnisse des Aufwindkraftwerkes in Manzanares auf größere Anlagen und Untersuchung zu verlustarmen Vordächern" zu beginnen.

Ziel dieses Auftrages ist es, die während der Dauerbetriebsphase gesammelten Meßergebnisse im Hinblick auf ihre Übertragbarkeit auf größere Anlagen zu bewerten und die erarbeiteten theoretischen Ansätze und Erkenntnisse auf größere Aufwindkraftwerksanlagen zu übertragen. Dieses soll die Grundlage bilden, um zuverlässige Aussagen über das Potential dieser Technik und das energetische Verhalten von Großanlagen unter den verschiedensten Randbedingungen machen zu können.

Basierend auf den erzielten Ergebnissen wurde das technische und wirtschaftliche Potential gemäß den Anforderungen der DLR für den Vergleich von solarthermischen Anlagen zur Stromerzeugung erarbeitet. Hierzu wurden für Anlagen mit Leistungen von 5 MW, 30 MW und 100 MW technische Auslegungen durchgeführt und bewertet. An Hand des ermittelten Investitionsbedarfs sowie der Bauneben- und Betriebskosten wurden bei Siemens/KWU die zu erwartenden mittleren Stromgestehungskosten über die Abschreibungsdauer ermittelt.

Verantwortlich für die Projektleitung, die physikalisch/technische Auslegung der Gesamtanlage und die Bautechnik war Schlaich Bergermann und Partner. Die strömungsphysikalischen Auslegungen der Turbinenanordnung sowie der Turbinen selbst stammen vom Institut für Aero- und Gasdynamik der Universität Stuttgart. Die Auslegung des Windturbosatzes einschließlich E-Technik und Regelungstechnik übernahm die Firma Interatom GmbH, Bergisch-Gladbach.

2. Simulationsrechungen zur Energieerzeugung

Die Betrachtungen zur theoretischen Modellierung der einzelnen Komponenten eines Aufwindkraftwerks haben gezeigt, daß nach dem heutigen Stand des Wissens, speziell aus den Ergebnissen der Experimentieranlage in Manzanares und unter Berücksichtigung der standortbezogenen klimatologischen Bedingungen eine zuverlässige Simulation von Großanlagen möglich ist. Ziel war es nun, eine theoretische Auslegung und Optimierung von Großanlagen durchzuführen, wobei der Schwerpunkt auf die Auslegung von 5, 30 bzw. 100 MW-Anlagen gelegt wurde.

Aufwindkraftwerke weisen kein pyhsikalisches Optimum auf. Bei vorgegebener Turmhöhe existiert keine optimale Vordachgröße, da die gewinnbare Leistung mit Vergrößerung des Vordaches stetig zunimmt. Erst unter Einbeziehung der Kosten für die einzelnen Komponenten ergibt sich eine kostenoptimierte Anlage.

Um diesen Sachverhalt zu verdeutlichen, wurde bei festgehaltenen Turmhöhen von 445, m, 600 m, 800 m, 1000 m und 1500 m der Kollektorradius von 300 m bis 3500 m variiert. Das energetische Verhalten der Anlagen wurde unter Berücksichtigung der Meteorologie der fiktiven Standorte Barstow/USA mit 2301 $kWh/m^2/a$ bzw. Manzanares/Spanien mit 1725 $kWh/m^2/a$ berechnet. Die Anlagen wurden für den Standort Barstow entsprechend den vorliegenden meteorologischen Daten im 15-Minuten-Rhythmus für das Jahr 1976 und für den Standort Manzanares für das Jahr 1987 im 10-Minuten-Rhythums simuliert. Für diese Rechnungen wurden für beide Standorte die bekannten und vermessenen Bodenverhältnisse aus Manzanares angenommen und der Turmdurchmesser und die Kollektorhöhe jeweils an die Anlagenleistung angepaßt. Kollektorseitig wurde einerseits mit einer einfachen Glasabdeckung, wie in Manzanares verifiziert, und andererseits mit einer vollständigen Doppelglaseindeckung gerechnet. Mit Doppelverglasung des Kollektors wird nahezu das mögliche Maximum des Kollektorwirkungsgrades erreicht, da die gute thermische Isolierung dieser Abdeckungsart zu sehr geringen Strahlungs- und Konvektionsverlusten führt.

Die Ergebnisse dieser Rechnungen sind in Abb. 6 für den Standort Barstow dargestellt. Aufgetragen ist die elektrische Jahresenergieproduktion in GWh/a in Abhängigkeit vom Kollektorradius, Turmhöhe und den beiden verschiedenen Eindeckungsvarianten als Parameter. Bei festgehaltener Turmhöhe steigt die Jahresenergieausbeute mit wachsendem Vordachradius anfangs nahezu proportional zur Kollektorfläche. Bei großen Vordachradien bildet sich ein physikalisch bedingter Grenzwert heraus, bei dem die Jahresenergieausbeute durch eine weitere Vergrößerung der Kollektorfläche nicht mehr gesteigert werden kann. Zu erkennen ist dieser Effekt bei der Turmhöhe von 445 m ab Vordachradien von > 2300 m, wohingegen die Sättigung bei großen Turmhöhen mit 3000m-Vordachradius noch nicht erreicht ist. Die Ursache hierfür ist, daß eine weitere Zunahme im Kollektorradius durch die Verluste (Emission und Reibung) aufgewogen werden.

Der doppeltverglaste Kollektor zeigt natürlich grundsätzlich deutlich bessere Leistungen, wobei die Unterschiede bei kleinen Vordachradien, aufgrund des geringen Temperaturhubs im Kollektor, zu vernachlässigen sind. Erst bei großen Vordachradien zeigt der doppeltverglaste Kollektor bis zu 56 % bessere Jahresenergieausbeuten. Da die Kollektortemperatur mit der Größe des Vordaches ansteigt, wird die isolierende Wirkung der Doppelverglasung erst bei großen Vordachradien, d.h. bei großen Temperaturhüben > 20°C deutlich.

Wie dargestellt, weisen Aufwindkraftwerke keine physikalischen Optima auf. Erst unter Einbeziehung der Komponentenkosten ist eine Optimierung der Gesamtanlage möglich. Zur Ermittlung der "kostenoptimierten" Aufwindkraftwerksanlagen in den verschiedenen Leistungsphasen von 5 MW, 30 MW und 100 MW wurden die in Kap. 4 dargelegten Komponentenkosten sowie die vorgegebene finanzmathematische Methode verwendet. Ziel dieses Arbeitspaketes war es, die Anlagendimension bei minimalen Stromgestehungskosten zu ermitteln und deren Betriebscharakteristiken zu berechnen. Als Eingangsdaten für diese Berechnungen dienten die klimatischen Verhältnisse von Barstow/ USA.

Es wurde bei jeweils konstanter Turmhöhe der Kollektor variiert,

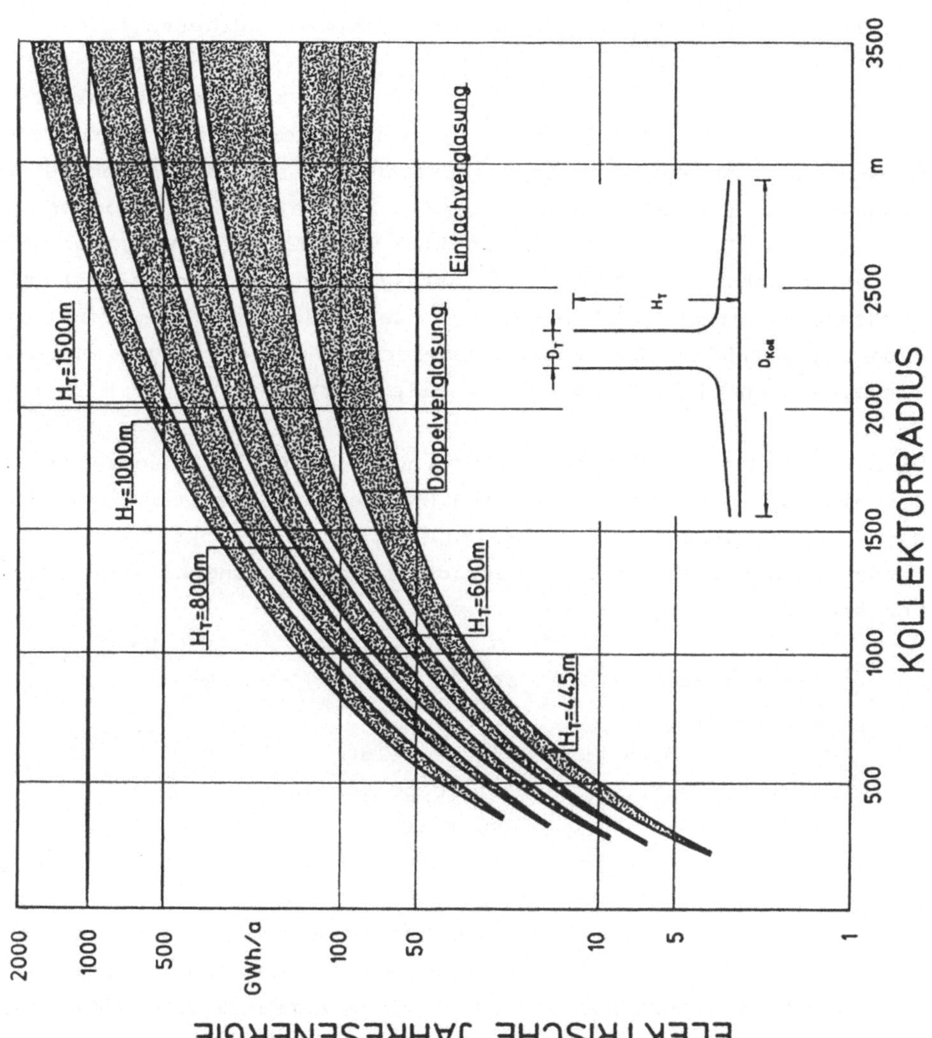

Abb. 6: Elektrische Jahresenergieausbeute in Abhängigkeit vom Kollektorradius bei verschiedenen Turmhöhen (Meteorologie: Barstow 1976)

der geforderte Leistungsbereich des Windturbogeneratorsatzes ermittelt und die Stromgestehungskosten (DM/kWh) in Abhängigkeit von der installierten Leistung (Peakleistung) aufgetragen.

Bei dieser Auftragungsart durchlaufen die Stromgestehungskosten ein Minimum. Zu jeder Turmhöhe existiert gerade ein Turmdurchmesser und eine Kollektorkonfiguration, bei der die Stromgestehungskosten minimal werden. Die Abb. 7 zeigt die Stromgestehungskosten (DM/kWh), gemittelt über die Abschreibungszeit (20 Jahre) in Abhängigkeit von der installierten Kraftwerksleistung. Dargestellt sind die Erst- bzw. n-ten Anlagen, parametrisiert nach der Turmhöhe. Die kostenoptimierten Anlagen liegen auf der dargestellten einhüllenden Kurve aller Turmhöhen.

Dieser Optimierungsprozeß liefert nun für die gewünschte Anlagenleistung von 5 MW, 30 MW, 100 MW die Turmhöhe, Turmdurchmesser, Kollektorradius, das Höhenprofil des Kollektors und die Eindeckungsart. Für die zu betrachtenden Leistungsklassen ergaben sich dabei folgende Ergebnisse:

	5 MW	30 MW	100 MW
Turmhöhe [m]	445 m	750	950
Turmradius [m]	27	42	57.5
Kollektorradius [m]	555	1100	1800
Eindeckungsart	Teildoppelverglast		
Material	Grünglas		

Mit diesen optimierten Anlagendimensionen wurde das energetische Verhalten unter Berücksichtigung der Meteorologie von Barstow/ USA berechnet. Das vollständige Anlagenverhalten der drei verschiedenen Leistungsphasen wurde im 10-Minuten-Rhythmus über ein ganzes Jahr simuliert und ausgewertet. Das Ziel dieser Berechnungen war es, das tägliche bzw. jahreszeitliche Verhalten der Anlagen und die charakteristischen Kenngrößen der einzelnen Anlagen zu ermitteln.

Die Ergebnisse werden im folgenden am Beispiel der 30 MW-Anlage ausführlich dargestellt und diskutiert. Die relevanten Anlagendaten aller drei Leistungsklassen sind in der Tabelle 1 am Ende dieses Abschnittes zusammengefaßt.

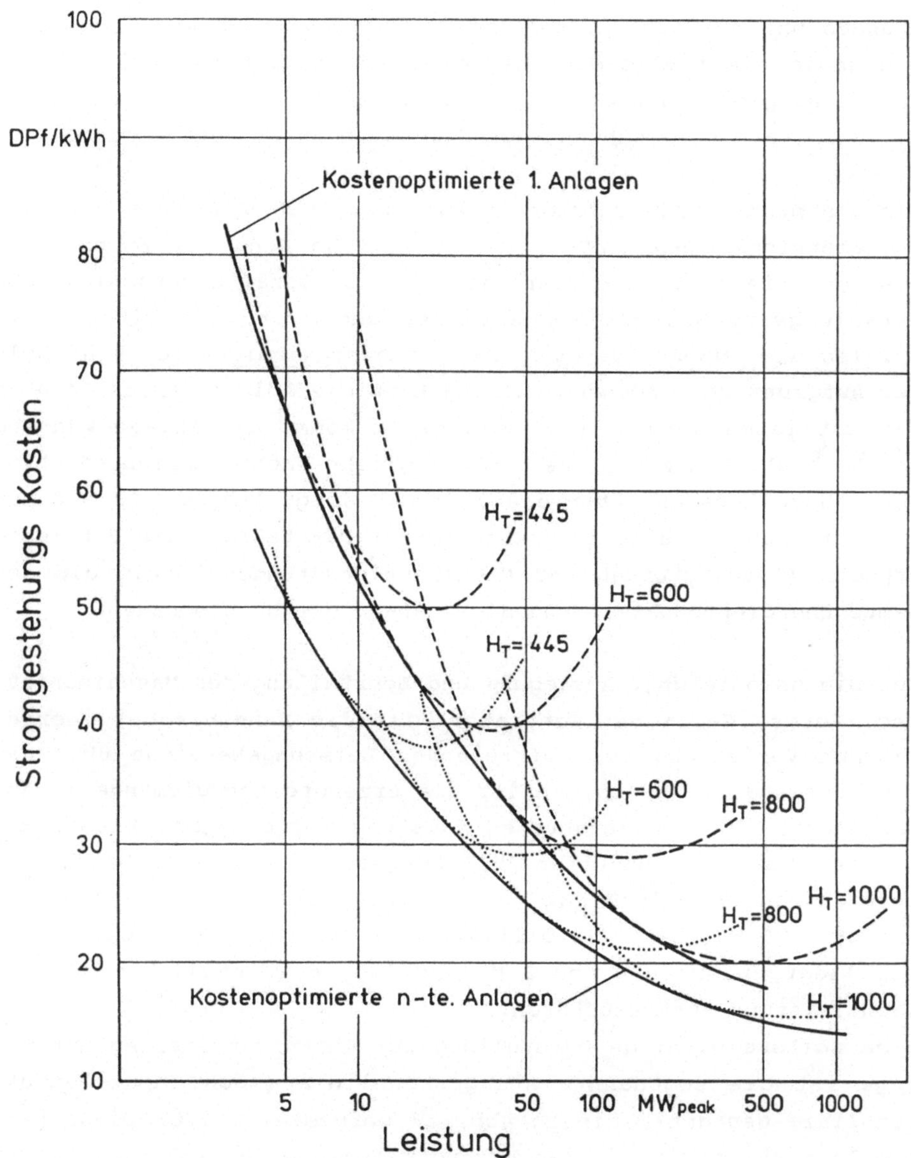

Abb. 7: Über die Abschreibungsdauer (20 Jahre) gemittelten Stromgestehungskosten in Abhängigkeit von der installierten Anlagenleistung für 1-te und n-te Anlage parametrisiert nach Turmhöhe.

Die Abb. 8 und 9 geben einen Überblick über das jahreszeitliche Anlagenverhalten. Die Abb. 8 zeigt die täglichen Nachtbetriebsstunden und die während der Nachtbetriebsstunden erzeugte Energie sowie die tägliche Gesamtenergieproduktion der Anlage. Die Jahresenergieproduktion der Anlage beträgt 85.7 GWh, wobei davon 8.7 GWh (ca. 10 %) während der Nachtstunden erzeugt werden.

Die gesamten Betriebsstunden liegen bei 8506 Stunden/a bei 5071 Nachtbetriebsstunden. Der jahreszeitliche Gang der Energieproduktion spiegelt in erster Linie das saisonal unterschiedliche Strahlungsangebot der Sonne wieder und erst in zweiter Linie spielen die Außentemperatur und Windgeschwindigkeiten eine Rolle. Aufgrund der Bodenspeicherung kann die Anlage nahezu 24 h am Tag betrieben werden, nur vereinzelt kommt die Anlage während der Nachtstunden zum Stehen. Die tägliche Nachtenergieproduktion ist nahezu konstant über das Jahr und liegt bei ca. 23 MWh pro Tag. Die Abb. 9 zeigt in akkumulierter Darstellung die Betriebsstunden (Gesamtstunden und Nachtbetriebsstunden) sowie die gesamte Energieproduktion und die während der Nachtstunden.

Zur Dimensionierung, Auslegung und Beurteilung des Maschinensatzes (Rotor, Getriebe, Generator) ist die Kenntnis der energetischen Verteilung der auftretenden Leistungsbereiche über das Jahr notwendig. In Abb. 10 ist die erzeugte Energiemenge in Abhängigkeit von der gefahrenen Leistung aufgetragen. Dieses Ergebnis zeigt, daß ungefähr 45 % der Jahresenergie im Leistungsbereich von 27 - 30 MW (Vollast) anfällt und ca. 72 % im Bereich von 18 - 30 MW (bis 2/3 Volllast) erzeugt wird. Das zweite Maximum liegt zwischen 0 und 3 MW und ist im wesentlichen auf die Nachtleistung zurückzuführen.
Eine weitere wichtige Darstellung zur Charakterisierung der Anlage ist die sogenannte Anlagenkennlinie (auch Input/Output-Kennlinie genannt), die in Abb. 11 dargestellt ist. Diese Darstellung zeigt die pro Tag erzeugte Energie in Abhängigkeit des täglichen Strahlungsangebotes pro m^2 Kollektorfläche. Mit Kenntnis der Kollektorfläche ist dieser Darstellung direkt der Anlagenwirkungsgrad zu entnehmen. Bei einem Strahlungsangebot von 10 kWh pro m^2 und Tag liegt der tagesgemittelte Anlagenwirkungsgrad bei 1.1 %.

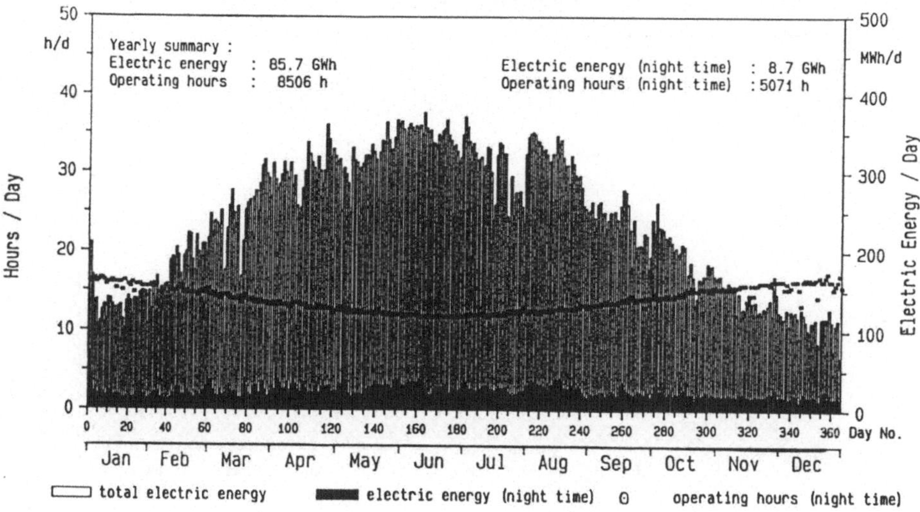

Abb. 8: Anlagenverhalten einer 30 MW-Anlage
(H_T = 750 m, R_T = 42 m, R_K = 1100 m)

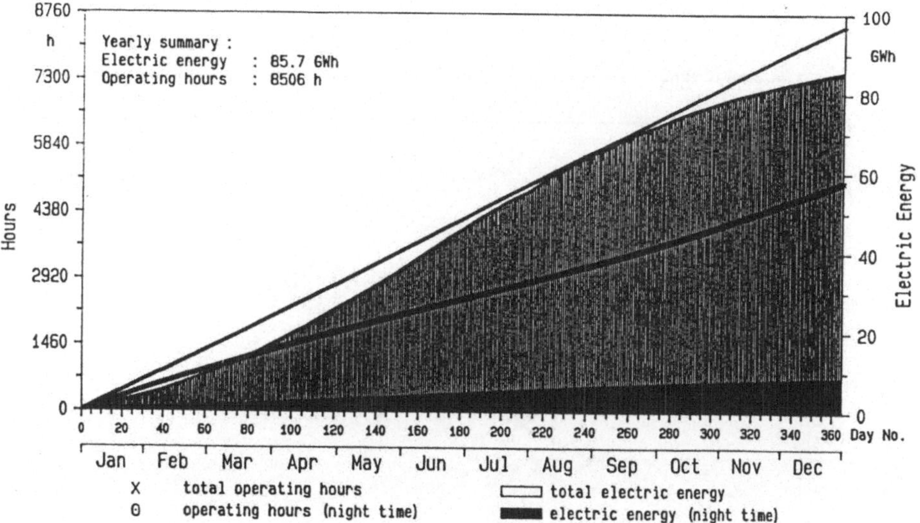

Abb. 9: Akkumuliertes Anlagenverhalten einer 30 MW-Anlage
(H_T = 750 m, R_T = 42 m, R_K = 1100 m)

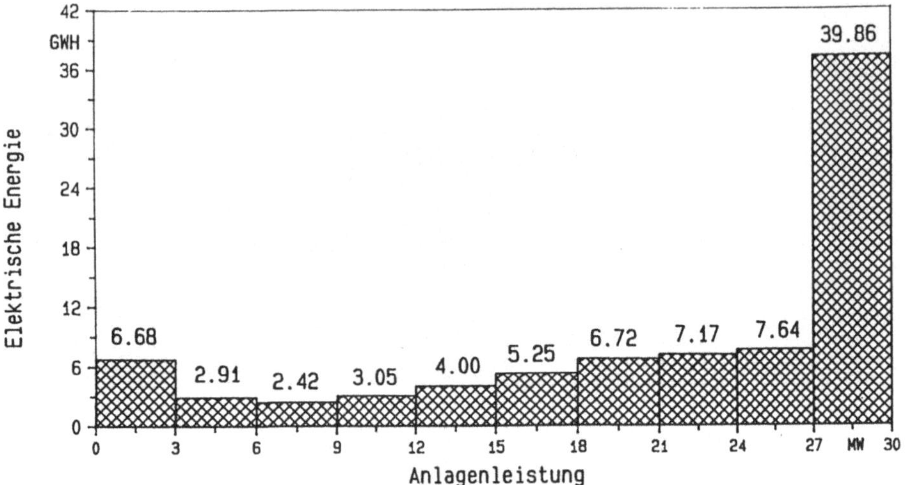

Abb. 10: Darstellung der erzeugten elektrischen Energie in Abhängigkeit von der Anlagenleistung einer 30 MW-Anlage (H_T = 730 m; R_T = 42 m; R_K = 1100 m).

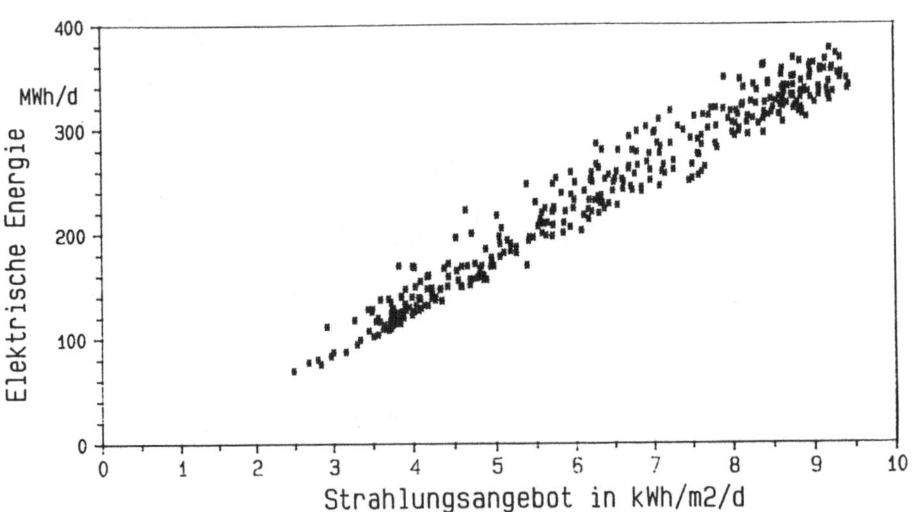

Abb. 11: Anlagenkennlinie einer 30 MW-Anlage (H_T = 730 m; R_T = 42 m; R_K = 1100 m).

Da die Anlagensimulation im 10-Minuten-Rhythmus erfolgt, sind die Tagesgänge der einzelnen Anlagenvarianten für jeden Tag des Jahres verfügbar. In der Abb. 12 ist stellvertretend an vier Tagen im September der tageszeitliche Verlauf der Globalstrahlung, der erzeugten Leistung, der zugehörigen Temperaturhübe im Kollektor und die Aufwindgeschwindigkeit im Turm dargestellt. Man erkennt, daß die Leistungsabgabe, der Temperaturhub im Kollektor und die Aufwindgeschwindigkeit im Turm einen qualitativ ähnlichen Verlauf über die Sonnenscheinstunden aufweisen wie die Globalstrahlung. Nach Sonnenuntergang geht das ΔT im Kollektor und die Aufwindgeschwindigkeit nicht auf Null zurück, da der aufgeheizte Boden während der Nachtstunden Energie an die Arbeitsluft abgibt und damit die Anlage mit abgesenkter Leistung weiter betrieben werden kann. Wie zu erwarten, ist die Leistungsabgabe über die Nachtstunden bis Sonnenaufgang abnehmend, führt aber an den dargestellten Tagen nicht zum Stillstand der Anlage (24 h-Betrieb).

In der Tab. 1 sind die wichtigsten Anlagenkenngrößen der Leistungsanlage von 5 MW, 30 MW und 100 MW zusammengefaßt.

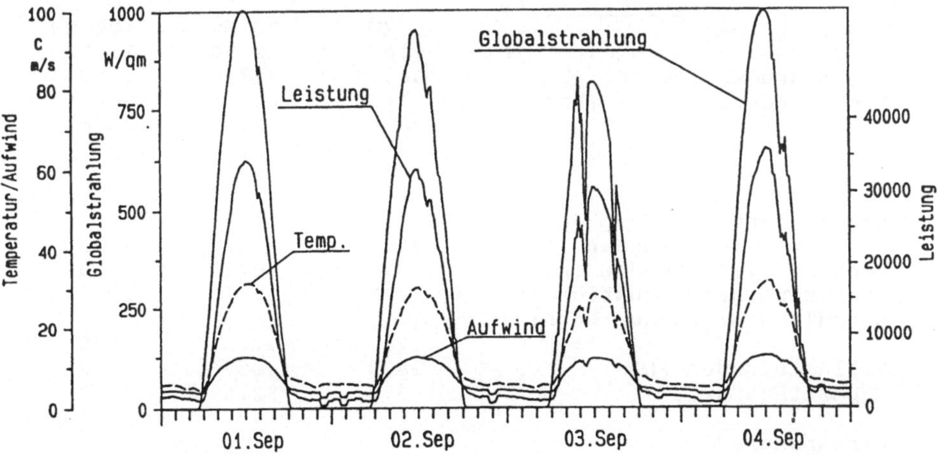

Abb. 12: Tageszeitlicher Verlauf der Globalstrahlung, Leistungsabgabe, Kollektortemperaturhub und Aufwindgeschwindigkeit bei einer 30 MW-Anlage (H_T = 750 m; R_T = 42 m; R_K = 1100 m).

Zusammenstellung

	5 MW	30 MW	100 MW
Bautechnik			
Turmhöhe [m]	445	750	950
Turmdurchmesser [m]	27	42	57.5
Kollektorradius [m]	555	1100	1800
Kollektorfläche [Mio. m^2]	0.967	3.800	10.176
Kollektorhöhe außen [m]		4.5	6.5
Kollektorhöhe innen [m]		15.5	20.5
Meteorologie			
Globalstrahlungsleistung W/m^2	262.7	262.7	262.7
Globalstrahlung $kWh/m^2/a$	2301	2301	2301
Lufttemperatur [°C]	17.9	17.9	17.9
mittl. Windgeschwindigkeit [m/s]	3.5	3.5	3.5
Maschinentechnik			
Art der Turbine	Schnelläufer		
Anzahl der Turbinen	33	35	36
Abstand von der Turmmitte [m]	53	84	115
Anströmgeschwindigkeit [m/s]	8.0	10.4	13.8
elektr. Leistung der Einzelturbine [kW]	152	857	2778
Wellenleistung der Einzelturbine [kW]	190	1071	3472
Schnellaufzahl	10	10	8
Drehzahl [1/min]	153	132	105
Drehmoment [kNm]	11.9	77.5	314.5
Betriebsdaten bei Nennlast			
Nennlast [MW]	5 MW	30 MW	100 MW
Aufwindgeschwindigkeit [m/s]	9.07	12.59	15.82
Gesamtdruckdifferenz [Pa]	383.3	767.1	1100.5
Turbinendruckabfall [Pa]	314.3	629.1	902.4
Reibung [Pa]	28.6	62.9	80.6
Temperaturhub im Kollektor [°C]	25.6	31.0	35.7
Akkumulierte Betriebsdaten			
Gesamtbetriebsstunden [h]	8423	8506	8723
Nachtbetriebsstunden [h]	4992	5071	5060
Jahresenergieproduktion [GWh/a]	14.1	85.7	295.3
Energie während der Nacht [GWh/a]	1.5	8.7	32.0
Vollaststunden [h]	2820	2857	2953
Kapazitätsfaktor	32.2	32.6	33.7
Wirkungsgrade			
mittl. Kollektorwirkungsgrad[%]	56.24	54.72	52.62
mittl. Maschinenwirkungsgrad[%]	77.0	77.0	77.0
mittl. Turmwirkungsgrad [%]	1.45	2.33	3.1
Anlagenwirkungsgrad [%] im Jahresmittel	0.63	0.98	1.26

Tab. 1: Zusammenstellung der wesentlichen Anlagendaten für kostenoptimierte Anlagen der Leistungsklasse 5 MW, 30 MW und 100 MW.

3. Technische Auslegung

3.1. Der Kollektor

Beim Kollektorvordach des Prototyps in Manzanares wurden mehrere Konstruktions- und Eindeckungsvarianten unter extremen Klima- und Beanspruchungsbedingungen getestet und ausgewertet.

Dabei zeigte sich, daß die dort gebaute leichte Stahlkonstruktion mit Glaseindeckung auch unter extremen Bedingungen ein Optimum an Dauerhaftigkeit, Wartungsaufwand und Wirtschaftlichkeit darstellt. Es gibt also keine Argumente gegen einen Einsatz dieses Konstruktionsprinzips auch bei Großanlagen.

Die Erfahrungen zeigten jedoch, daß teilweise noch Materialeinsparungen möglich sind. So wurden bei Großanlagen wegen der dort nötigen größeren Dachhöhe das Stützenraster auf 9 x 9 m erhöht und für die Sprossenprofile einfache Flachstahlbänder vorgesehen, auf die dann die 4 mm dicken und ca. 1 m x 1,5 m x 4 mm großen Einzelglasscheiben aufgeklemmt werden. Diese Profile können wegen der Zugbandwirkung sehr materialsparend dimensioniert werden (s. Abb. 13). Als Vorteil ist zu werten, daß die wenigen Einzelteile des Daches in großer Stückzahl in Serie günstig hergestellt werden können. Auch die Montage ist mit geeigneten Hebe- und Verlegegeräten und wenigen Hilfskräften einfach und schnell ohne kostenintensive Gerüste möglich. Wenn bei kleinen Anlagen das Höhen-zu-Durchmesser-Verhältnis des Turmes noch ungünstig und damit die Gefahr der "Stabwirbelbildung" hinter dem Kamin durch Seitenwinde gegeben ist, muß das Dach in Turmnähe Sogkräfte von ca. 20 - 50 kg/m^2 aufnehmen können. Da dieser Bereich jedoch nur wenige Prozent der Dachfläche ausmacht, ist dort eine Dacheindeckung mit Trapezblechen, wie bei der Prototypanlage sinnvoll. Sie wird auch in den nachfolgenden Kostenermittlungen berücksichtigt.

Windkanalversuche haben gezeigt, daß bei turbulenter Anströmung und bei Berücksichtigung des veränderlichen Geschwindigkeitsverlaufs über die Bauwerkshöhe, also bei einer Simulation des natürlichen Windes im Windkanal (dreidimensionaler Versuch), ein Einflußbereich der Wirbel hinter dem Kamin sehr klein, sowie insgesamt eine geringere Windbelastung auf das Dach zu erwarten ist, so daß bei großen Aufwindtürmen die relativ kostenintensive Vordachfläche in Kaminnähe weiter reduziert werden kann.

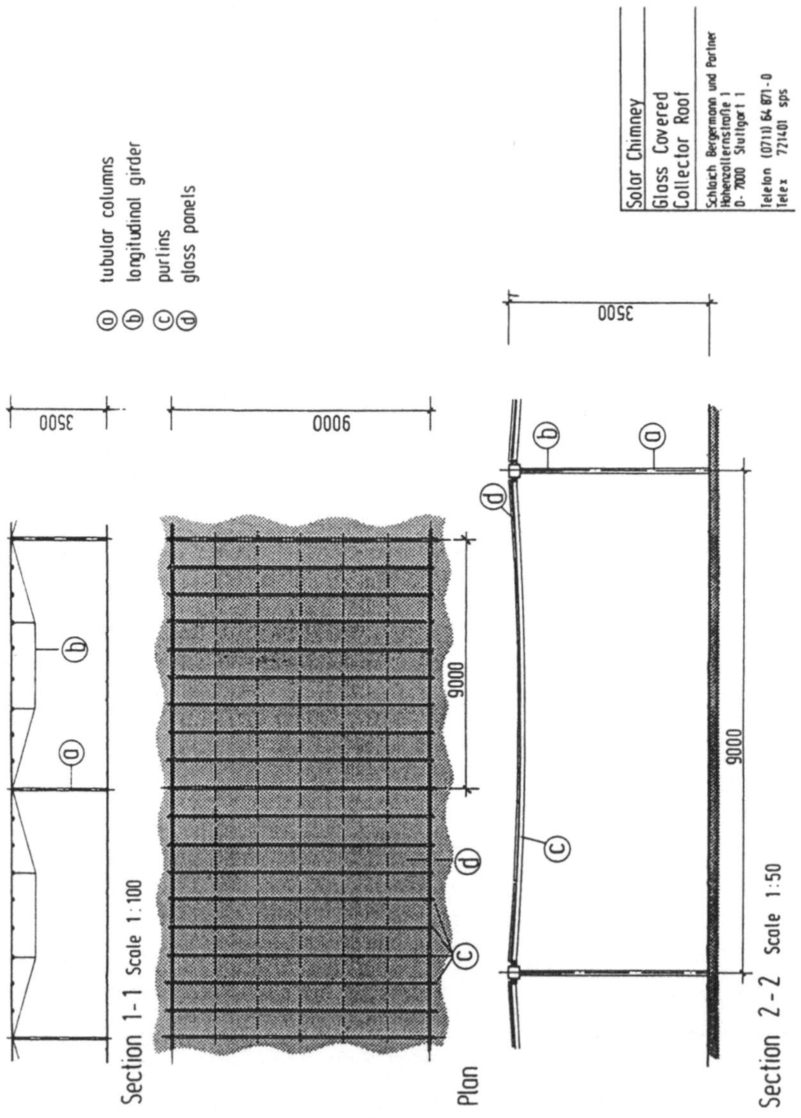

Abb. 13: Vordachkonstruktion mit Glaseindeckung.

Die Tragkonstruktion des Vordaches wurde so entworfen, daß auch ein Einsatz von Doppelverglasung, für den Fall, daß dies an einem bestimmten Standort sinnvoll wäre, ohne Konstruktionsänderung oder Stahlmengenerhöhung möglich ist. Die Einzelglasscheiben werden dann zunächst zu einem Sandwich mit Luftzwischenraum verklebt, so wie es bei herkömmlicher Isolierverglasung üblich ist. Allerdings kann auch hier auf die teureren Sicherheitsglasscheiben verzichtet werden und billiges Ausschußglas ohne besondere Anforderungen an Sicherheit und Oberflächenbeschaffenheit Verwendung finden.

Grundlagen für den Tragwerksentwurf

		5 MW	30 MW	100 MW
mittl. Stützenhöhe	[m]	4,2	5,5	7,5
Stützenraster	[m]	9x9	9x9	evtl.>9x9
Glaseindeckung 1,0x1,5 m		4 mm	4 mm	4 mm
bei Doppelglas 1,0x1,5 m		2x4 mm	2x4 mm	2x4 mm
Gesamtfläche Kollektor	[m^2]	947 077	3 751 451	10 085 278
wenn Doppelverglasung dann				
davon (angenommen)	[m^2]	327 756	1 318 602	3 570 872
Stahldach im Innenbereich	[m^2]	11 451	27 709	51 934
Auslegungswindgeschwindigkeit	[m/s]	44,7	44,7	44,7
Windsogbeiwert c_w		-0,05	-0,05	-0,05
Schnee/Eislast	[kg/m^2]	20	20	20
Material				
Stahlprofile verzinkt		St 37	St 37	St 37
Eindeckung		Gartenblankglas DIN 11525		
Lebensdauer (Jahre)		> 20	> 20	> 20

Baustoffbedarf		5 MW	30 MW	100 MW
Stützen und Fundamente	[Stück]	11 700	46 320	124 500
Beton für Gründung	[m^3]	2 000	7 900	21 200
(bei gutem Baugrund evtl. weniger)				
Stahlprofile einschl.				
Stützen	[to]	5 680	22 600	60 600
Glas	[to]	9 500	37 520	100 860
zusätzlich Doppelvergl.	[to]	3 300	13 200	35 700

3.2. Der Kamin

Wie bereits in früheren Untersuchungen erläutert [1], [9], sind für Türme von Aufwindkraftwerken sehr unterschiedliche Bauweisen möglich. Diese Türme können freistehend oder abgespannt, aus Stahlbeton oder als Stahlkonstruktion, in Seilnetz- oder Membranbauweise oder als Mischkonstruktion hergestellt werden. All diese Bauteile sind im Prinzip bautechnisch erprobt und müssen nicht erst neu entwickelt werden. Sie müssen allerdings auf größere Turmhöhen übertragen werden. Für alle Bauweisen sind Erfahrungen vorhanden, die im Rahmen einer Studie genügend genaue Kostenschätzungen erlauben.

Weil der Entwurf eines solchen Bauwerks vom Baugrund, den Wind- und Klimabedingungen und vor allem von der Erdbebenstärke abhängt, sind genauere Kostenermittlungen sowie eine detaillierte Auslegung erst möglich, wenn für einen konkreten Standort gewählt worden ist. Erst dann kann auch über die Wahl einer bestimmten Bauweise entschieden werden, da Infrastruktur, Verfügbarkeit von Baustoffen und darauf abgestimmte Bauwerks- und Montagekonzepte direkten Einfluß auf die Wirtschaftlichkeit besitzen.

Im Rahmen dieser Studie wurden deshalb jeweils für 5-, 30- und 100-MW-Anlagen mehrere Turmalternativen entworfen und statisch untersucht.

Grundlagen für den Tragwerksentwurf

Wie erwähnt, sind die Annahmen für Entwurf und Auslegung vom konkreten Standort abhängig. Daher wurden für diese Studie für alle Lastannahmen und Bemessungen deutsche Normvorschriften und bautechnische Richtlinien gewählt, jedoch z.B. die Windlasten und Erdbebenlasten so erhöht, daß ihre Gültigkeit außerhalb Europas vorausgesetzt werden kann.

Die Geometrie des Turmfußes wurde so gewählt, daß sich spezielle Anforderungen, die sich aus der Maschinentechnik ergeben, ohne besondere Probleme verwirklichen lassen. Solange davon ausgegangen werden kann, daß die Maschinenanlage getrennt vom Turm auf einer eigenen Stützenkonstruktion gelagert wird, sind die maschinenspezifischen Belange für den Kamin unerheblich. Lediglich bei den Turmvarianten mit Zentralmast bietet sich eine Integration der Windradlagerung in das Turmsystem an. Dort sind ggfs. weitere Untersuchungen notwendig.

Auch ist generell eine Anordnung der Maschinen dezentral am Umfang verteilt und mit horizontaler Achse berücksichtigt. Dafür bieten sich Luftzulaufkanäle zwischen den Turmstützen an, so daß auch hier prinzipiell keine grundlegenden Einflüsse auf das Turmbauwerk, bedingt durch die Maschinentechnik, zu erwarten sind.

Im einzelnen wurden folgende Ausgangsdaten festgelegt:

		5 MW	30 MW	100 MW
Turmhöhe	[m]	445	750	950
Turmradius	[m]	27,0	42,0	57,5
Oberfläche	[m^2]	75 454	197 920	343 219
Anordnung der Turbine in Höhe		ca.50 m	am Umfang	am Umfang
Vordachradius	[m]	555	1 100	1 800
Lufteintrittsöffnungen am Turmfuß	[m]	9,5	12,0	15,5

Berechnungsvorschriften:

- DIN 1055
- DIN 1045
- DIN 1056
- DIN 18800
- bautechnische Richtlinien für Kühltürme

Auslegungswindgeschwindigkeit:

- nach DIN 1055/4 - Zone III
- Grundwindgeschwindigkeit in 10 m Höhe: 44,7 m/s
- Böengeschwindigkeit : $\geq$ 60 m/s
  Die Windgeschwindigkeiten werden dann nach DIN 1055/4 über die Turmhöhe hochgerechnet
- Windgeschwindigkeitsbeiwert c_w: 0,6
- Böenfaktor pauschal : 1,15
- Umfangsverteilung entsprechend BTR-Kühltürme

Erdbeben:

- nach DIN 4149
- Zeitverlauf : Antwortspektrum
- Baugrundannahmen : Lockergestein
- Baugrundfaktor : 1,3
- Bauwerksklasse : 3
- Erdbebenzone : 4
- angen. Erdbeschleunigung a : 3 m/s^2
  entspr. 3-fach max a nach DIN 4149
- Intensität nach Mercali : 10

Material und Baugrundvoraussetzungen:

- Betongüte : B 35 und höher
- Stahlgüte Bewehrung : BSt 500
- Stahlgüte Profilstahl/Bleche : St. 37.2
- Stahlgüte Seile : β_z = 1570 N/mm^2
- nichtbindiger Boden
- Bauwerkssetzungen : $\leq$ 2 c

Windgeschwindigkeit / Staudruck nach DIN 1055

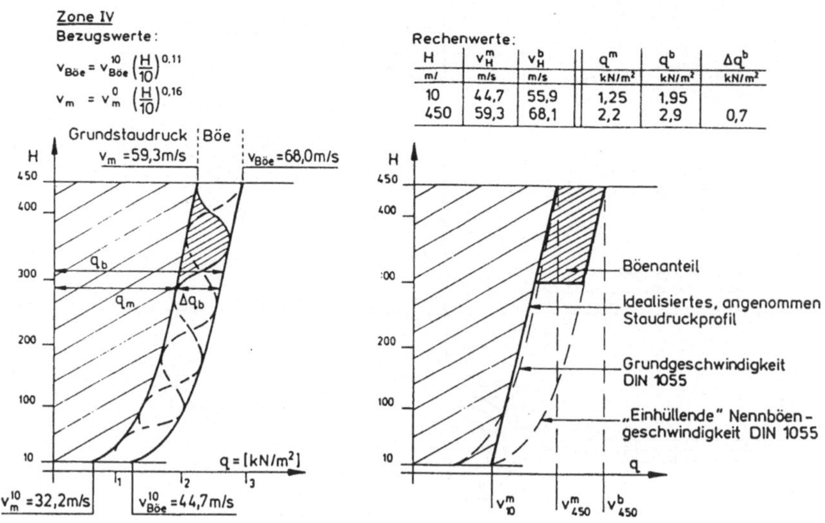

Abb. 14: Windgeschwindigkeitsverteilung über die Höhe eines 450 m hohen Kamins.

Alle statischen Berechnungen wurden mit Hilfe eines Finite-Elemente-Rechenprogramms der Firma Sofistik GmbH, Oberschleißheim, durchgeführt. Das Programm ermöglicht die Schnittkraft-, Verformungs- und Eigenwertermittlung an beliebig geformten Flächentragwerken, wobei die Struktur in einzelne Schalen-, Balken- und ggfs. Seilelemente zerlegt wird. Anschließend wird die erforderliche Bewehrung ermittelt oder eine Spannungsanalyse durchgeführt.

Alle Berechnungen erfolgten am Globalssystem und wurden in dem für eine Massenermittlung erforderlichen Umfang durchgeführt. Auf Detailuntersuchungen wurde verzichtet.

Kurzbeschreibung der einzelnen Tragwerksentwürfe

a) Typ 1: Betonturm:

Die meistangewendete Bauweise bei Türmen ist die Betonbauweise (s. Abb. 15). Dabei besteht die Turmröhre aus einer dünnen

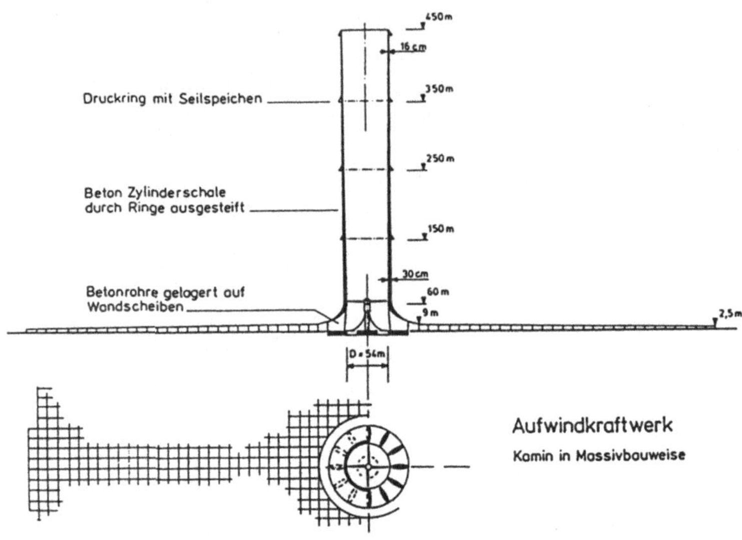

Abb. 15: Typ 1: Turmvariante in Betonbauweise.

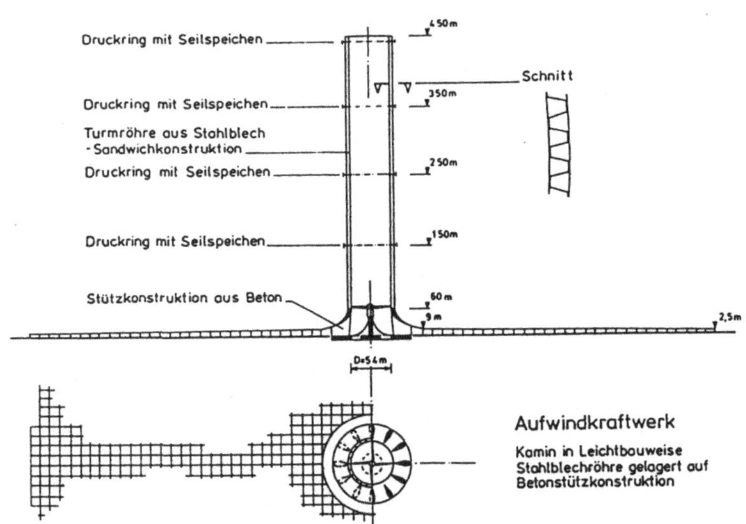

Abb. 16: Typ 2: Trapezblechröhre in Sandwichbauweise auf Betonfußkonstruktion.

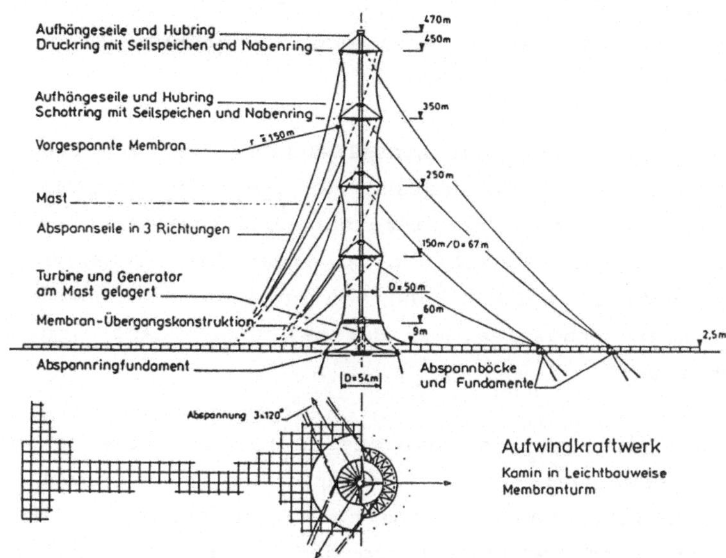

Abb. 17: Turmvariante in Membranbauweise.

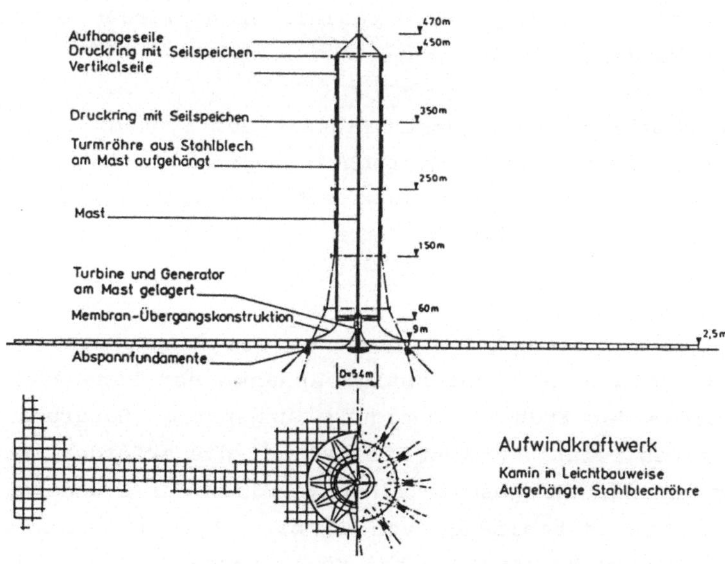

Abb. 18: Sonderkonstruktion "Blechröhre" mit Seilverspannungen.

Betonzylinderschale, die in gewissen Abständen durch Ringversteifungen gegen Ovalisieren stabilisiert wird. Die Wirkung dieser Ringversteifungen kann dabei noch verstärkt werden durch Speichenseile.

Diese Röhre steht am Fuße auf Einzelwandscheiben, die radial angeordnet sind und wenig Widerstand für die Lufteinströmung bieten. Gegründet werden diese Einzelwandscheiben auf Flachfundamenten, die mit Fundamentbalken zu einem Ring zusammengefaßt werden. Hergestellt werden kann dieser Turm in herkömmlicher Gleit- oder Kletterbauweise. Der Herstellungsvorgang wird weiter unten beschrieben.

In statischer Hinsicht sind bei dieser Lösung keine besonderen Probleme zu erwarten. Die erforderlichen Querschnitte sind leicht an die auftretenden Beanspruchungen anpaßbar. Die Aussteifungsringe sind jedoch infolge der ungünstigen Windverteilung entlang des Zylinderumfanges relativ hoch beansprucht. Dies kann aber beeinflußt werden, indem mehr Speichenseile eingebaut oder die Verstärkungsringe durch radiale Spannglieder zusätzlich vorgespannt werden.

Aufgrund der sehr hohen Eigensteifigkeit des Systems bleibt der Kamin aerodynamisch stabil. Querschwingungen sind deshalb trotz relativ niederer Eigenfrequenz auszuschließen. Auch ein periodisches Ovalisieren der Zylinderschale wird durch die Ringaussteifung verhindert.

Wie bei allen massiven Bauwerken haben die Beanspruchungen aus Erdbeben durch die sehr ungünstige Annahme der Parameter, wie z.B. die Größe der Erdbeschleunigung, ungünstige Baugrundfaktoren etc., einen relativ großen Einfluß auf die erforderliche Bewehrungsstahlmenge. Insgesamt, einschließlich der Gründung, wurde eine Bewehrungsstahlmenge von 60 bis 70 kg/m^3 Beton ermittelt. Dies entspricht etwa dem bei Kühlturmschalen Üblichen.

Die größten Auslenkungen an der Turmspitze bei Böenwind, einschließlich Böenfaktor, betragen 650 mm. Dabei ist mit einer max. Bodenpressung unter Fundamentsohle von 500 kN/m^2 zu rechnen, ein Wert, der von einem guten Baugrund leicht erbracht wird.

b) Typ 2: Stahlturm auf Betonfußkonstruktion

Für den Fall, daß an bestimmten Standorten die Herstellung eines Betons mit der Druckfestigkeit B 35 schwierig, unwirtschaftlich oder unmöglich ist, wurde ein Turmkonzept entwickelt, das eine weitgehende Vorfertigung erlaubt. Die Form und prinzipiell die Tragstruktur entspricht derjenigen des Types 1. Auch wurde der Turmfuß als Betonkonstruktion beibehalten.

Ab einer Kaminhöhe von ca. 60 m wird die Zylinderröhre jedoch aus einer Stahlsandwichkonstruktion in Einzelsegmenten erstellt. Hierzu werden übliche Trapezbleche vertikal stehend mit je einem außen und innenliegenden Glattblech vernietet und zu einer tragfähigen Sandwichplatte verbunden. Diese Einzelplatten können dann zu einer Zylinderschale zusammengesetzt werden, die dann ebenfalls wie der Betonturm mit einzelnen Steifenringen und Speichenrädern ausgesteift ist. Durch eine Abstufung der Blechdicken kann damit eine sehr wirtschaftliche Lösung erreicht werden. Außerdem besteht die Möglichkeit der Beulgefahr, im hochbeanspruchten unteren Turmbereich durch Ausfüllen der Hohlräume in den Sandwichplatten mit Beton minderer Qualität zu begegnen und damit die Tragfähigkeit zu steigern.

Da diese Bauweise eine erheblich geringere Masse besitzt als die Betonvariante, haben Erdbebenbeanspruchungen nur einen geringen Einfluß auf die Größe der Beanspruchungen. Auch die Verformungen sind infolge der höheren Steifigkeit des Stahlmaterials kleiner als beim Betonkamin. Infolge des geringeren Eigengewichts betragen zudem die Bodenpressungen nur max. 400 kN/m^2. An der Gründung wären deshalb noch Einsparungen möglich, oder es könnten auch Standorte mit schlechter Baugrundtragfähigkeit akzeptiert werden.

c) Typ 3:

Als 3. Variante wurde die Weiterentwicklung des bereits erprobten Seilnetzkühlturmes untersucht. Hierbei wurde statt der Seilnetzschale eine vorgespannte Blechmembran mit ca. 2 bis 3 mm Dicke verwendet. Die Form des Membranmaterials ist hyperbolisch und wird über einen zentral stehenden Mast vorgespannt. Dadurch wird der dünne Blechmantel ausreichend widerstandsfähig gegen Windlasten. Da bei dieser Lösung die Proportionen des Kamins mit D/H von ca. 1:8 noch sehr ungünstig sind, müssen zusätzliche Abspannungen die Windlasten in den Baugrund ableiten (s. Abb. 19). Wegen der geringen Massen ist diese Variante absolut unempfindlich gegen stärkste Erdbeben und hat als zugbeanspruchtes Tragwerk (ausgenommen der Mast) keine Stabilitätsprobleme. Außerdem erlaubt diese Lösung eine beliebig hohe und fast völlig freie Zuluftöffnung am Übergang zum Vordach.

Die Herstellung dieses Turmes kann weitgehend vor Ort am Boden mit Hilfe eines geeigneten Takthebeverfahrens erfolgen. Allerdings setzt diese Variante einen sehr viel höheren Technologiestand voraus als beispielsweise der Kamintyp 1, bietet jedoch die Möglichkeit, mit sehr viel weniger Materialaufwand auszukommen. Bei dem nachfolgend skizzierten Montagevorgang wurde die Fertigung des Mastes ebenfalls aus vorgefertigten Einzelteilen, z.B. aus Betonfertigteilen oder Stahleinzelsegmenten vorgesehen, kann jedoch auch alternativ in der Ortbetonbauweise erfolgen (s. Abb. 20, 21). Dabei wird zunächst der Mast mit Hilfe einer Gleitschalung konventionell errichtet und vorübergehend abgespannt. Anschließend kann dann der Membranmantel am Boden gefertigt und am Mast hochgezogen werden. Dies entspricht der Herstellungsweise des von den Verfassern entwickelten und geplanten Seilnetzkühlturmes in Schmehausen.

Ein gewisses Problem stellt die Verbindung der Einzelblechstücke vor Ort bei der Montage dar. Aber auch hierfür wurden bereits Lösungen entwickelt.

Alternativ dazu sind für den Membranmantel sogar Materialien aus hochwertigen Faserstoffen, wie z.B. Aramidfasern, denkbar. Diese Gewebe haben den Vorteil des geringen Gewichtes und guter Hantierbarkeit. Auch damit liegen bereits langjährige Erfahrungen vor, z.B. bei weitgespannten Dachtragwerken. Sie haben jedoch

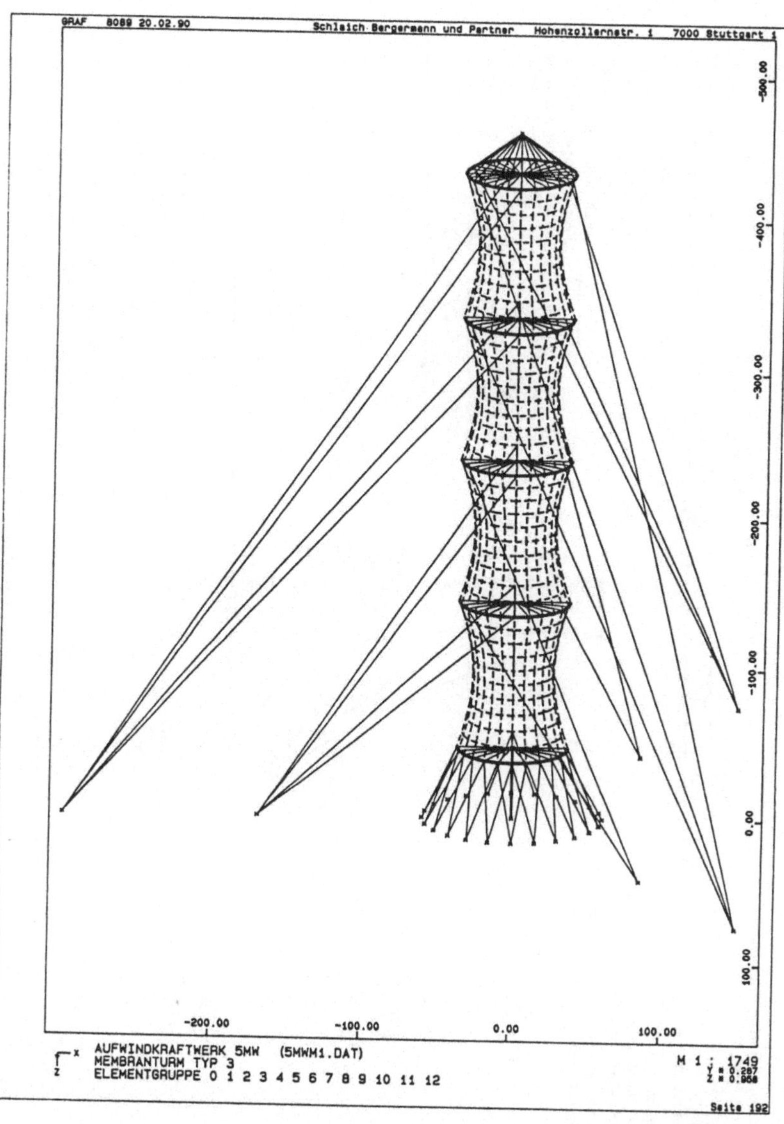

Abb. 19: Statisches System des Membranturmes, Typ 3.

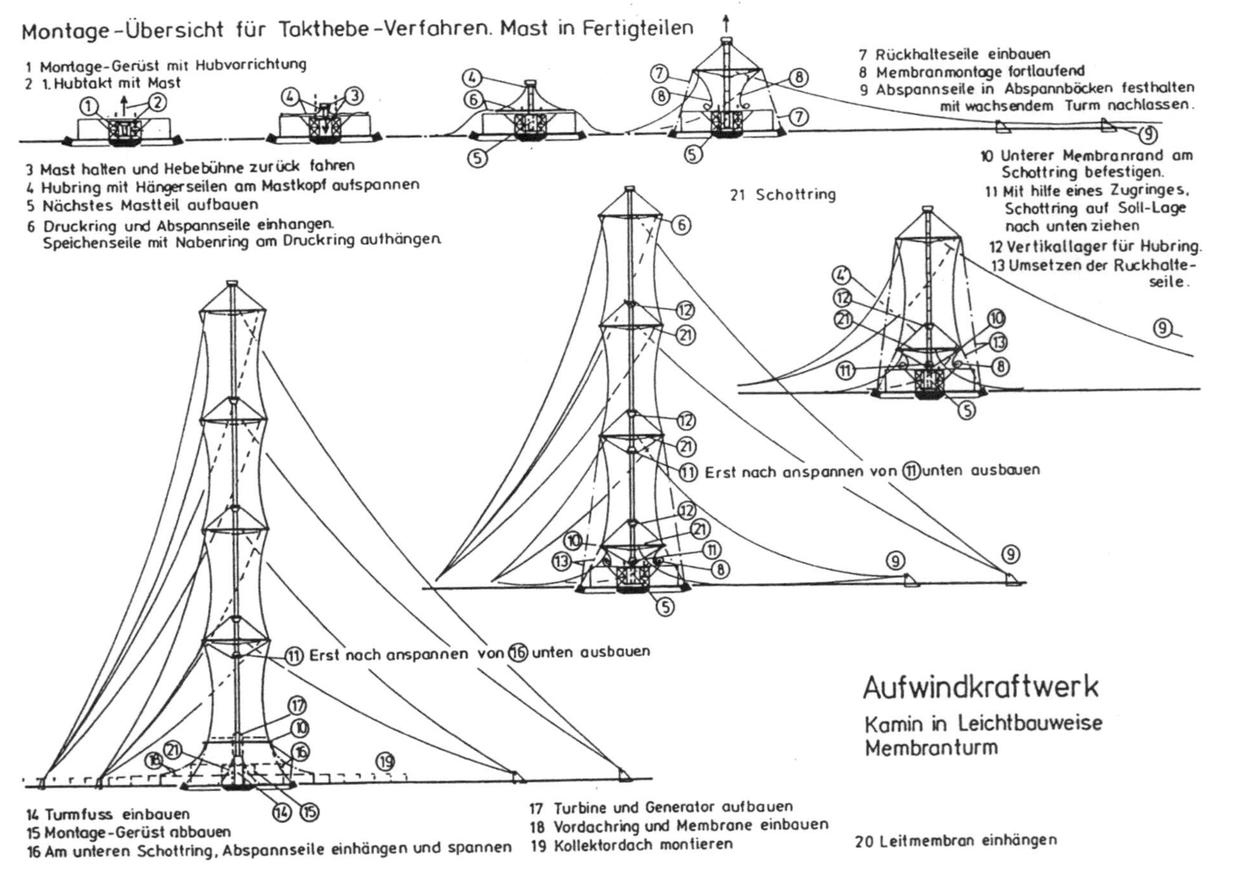

Abb. 20: Montagekonzept für einen Membranturm, Takthubverfahren.

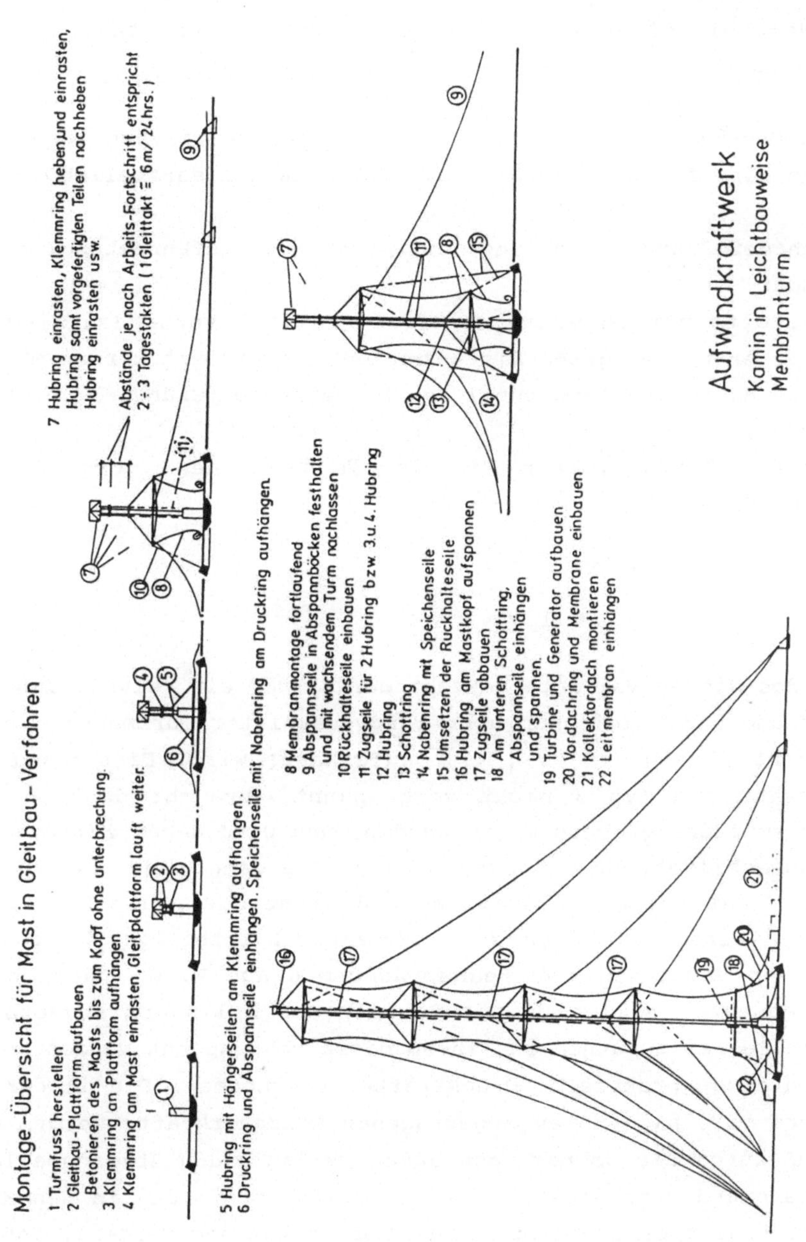

Abb. 21: Montagekonzept für einen Membranturm, Herstellen des Mastes in Gleitbauweise und Nachziehen des Membranmantels.

den Nachteil einer im Verhältnis zu Beton oder Stahl kürzeren Lebensdauer.

Diese Membranbauweise kann trotzdem unter bestimmten Voraussetzungen eine für Aufwindtürme sinnvolle Bauart darstellen, wenn

- sich der Standort in einer extrem erdbebengefährdeten Zone befindet,
- Baustoffe nur in minderwertiger Qualität vorhanden sind und daher erst über große Distanzen antransportiert werden müssen,
- kurze Bauzeiten (eventuell aus klimatischen Gründen) gefordert werden,
- mangels Infrastruktur Einzelteile weitgehend vorgerfertigt sein müssen.

d) Typ 4:

Die Idee dieser Variante besteht darin, daß ein relativ dünnwandiger und damit leichter aber ringversteifter Turmmantel an einem zentral angeordneten Mast aufgehängt wird. Dieser wird im Gegensatz zum Typ 3 nicht vorgespannt, braucht deshalb auch nicht zweiachsig gekrümmt zu werden, und wird daher zylinderförmig ausgebildet. Er ist nur durch sein Eigengewicht auf Zug belastet, hat keine Beulprobleme und dient dazu, die Querkräfte aus den Windlasten über seine Schalenschubsteifigkeit abzutragen. Den Hauptteil der Beanspruchungen aus Wind, nämlich die Biegemomente, sollen dann außerhalb des Zylinders angeordnete vertikale Seile aufnehmen, indem diese vorgespannt werden. Damit können diese praktisch "Druckkräfte" übernehmen. Die in der Zylinderschale nach unten abgetragenen Windquerkräfte werden dann am Fuß durch die schräg nach außen verlaufenden Abspannseile in den Baugrund abgeleitet, wobei die Einströmöffnung in den Kamin nahezu unversperrt bleibt. Diese Lösung hat den Vorteil, daß der Turmmantel weitgehend zugbeansprucht bleibt und z.B. dünne Trapezbleche dafür verwendet werden könnten. Außerdem sind keine zusätzlichen Schrägabspannungen notwendig.

Berechnungen haben jedoch gezeigt, daß dieser Entwurf trotz Variierung der Querschnitte und des statischen Systems keine so große Steifigkeit besitzt, um die hohen Windlasten ohne größere Verformungen abzutragen. Zudem liegen die Eigenfrequenzwerte in einem Bereich, wo Querschwingungen nicht mehr auszuschließen sind. Um dies zu verbessern, wäre eine noch höhere Vorspannung bzw. eine noch größere Anzahl an Abspannseilen notwendig, die zudem seilnetzartig um die Turmröhre herum angeordnet werden müßten. Ohne diesen Typ weiter zu optimieren, ist bei derzeitigem Stand zu erwarten, daß er deshalb im Vergleich zu den übrigen Turmvarianten nicht wirtschaftlich ist.

Kamintürme für 30 und 100 MW

Um die Machbarkeit hoher Kamintürme auch aus baupraktischer Sicht zu bestätigen, wurde die Firma Kunz, München, eine im Ingenieurbau und vor allem im Turmbau, international tätige und bekannte Bauunternehmung, nach den Herstellmöglichkeiten großer Kamintürme bis 1.000 m Höhe befragt. Durch diese Firma wurde für einen 5, 30 und 100 MW-Kaminturm mit Höhen von 450, 750 und 1.000 m und Durchmesser bis 100 m, ein Montagekonzept in Betonbauweise entwickelt und auf techn. Realisierbarkeit geprüft (Abb. 22).

Dabei wird der Kamin mittels eines Gleit-Schalungsverfahrens errichtet, das auch von der Spezialfirma Gleitbau in einer Studie für ein 5-MW-Kraftwerk vorgeschlagen wurde (siehe Anlage).

Dieses Bauprinzip ist bereits vielfach an Türmen, Schornsteinen, Kühltürmen und ähnlichen Bauten erprobt worden.

Das Konzept für einen 1.000 m-Kamin sieht vor, daß mit Hilfe der Turmdrehkräne eine Arbeitsbühne mit hochgezogen wird, von der aus die Materialverteilung zur Gleitschalung hin erfolgen kann. Außerdem ist eine Zwischenstation für die Betonpumpeneinrichtung auf ca. halber Kaminhöhe notwendig.

Mit diesem Prinzip sind dann Gleitgeschwindigkeiten von max. 3 pro Tag zu erzielen. Die Gesamtbauzeiten, entsprechend den Bau-

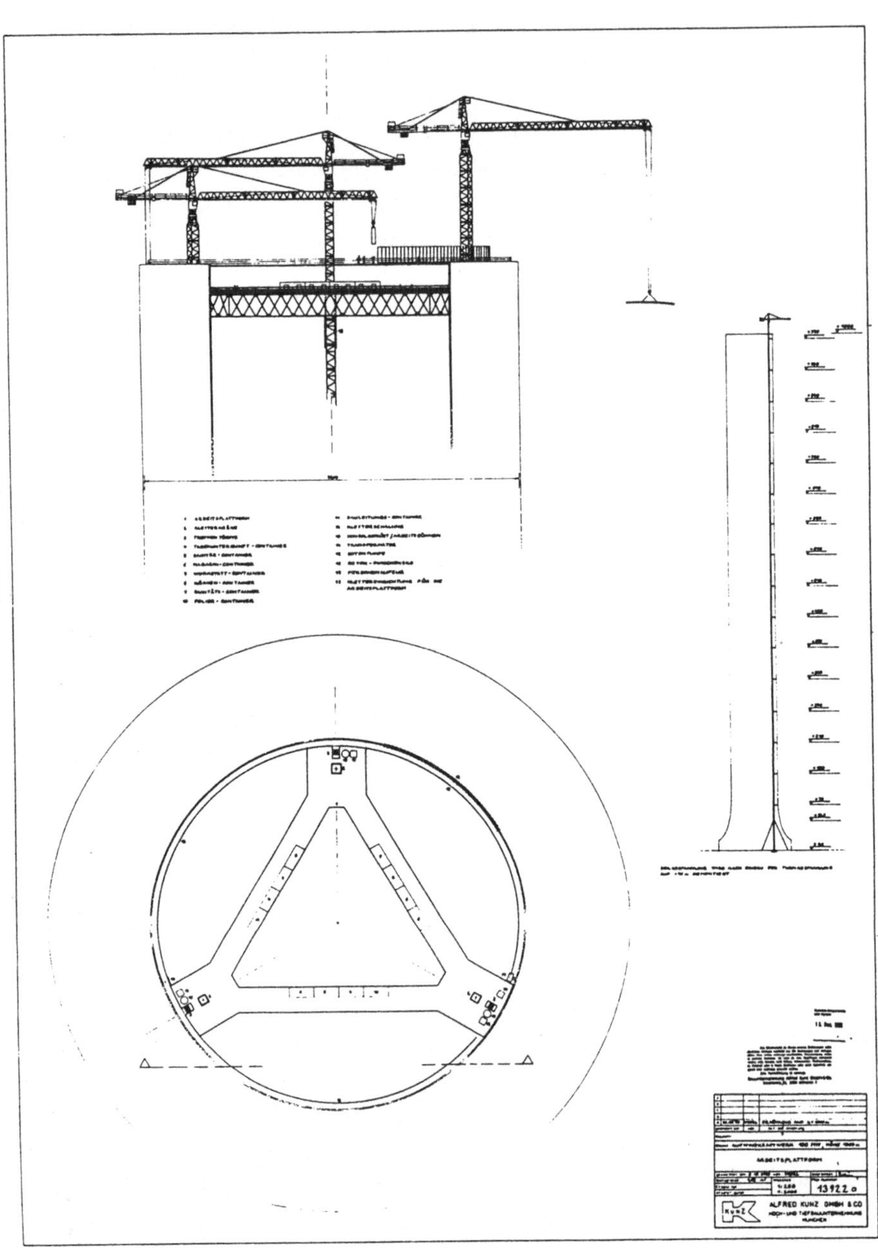

Abb. 22: Fertigungseinrichtung für einen 1.000 m hohen Kaminturm

zeitenplänen betragen für einen 5 MW-Kamin ca. ein, und für einen 100 MW-Kamin zwei Jahre.

Nachfolgend sind die für 5-, 30- und 100-MW-Anlagen erforderlichen Baustoffmengen und Massen zusammengefaßt und in wirtschaftlicher Hinsicht bewertet. Dabei wurden im Rahmen dieser Studie die Kosten abgeschätzt, da sie standort- bzw. infrastrukturbedingt sehr unterschiedlich sein können. Orientierungsgrundlage zur Kostenschätzung waren deshalb übliche Einheitspreise, die allerdings, soweit möglich, den zu erwartenden Standortspezifischen Verhältnissen, d.h. relativ niedere Lohnkosten bei vergleichsweise hohen Material- bzw. Rohstoffkosten, angepaßt wurden. Angenommen wurde dabei ein Standort in Südspanien. Auch wurden die Erfahrungen aus Manzanares bei den Einheitspreisen berücksichtigt.

Aufwindkraftwerke haben generell den Vorteil, daß deren Komponenten mit konventionellen bautechnischen Mitteln hergestellt und zu einem überwiegenden Teil auch in den in Frage kommenden Standortländern gefertigt werden können. Die angegebenen Preise sind deshalb als Richtpreise zu verstehen, die wohl je nach Anwenderland differieren, und ggfs. den dortigen Verhältnissen angepaßt werden müssen, einen Vergleich unter den verschiedenen Bauarten jedoch zulassen.

Die Untersuchungen zeigten, daß für die denkbaren Standorte jeweils geeignete und sinnvolle Bauweisen zur Verfügung stehen und nach infrastrukturabhängigen, wirtschaftlichen und wartungstechnischen Gesichtspunkten ausgewählt werden können.

Weiterhin wurde gezeigt, daß die bautechnische Realisierbarkeit eines 1.000 m-Kamins auch mit den für Großbauten üblichen Bauzeiten und Maschineneinsatz möglich ist. Auch wurde ersichtlich, daß je nach Technologiestandard der einzelnen Turmvarianten unterschiedliche Baukosten zu erwarten sind, die sich jedoch untereinander nicht so wesentlich unterscheiden, um eine Bauweise als die einzig richtige erkennen zu können.

Das endgültig zu wählende Baukonzept kann und muß also standortabhängig im Einzelfall ausgewählt werden.

Zusammenstellung der Konstruktionsdaten für Betonkamine

		5 MW	30 MW	100 MW
Turmhöhe	[m]	445	750	950
Turmradius	[m]	27	42	57,5
Wandstärke oben	[m]	0,16	0,16	0,16
Wandstärke unten	[m]	0,3	0,6	0,9
Außendurchmesser Fundamente	[m]	108	130	140
Fundamentdicke	[m]	2,0	3,0	3,5
Wandscheiben	[Stück]	12	12	16
Höhe der Einlauföffnung	[m]	9,5	12,0	15,5
Betonqualität Röhre		B 35	B 45	B 45
Fundament		B 25	B 25	B 25
Betonmenge B 25	[m^3]	6800	17000	29000
B 35	[m^3]	24350	83400	195500
Betonstahlmenge	[to]	2120	5300	14200
Spannstahlmenge	[to]	30	55	120

Übersicht der geschätzten Baukosten für verschiedene Turmvarianten

N = 5 MW

H_T = 450 m $\emptyset_T$ = 54 m

	Konstruktion	Material [m^3/to]	Kosten DM/E	DM	Bemerkungen	
Typ 1 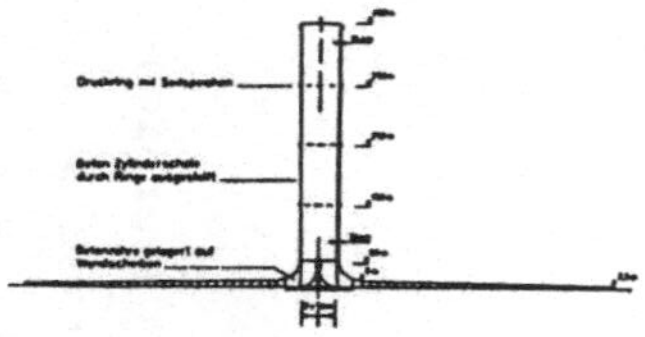	Betonröhre	Beton: 31 150 m^3	350,--	10,9 Mio DM	Windlastzone III	V_m = 50 m/s
		Bewehrung: 2 200 to	2.100,--	4,6 Mio DM		$V_{Bö}$ = 60 m/s
		Speichenseile: 30 to	15.000,--	0,5 Mio DM		
		Schalung: Gleitschalung	siehe Studie	2,0 Mio DM	Eigenfrequenz	f = 0,2 Hz
		Sonstiges		1,0 Mio DM		V_{Krit} = 54 m/s
		Gesamtkosten	610,--/m^3 Beton	19,0 Mio DM = 255 DM/m^2		
Typ 2 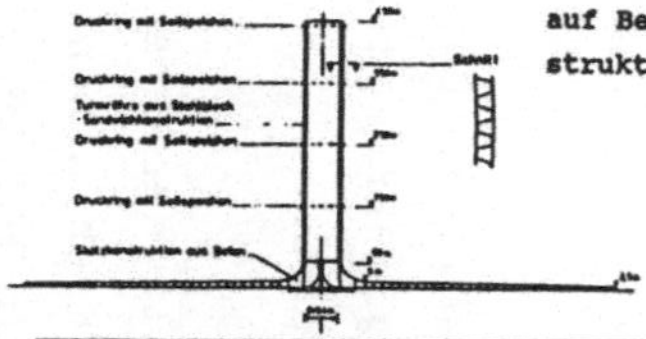	Trapezblechmantel auf Betonfußkonstruktion	Beton: 10 000 m^3	600,--	6,0 Mio DM	Windlastzone III	
		Bew.-Stahl: 500 to				
		Mantel: 8 200 to	2.500,--	20,5 Mio DM		
		Steifenringe: 300 to	4.000,--	1,2 Mio DM		
		Seile: 30 to	15.000,--	0,5 Mio DM	Eigenfrequenz	f = 0,6 Hz
		Sonstiges		1,0 Mio DM		$V_{Krit} \geq$ 162 m/s
				29,2 Mio DM = 382 DM/m^2		
Typ 3 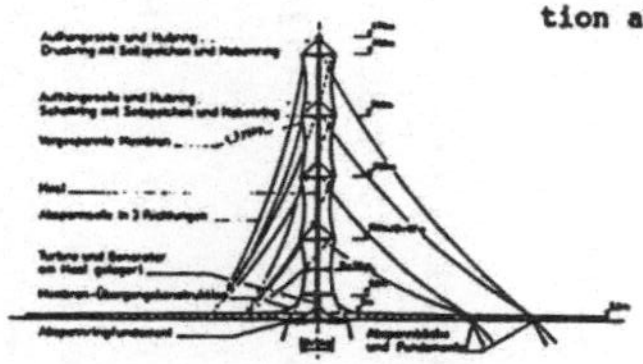	Membrankonstruktion abgespannt	Beton: 6 500 m^3	600,--	4,0 Mio DM	Windlastzone III	
		Bew.-Stahl: 325 to				
		Mantel: 1 600 to	5.000,--	8,0 Mio DM		
		Seile: 500 to	15.000,--	7,5 Mio DM		
		Ringe: 500 to	5.000,--	2,5 Mio DM		
		Sonstiges		5,0 Mio DM		
				27,0 Mio DM = 354 DM/m^2		
Typ 4 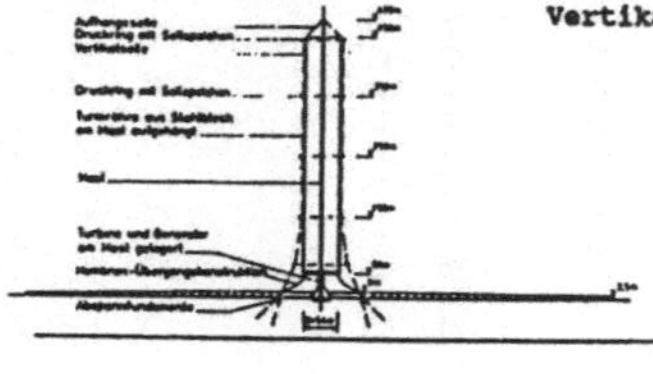	Blechröhre mit Vertikalseilen	Beton: 9 000 m^3	600,--	5,4 Mio DM	nur für Windlastzone I	
		Bew.-Stahl: 600 to				
		Mantel: 7 300 to	2.500,--	18,3 Mio DM		
		Ringe: 700 to	4.000,--	2,8 Mio DM	Eigenfrequenz	f = 0,05 Hz
		Seile: 850 to	15.000,--	12,8 Mio DM		V_{Krit} = 14 m/s
		Sonstiges		1,0 Mio DM	Tragwerk ist ungeeignet	
				40,3 Mio DM = 528 DM/m^2		

3.3. Windturbinen-Anlage

Überblick

Für den Wind-Turbogenerator-Satz werden folgende alternative Anordnungen unterschiedlicher Leistungseinheiten und Betriebsweise untersucht:

- ein- bzw. mehrachsige (6/7) Anlage mit vertikaler Wellenlage und Anordnung im Turmschafteintritt

- Mehrachs-Anlage (etwa 33 - 36 Maschinensätze) mit horizontaler Wellenlage und Anordnung im Übergang Vordach-Turmfuß

- jeweils für konstante Rotordrehzahl mit Blattwinkelverstellung sowie für Drehzahl-/Frequenz-variablen Betrieb ohne Rotorblatt-Winkelverstellung.

Obwohl für Mehrachsanlagen erhebliche Wirkungsgradverluste in Kauf genommen werden müssen, wird - ausgehend von der 5 MWe-Demoanlage und unter Berücksichtigung der Extrapolationsfähigkeit der dafür zugrunde gelegten Anlagenkonzeption auf 30 MWe bzw. 100 MWe Anlagenleistung - eine

° Vielzahl gleichartiger Maschinensätze mit horizontaler Wellenanordnung und konstanter Rotordrehzahl sowie mit Rotorblattverstellung

als Referenzkonzept für die weitere Bearbeitung, d.h. für die Detailkosten- und Jahresenergie-Ermittlung zur Berechnung der Stromerzeugungskosten, ausgewählt.

Dabei ist für die im Ringspalt des Übergangsbereichs Vordach-Turmfuß in Bodennähe konzentrisch nebeneinander aufzustellenden Turbosätze von Vorteil, daß auf leistungsmäßig vergleichbare und kostengünstige Freiland-Windenergiekonverter (WEK) zurückgegriffen werden kann, die allerdings in ihren Komponenten auf die veränderten Betriebsbedingungen eines Aufwindkraftwerkes (AWK) angepaßt werden müssen.

Zur Erfassung der Auswirkungen dieser anderen AWK-Randbedingungen auf die Kosten wurden u.a. mit WEK- und Komponentenherstellern Rücksprachen gehalten sowie eigene Recherchen zu deren Abschätzung durchgeführt.

Nachfolgend wird über die wesentlichen anlage- und kostenspezifischen Details und Ergebnisse zu den Baugruppen Rotorblätter, Triebstrang und Elektrische Anlage jeweils für die drei festgelegten Leistungsklassen 5, 30 und 100 MWe berichtet. Dabei wird betreffs Anlagenkonzept- und Komponenten-spezifischer Details für die Basisleistung 5 MWe auf die entsprechenden Unterkapitel des Zwischenberichtes Bezug genommen, die dort ausführlich beschrieben sind. Die wichtigen Anlagenkenngrößen sind in Tab. 2 zusammengefaßt.

		5 MW	30 MW	100 MW
Turmhöhe	[m]	445	750	950
Turmradius	[m]	27	42	57.5
Kollektorradius	[m]	500	1000	1700
Höhe des Übergangs Kollektor-Turm	[m]	10.5	15.5	20.5
<u>Auslegungswerte</u> (gerechnet für eine Turbine im Turm)				
elektr. Leistung	[MW]	5	30	100
Aufwind	[m/s]	9.0	11.7	15.0
ges. Druckdifferenz	[Pa]	385	733	1020
Druckabfall Turbine	[Pa]	316	601	836
ΔT im Kollektor	[K]	26.2	26.8	31.2
<u>Maschinenauslegung</u>				
Turbinendurchmesser	[m]	10.0	15.0	20.0
Anzahl der Turbinen		33	35	36
Abstand der Turbinen von der Turmmitte	[m]	53	84	115
Flächenverhältnis Turbinen/Turm	[m]	1.13	1.12	1.09
Anströmgeschwindigkeit der Turbinen	[m/s]	8.0	10.4	13.8
elektr. Leistung der Einzelturbine	[kW]	152	857	2778
Schnellaufzahl		10	10	8
Drehzahl	[1/min]	153	132	105
Blattzahl		4	4	4
Drehmoment	[kNm]	11.9	77.5	314.5
mech. Wellenleistung der Einzelturbine	[kW]	190	1071	3472
η mech/elektr.	[%]	87	88.5	91.5

Tab. 2: Anlagen-Kenndaten der betrachteten Aufwindkraftwerke

3.3.1. Rotorblätter

Rotorblätter für Rotoren mit über 50 m Ø sind heute bereits für freistehende Horizontalachsenwindturbinen in vielfachen Ausführungen gebaut worden. Dabei setzt sich bei neuen Entwürfen immer mehr die Faserverbundweise durch, die durch Reduzierung der Massen zu einer deutlichen Reduzierung der durch die Schwerkraft bedingten zyklisch wechselnden Biegelasten führt.

Bei einem Aufwindkraftwerk mit vertikaler Rotorwelle entfällt der zyklische Schwerkrafteinfluß; zusätzlich ist das Lastspektrum wesentlich einfacher als das einer freifahrenden Windturbine. Es fehlen sowohl die schnellen Fluktuationen infolge Turbulenz als auch die hohen Spitzen infolge Böen und Starkwind im Energieangebot. Auslegung und Betrieb eines Aufwindkraftwerkes werden primär von langsamen thermischen Abläufen mit einem typischen Tagesgang bestimmt.

Die Rotorblätter einer derartigen Anlage sind daher quasi nur sehr niederfrequenten Schwellbelastungen zwischen Stillstand und Nennbetrieb ausgesetzt. Die Lastwechselzahl ist im Vergleich mit Windturbinen vernachlässigbar. Zu beachten ist jedoch, daß die Nennlast deutlich höher liegt als bei Windturbinen gleichen Durchmessers und zudem bei höheren Temperaturen auftritt. Diese Probleme sind durch eine entsprechende Strukturauslegung und Auswahl eines geeigneten warmfesten Harzes leicht beherrschbar.

Es wurde das Rotorblatt mit folgenden Abmessungen

Länge	: 5 m, 7.5 m, 10 m
größte Tiefe	: 1.0 - 2 m
Anzahl	: jeweils 4

als konventionelle Glasfaser-Hartschaum-Sandwichschale ausgelegt. Die Dimensionierung erfolgte nach den vom IfBt in Berlin in den "vorläufigen Richtlinien für statische Nachweise von Windkraftanlagen" für Rotorblätter in Faserverbundweise als zulässig erachtete Dehnungswerte. (Diese Kennwerte werden i.a. als sehr konservativ angesehen). Hierzu wurden bei verschiedenen Firmen Richtpreisangebote eingeholt.

3.3.2. Triebstrang mit Ausrüstung

Der Triebstrang umfaßt folgende Komponenten:

- Rotornabe mit Blattwinkelverstelleinrichtung (hydraulisch/ elektrisch/mechanisch) und mit Rotorblattanschlußflanschen einschl. Abströmhaube,
- Rotorwelle mit an- und abtriebsseitigen Kupplungsflanschen sowie Rotorwellenkupplung zum Getriebe,
- Rotorwellen-Lager (Los- und Festlager),
- Rotorbremse mit Bremsscheibe und Zange sowie Arretiereinrichtung,
- Getriebe (Langsam/Schnell-Übersetzung),
- Törn- bzw. Hilfspositioniereinrichtung,
- Kupplungswelle zwischen Getriebe und Generator in Doppelgelenkwellenausführung mit an- und abtriebsseitigen Kupplungsflanschen,

sowie folgende allgemeine Einrichtungen:

- Lagerböcke/-fundamente als Stahlbaukonstruktion,
- Maschinensatz-Verkleidungen,
- Rotorlaufringe (Strömungskanäle),
- Hydraulikeinrichtungen für Bremse und für Blattwinkelverstellung,
- Kühlung der elektrischen Einrichtungen/E-Räume,
- Versorgungseinrichtungen für Druckluft und Kühlwasser.

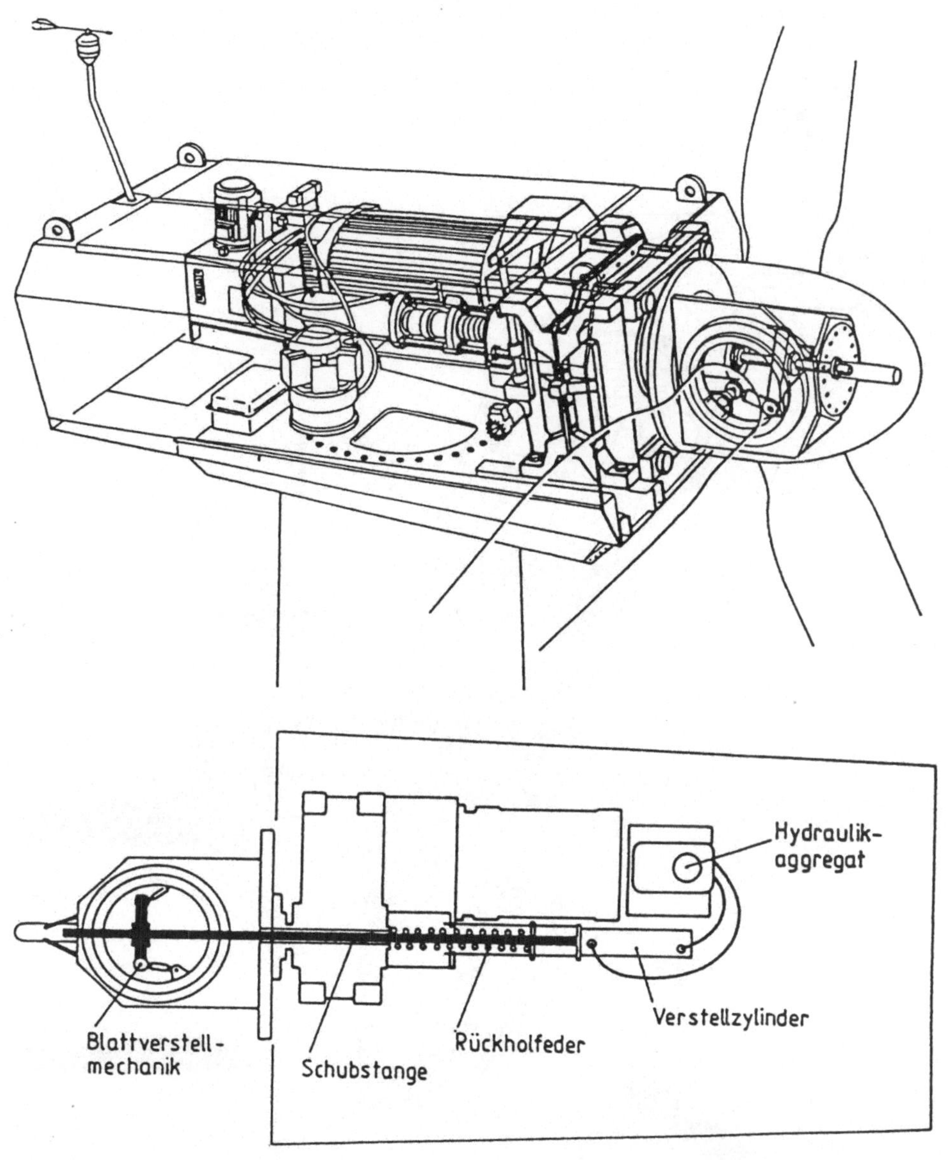

Abb. 23: Längsschnitt durch den 150 kWe-Windenergiekonverter (Referenz) und Blattverstellsystem.

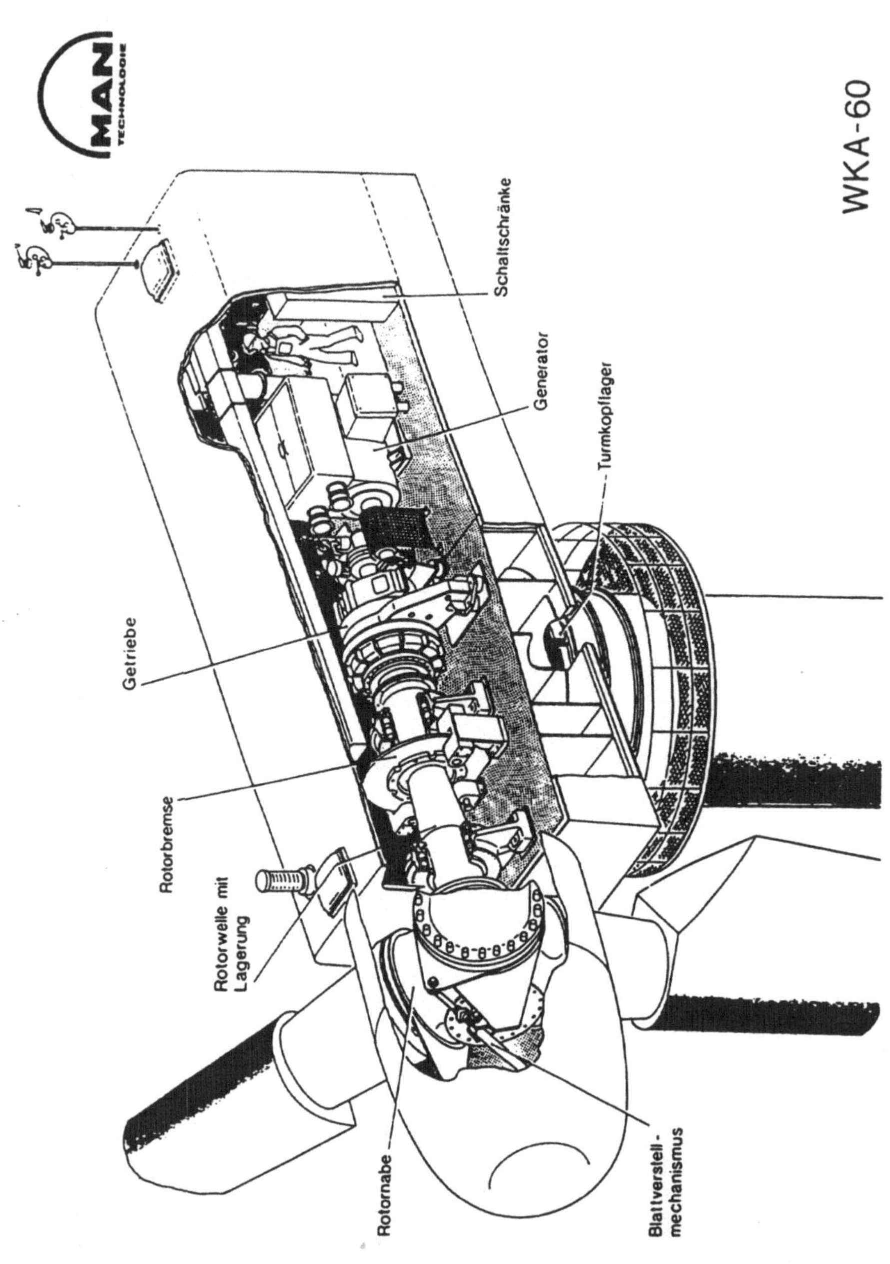

Abb. 24: Längsschnitt durch den 1200 kWe-Windenergiekonverter WKA-60 (Referenz).

3.3.3. Elektrische Anlage

Die Elektrische Anlage umfaßt die folgenden Komponenten:

- Drehstromgeneratoren
- Schaltanlagen und Verteilungen
- Transformatoren
- Hauptschalttafeln,

die entsprechend den 3 Leistungsklassen 5, 30 und 100 MWe nachfolgend beschrieben werden. Die für alle 3 Leistungen im wesentlichen unveränderten "sonstigen elektrischen Einrichtungen"

- Notstromaggregat
- unterbrechungsfreie Stromversorgung (USV)
- Potentialausgleich
- Blitzschutz und Erdung

sowie das Regelungskonzept der Windturbinenanlage werden daran anschließend vorgestellt.

4. Anlagenkosten

Wie in den vorangestellten Abschnitten ausführlich dargestellt, weisen Aufwindkraftwerke keine physikalischen Optima auf. Erst unter Einbeziehung der Investitionskosten (Kosten für Kollektor, Turbine, Turm) der Infrastrukturkosten und der finanzmathematischen Methode zur Berechnung der zu erwartenden Stromgestehungskosten läßt sich zu einer vorgegebenen installierten Anlagenleistung eine kostenoptimierte Anlage auslegen. Die detaillierten Kostenspezifikationen der einzelnen Komponenten sind in dem folgenden Abschnitt niedergelegt.

Die Investitionskosten für den Kollektor, Windturbosatz, einschließlich Elektrik und den Turm, basieren auf den erarbeiteten Auslegungen, die im Abschnitt 3 ausführlich dargestellt wurden und sind bei entsprechenden Industriefirmen abgefragt worden. Wo diese Abfrage nicht möglich war, wurden fundierte Kostenschätzungen nach gängigen Einheitspreisen herangezogen.

Bei den Investitionskosten wurde entschieden zwischen direkten und indirekten Kosten.

Die direkten Investitionskosten setzen sich wie folgt zusammen.

1. Gebäude und Einrichtungen auf der Anlage.
   Diese Kosten berücksichtigen folgende Maßnahmen: Verwaltungsgebäude, Werkstatt, Lagerhalle, Parkplätze, Straßen, Wasser und Abwasser.

2. Kollektorkosten.
   Dieser Kostenteil enthält alle Kosten zu Herstellung, Transport, Versicherung, Montage, Ersatzteile und Inbetriebnahme, sowie Auslegung und Bemessung der Kollektorkomponente.

3. Turmkosten.
   Dieser Kostenteil enthält alle Kosten zu Herstellung, Transport, Versicherung, Montage und Inbetriebnahme, sowie Auslegung und Bemessung der Turmkomponente.

4. Windturbosatz.
   Dieser Kostenteil enthält alle Kosten zu Herstellung, Transport, Versicherung, Montage und Inbetriebnahme, sowie Auslegung und Bemessung des Triebstranges, Rotorblätter und E-Anlage mit Datenerfassung und Blitzschutz.

5. Balance of Plant (BoP-Kosten).
   Dieser Kostenteil berücksichtigt alle notwendigen Werkstatteinrichtungen, technische Hauseinrichtungen, Meteo-Station, sowie alle Betriebsstoffe und Verbräuche.

Die Summe der direkten Investitionskosten wurde mit einem Aufschlag von 10 % für Unvorhergesehenes belegt.

Die indirekten Kosten setzen sich aus den folgenden beiden Einzelpositionen zusammen:

1. Auslegung, Koordination und Bauleitung.
2. Infrastruktur.
   In diesem Posten wurde der notwendige Landkauf, Zufahrtsstraßen zur Anlage (3 km), Stromzuführung (3 km), Zaun und Wache berücksichtigt.

In den Tabellen 3 und 4 sind die gesamten ermittelten Investitionskosten zusammengestellt.

Die Tab. 3 enthält die Kostenübersicht für die Erstanlagen der Leistungsklassen 5 MW, 30 MW und 100 MW. Auf die Summe der Positionen 1 bis 5 dieser Zusammenstellung wurde vereinbarungsgemäß 10 % für Unvorhergesehenes hinzugerechnet.

In der Tab. 4 sind die Investitionskosten für die n-te Anlage zusammengestellt. Vereinbarungsgemäß reduziert sich die Position für Unvorhergesehenes auf 5 % der Positionen 1 bis 5.

Investitionskosten

KOSTENZUSAMMENSTELLUNG 1. Anlage

	5 MW [TDM]	30 MW [TDM]	100 MW [TDM]
1. Gebäude + Einrichtung	975.3	2186.0	3585.5
2. Turm	19073	59403	140675
3. Kollektor	29378	112336	276114
4. Turbosatz + E-Technik	14561	70967	191091
5. BoP	262	374	436
6. Unvorhergesehenes [10%]	6425	24526	61190
Summe der direkten Kosten	70674.3	269792	673091.5
7. Engineering + Bauleitung	1470	4340	5760
8. Infrastruktur + Site	2102	5094	8540
Summe der direkten + indirekten Kosten zus.	74246.3	279226	687391.5

Tab. 3: Zusammenstellung der Investitionskosten in TDM für die AWK-Erstanlage.

KOSTENZUSAMMENSTELLUNG n-te Anlage

	30 MW [TDM]	100 W [TDM]
1. Gebäude + Einrichtung	2186.0	3585.5
2. Turm	53463	126608
3. Kollektor	85552	216984
4. Turbosatz + E-Technik	58020	160337
5. BoP	374	436
6. Unvorhergesehenes 5 %	9980	25397
Summe der direkten Kosten	209575	533347.5
7. Engineering	3689	4896
8. Infrastruktur + Site	5094	8540
Summe der direkten + indirekten Kosten	218358	546783.5

Tab. 4: Zusammenstellung der Investitionskosten in TDM für die AWK n-ten Anlagen

Parallel zu diesen Arbeiten zum Aufwindkraftwerk wurden im Rahmen einer vom BMFT/DLR in Auftrag gegebenen Studie andere solarthermische Anlagenkonzepte auf vergleichender Basis bewertet. Hierbei wurden von Interatom mit dem Siemens/KWU-Code STERKO für Rinnen (DCS)-, Dish/Stirling (DS) und Turmkraftwerke (CRS) Stromgestehungskosten für verschiedene Anlagengrößen unter identischen finanzmathematischen Randbedingungen ermittelt. Dazu wurden die Bau- und sonstigen Finanzierungskosten bis zur Inbetriebnahme allen Anlagen in gleicher Weise zugerechnet und die gesamten Herstellung-, Betriebs- und Stromerzeugungskosten nach einem einheitlichen Verfahren (Bartwert-Methode) bewertet bzw. ermittelt. Damit ist ein Anlagenvergleich möglich.

In der Abb. 25 sind die berechneten mittleren Stromgestehungskosten für reinen Solarbetrieb in Abhängigkeit von der jährlichen Energieproduktion unter Barstow-Wetterbedingungen für DCS, CRS und AWK-Anlagen dargestellt.

		Solar Chimney 1st Plant			Solar Chimney nth-Plant		
Solar Chimney Plants		AWK 5	AWK 30	AWK 100	AWK 5	AWK 30	AWK 100
Storage Capacity	[h]	0.82	0.79	0.87	0.82	0.79	0.87
Operating Mode/Daily Time		solar only	solar only	solar only	solar only	solar only	solar only
Total Direct + Indirect Cost (12/89)	[Mio DM]	74.2	279.2	659.8	--	218.3	523.1
Collector Aperture Area	[qkm]	0.9	3.8	10.1	--	3.8	10.1
Specific Investment Cost	[DM/kWe]	14849	9308	6599		7279	5231
Maitenance + Service Cost	[Mio DM/a]	0.35	0.6	1.3		0.6	1.3
Number of Personnel	[men]	6	8	10		7	9
Annual Consumption of Heavy Fuel Oil	[t/a]	--	--	--	--	--	--
Annual Fossil Energy	[GWh/a]	--	--	--	--	--	--
Ratio Fossil Energy vs. Electric Energy	[-]	--	--	--	--	--	--
Percentage of Fossil-Based Annual Energy	[%]	--	--	--	--	--	--
Annual Energy (Barstow 1976)	[GWeh/a]	14.1	85.7	295.3		85.7	295.3
Annual Full Load Hours	[h/a]	2820	2857	2953		2857	2953
Capacity Factor	[%]	32.2	32.6	33.7		32.6	33.7
Outages							
- scheduled	[d/a]	11	7.3	7.3		3.6	3.6
- forced	[d/a]						
Time of Erection + Start-Up	[a]	1	2	3		2	3
Electric Energy Cost	[DM/kWh]	0.663	0.375	0.271		0.294	0.215

Tab. 5: Technisch-wirtschaftliche Vorgaben und Ergebnisse für AWK-Anlagen der Leistungsklasse 5, 30, 100 MW

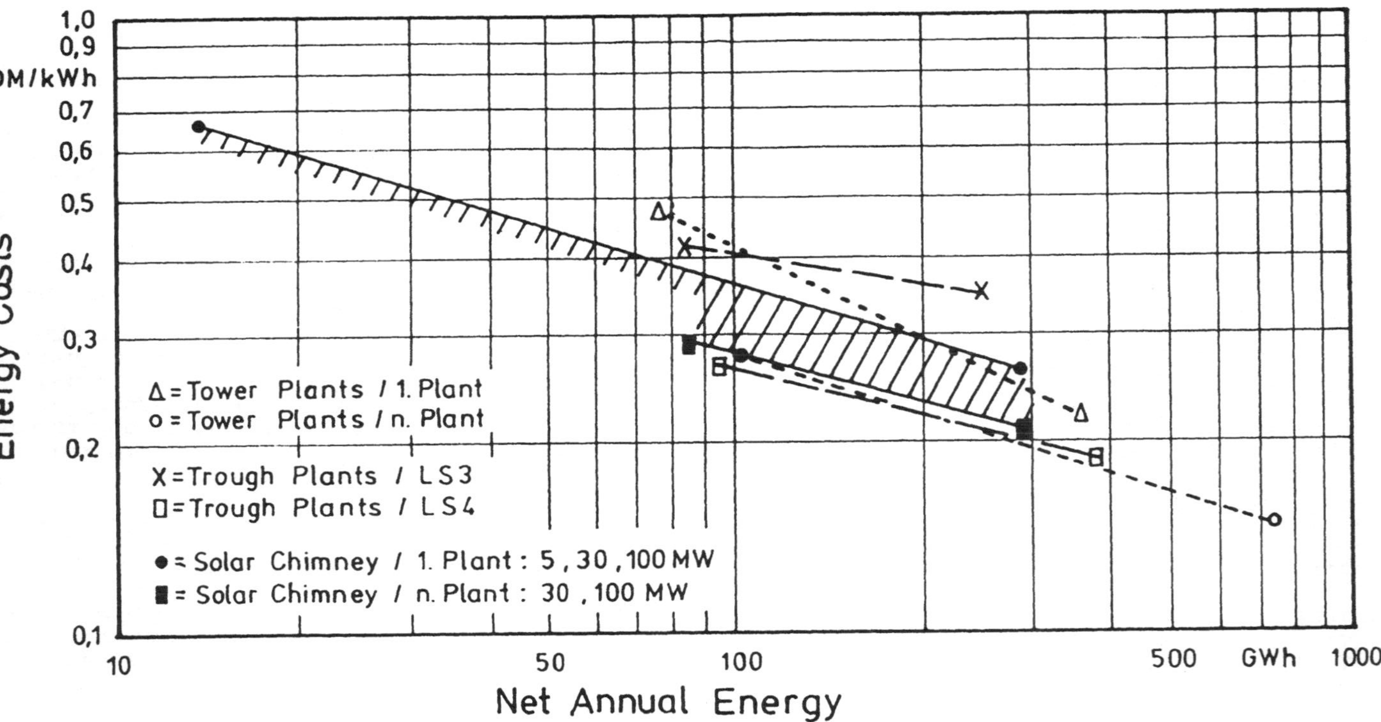

Abb. 25: Vergleich der Stromgestehungskosten für reinen Solarbetrieb für DCS, CRS und AWK-Anlagen (Barstow '76)

5. Referenzen

Literatur

/1/ Zwischenbericht zum Auftrag "Übertragbarkeit der Ergebnisse des Aufwindkraftwerkes in Manzanares auf größere Anlagen und Untersuchungen zu verlustarmen Vordächern". Schlaich Bergermann und Partner, Stuttgart, Februar 1990.

/2/ Wislicenus, G.F.: Fluid Mechanics of Turbomachinery. McGraw Hill, New York, London 1947.

/3/ Weinig, F.: Die Strömung um die Schaufeln von Turbomaschinen. J.A. Barth, Leipzig, 1935.

/4/ Schlichting, H., Truckenbrodt, E.: Aerodynamik des Flugzeugs, Band II. Springer, Berlin, Heidelberg, New York, 1969.

/5/ Hürlimann, R.: Untersuchungen über Strömungsvorgänge an Schaufelenden in der Nähe von Wänden, Mitt. aus dem Institut für Aerodynamik der ETH Zürich, Nr. 31, 1962.

/6/ Schlaich, J., Bergermann, R., Friedrich, K., Haaf, W., Lautenschlager, H.: Baureife Planung und Bau einer Demonstrationsanlage eines atmosphärischen Aufwindkraftwerkes. Anwendungsnahe Auslegung größerer Einheiten und erweitertes Meßprogramm. Bundesministerium für Forschung und Technologie, Forschungsbericht T 86-208, 1986.

/7/ Wortmann, F.X.: Tragflügelprofile für Windturbinen, Bericht des Instituts für Aerodynamik und Gasdynamik der Universität Stuttgart 78-9, 1978.

/8/ Wortmann, F.X.: Ein Profil für den Außenflügel von Windturbinen, Bericht des Instituts für Aerodynamik und Gasdynamik der Universität Stuttgart, 79-22, 1979.

/9/ Schlaich, J., Schiel, W., Friedrich, K., Schwarz, G., Wehowsky:
Abschlußbericht Aufwindkraftwerk.
BMFT-Förderkennzeichen 0324249D, 1990.

Solar Thermal Energy Utilization

German Studies on Technology and Application

Volume 1 **M. Becker** (Ed.)

General Investigations on Energy Availability

1987. VII, 299 pp. Softcover DM 85,– ISBN 3-540-18028-1

Volume 2 **M. Becker** (Ed.)

Technologies of Heat Exchangers (Receiver/Reformer) and Storage

1987. VII, 321 pp. Softcover DM 85,– ISBN 3-540-18031-1

Volume 3 **M. Becker** (Ed.)

Solar Thermal Energy for Chemical Processes

1987. VII, 765 pp. Softcover DM 170,– ISBN 3-540-18032-X

3-volume-set

1987. XXI, 1385 pp. Softcover DM 295,– ISBN 3-540-18033-8

Volume 4 **M. Becker, K.-H. Funken** (Eds.)

Final Reports 1988

1991. VII, 498 pp. Softcover DM 98,– ISBN 3-540-53268-4

Volume 5 **M. Becker, K.-H. Funken, G. Schneider** (Eds.)

Final Reports 1989

1991. VII, 528 pp. Softcover DM 118,–
ISBN 3-540-53269-2

Volume 6 **M. Becker, K.-H. Funken, G. Schneider** (Eds.)

Final Reports 1990

1992. VIII, 452 pp. Softcover DM 118,–
ISBN 3-540-54836-X

Volume 7 **M. Becker, K.-H. Funken, G. Schneider** (Eds.)

Final Reports 1991

1992. Approx. 300 pp. Softcover DM 98,–
ISBN 3-540-55666-4

Prices are subject to change without notice.

Springer-Verlag
Berlin
Heidelberg
New York
London
Paris
Tokyo
Hong Kong
Barcelona